普通高等教育"九五"教育部重点教材

21世纪数学规划教材

数学基础课系列

3rd Edition

实变函数论 （第三版）

Theory of
Real Variable
Function

周民强 编著

北京大学出版社
PEKING UNIVERSITY PRESS

图书在版编目(CIP)数据

实变函数论/周民强编著. —3 版. —北京：北京大学出版社，2016.10
(21 世纪数学规划教材·数学基础课系列)
ISBN 978-7-301-27647-1

Ⅰ.①实…　Ⅱ.①周…　Ⅲ.①实变函数论—高等学校—教材
Ⅳ.①O174.1

中国版本图书馆 CIP 数据核字(2016)第 243098 号

书　　　　名	实变函数论(第 3 版)	
	SHIBIAN HANSHULUN	
著 作 责 任 者	周民强　编著	
责 任 编 辑	尹照原　刘　勇	
标 准 书 号	ISBN 978-7-301-27647-1	
出 版 发 行	北京大学出版社	
地　　　　址	北京市海淀区成府路 205 号　100871	
网　　　　址	http://www.pup.cn	
电 子 信 箱	zpup@pup.cn	
新 浪 微 博	@北京大学出版社	
电　　　　话	邮购部 62752015　发行部 62750672　编辑部 62752021	
印 刷 者	三河市博文印刷有限公司	
经 销 者	新华书店	
	890 毫米×1240 毫米　A5　11.125 印张　324 千字	
	2001 年 7 月第 1 版　2008 年 5 月第 2 版	
	2016 年 10 月第 3 版　2024 年 2 月第 11 次印刷	
定　　　　价	45.00 元	

内 容 简 介

　　本书是普通高等教育"九五"教育部重点教材,主要内容为 Lebesgue 测度与积分理论. 全书共分六章,内容包括：集合与点集,Lebesgue 测度,可测函数,Lebesgue 积分,微分与不定积分,L^p 空间等.

　　作者 30 年来一直在北京大学等院校讲授"实变函数"课程,具有丰富的教学经验,且深知学生的疑难与困惑,因此本书内容、背景材料的选取以及内容的难易程度都是经过作者深思熟虑安排的,是作者教学实践经验的总结. 书中编有丰富的范例,为读者展示出广阔的应用空间. 每章精选了一些思考题和习题,为读者提供了自我训练的恰当基地. 作者在每章末尾所做的注记,拓宽或加深了正文所述的内容,这或许对有志于进一步学习实分析的读者有所助益. 如果读者对近代积分论的前后发展感兴趣,还可阅读开篇"积分论评述"以及附录中的"勒贝格传". 为便于读者参考,书后附录中给出了思考题和习题的部分解答,供读者选读.

　　本书可作为综合大学、理工科大学、高等师范院校数学专业学生的"实变函数"课程教材或教学参考书. 对于青年数学教师和数学工作者,本书也是较好的学习参考书.

　　针对学生做习题时遇到的疑难与困惑,作者编写了《**实变函数解题指南**》,作为本书配套的学习辅导书,供读者使用.

作 者 简 介

　　周民强　北京大学数学科学学院教授.1956 年大学毕业,从事调和分析(实变方法)的研究,并担任数学分析、实变函数、泛函分析、调和分析等课程的教学工作四十余年,具有丰富的教学经验.出版教材和译著多部.出版的教材有《数学分析》《实变函数论》(普通高等教育"九五"教育部重点教材)《实变函数解题指南》《调和分析讲义》《数学分析习题演练》《微积分专题论丛》等.多次获得北京大学教学优秀奖和教学成果奖.曾任北京大学数学系函数论教研室主任、《数学学报》和《数学通报》编委、北京市自学考试命题委员等职.

第 3 版序言

本书自 2001 年第 1 版出版以来,受到了广大读者的欢迎和认可,作者深感欣慰,并在此表示谢意.

实变函数作为学习近代分析数学的基础课程,其主体内容早已有了比较明确的陈述.然而,从教学的角度审视,如何将其中丰富的内涵表现出来,且较顺畅地传递给初学者,还有许多事情可做.这也就给编写适当的教材提出了重要任务.

基于以上认识,这次修改工作的重点放在与教学实践密切结合这方面,因此必须在教学材料上做出严谨安排,从而舍去了某些过多的陈述,而对一些有参考价值的知识,则用小字排出,供读者选用.

作 者
2016 年 4 月

第1版前言

"实变函数"的核心内容是测度和积分的理论,它是近代分析数学领域的基础知识,现已成为各大专院校数学系高年级学生的必修或选修课程.

"数学分析"主要的考查对象是定义在区间(或区域)上的连续函数,"复变函数"是探讨定义在区域上解析函数的性质,而"实变函数"则把研究对象扩大到定义在可测集上的可测函数,并运用集合论的观点对函数及其定义域作更加细致的剖析.这就使得实分析处理问题的思想方法更加活跃,可使微积分在较宽松的环境中加以运用,其结果也就更加深入和具有多样性.

本书以 n 维欧氏空间为基地,重点介绍 Lebesgue(勒贝格)测度和积分,并在论述中力图使其与抽象理论磨合.

实变函数课程一直是学生学习难度较大的课程之一.为使教与学的过程能较顺利些,作者在本书中加强了导引性论述,使读者了解所研究课题的概貌,更加明确目的性,甚至插入了若干段数学史评注和数学家传记,以提高学习兴趣.书中列入的丰富例题,可当作理论应用的某种示范并开阔思路;为了协助读者养成"会学"的习惯,书中点缀了若干由正文直接派生的思考题.在每章末尾所写的注记,目的是对正文所阐述的理论有一个进一步的交代或更实质性的议论,可为有兴趣的读者参考以开启创新之门.书中还编入了相当数量的练习,并力图与正文紧密配合.当然,在使用本书时,应根据实际情况作取舍或补充.(书中标有"*"号的内容可以先不读,众多练习也不必全都做)

本书前身《实变函数》第一次出版是在 1985 年,后经补改在

1995 年出修订版,1997 年在同行们的鼓励下,又开始修订.现在,在北京大学出版社的大力支持下,又有了这个版本.虽经多次修订,体系仍无大变动,欢迎广大读者指教.最后,赠诗一首与读者共勉:

　　　　道虽远,不行不至;
　　　　事虽难,不为不成.

　　　　　　　　　　　　　　　　　　　编　者
　　　　　　　　　　　　　　　　　　2000 年 12 月

目　　录

积分论评述

（一）谈谈 Riemann 积分及其进展

实变函数的中心内容是 H. L. Lebesgue(1875—1941)测度与积分理论,它是经典的 B. Riemann(1826—1866)积分的一次深刻变革与发展,创立于 20 世纪初期,为近代分析数学奠定了基础. 因而,在这里对 Riemann 积分理论作一简单回顾,将会有助于我们今后的学习.

在数学史上,第一个提出用分割区间、作和式的极限来明确地定义积分的要推 A. Cauchy(1789—1857). 他考查的积分对象是在区间$[a,b]$上的连续函数,并用连续函数的中值性质来推导积分的存在性. Cauchy 还提出用极限来定义函数在无界区域上的积分以及函数具有瑕点的积分.

然而 Cauchy 所做的积分存在性的证明只适用于函数至多有有限个不连续点的情形,于是具有无穷多个不连续点的函数的积分存在性问题引起了许多学者的兴趣.

在对积分学发展起过推动作用的早期的工作中,应该提到 J. Fourier(1768—1830)关于三角级数的工作. 在 1807 年,他指出:任一定义在$[-\pi,\pi]$上的函数 $f(x)$可表示为三角级数

$$a_1 \sin x + a_2 \sin 2x + \cdots + a_n \sin nx + \cdots$$
$$+ \frac{1}{2}b_0 + b_1 \cos x + b_2 \cos 2x + \cdots + b_n \cos nx + \cdots,$$

其中

$$a_n = \frac{1}{\pi}\int_{-\pi}^{\pi} f(x) \sin nx \, dx,$$
$$b_n = \frac{1}{\pi}\int_{-\pi}^{\pi} f(x) \cos nx \, dx \qquad (n = 0,1,\cdots).$$

虽然这一陈述缺乏严格的论证,但由于这一结果在物理学中的成功应用引起了数学界的极大重视. 例如,P. Dirichlet (1805—1859)对

此给出过一些充分条件,其中特别提到了函数的可积性问题.

Riemann 在研究三角级数时,注意到上述工作,并特别讨论了函数的可积性问题.他不先假定函数是连续的,而去探求一个函数可积与否是什么性态.从这样一个角度出发,他在 1854 年的论文"关于一个函数展开成三角级数的可能性"中,给出了积分的定义以及函数可积的充要条件.这一条件,后来由 Darboux (1842—1917)以更加明确的形式给出.

设 $f(x)$ 是定义在 $[a,b]$ 上的有界函数.作分划

$$\Delta: a = x_0 < x_1 < \cdots < x_n = b,$$

且令

$$M_i = \sup\{f(x): x_{i-1} \leqslant x \leqslant x_i\}, \quad (i = 1, 2, \cdots, n),$$
$$m_i = \inf\{f(x): x_{i-1} \leqslant x \leqslant x_i\}$$

$$\overline{S}_\Delta = \sum_{i=1}^n M_i(x_i - x_{i-1}), \quad \underline{S}_\Delta = \sum_{i=1}^n m_i(x_i - x_{i-1}).$$

我们考虑 Darboux 上积分与下积分:

$$\overline{\int_a^b} f(x)\mathrm{d}x = \inf_\Delta \overline{S}_\Delta, \quad \underline{\int_a^b} f(x)\mathrm{d}x = \sup_\Delta \underline{S}_\Delta.$$

如果这两个值相等,则称 $f(x)$ 在 $[a,b]$ 上是 **Riemann 可积的**(简记为 $f \in R([a,b])$),记其公共值为

$$\int_a^b f(x)\mathrm{d}x,$$

且称它为 $f(x)$ 在 $[a,b]$ 上的 **Riemann 积分**.

若令 $|\Delta| = \max\{x_i - x_{i-1}: i = 1, 2, \cdots, n\}$,则 $f(x)$ 在 $[a,b]$ 上是 Riemann 可积的充分且必要条件是

$$\lim_{|\Delta| \to 0} \sum_{i=1}^n (M_i - m_i)(x_i - x_{i-1}) = 0. \tag{1}$$

Riemann 积分的重要性是不言而喻的,它对于处理诸如逐段连续的函数以及一致收敛的级数来说是足够的,并至今仍然是"微积分"课程的主要内容之一.然而,随着点集理论工作的深入,人们越来越多地接触到具有各种"奇特"现象的函数.对此,不仅在研究函数的可积性,而且在积分理论的处理上还出现了许多困难.下面就 Riemann 积分理论中的几个主要方面来做一些简要分析.

（1）可积函数的连续性

上面提到,函数的可积性是与(1)式等价的,由于(1)式涉及两个因素：分割子区间的长度（$x_i - x_{i-1}$）以及函数在其上的振幅（$M_i - m_i$）,故为使(1)成立,粗略说来,就是在 $|\Delta| \to 0$ 的过程中,其振幅（$M_i - m_i$）不能缩小的那些相应项的子区间的长度的总和可以很小（Riemann 注意到,定义在$[a,b]$上的单调函数只能存在有限个点使函数在其上的振幅超过预先给定的值,从而是可积的）.我们知道,函数振幅的大小与该函数的连续性有关.于是,条件(1)迫使函数的不连续点可用长度总和为任意小的区间所包围.这就是说,可积函数必须是"基本上"连续的.Riemann 积分的理论是以"基本上"连续的函数为研究对象的.

（2）极限与积分次序交换问题

在数学分析中,经常遇到的一个重要运算是交换两种极限过程的次序,尤其是积分与函数列的极限的交换.

我们知道,在一般微积分教科书中,都是用函数列一致收敛的条件来保证极限运算与积分运算的次序可以交换的.不过,这一要求是过分强了.

例 1　设 $f_n(x) = x^n (0 \leqslant x \leqslant 1)$.它是点收敛而不是一致收敛于
$$f(x) = \begin{cases} 0, & 0 \leqslant x < 1, \\ 1, & x = 1, \end{cases}$$
的,但仍有
$$\lim_{n \to \infty} \int_0^1 f_n(x)dx = 0 = \int_0^1 f(x)dx = \int_0^1 \lim_{n \to \infty} f_n(x)dx.$$

在 Riemann 积分意义下,存在下述有界收敛定理（一个初等证明可参见 Amer. Math. Monthly,78,1986）.

定理（有界收敛定理）　设

(i) $f_n(x)(n=1,2,\cdots)$是定义在$[a,b]$上的可积函数;

(ii) $|f_n(x)| \leqslant M(n=1,2,\cdots,x \in [a,b])$;

(iii) $f(x)$是定义在$[a,b]$上的可积函数,且有
$$\lim_{n \to \infty} f_n(x) = f(x), \quad x \in [a,b],$$
则

$$\lim_{n\to\infty}\int_a^b f_n(x)\mathrm{d}x = \int_a^b f(x)\mathrm{d}x.$$

这里,不仅受到条件(ii)的限制,而且还必须假定极限函数 $f(x)$ 的可积性. 下例表明,即使函数列是渐升的也不能保证其极限函数的可积性.

例 2　设 $\{r_n\}$ 是 $[0,1]$ 中的全体有理数列,作函数列

$$f_n(x) = \begin{cases} 1, & x = r_1,r_2,\cdots,r_n, \\ 0, & \text{其他} \end{cases} \quad (n=1,2,\cdots).$$

显然有 $f_1(x)\leqslant f_2(x)\leqslant\cdots\leqslant f_n(x)\leqslant f_{n+1}(x)\leqslant\cdots\leqslant 1$,且有

$$\lim_{n\to\infty}f_n(x) = f(x) = \begin{cases} 1, & x \text{ 为有理数}, \\ 0, & x \text{ 为无理数}. \end{cases}$$

这里,每个 $f_n(x)$ 皆是 $[0,1]$ 上的 Riemann 可积函数且积分值为零,故有

$$\lim_{n\to\infty}\int_0^1 f_n(x)\mathrm{d}x = 0.$$

但极限函数 $f(x)$ 不是 Riemann 可积的,这是因为

$$\overline{\int_0^1} f(x)\mathrm{d}x = 1, \quad \underline{\int_0^1} f(x)\mathrm{d}x = 0,$$

从而也就谈不上积分号下取极限的问题.

有界收敛定理看起来也有点使人惊异,因为我们不难证明,若有定义在 $[a,b]$ 上的可积函数列 $\{f_n(x)\}$,$\{g_n(x)\}$,而且满足 $|f_n(x)|\leqslant M$,$|g_n(x)|\leqslant M$ $(n=1,2,\cdots)$,$x\in[a,b]$,以及

$$\lim_{n\to\infty}f_n(x) = f(x), \quad \lim_{n\to\infty}g_n(x) = f(x), \quad x\in[a,b],$$

则必有

$$\lim_{n\to\infty}\int_a^b f_n(x)\mathrm{d}x = \lim_{n\to\infty}\int_a^b g_n(x)\mathrm{d}x.$$

但 $f(x)$ 之积分仍然可以不存在. 然而,上述积分之极限值并不依赖于 $\{f_n(x)\}$ 本身,而依赖于 $f(x)$. 既然如此,就不妨定义其积分为

$$\int_a^b f(x)\mathrm{d}x = \lim_{n\to\infty}\int_a^b f_n(x)\mathrm{d}x.$$

这说明 Riemann 积分的定义太窄了.

（3）关于微积分基本定理

我们知道，积分和微分之间的联系乃是微积分学的中枢：设 $f(x)$ 在 $[a,b]$ 上是可微函数，且 $f'(x)$ 在 $[a,b]$ 上是可积的，则有

$$\int_a^x f'(t)\mathrm{d}t = f(x) - f(a), \quad x \in [a,b]. \tag{2}$$

这就是说，从 $f'(x)$ 通过积分又获得了 $f(x)$. 显然，为使这一微积分基本定理成立，$f'(x)$ 必须是可积的. 然而，早在 1881 年，V. Volterra（1860—1940）就做出了一个可微函数，其导函数还是有界的，但导函数不是 Riemann 可积的. 这就大大限制了微积分基本定理的应用范围. 实际上，不难证明 $f' \in R([a,b])$ 的充分必要条件是，存在 $g \in R([a,b])$，使得

$$f(x) = f(a) + \int_a^x g(t)\mathrm{d}t.$$

（4）可积函数空间的完备性

Riemann 积分的另一局限性还表现在可积函数空间的不完备性上. 在积分理论中，可积函数类用距离

$$d(f,g) = \int_a^b |f(x) - g(x)|\mathrm{d}x$$

（或

$$d(f,g) = \left(\int_a^b |f(x) - g(x)|^2 \mathrm{d}x\right)^{1/2}$$

等）做成距离空间是完备的这一事实具有重要意义. 近代泛函分析中的许多基本技巧往往最终要用到空间的完备性.

记 $R([0,1])$ 为 $[0,1]$ 上 Riemann 可积函数的全体. 引进距离

$$d(f,g) = \int_0^1 |f(x) - g(x)|\mathrm{d}x, \quad f,g \in R([0,1])$$

（其中认定当 $d(f,g)=0$ 时，f 与 g 是同一元）. 我们说 $R([0,1])$ 不是完备的意思，是指当 $f_n \in R([0,1])$（$n=1,2,\cdots$）且满足

$$\lim_{\substack{n\to\infty \\ m\to\infty}} d(f_n, f_m) = 0$$

时，并不一定存在 $f \in R([0,1])$，使得

$$\lim_{n\to\infty} d(f_n, f) = 0.$$

现在，令 $\{r_n\}$ 是 $(0,1)$ 中有理数的全体，设 I_n 是 $[0,1]$ 中的开区

间，$r_n \in I_n$，$|I_n| < 1/2^n$ $(n=1, 2, \cdots)$，并作函数

$$f(x) = \begin{cases} 1, & x \in \bigcup_{n=1}^{\infty} I_n, \\ 0, & x \in [0,1] \setminus \bigcup_{n=1}^{\infty} I_n. \end{cases}$$

易知 $f(x)$ 在 $[0,1] \setminus \bigcup_{n=1}^{\infty} I_n$ 内的点上是不连续的，它不是 Riemann 可积的，且不存在 Riemann 可积函数 $g(x)$，使得 $d(f, g) = 0$. 但若作函数列

$$f_n(x) = \begin{cases} 1, & x \in \bigcup_{k=1}^{n} I_k, \\ 0, & x \in [0,1] \setminus \bigcup_{k=1}^{n} I_k, \end{cases}$$

则 $f_n \in R([0,1])$ $(n=1, 2, \cdots)$，且有

$$\lim_{\substack{n \to \infty \\ m \to \infty}} d(f_n, f_m) = 0,$$

以及 $f_n(x) \to f(x)$ $(n \to \infty)$. 故 $R([0,1])$ 按上述距离 d 是不完备的.

随着微积分各种课题的深入探讨，人们对积分理论的研究工作也进一步展开，并认识到积分问题与函数的下方图形——点集的面积如何界定和度量有关. 在 19 世纪 80 年代，G. Peano 就提出点集内外容度（长度、面积概念的推广）的观念，紧接着 C. Jordan 在 1892 年扩展了 G. Peano 的工作，建立起所谓 Jordan 可测集的理论（其测度也称容度），且模拟 Riemann 积分的做法，给出了新的积分思路.（作为积分的对象的函数不再限于在 $[a,b]$ 上定义，而可以在有界 Jordan 可测集上定义，从而对 $[a,b]$ 的子区间分划也就换成了可测子集的分划.）然而，Jordan 的测度论存在着严重的缺陷，如存在不可测的开集、有理数集也不可测等. 为了克服这一点，E. Borel 在 1898 年的著作中引进了现称之为 Borel 集的概念. 他从开集出发构造了一个 σ-代数，从而使他的测度理论具有可数可加的性质.（在 Jordan 测度论中，即使每一个 E_n 都是可测的，但 $\bigcup_{n \geqslant 1} E_n$ 不一定是 Jordan 可测的，且他本人并未注意到这一点.）但是，Borel 并没有把他的测度理论

与积分理论联系起来.

现代在应用上最广泛的测度与积分系统是法国数学家 H. L. Lebesgue（1875—1941）完成的. 1902 年,他在"积分、长度与面积"的博士论文中所阐述的思想成为古典分析过渡到近代分析的转折点. 他证明了有界 Lebesgue 可测集类构成一个 σ-环;Lebesgue 测度是可数可加且是平移不变的;也确实存在着非 Jordan 可测和非 Borel 可测的 Lebesgue 可测集,并建立了 Lebesgue 可测集与 Borel 可测集的关系. 他还断定:有非 Lebesgue 可测集存在,虽然没有做出来(1905 年 Vitali 给出一例). Lebesgue 积分理论不仅蕴涵了 Riemann 积分所达到的成果,而且还在较大程度上克服了它的局限性.

测度论思想升华的重要一步是匈牙利数学家 F. Riesz 在 1914 年迈出的,他放弃了在 σ-环上建立测度的思想,而直接从积分出发来导出整个理论,且将其定义在环上. 同一年,C. Carathéodory 进一步发展了外测度理论,导致所谓测度的完备化,特别是做出了从环到 σ-环的扩张.

对积分理论做出重要贡献的,还有 Stieltjes,Radon 等数学家. 使积分理论跳出欧氏空间背景并将其建立在 $(X,\mathscr{R},\mu)$ 上的首要工作是属于 Fréchet(1915 年)的,而用更加一般的观点来考查积分的应归功于 Daniell 局部紧空间上的积分理论.

当然,今天我们来学习 Lebesgue 测度与积分的理论时,不一定拘泥于原有的体系.

（二）Lebesgue 积分思想简介

对于定义在 $[a,b]$ 上的有界正值函数,为使 $f(x)$ 在 $[a,b]$ 上可积,按照 Riemann 的积分思想,必须使得在划分 $[a,b]$ 后,$f(x)$ 在多数小区间 Δx_i 上的振幅能足够小. 这迫使具有较多激烈振荡的函数被排除在可积函数类之外. 对此,Lebesgue 提出,不从分割区间入手,而是从分割函数值域着手,即任给 $\delta > 0$,作

$$m = y_0 < y_1 < \cdots < y_{i-1} < y_i < \cdots < y_n = M,$$

其中 $y_i - y_{i-1} < \delta,m,M$ 是 $f(x)$ 在 $[a,b]$ 上的下界与上界,并作点集

$$E_i = \{x: y_{i-1} \leqslant f(x) < y_i\}, \quad i = 1,2,\cdots,n.$$

这样,在 E_i 上,$f(x)$ 的振幅就不会大于 δ. 再计算

$$|I_i| = 矩形面积 = y_{i-1}(高) \times |E_i|(底边长度),$$

并作和

$$\sum_{i=1}^{n} y_{i-1}|E_i| = \sum_{i=1}^{n} |I_i|.$$

它是 $f(x)$ 在 $[a,b]$ 上积分(面积)的近似值. 然后,让 $\delta \to 0$,且定义

$$\int_{[a,b]} f(x)\mathrm{d}x = \lim_{\delta \to 0} \sum_{i=1}^{n} y_{i-1}|E_i|$$

(如果此极限存在). 也就是说,采取在 y 轴上的划分来限制函数值变动的振幅,即按函数值的大小先加以归类. Lebesgue 对这一设计做了生动的譬喻,大意如下:假定我欠人家许多钱,现在要归还. 此时,应先按照钞票的票面值的大小分类,再计算每一类的面额总值,然后相加,这就是我的积分思想;如果不管面值大小如何,而是按某种先后次序(如顺手递出)来计算总数,那就是 Riemann 积分的思想.

当然,按照 Lebesgue 的积分构思,会带来一系列的新问题. 首先,分割函数值范围后,所得到的点集

$$E_i = \{x : y_{i-1} \leqslant f(x) < y_i\}, \quad i = 1, 2, \cdots, n$$

不一定是一个区间,$[a,b]$ 也不一定是互不相交的有限个区间的并,而可能是一个分散而杂乱无章的点集及其集. 因此,所谓底边长度 $|E_i|$ 的说法是不清楚的,即如何度量其"长度"以及是否存在"长度"均成问题. 这促使 Lebesgue 去寻找一种测量一般点集"长度"的方案,并称点集 E 的"长度"为测度,记为 $m(E)$. 当然,这一方案必须满足一定的条件,才符合常理. 如 $E = [0,1]$ 时,应有

$$m([0,1]) = 1;$$

又如 $E_1 \subset E_2$ 时,应满足

$$m(E_1) \leqslant m(E_2);$$

特别是 $E_n (n = 1, 2, \cdots)$ 且 $E_i \bigcap E_j = \varnothing (i \neq j)$ 时,希望有

$$m\left(\bigcup_{n=1}^{\infty} E_n\right) = \sum_{n=1}^{\infty} m(E_n).$$

然而,这些限制使人们无法设计出一种测量方案,能使一切点集都有

度量. 因此, 欲使 Lebesgue 积分思想得以实现, 必须要求分割得出的点集 $E_i(i=1,2,\cdots,n)$ 是可测量的——可测集. 这一要求能否达到, 与所给函数 $y=f(x)$ 的性质有关. 从而规定: 凡是对任意 $t \in \mathbf{R}$, 点集

$$E = \{x : f(x) > t\}$$

均为可测集时, 称 $f(x)$ 为可测函数. 这就是说, 积分的对象必须属于可测函数范围.

为了系统介绍 Lebesgue 积分理论, 就形成了测度—可测函数—积分这样一个系统[①], 它构成了本书的第二、三、四章. 当然, 作为一门数学课程, 我们还要先介绍点集理论的有关知识, 这对点集测度理论是必要的准备, 它作为本书的第一章.

注　Lebesgue 积分理论仍有其不足之处. 例如, 在公式 (2) 中仍需假设 $f'(x)$ 在 $[a,b]$ 上可积, 致使换元公式

$$\int_{\varphi(a)}^{\varphi(b)} f(x)\mathrm{d}x = \int_a^b f(\varphi(t))\varphi'(t)\mathrm{d}t$$

的证明复杂化; 又如, 在 Lebesgue 积分的意义下, 反常积分 $\int_0^{+\infty} \frac{\sin x}{x}\mathrm{d}x$ 是不存在的; 等等. 此外, 1960 年左右, R. Henstock 等学者在相似于 Riemann 积分思想结构的基础上还开发出以他的名字命名的比 Riemann 积分更广的积分理论.

---

① 随着积分论的发展, 还建立了其他积分论的体系.

第一章　集合与点集

集合论自 19 世纪 80 年代由 G. Cantor[①] 创立以来,现已发展成为独立的数学分支,它的基本概念与方法已渗入 20 世纪的各个数学领域,还在研究数学的逻辑基础时起着重要作用,并成为近代数学的一个特征. 集合论是探讨集合的各种性质的,它的初期工作与数学分析的深入研究密切相关,并为发展实变函数理论奠定了基础. 本章仅对一般集合与 $\mathbf{R}^n$ 中的点集知识作一必要的介绍.

在中学阶段,大家已接触到一些关于集合的初步知识. 例如,自然数全体形成一个集合,常记为 $\mathbf{N}$;有理数全体形成一个集合,常记为 $\mathbf{Q}$;实数全体形成一个集合,常记为 $\mathbf{R}$;等等. 那么,集合究竟是什么? 集合是数学中最原始的观念,一般是不能再加以精确定义的. 遵循 Cantor 最初给出的说法(可以称为概括性),集合(set)是指把具有某种特征或满足一定性质的所有对象或事物视为一个整体时,这一整体就称为集合,而这些事物或对象就称为属于该集合的元素. 因此,所谓给定一个集合或说存在一个集合,是指已经确定了某种约束,由它可以判别任何事物或对象是否属于该集合. (也就是说,一个事物或对象与给定集合的关系,只有属于或不属于的关系,别无其他.)这种描述性的界定,就我们的实际应用范围来说是已足够的. (如果越出一定的范畴,就会在数学中出现许多悖论,见本章末附注.)

为什么要引入集合这样一种概念? 一是,为了考查某种事物的整体特征和结构,研究舍去事物个性后的抽象共性,划分势力范围;二是,集合论的语言非常简明,且能更加细致地区分研究对象的各种内涵,考查它们各种组合的可能性时还有很强的概括性. 这种观点和方法早在 18 世纪的数学工作中就已出现,例如研讨曲面上过一点的

---

① G. Cantor(1845—1918),德国数学家.

所有曲线,某力学系统中所有可能出现的运动,等等. 不过,真正促进对集合论作系统研究的动力,是来自分析的严密化所引发的对实数集合结构的探求. 例如,Cantor 就探讨过函数的不连续点的分类问题.

§1.1 集合与子集合

一般地说,集合的符号用大写字母 $A, B, C, \cdots, X, Y, Z$ 等来表示,集合的元素用小写字母 $a, b, c, \cdots, x, y, z$ 等来表示. 设 A 是一个集合. 若 a 是 A 的元素,则记为 $a \in A$(称为 a 属于 A);$a \bar{\in} A$(称为 a 不属于 A)表示 a 不是 A 的元素. 例如,$2/3 \in \mathbf{Q}, \sqrt{2} \bar{\in} \mathbf{Q}$,等等.

通常采用的集合表示法有两种:其一是列举,例如由数 $1, 2, 3, 4, 5$ 构成的集合记为 A 时,就用符号

$$A = \{1, 2, 3, 4, 5\}$$

来表示. 也就是说,在花括号{ }内将其元素一一列举出来. 其二是用元素所满足的一定条件来描述它,如上述的 A 也可写成

$$A = \{x : x < 6, x \in \mathbf{N}\}.$$

在这里,{ }号内分为两部分来写,且用符号":"隔开,前一部分是集合中元素的代表符号,后一部分表示元素所满足的条件或属于自然数集 $\mathbf{N}$ 的元素所特有的规定性质. 有时也把集合 A 写成

$$\{x \in \mathbf{N} : x < 6\}.$$

例 1 集合 $\{x \in \mathbf{R} : 0 < \sin x \leqslant 1/2\}$ 表示由满足 $0 < \sin x \leqslant 1/2$ 的实数 x 所构成. 有时也简写成 $\{x : 0 < \sin x \leqslant 1/2\}$.

例 2 集合 $\{x \in \mathbf{R} : |x - x_0| < \delta, x_0 \in \mathbf{R}\}$ 就是数轴上的开区间 $(x_0 - \delta, x_0 + \delta)$.

定义 1.1 对于两个集合 A 与 B,若 $x \in A$ 必有 $x \in B$,则称 A 是 B 的**子集合**,简称 A 是 B 的**子集**,记为

$$A \subset B \quad \text{或} \quad B \supset A.$$

$A \subset B$ 也称为 A 含于 B 或 B 包含 A. 显然,$A \subset A$. 若 $A \subset B$ 且存在 B 中元素不属于 A,则称 A 是 B 的**真子集**.

例 3 设 $A = \{1, 2, 3, 4, 5\}$,则集合 $\{1\}, \{1, 3\}, \{1, 3, 5\}, \{1, 2, 3\}$

均是 A 的真子集,$\{1,2,3,4,5\}$ 不是 A 的真子集.

注意,上例中 $\{1\}$ 表示由单个元素"1"所构成的集合,它是 A 的子集而不是 A 的元素,从而可知 $\{1,\{2,3\}\}$ 不是 A 的子集.

为了论述与运算的方便,我们还指定一种所谓**空集**,它是不包含任何元素的集合,记为 $\varnothing$. 空集 $\varnothing$ 是任一集合的子集.

定义 1.2 设 A,B 是两个集合. 若 $A \subset B$ 且 $B \subset A$,则称集合 A 与 B **相等**或相同,记为 $A=B$.

A 与 B 相等就是 A 与 B 的元素完全相同,即 A 与 B 是同一个集合.

例 4 $\{x \in \mathbf{R}: x^2 > 1\} = \{x \in \mathbf{R}: |x| > 1\}$.

集合 $\{x: p(x)\}$ 与集合 $\{x: q(x)\}$ 是否相等,就是看条件 $p(x)$ 与 $q(x)$ 是否等价.

定义 1.3 设 I 是给定的一个集合. 对于每一个 $\alpha \in I$,我们指定一个集合 A_α. 这样我们就得到许多集合,它们的总体称为集合族,记为 $\{A_\alpha: \alpha \in I\}$ 或 $\{A_\alpha\}_{\alpha \in I}$. 这里的 I 常称为指标集. 当 $I = \mathbf{N}$ 时,集合族也称为集合列,简记为 $\{A_i\}$ 或 $\{A_k\}$ 等.

例 5 设 r,s,t 是三个互不相同的数,且 $A = \{r,s,t\}, B = \{r^2, s^2, t^2\}, C = \{rs, st, rt\}$. 若 $A = B = C$,则 $\{r,s,t\} = \{1, w, w^2\}$,其中

$$w = \frac{-1 \pm \sqrt{3}\mathrm{i}}{2}, \quad \mathrm{i} \text{ 是虚数单位}.$$

证明 因为集合相等就是其元素相同,所以将每个集合中的全部元素作数值和,所得到的三个数应该相等. 若令其和为 K,则有

$$r + s + t = r^2 + s^2 + t^2 = rs + st + rt = K,$$

从而得到

$$K^2 = (r+s+t)^2 = (r^2 + s^2 + t^2) + 2(rs + st + rt)$$
$$= 3K,$$

即 $K = 3$ 或 0. 又从数值的乘积看,同理有

$$rst = r^2 s^2 t^2,$$

故知 $rst = 1$. 于是,在 $K = 3$ 时,可知 r,s,t 为方程

$$x^3 - 3x^2 + 3x - 1 = 0$$

的根,亦即 $(x-1)^3 = 0$ 的根. 但此时有 $r = s = t = 1$,不合题意. 这说明 $K = 0$,此时 r,s,t 为方程

$$x^3 - 1 = 0$$

的根,即 $x=1$ 以及 $x=(-1\pm\sqrt{3}i)/2$.

§1.2 集合的运算

集合的分解与合成是探讨各集合之间相互关系以及组成新集合的一种有效手段,从而使集合论方法在实变函数论中获得重要的应用. 这种分解与合成可以通过各种集合间的运算来表达,现将其概念与主要性质作一简单介绍.

(一)并与交

定义 1.4 设 A,B 是两个集合,称集合 $\{x: x\in A$ 或 $x\in B\}$ 为 A 与 B 的**并集**,记为 $A\cup B$,它是由 A 与 B 的全部元素构成的集合.

为直观起见,现用图形来示意集合运算构成的新集合. 这样的图形称为 Venn 图. $A\cup B$ 见图 1.1.

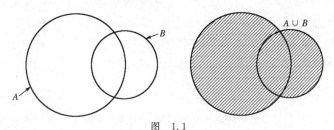

图 1.1

定义 1.5 设 A,B 是两个集合,称集合 $\{x: x\in A, x\in B\}$ 为 A 与 B 的**交集**,记为 $A\cap B$,它是由 A 与 B 的公共元素构成的集合(见图 1.2). 若 $A\cap B=\varnothing$,则称 A 与 B **互不相交**.

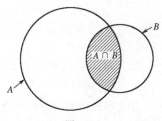

图 1.2

例1 若 $f(x)$ 是 **R** 上的实值函数,则
$$\{x: l \leqslant f(x) \leqslant k\} = \{x: f(x) \geqslant l\} \bigcap \{x: f(x) \leqslant k\}.$$
关于作交与并及其联合运算,有下述重要规律.

定理1.1 设有集合 A, B 与 C,则

(i) 交换律:
$$A \bigcup B = B \bigcup A, \quad A \bigcap B = B \bigcap A; \tag{1.1}$$

(ii) 结合律:
$$A \bigcup (B \bigcup C) = (A \bigcup B) \bigcup C,$$
$$A \bigcap (B \bigcap C) = (A \bigcap B) \bigcap C; \tag{1.2}$$

(iii) 分配律:
$$A \bigcap (B \bigcup C) = (A \bigcap B) \bigcup (A \bigcap C),$$
$$A \bigcup (B \bigcap C) = (A \bigcup B) \bigcap (A \bigcup C). \tag{1.3}$$

类似地,可以定义多个集合的并集与交集. 设有集合族 $\{A_\alpha\}_{\alpha \in I}$,我们定义其并集与交集如下:
$$\bigcup_{\alpha \in I} A_\alpha = \{x: 存在 \alpha \in I, x \in A_\alpha\},$$
$$\bigcap_{\alpha \in I} A_\alpha = \{x: 对一切 \alpha \in I, x \in A_\alpha\}.$$

此外,前述的交换律与结合律仍适用于任意多个集合的情形. 这一事实说明,当一个集合族被分解(以任何方式)为许多子集合族时,那么先作子集合族中各集合的并集,然后再作各并集的并集,仍然得到原集合族的并,而且作并集时与原有的顺序无关. 当然,对于交的运算也是如此. 至于分配律,则可以写为

(i) $A \bigcap \left(\bigcup\limits_{\alpha \in I} B_\alpha \right) = \bigcup\limits_{\alpha \in I} (A \bigcap B_\alpha)$;

(ii) $A \bigcup \left(\bigcap\limits_{\alpha \in I} B_\alpha \right) = \bigcap\limits_{\alpha \in I} (A \bigcup B_\alpha)$.

例2 若 $f(x)$ 是 $[a, b]$ 上的实值函数,则可作如下点集分解:
$$[a, b] = \bigcup_{n=1}^{\infty} \{x \in [a, b]: |f(x)| < n\},$$
$$\{x \in [a, b]: |f(x)| > 0\} = \bigcup_{n=1}^{\infty} \left\{ x \in [a, b]: |f(x)| > \frac{1}{n} \right\}.$$

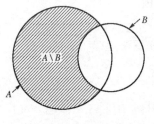

图 1.3

（二）差与补

定义 1.6 设 A，B 是两个集合，称 $\{x: x\in A, x\overline{\in} B\}$ 为 A 与 B 的**差集**，记为 $A\backslash B$（读作 A 减 B），它是由在集合 A 中而不在集合 B 中的一切元素构成的集合（见图 1.3）.

在上述定义中，当 B 是 A 的子集时，称 $A\backslash B$ 为集合 B 相对于集合 A 的**补集**或**余集**. 通常，在我们讨论问题的范围内，所涉及的集合总是某个给定的"大"集合 X 的子集，我们称 X 为**全集**. 此时，集合 B 相对于全集 X 的补集就简称为 B 的补集或余集，并记为 B^c 或 $\mathscr{C}B$，即

$$B^c = X\backslash B.$$

今后，凡没有明显标出全集 X 时，都表示取补集运算的全集 X 预先已知，而所讨论的一切集合皆为其子集. 于是 B^c 也记为

$$B^c = \{x\in X: x\overline{\in} B\}.$$

显然，我们有下列简单事实：

(i) $A\cup A^c = X$，$A\cap A^c = \varnothing$，$(A^c)^c = A$，$X^c = \varnothing$，$\varnothing^c = X$.

(ii) $A\backslash B = A\cap B^c$.

(iii) 若 $A\supset B$，则 $A^c\subset B^c$；若 $A\cap B=\varnothing$，则 $A\subset B^c$.

特别地，我们有下述两个重要法则：

定理 1.2（De. Morgan 法则）

(i) $\left(\bigcup\limits_{\alpha\in I} A_\alpha\right)^c = \bigcap\limits_{\alpha\in I} A_\alpha^c$； (1.4)

(ii) $\left(\bigcap\limits_{\alpha\in I} A_\alpha\right)^c = \bigcup\limits_{\alpha\in I} A_\alpha^c$. (1.5)

证明 以 (i) 为例. 若 $x\in\left(\bigcup\limits_{\alpha\in I} A_\alpha\right)^c$，则 $x\overline{\in}\bigcup\limits_{\alpha\in I} A_\alpha$，即对一切 $\alpha\in I$，有 $x\overline{\in} A_\alpha$. 这就是说，对一切 $\alpha\in I$，有 $x\in A_\alpha^c$. 故得 $x\in\bigcap\limits_{\alpha\in I} A_\alpha^c$. 反之，若 $x\in\bigcap\limits_{\alpha\in I} A_\alpha^c$，则对一切 $\alpha\in I$，有 $x\in A_\alpha^c$，即对一切 $\alpha\in I$，有 $x\overline{\in}$

A_a. 这就是说,

$$x \in \bigcup_{a \in I} A_a, \quad x \in \left(\bigcup_{a \in I} A_a\right)^c.$$

有了补集的概念,全集 X 就一分为二,从而使子集 A 与 A^c 互相补充. 我们常常可以通过 A^c 来研究 A. 此外,还可以利用补集运算的性质来简化集合关系的证明与表示.

定义 1.7 设 A, B 为两个集合,称集合 $(A \backslash B) \bigcup (B \backslash A)$ 为 A 与 B 的**对称差集**,记为 $A \triangle B$,它是由既属于 A, B 之一但又不同时属于两者的一切元素构成的集合(见图 1.4).

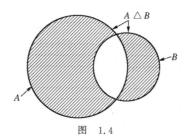

图 1.4

由定义立即可知 $A \bigcup B = (A \bigcap B) \bigcup (A \triangle B)$. 因此,对称差集是表示并集中除公共元素以外的部分. 显然,我们有下列简单事实:

(i) $A \triangle \varnothing = A$, $A \triangle A = \varnothing$, $A \triangle A^c = X$, $A \triangle X = A^c$.

(ii) 交换律:$A \triangle B = B \triangle A$.

(iii) 结合律:$(A \triangle B) \triangle C = A \triangle (B \triangle C)$.

(iv) 交与对称差满足分配律:
$$A \bigcap (B \triangle C) = (A \bigcap B) \triangle (A \bigcap C).$$

(v) $A^c \triangle B^c = A \triangle B$;$A = A \triangle B$ 当且仅当 $B = \varnothing$.

(vi) 对任意的集合 A 与 B,存在唯一的集合 E,使得 $E \triangle A = B$(实际上 $E = B \triangle A$).

例 3 设有 A, B, C 三个集合,则

(i) $(A \bigcap B) \bigcup (B \bigcap C) \bigcup (C \bigcap A)$ 表示属于 A, B 与 C 中至少两个集合的元素全体形成的集合.

(ii) $(A \bigcup B \bigcup C) \backslash (A \triangle B \triangle C)$ 表示属于 A, B 与 C 中至少两个集合但不属于三个集合的元素全体形成的集合.

(iii) $(A \triangle B \triangle C) \backslash (A \bigcap B \bigcap C)$ 表示属于 A, B 与 C 中一个集合但不属于另外两个集合的元素全体形成的集合.

例 4 (i) 设 A,B 是全集 X 的两个子集. 若对任意的 $E \subset X$, 均有 $E \cap A = E \cup B$, 则 $A = X, B = \varnothing$.

(ii) 设有集合 A, B, 则 $A = B$ 当且仅当存在集合 C, 使得
$$A \cap C = B \cap C, \quad A \cup C = B \cup C.$$

证明 (i) 取 $E = X$, 则由题设知 $A = X$; 又取 $E = A^c$, 则由题设知 $\varnothing = A^c \cap A = A^c \cup B = \varnothing \cup B$, 即 $B = \varnothing$.

(ii) 必要性显然, 现证充分性. 由等式
$$A = A \cap (C \cup C^c) = (A \cap C) \cup (A \cap C^c)$$
可知, $A \cup C = (A \cap C^c) \cup C$. 同理有 $B \cup C = (B \cap C^c) \cup C$. 注意到 $C \cap (A \cap C^c) = \varnothing = C \cap (B \cap C^c)$, 又得 $A \cap C^c = B \cap C^c$, 从而我们有
$$A = (A \cap C) \cup (A \cap C^c) = (B \cap C) \cup (B \cap C^c) = B.$$

思考题 试证明下列命题:

1. 设 A, B, E 是全集 X 的子集, 则
$$B = (E \cap A)^c \cap (E^c \cup A) \text{ 当且仅当 } B^c = E.$$

2. 设 $A_1 \subset A_2 \subset \cdots \subset A_n \subset \cdots$, $B_1 \subset B_2 \subset \cdots \subset B_n \subset \cdots$, 则
$$\left(\bigcup_{n=1}^{\infty} A_n \right) \cap \left(\bigcup_{n=1}^{\infty} B_n \right) = \bigcup_{n=1}^{\infty} (A_n \cap B_n).$$

3. 设 $A_1 \supset A_2 \supset \cdots \supset A_n \supset \cdots$, $B_1 \supset B_2 \supset \cdots \supset B_n \supset \cdots$, 则
$$\left(\bigcap_{n=1}^{\infty} A_n \right) \cup \left(\bigcap_{n=1}^{\infty} B_n \right) = \bigcap_{n=1}^{\infty} (A_n \cup B_n).$$

4. 设有集合 A, B, E 和 F.
(i) 若 $A \cup B = E \cup F, A \cap F = \varnothing, B \cap E = \varnothing$, 则
$$A = E \text{ 且 } B = F;$$
(ii) 若 $A \cup B = E \cup F$, 令 $A_1 = A \cap E, A_2 = A \cap F$, 则
$$A_1 \cup A_2 = A.$$

(三) 集合列的极限(集)

数列的极限是进行无限运算的工具, 现在把它移植于集合论中, 我们将会看到这一运算在集合表示法中的重要作用. 大家知道, 单调数列的极限总是可以定义的. 这就启发我们先来考虑单调集合列的无限运算.

定义 1.8 设 $\{A_k\}$ 是一个集合列. 若

$$A_1 \supset A_2 \supset \cdots \supset A_k \supset \cdots,$$

则称此集合列为**递减集合列**,此时称其交集 $\bigcap\limits_{k=1}^{\infty} A_k$ 为集合列 $\{A_k\}$ 的极限集,记为 $\lim\limits_{k\to\infty} A_k$;若 $\{A_k\}$ 满足

$$A_1 \subset A_2 \subset \cdots \subset A_k \subset \cdots,$$

则称 $\{A_k\}$ 为**递增集合列**,此时称其并集 $\bigcup\limits_{k=1}^{\infty} A_k$ 为 $\{A_k\}$ 的极限集,记为 $\lim\limits_{k\to\infty} A_k$.

例 5 若 $A_n = [n, +\infty)(n=1,2,\cdots)$,则 $\lim\limits_{n\to\infty} A_n = \varnothing$.

例 6 设在 **R** 上有渐升的实值函数列:

$$f_1(x) \leqslant f_2(x) \leqslant \cdots \leqslant f_n(x) \leqslant \cdots,$$

且 $\lim\limits_{n\to\infty} f_n(x) = f(x)$. 现在对于给定的实数 t,作集合列

$$E_n = \{x: f_n(x) > t\} \quad (n=1,2,\cdots).$$

显然有 $E_1 \subset E_2 \subset \cdots E_n \subset \cdots$,而且得到

$$\lim\limits_{n\to\infty} E_n = \bigcup\limits_{n=1}^{\infty} \{x: f_n(x) > t\} = \{x: f(x) > t\},$$

即

$$\lim\limits_{n\to\infty} \{x: f_n(x) > t\} = \{x: f(x) > t\}.$$

对于一般的集合列,也可类似于数列上、下极限的做法来给出上、下限集的概念.

定义 1.9 设 $\{A_k\}$ 是一集合列,令

$$B_j = \bigcup\limits_{k=j}^{\infty} A_k \quad (j=1,2,\cdots),$$

显然有 $B_j \supset B_{j+1}(j=1,2,\cdots)$. 我们称

$$\lim\limits_{k\to\infty} B_k = \bigcap\limits_{j=1}^{\infty} B_j = \bigcap\limits_{j=1}^{\infty} \bigcup\limits_{k=j}^{\infty} A_k$$

为集合列 $\{A_k\}$ 的**上极限集**,简称为**上限集**,记为

$$\overline{\lim\limits_{k\to\infty}} A_k = \bigcap\limits_{j=1}^{\infty} \bigcup\limits_{k=j}^{\infty} A_k.$$

类似地,称集合 $\bigcup\limits_{j=1}^{\infty}\bigcap\limits_{k=j}^{\infty}A_k$ 为集合列 $\{A_k\}$ 的**下极限集**,简称为**下限集**,记为

$$\varliminf_{k\to\infty}A_k = \bigcup_{j=1}^{\infty}\bigcap_{k=j}^{\infty}A_k.$$

若上、下限集相等,则说 $\{A_k\}$ 的极限集存在并等于上限集或下限集,记为 $\lim\limits_{k\to\infty}A_k$.

例7 设 E,F 是两个集合,作集合列

$$A_k = \begin{cases} E, & k\ \text{为奇数}, \\ F, & k\ \text{为偶数} \end{cases} \quad (k=1,2,\cdots),$$

从而我们有

$$\varlimsup_{k\to\infty}A_k = E\bigcup F, \qquad \varliminf_{k\to\infty}A_k = E\bigcap F.$$

对于上、下限集的运算,易知下述事实成立:

(i) $E\backslash\varlimsup\limits_{k\to\infty}A_k=\varliminf\limits_{k\to\infty}(E\backslash A_k)$; (ii) $E\backslash\varliminf\limits_{k\to\infty}A_k=\varlimsup\limits_{k\to\infty}(E\backslash A_k)$.

定理 1.3 若 $\{A_k\}$ 为一集合列,则

(i) $\varlimsup\limits_{k\to\infty}A_k=\{x:$ 对任一自然数 j,存在 $k(k\geqslant j),x\in A_k\}$;

(ii) $\varliminf\limits_{k\to\infty}A_k=\{x:$ 存在自然数 j_0,当 $k\geqslant j_0$ 时,$x\in A_k\}$.

这就是说,$\{A_k\}$ 的上限集是由属于 $\{A_k\}$ 中无穷多个集合的元素所形成的;$\{A_k\}$ 的下限集是由只不属于 $\{A_k\}$ 中有限多个集合的元素所形成的. 从而立即可知

$$\varlimsup_{k\to\infty}A_k \supset \varliminf_{k\to\infty}A_k.$$

证明 以 (ii) 为例. 若 $x\in\varliminf\limits_{k\to\infty}A_k$,则存在自然数 j_0,使得

$$x\in\bigcap_{k=j_0}^{\infty}A_k,$$

从而当 $k\geqslant j_0$ 时,有 $x\in A_k$. 反之,若存在自然数 j_0,当 $k\geqslant j_0$ 时,有 $x\in A_k$,则得到

$$x\in\bigcap_{k=j_0}^{\infty}A_k.$$

由此可知 $x\in\bigcup\limits_{j=1}^{\infty}\bigcap\limits_{k=j}^{\infty}A_k=\varliminf\limits_{k\to\infty}A_k$.

例 8 设 $\{f_n(x)\}$ 以及 $f(x)$ 是定义在 **R** 上的实值函数,则使 $f_n(x)$ 不收敛于 $f(x)$ 的一切点 x 所形成的集合 D 可表示为

$$D = \bigcup_{k=1}^{\infty} \bigcap_{N=1}^{\infty} \bigcup_{n=N}^{\infty} \left\{ x: |f_n(x) - f(x)| \geqslant \frac{1}{k} \right\}.$$

这个集合表示式初看起来有点"不知从何说起",因而我们来谈谈它的构思,详细证明留给读者. 大家知道,若 $f_n(x)$ 在点 x_0 不收敛到 $f(x_0)$,则存在 $\varepsilon_0 > 0$,对任给自然数 k,必有 $n \geqslant k$,使得

$$|f_n(x_0) - f(x_0)| \geqslant \varepsilon_0.$$

也就是说,若令

$$E_n(\varepsilon_0) = \{x: |f_n(x) - f(x)| \geqslant \varepsilon_0\},$$

则点 x_0 是属于 $\{E_n(\varepsilon_0)\}$ 中之无穷多个集合的,即 x_0 含于 $\{E_n(\varepsilon_0)\}$ 的上限集内. 反之,对任意给定的 $\varepsilon > 0$,$\{E_n(\varepsilon)\}$ 的上限集中的点都是不收敛点. 总之,这些上限集在对 ε 求并集后可构成全体不收敛点. 最后,上述的 ε 又可由一列 $\{\varepsilon_k\}(\varepsilon_1 > \varepsilon_2 > \cdots > \varepsilon_k > \cdots \rightarrow 0)$ 来代替. 特别取 $\varepsilon_k = 1/k$ 时,就得到 D 的表示式.

思考题 试证明下列命题:

1. 设 $\{f_n(x)\}$ 以及 $f(x)$ 都是定义在 **R** 上的实值函数,且有

$$\lim_{n \to \infty} f_n(x) = f(x), \quad x \in \mathbf{R},$$

则对 $t \in \mathbf{R}$,有

$$\{x \in \mathbf{R}: f(x) \leqslant t\}$$
$$= \bigcap_{k=1}^{\infty} \bigcup_{m=1}^{\infty} \bigcap_{n=m}^{\infty} \left\{ x \in \mathbf{R}: f_n(x) < t + \frac{1}{k} \right\}.$$

2. 设 $a_n \rightarrow a (n \rightarrow \infty)$,则

$$\bigcap_{k=1}^{\infty} \bigcup_{m=1}^{\infty} \bigcap_{n=m}^{\infty} \left(a_n - \frac{1}{k}, a_n + \frac{1}{k} \right) = \{a\}.$$

(四) 集合的直积

定义 1.10 设 X, Y 是两个集合,称一切有序"元素对" (x, y) (其中 $x \in X, y \in Y$) 形成的集合为 X 与 Y 的**直积集**,记为 $X \times Y$,即

$$X \times Y = \{(x, y): x \in X, y \in Y\},$$

其中 $(x, y) = (x', y')$ 是指 $x = x', y = y'$. $X \times X$ 也记为 X^2.

例 9 $[0, 1] \times [0, 1]$ 为平面上单位闭正方形.

§1.3 映射与基数

(一) 映射

在微积分中大家知道,定义在$[a,b]$上的一个实值函数就是从集合$[a,b]$到 **R** 的一种对应关系.现在,我们要把这一概念推广到一般的集合上,建立不同集合之间的联系.

定义 1.11 设 X,Y 为两个非空集合.若对每个 $x\in X$,均存在唯一的 $y\in Y$ 与之对应,则称这个对应为**映射(变换**或**函数)**.若用 f 表示这种对应,则记为

$$f: X \to Y,$$

并称 f 是从 X 到 Y 的一个映射.此时,$x\in X$ 在 Y 中的对应元 y 称为 x 在映射 f 下的(映)**像**,x 称为 y 的一个**原像**,记为 $y=f(x)$.若对每一个 $y\in Y$,均有 $x\in X$,使得 $y=f(x)$,则称此 f 为从 X 到 Y 的**满射**,或称 f 为 X 到 Y 上的映射.

对于 $f: X\to Y$ 以及 $A\subset X$,我们记

$$f(A) = \{y\in Y: x\in A, y = f(x)\},$$

并称 $f(A)$ 为集合 A 在映射 f 下的(映)**像集**$(f(\varnothing)=\varnothing)$.显然,我们有下列简单事实:

(i) $f\left(\bigcup_{\alpha\in I}A_\alpha\right)=\bigcup_{\alpha\in I}f(A_\alpha)$;   (ii) $f\left(\bigcap_{\alpha\in I}A_\alpha\right)\subset\bigcap_{\alpha\in I}f(A_\alpha)$.

对于 $f: X\to Y$ 以及 $B\subset Y$,我们记

$$f^{-1}(B) = \{x\in X: f(x)\in B\},$$

并称 $f^{-1}(B)$ 为 B 关于 f 的**原像集**.显然,我们有下列简单事实:

(i) 若 $B_1\subset B_2$,则 $f^{-1}(B_1)\subset f^{-1}(B_2)$ $(A\subset Y)$;

(ii) $f^{-1}\left(\bigcup_{\alpha\in I}B_\alpha\right)=\bigcup_{\alpha\in I}f^{-1}(B_\alpha)$ $(B_\alpha\subset Y,\alpha\in I)$;

(iii) $f^{-1}\left(\bigcap_{\alpha\in I}B_\alpha\right)=\bigcap_{\alpha\in I}f^{-1}(B_\alpha)$ $(B_\alpha\subset Y,\alpha\in I)$;

(iv) $f^{-1}(B^c)=(f^{-1}(B))^c$ $(B\subset Y)$.

定义 1.12 设 $f: X\to Y$.若当 $x_1,x_2\in X$ 且 $x_1\neq x_2$ 时,有

$$f(x_1) \neq f(x_2),$$

即 X 中不同元有不同的像,则称 f 是从 X 到 Y 的一个**单射**. 若 f 既是单射又是满射,则称 f 为 X 到 Y 上的**一一映射**. 在 f 是 X 到 Y 上的一一映射的情况下,对 Y 中的每一个元 y,就有 X 中的唯一元 x,使得 $y=f(x)$. 从而我们又可作 Y 到 X 上的映射

$$g: Y \to X, \quad g(y) = x,$$

其中 x 由关系 $y=f(x)$ 确定,并称 g 为 f 的**逆映射**,记为 f^{-1}. 于是,当 f 为 X 到 Y 上的一一映射时,我们就说在 X 与 Y 之间存在**一一对应**.(若 $f: X \to Y$ 是单射,则 f 是 X 到 $f(X)$ 上的一一映射.)

定义 1.13 设 $f: X \to Y, g: Y \to W$,则由

$$h(x) = g(f(x)) \quad (x \in X)$$

定义的 $h: X \to W$ 称为 g 与 f 的**复合映射**.

集合之间的映射不仅其本身具有实际的意义,而且是研究集合结构与性质的有效手段. 当 Y 是 $\mathbf{R}$ 时,$f: X \to Y$ 一般称为函数. 特别地,对于 X 中的子集 A,我们作

$$\chi_A(x) = \begin{cases} 1, & x \in A, \\ 0, & x \in X \backslash A, \end{cases}$$

且称 $\chi_A: X \to \mathbf{R}$ 是定义在 X 上的 A 的**特征函数**.

由此可以看出,特征函数 χ_A 在一定意义上可作为 A 本身的代表,从而可以通过对它的研究来了解集合本身. 例如,$A \neq B$ 就是 $\chi_A \neq \chi_B$,而 $A \subset B$ 与 $\chi_A(x) \leqslant \chi_B(x)$ 是等价的,等等. 显然,我们有下列简单事实:

(i) $\chi_{A \cup B}(x) = \chi_A(x) + \chi_B(x) - \chi_{A \cap B}(x)$;

(ii) $\chi_{A \cap B}(x) = \chi_A(x) \cdot \chi_B(x)$;

(iii) $\chi_{A \backslash B}(x) = \chi_A(x)(1 - \chi_B(x))$;

(iv) $\chi_{A \triangle B}(x) = |\chi_A(x) - \chi_B(x)|$.

思考题 试证明下列命题:

1. 设 $f: \mathbf{R} \to \mathbf{R}$,记 $f_1(x) = f(x), f_n(x) = f(f_{n-1}(x)) (n = 2, 3, \cdots)$. 若存在 n_0,使得 $f_{n_0}(x) = x$,则 f 是 $\mathbf{R}$ 到 $f(\mathbf{R})$ 上的一一映射.

2. 不存在 $\mathbf{R}$ 上的连续函数 f,它在无理数集 $\mathbf{R} \backslash \mathbf{Q}$ 上是一一映射,而在 $\mathbf{Q}$ 上则不是一一映射.

3. $f: X \to Y$ 是满射当且仅当对任意的真子集 $B \subset Y$,有

$$f(f^{-1}(B)) = B.$$

4. 设 $f: X \to Y$ 是满射,则下述命题等价:

(i) f 是一一映射;

(ii) 对任意的 $A, B \subset X$,有 $f(A \cap B) = f(A) \cap f(B)$;

(iii) 对满足 $A \cap B = \varnothing$ 的 $A, B \subset X$,有 $f(A) \cap f(B) = \varnothing$.

(iv) 对任意的 $A \subset B \subset X$,有 $f(B \backslash A) = f(B) \backslash f(A)$.

定义 1.14 设 X 是一个非空集合,由 X 的一切子集(包括 $\varnothing$,X 自身)为元素形成的集合称为 X 的**幂集**,记为 $\mathscr{P}(X)$.

例如,由 n 个元素形成的集合 E 之幂集 $\mathscr{P}(E)$ 共有 2^n 个元素.

例 1(单调映射的不动点) 设 X 是一个非空集合,且有 $f: \mathscr{P}(X) \to \mathscr{P}(X)$. 若对 $\mathscr{P}(X)$ 中满足 $A \subset B$ 的任意 A, B,必有 $f(A) \subset f(B)$,则存在 $T \subset \mathscr{P}(X)$,使得 $f(T) = T$.

证明 作集合 S, T:

$$S = \{A: A \in \mathscr{P}(X) \text{ 且 } A \subset f(A)\},$$

$$T = \bigcup_{A \in S} A(\in \mathscr{P}(X)),$$

则有 $f(T) = T$.

事实上,因为由 $A \in S$ 可知 $A \subset f(A)$,从而由 $A \subset T$ 可得 $f(A) \subset f(T)$. 根据 $A \in S$ 推出 $A \subset f(T)$,这就导致

$$\bigcup_{A \in S} A \subset f(T), \quad T \subset f(T).$$

另一方面,又从 $T \subset f(T)$ 可知 $f(T) \subset f(f(T))$. 这说明 $f(T) \in S$,我们又有 $f(T) \subset T$.

思考题 试证明下列命题:

5. 设 $f: X \to Y, g: Y \to X$. 若对任意的 $x \in X$,必有 $g(f(x)) = x$,则 f 是单射,g 是满射.

(二) 基数

对于一个集合来说,集合中元素的多少是最基本的问题之一. 如果有两个集合 A 与 B,我们要问:A 的元素比 B 的元素多还是少?或者一样多?

对于有限集来说,情形比较简单,因为我们可用自然数数出它们的元素个数. 然而,当 A 与 B 都是无限集时,情况就不同了. 从根本

上来说,我们还并不清楚什么叫作"A 的元素与 B 的元素一样多".
实际上,这需要给出适当的定义.为此,让我们再来分析一下有限集
的情形.例如,说有 5 只羊,5 棵树,这是什么意思呢?这是说我们用
5 这个数来表示上述两个不同集合所具有的共同的数量属性.这种
属性表明此两集合的元素可以正好一个对一个地对应起来,不多也
不少.现在我们把这个思路推广于无限集,以此来比较其元素的
多少.

定义 1.15 设有集合 A 与 B.若存在一个从 A 到 B 上的一一
映射,则称集合 A 与 B **对等**(也就是说,可以把 A 与 B 的全部元素
通过映射一一对应起来),记为 $A \sim B$.

例 2 自然数集与正偶数集对等,即 $\mathbf{N} \sim \{y: y = 2n, n \in \mathbf{N}\}$.

例 3 $\mathbf{N} \times \mathbf{N} \sim \mathbf{N}$.例如,存在一一映射 f:
$$f((i,j)) = 2^{i-1}(2j-1), \quad (i,j) \in \mathbf{N} \times \mathbf{N}.$$
这是因为任一自然数均可唯一地表示为
$$n = 2^p \cdot q \quad (p \text{ 为非负整数}, q \text{ 为正奇数}),$$
而对非负整数 p,正奇数 q,又有唯一的 $i, j \in \mathbf{N}$,使得
$$p = i - 1, \quad q = 2j - 1.$$

例 4 $(-1, 1) \sim \mathbf{R}$,因为存在一一映射
$$f(x) = \frac{x}{1-x^2}, \quad x \in (-1, 1).$$

显然,对等关系有如下的基本性质:

(i) $A \sim A$;

(ii) 若 $A \sim B$,则 $B \sim A$;

(iii) 若 $A \sim B, B \sim C$,则 $A \sim C$.

有了以上这些性质,为了获得两个集合之间的一一对应关系,我
们就可以运用中间集合过渡的方法.此外,还可以采用分解,合并等
思想.尤其是下述 Cantor-Bernstein 定理,更是我们证明集合对等的
重要手段.

引理 1.4(集合在映射下的分解)[①] 若有 $f: X \to Y, g: Y \to X$,
则存在分解

————————————

① 本引理是 Banach 建立的.

$$X = A \cup A^\sim, \quad Y = B \cup B^\sim,$$

其中 $f(A)=B, g(B^\sim)=A^\sim, A \cap A^\sim = \varnothing$ 以及 $B \cap B^\sim = \varnothing$.

证明 对于 X 中的子集 E(不妨假定 $Y \backslash f(E) \neq \varnothing$),若满足
$$E \cap g(Y \backslash f(E)) = \varnothing,$$
则称 E 为 X 中的分离集. 现将 X 中的分离集的全体记为 Γ, 且作其并集
$$A = \bigcup_{E \in \Gamma} E.$$
我们有 $A \in \Gamma$. 事实上, 对于任意的 $E \in \Gamma$, 由于 $A \supset E$, 故从
$$E \cap g(Y \backslash f(E)) = \varnothing$$
可知 $E \cap g(Y \backslash f(A)) = \varnothing$, 从而有 $A \cap g(Y \backslash f(A)) = \varnothing$. 这说明 A 是 X 中的分离集且是 Γ 中最大元[①].

现在令 $f(A)=B, Y \backslash B = B^\sim$ 以及 $g(B^\sim)=A^\sim$. 首先知道
$$Y = B \cup B^\sim.$$
其次, 由于 $A \cap A^\sim = \varnothing$, 故又易得 $A \cup A^\sim = X$. 事实上, 若不然, 那么存在 $x_0 \in X$, 使得 $x_0 \bar\in A \cup A^\sim$. 现在作 $A_0 = A \cup \{x_0\}$, 我们有
$$B = f(A) \subset f(A_0), \quad B^\sim \supset Y \backslash f(A_0),$$
从而知 $A^\sim \supset g(Y \backslash f(A_0))$. 这就是说, A 与 $g(Y \backslash f(A_0))$ 不相交. 由此可得
$$A_0 \cap g(Y \backslash f(A_0)) = \varnothing.$$
这与 A 是 Γ 的最大元相矛盾.

定理 1.5(Cantor-Bernstein 定理)[②] 若集合 X 与 Y 的某个真子集对等, Y 与 X 的某个真子集对等, 则 $X \sim Y$.

证明 由题设知存在单射 $f: X \to Y$ 与单射 $g: Y \to X$, 根据映射分解定理知
$$X = A \cup A^\sim, \quad Y = B \cup B^\sim, \quad f(A)=B, \quad g(B^\sim)=A^\sim.$$
注意到这里的 $f: A \to B$ 以及 $g^{-1}: A^\sim \to B^\sim$ 是一一映射, 因而可作 X 到 Y 上的一一映射 F:

---

① 指包含关系.
② 本定理是 Cantor 提出的, 而首先给予正确证明的是 Bernstein. 这里的证明方法属于 Banach.

$$F(x) = \begin{cases} f(x), & x \in A, \\ g^{-1}(x), & x \in A^{\sim}. \end{cases}$$

这说明 $X \sim Y$.

定理的特例：设集合 A,B,C 满足下述关系：

$$C \subset A \subset B.$$

若 $B \sim C$,则 $B \sim A$.

例 5 $[-1,1] \sim \mathbf{R}$. 这是因为已知 $(-1,1) \sim \mathbf{R}$,且有

$$(-1,1) \subset [-1,1] \subset \mathbf{R}.$$

如果我们要直接建立 $[-1,1]$ 与 $\mathbf{R}$ 之间的一一对应关系,就会比较烦琐些. 至少用一个连续函数来表达是不可能的,因为闭区间上的连续函数之值域仍为一个闭区间.

现在让我们来描述集合的**基数**(或**势**)的概念. 设 A,B 是两个集合,如果 $A \sim B$,那么我们就说 A 与 B 的基数(cardinal number)或势是相同的,记为 $\overline{\overline{A}} = \overline{\overline{B}}$. 可见,凡是互相对等的集合均具有**相同的基数**. 如果用 α 表示这一相同的基数,那么 $\overline{\overline{A}} = \alpha$ 就表示 A 属于这一对等集合族. 对于两个集合 A 与 B,记 $\overline{\overline{A}} = \alpha, \overline{\overline{B}} = \beta$. 若 A 与 B 的一个子集对等,则称 α 不大于 β,记为

$$\alpha \leqslant \beta.$$

若 $\alpha \leqslant \beta$ 且 $\alpha \neq \beta$,则称 α 小于 β(或 β 大于 α),记为

$$\alpha < \beta \quad (\text{或 } \beta > \alpha)^{\textcircled{1}}.$$

显然,若 $\alpha \leqslant \beta$ 且 $\beta \leqslant \alpha$,则由 Cantor-Bernstein 定理可知 $\alpha = \beta$.

由此可见,基数概念是有限集个数概念的一个推广,它反映出一切对等集所仅有的共性(数量属性).

思考题 解答下列命题:

1. 设 $A_1 \subset A_2, B_1 \subset B_2$. 若 $A_1 \sim B_1, A_2 \sim B_2$,试问：是否有 $(A_2 \backslash A_1) \sim (B_2 \backslash B_1)$?

2. 若 $(A \backslash B) \sim (B \backslash A)$,则 $A \sim B$,对吗?

---

① 对于任意给定的两个集合 A 与 B,是否会发生下述情形: A 与 B 的任一子集不对等, B 与 A 的任一子集不对等. 在应用集合论中的"选择公理"的基础上,可以证明这一情形是不会发生的. 选择公理见第二章末尾的注记(一). 在关于集合的某些命题的证明中,我们事实上必须用到选择公理.

3. 若 $A \subset B$ 且 $A \sim (A \cup C)$,试证明 $B \sim (B \cup C)$.

现在我们可以把有限集说得更清楚些. 设 A 是一个集合. 如果存在自然数 n,使得 $A \sim \{1, 2, \cdots, n\}$,则称 A 为有限集,且用同一符号 n 记 A 的基数. 由此可见,对于有限集来说,其基数可以看作集合中元素的数目. 若一个集合不是有限集,则称为无限集. 下面我们着重介绍无限集中若干重要且常见的基数.

(1) 自然数集 **N** 的基数 • 可列集

记自然数集 **N** 的基数为 $\aleph_0$(读作阿列夫(Aleph,希伯来文)零). 若集合 A 的基数为 $\aleph_0$,则 A 叫作可列集. 这是由于 $\mathbf{N} = \{1, 2, \cdots, n, \cdots\}$,而 $A \sim \mathbf{N}$,故可将 A 中元素按一一对应关系以自然数次序排列起来,附以下标,就有

$$A = \{a_1, a_2, \cdots, a_n, \cdots\}.$$

定理 1.6　任一无限集 E 必包含一个可列子集.

证明　任取 E 中一元,记为 a_1;再从 $E \backslash \{a_1\}$ 中取一元,记为 a_2, $\cdots$. 设已选出 $a_1, a_2, \cdots, a_n$. 因为 E 是无限集,所以

$$E \backslash \{a_1, a_2, \cdots, a_n\} \neq \varnothing.$$

于是又从 $E \backslash \{a_1, a_2, \cdots, a_n\}$ 中可再选一元,记为 a_{n+1}. 这样,我们就得到一个集合

$$\{a_1, a_2, \cdots, a_n, a_{n+1}, \cdots\}.$$

这是一个可列集且是 E 的子集.

这个定理说明,在众多的无限集中,最小的基数是 $\aleph_0$.

例 6　设 A 是有限集,B 是可列集,则 $A \cup B$ 是可列集.

证明　不妨设 $A = \{a_1, a_2, \cdots, a_n\}$,$B = \{b_1, b_2, \cdots\}$. 若 $A \cap B = \varnothing$,则由

$$A \cup B = \{a_1, a_2, \cdots, a_n, b_1, b_2, \cdots\}$$

可知 $A \cup B$ 是可列集;若 $A \cap B \neq \varnothing$,则由于

$$A \cup B = (A \backslash B) \cup B,$$

易知 $A \cup B$ 仍为可列集.

定理 1.7　若 $A_n (n = 1, 2, \cdots)$ 为可列集,则并集

$$A = \bigcup_{n=1}^{\infty} A_n$$

也是可列集.

证明 只需讨论 $A_i \cap A_j = \varnothing$ $(i \neq j)$ 的情形. 设

$$A_1 = \{a_{11}, a_{12}, \cdots, a_{1j}, \cdots\},$$
$$A_2 = \{a_{21}, a_{22}, \cdots, a_{2j}, \cdots\},$$
$$\cdots\cdots\cdots\cdots\cdots\cdots\cdots\cdots\cdots\cdots$$
$$A_i = \{a_{i1}, a_{i2}, \cdots, a_{ij}, \cdots\},$$
$$\cdots\cdots\cdots\cdots\cdots\cdots\cdots\cdots\cdots\cdots$$

则 A 中的元素可排列如下:

$$\{a_{11}, a_{21}, a_{12}, a_{31}, a_{22}, a_{13}, \cdots, a_{ij}, \cdots\},$$

其规则是 a_{11} 排第一,当 $i+j>2$ 时,a_{ij} 排在第 n 位:

$$n = j + \sum_{k=1}^{i+j-2} k.$$

例 7 有理数集 **Q** 是可列集. 只需指出正有理数集 $\mathbf{Q}_+ = \{p/q\}$ 为可列集即可,其中 p,q 都为正整数. 而将后者 $\mathbf{Q}_+$ 中的元素看成有序对 (p,q) 就可应用上述定理.

注意,说 **Q** 是一个可列集,是指全体有理数可以按某种方式排列起来. 因此,常记 $\mathbf{Q} = \{r_n\}$. 但这并不是说,有理数可以按照我们随意的要求把它排列起来. 例如,$\mathbf{Q} \cap [0,1]$ 就不能按其数值的大小次序进行排列. 下例倒也不失为一种排法:

例 8 试做出 **R** 中全体正有理数的一个排列 $\{r_n\}$,使得

$$\lim_{n\to\infty} r_n^{1/n} = 1.$$

解 做排列 $\{r_n\}$ 如下:

$$1, \frac{1}{2}, 2, 3, \frac{1}{3}, \frac{1}{4}, \frac{2}{3}, \frac{3}{2}, 4, 5, \frac{1}{5}, \frac{1}{6}, \cdots$$

(其中只保留可约化的最简式),其方法如左图所示. 易知第 m 行的每个数都不大于 m,第 m 列的每个数都不小于 $1/m$.

若 r_n 位于图中的第 i 行第 j 列,自然有

$$j \leqslant n, \quad i \leqslant n,$$

从而可知

$$\frac{1}{n} \leqslant \frac{1}{j} \leqslant r_n \leqslant i \leqslant n.$$

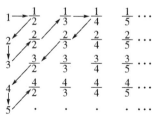

这就导致

$$\left(\frac{1}{n}\right)^{\frac{1}{n}} \leqslant r_n^{\frac{1}{n}} \leqslant n^{\frac{1}{n}},$$

即得所证.

我们知道,在任何两个实数之间都存在着有理数,即有理数在实数轴上是稠密的. 现在又知道有理数集是可列集,这使得有理数集 **Q** 在许多命题的证明中扮演了重要角色.

例 9 设 $E_k(k=1,2,\cdots,n)$ 是可列集,则 $E_1 \times E_2 \times \cdots \times E_n$ 是可列集,$\bigcup\limits_{n=1}^{\infty} \mathbf{N}^n$ 是可列集.

证明 不妨视 $E_k = \mathbf{N}(k=1,2,\cdots,n)$,则 $E_1 \times E_2 \times \cdots \times E_n = \mathbf{N}^n$. 取不同的素数 $p_1,p_2,\cdots,p_n$. 对于 $\mathbf{N}^n$ 中的元 $(m_1,m_2,\cdots,m_n)$,用自然数 $p_1^{m_1},p_2^{m_2},\cdots,p_n^{m_n}$ 与它对应,即可得证.

注意,我们把有限集与可列集统称为可数集或至多可列集,因此可列集也可称为可数无限集.

例 10 **R** 中互不相交的开区间族是可数集.

例 11 **R** 上单调函数的不连续点集为可数集. 以单调上升函数 $f(x)$ 为例:若 x_0 为 $f(x)$ 的不连续点,则有

$$f(x_0 - 0) = \lim_{x \to x_0^-} f(x) < \lim_{x \to x_0^+} f(x) = f(x_0 + 0).$$

因此,x_0 就对应着一个开区间 $(f(x_0-0), f(x_0+0))$. 显然,对于两个不同的不连续点 x_1 及 x_2,区间 $(f(x_1-0), f(x_1+0))$ 与 $(f(x_2-0), f(x_2+0))$ 是互不相交的,故只需看实轴上互不相交的开区间族,后者是可数集.

例 12 (i) 设 $f(x)$ 是定义在 **R** 上的实值函数,则点集

$$E = \{x \in \mathbf{R}: \lim_{y \to x} f(y) = +\infty\}$$

是可数集;

(ii) 设 $f(x)$ 是定义在 **R** 上的实值函数,则点集

$$\{x \in \mathbf{R}: f(x) \text{ 在点 } x \text{ 处不连续,但右极限 } f(x+0) \text{ 存在}\}$$

是可数集.

证明 (i) 令 $g(x) = \arctan f(x) (x \in \mathbf{R})$,且作点集

$$E = \{x \in \mathbf{R}: \lim_{y \to x} g(y) = \pi/2\}.$$

从而易知 E 是可数集.

(ii) 令 $S = \{x \in \mathbf{R}: f(x+0) \text{ 存在}\}$,对每个自然数 n,作

$$E_n = \{x \in \mathbf{R}: \text{存在 } \delta > 0, \text{当 } x', x'' \in (x-\delta, x+\delta) \text{ 时},$$
$$\text{有 } |f(x') - f(x'')| < 1/n\}.$$

显然,$\bigcap\limits_{n=1}^{\infty} E_n$ 是 $f(x)$ 的连续点集,从而只需指出 $S \backslash E_n (n=1,2,\cdots)$ 是可数集即可.

取定任意一个 n,并设 $x \in S \backslash E_n$,则存在 $\delta > 0$,使得

$$|f(x') - f(x+0)| < \frac{1}{2n}, \quad x' \in (x, x+\delta),$$

从而当 $x', x'' \in (x, x+\delta)$ 时,就有 $|f(x') - f(x'')| < 1/n$. 这说明 $(x, x+\delta) \subset E_n$. 也就是说,$S \backslash E_n$ 中每一个点 x 是某个开区间 $I_x = (x, x+\delta)$ 的左端点,且 I_x 与 $S \backslash E_n$ 不相交. 因此,当 $x_1, x_2 \in S \backslash E_n$ 且 $x_1 \neq x_2$ 时,我们得到 $I_{x_1} \bigcap I_{x_2} = \varnothing$. 于是区间族 $\{I_x : x \in S \backslash E_n\}$ 是可数的,即 $S \backslash E_n$ 是可数集.

上述这些例子表明,通过集合的基数概念可使我们把握研究对象的某种数量属性.

例 13 设 $E \subset \mathbf{R}$ 是可列集,则存在 $x_0 \in \mathbf{R}$,使得
$$E \bigcap (E + \{x_0\}) = \varnothing.$$

证明 让我们看一下,当集合 E 与 $E + \{x_0\}$ 的交集不是空集时是一种什么样的情景. 此时,必有 $x', x'' \in E$,使得 x' 与 $x'' + x_0$ 是同一个点:

$$x' = x'' + x_0, \quad \text{或} \quad x' - x'' = x_0.$$

难道 $\mathbf{R}$ 中的任一点都是 E 中某两个点的差? 这是不可能的.

实际上,令 $E = \{r_n\}$,并作点集 A:

$$A = \{r_n - r_m : n \neq m\}.$$

因为 A 是可列集,所以存在 $\mathbf{R}$ 中点 x_0,满足

$$x_0 \neq r_n - r_m \quad (n \neq m; n, m = 1, 2, \cdots).$$

即 $r_n \neq r_m + x_0$,即得所证.

例 14(在无理点上连续,在有理点上间断的递增函数) 记 (a, b) 中有理数的全体为 $\{r_n\}$,并作

$$\sum_{n=1}^{\infty} C_n < +\infty, \quad C_n > 0 \quad (n = 1, 2, \cdots).$$

现在定义 (a, b) 上的函数

$$f(x) = \sum_{r_n < x} C_n \quad (\text{即对 } r_n < x \text{ 的指标 } n \text{ 求和}).$$

易知 $f(x)$ 递增,且有

$$f(r_n+) - f(r_n-) = C_n \quad (n = 1, 2, \cdots).$$

定理 1.8   设 A 是无限集且其基数为 α. 若 B 是至多可列集,则 $A \bigcup B$ 的基数仍为 α.

证明   不妨设 $B = \{b_1, b_2, \cdots\}, A \bigcap B = \varnothing$,且

$$A = A_1 \bigcup A_2, \quad A_1 = \{a_1, a_2, \cdots\}.$$

我们作映射 f 如下:

$$f(a_i) = a_{2i}, \quad a_i \in A_1; \quad f(b_i) = a_{2i-1}, \quad b_i \in B;$$

$$f(x) = x, \quad x \in A_2.$$

显然,f 是 $A \bigcup B$ 到 A 上的一一映射.

定理 1.9   集合 A 为无限集的充分且必要条件是 A 与其某真子集对等.

证明   因为有限集是不与其真子集对等的,所以充分性是成立的. 现在取 A 中一个非空有限子集 B,则由上一定理立即可知

$$A \sim (A \backslash B).$$

例 15   定义在 (a, b) 上的(下)凸函数在至多除一可列集外的点上都是可微的.

证明   所谓 (a, b) 上的(下)凸函数 $f(x)$,是指对 (a, b) 中任意两点 x_1, x_2, $x_1 < x_2$,均有

$$f(x) \leqslant \frac{(x_2 - x)f(x_1) + (x - x_1)f(x_2)}{x_2 - x_1}, \quad x_1 < x < x_2.$$

将上式进行变换,有

$$\frac{f(x) - f(x_1)}{x - x_1} \leqslant \frac{f(x_2) - f(x)}{x_2 - x}.$$

此外,对 $x < x_2' < x_2$,我们有

$$\frac{f(x_2') - f(x)}{x_2' - x} \leqslant \frac{f(x_2) - f(x)}{x_2 - x}.$$

这说明存在右导数:

$$\lim_{x_2' \to x+} \frac{f(x_2') - f(x)}{x_2' - x} = f_+'(x) < +\infty.$$

类似地可知左导数 $f_-'(x)$ 存在,且有

$$-\infty < f_-'(x) \leqslant f_+'(x) < +\infty.$$

从而可得结论:(a, b) 上的(下)凸函数在至多除一可数点集外都是可微的.

思考题　解答下列问题：

4. 对于平面上的直线 $3y - 2x = 5$ 来说，它具有下述性质：若 $x \in \mathbf{Q}$，则 $y \in \mathbf{Q}$. 试问：具有这种性质的直线在平面上有多少？

5. 试问：由自然数组成且公差亦为自然数的等差数列之全体形成的集合的基数是什么？

6. 设 $f(x)$ 在 (a, b) 上可微，且除可数集外，有 $f'(x) = 0$，试证明 $f(x) = c$（常数）.

7. 试问：是否存在满足

$$f(x) = \begin{cases} \text{无理数}, & x \text{ 是有理数}, \\ \text{有理数}, & x \text{ 是无理数} \end{cases}$$

的函数 $f \in C(\mathbf{R})$？

8. 设 $E \subset (0, 1)$ 是无限集. 若从 E 中任意选取不同的数所组成的无穷正项级数总是收敛的，试证明 E 是可数集.

(2) R 的基数・不可数集

我们知道，通过一一映射 $f(x) = (x + 1)/2$ 可知，$[-1, 1]$ 与 $[0, 1]$ 对等. 因此，要研究实数集 $\mathbf{R}$ 的基数，就只需要讨论 $[0, 1]$ 的基数即可.

定理 1.10　$[0, 1] = \{x : 0 \leqslant x \leqslant 1\}$ 不是可数集.

证明　只需讨论 $(0, 1]$. 为此，采用二进位制小数表示法：

$$x = \sum_{n=1}^{\infty} \frac{a_n}{2^n},$$

其中 a_n 等于 0 或 1，且在表示式中有无穷多个 a_n 等于 1. 显然，$(0, 1]$ 与全体二进位制小数一一对应.

若在上述表示式中把 $a_n = 0$ 的项舍去，则得到 $x = \sum_{i=1}^{\infty} 2^{-n_i}$，这里的 $\{n_i\}$ 是严格上升的自然数数列. 再令

$$k_1 = n_1, \quad k_i = n_i - n_{i-1}, \quad i = 2, 3, \cdots,$$

则 $\{k_i\}$ 是自然数子列. 把由自然数构成的数列的全体记为 $\mathscr{H}$，则 $(0, 1]$ 与 $\mathscr{H}$ 一一对应.

现在假定 $(0, 1]$ 是可数的，则 $\mathscr{H}$ 是可数的，不妨将其全体排列如下：

$$(k_1^{(1)}, k_2^{(1)}, \cdots, k_i^{(1)}, \cdots),$$
$$(k_1^{(2)}, k_2^{(2)}, \cdots, k_i^{(2)}, \cdots),$$
$$\cdots\cdots\cdots\cdots\cdots\cdots\cdots\cdots$$
$$(k_1^{(i)}, k_2^{(i)}, \cdots, k_i^{(i)}, \cdots),$$
$$\cdots\cdots\cdots\cdots\cdots\cdots\cdots\cdots$$

但这是不可能的,因为

$$(k_1^{(1)}+1, k_2^{(2)}+1, \cdots, k_i^{(i)}+1, \cdots)$$

属于 $\mathscr{H}$,而它并没有被排列出来. 这说明 $\mathscr{H}$ 是不可数的,也就是说 $(0,1]$ 是不可数集.

我们称 $(0,1]$ 的基数为**连续基数**,记为 c(或 $\aleph_1$). 易知 $\overline{\overline{\mathbf{R}}}=c$.

定理 1.11　设有集合列 $\{A_k\}$. 若每个 A_k 的基数都是连续基数,则其并集 $\bigcup\limits_{k=1}^{\infty} A_k$ 的基数是连续基数.

证明　不妨假定 $A_i \bigcap A_j = \varnothing (i=j)$,且 $A_k \sim [k, k+1)$,我们有

$$\bigcup_{k=1}^{\infty} A_k \sim [1, +\infty) \sim \mathbf{R}.$$

现在提出两个问题:其一,在 $\aleph_0$ 与连续基数 c 之间是否还有其他基数? 答案见本章附注;其二,是否存在一个具有最大基数的集合 A? 下一定理给予否定的回答,这是集合论中最重要的结果之一.

定理 1.12(无最大基数定理)　若 A 是非空集合,则 A 与其幂集 $\mathscr{P}(A)$(由 A 的一切子集所构成的集合族)不对等.

证明　假定 A 与其幂集 $\mathscr{P}(A)$ 对等,即存在一一映射 $f: A \rightarrow \mathscr{P}(A)$. 我们作集合

$$B = \{x \in A: x \overline{\in} f(x)\},$$

于是有 $y \in A$,使得 $f(y) = B \in \mathscr{P}(A)$. 现在分析一下 y 与 B 的关系:

(i) 若 $y \in B$,则由 B 的定义可知 $y \overline{\in} f(y) = B$;

(ii) 若 $y \overline{\in} B$,则由 B 的定义可知 $y \in f(y) = B$.

这些矛盾说明 A 与 $\mathscr{P}(A)$ 之间并不存在一一映射,即 A 与 $\mathscr{P}(A)$ 并不是对等的.

易知集合 A 的基数小于其幂集 $\mathscr{P}(A)$ 的基数.

思考题　解答下列问题:

9. 试问：直线上所有开区间的全体形成的集合的基数是什么？（设法与平面点集对应）

10. 设 $E \subset \mathbf{R}^2$ 是不可数集，试证明存在 $x_0 \in E$，使得对于任一内含 x_0 的圆邻域 $B(x_0)$，点集 $E \cap B(x_0)$ 为不可数集.

11. 设 $E \subset \mathbf{R}$，且 $\bar{\bar{E}} < c$，试证明存在实数 a，使得 $E + \{a\} = \{x + a: x \in E\} \subset \mathbf{R} \backslash \mathbf{Q}$. ($a \overline{\in} \mathbf{Q} - E \xlongequal{\text{def}} \{x - y: x \in \mathbf{Q}, y \in E\}$)

12. 试作由 $0, 1$ 两个数组成的数列的全体 E 与 $\mathscr{P}(\mathbf{N})$ 之间的一一映射.（作映射 $f: \mathscr{P}(\mathbf{N}) \to E: f(A) = \{x_1, x_2, \cdots, x_n, \cdots\}$，其中当 $n \in A$ 时，$x_n = 1$；当 $n \overline{\in} A$ 时，$x_n = 0$.）

13. 试问：是否存在集合 E，使得 $\mathscr{P}(E)$ 是可列集？

14. 试证明全体超越数（即不是整系数方程 $a_n x^n + a_{n-1} x^{n-1} + \cdots + a_1 x + a_0 = 0$ 的根）的基数是 c.（你知道的超越数是什么？）

§1.4 **R**^{n} 中点与点之间的距离·点集的极限点

本书主要以 **R**^{n} 上的实值函数为研究对象. 为此，还需进一步引入 **R**^{n} 中点集的运算及其性质.

记一切有序数组 $x = (\xi_1, \xi_2, \cdots, \xi_n)$ 的全体为 **R**^{n}，其中 $\xi_i \in \mathbf{R}$ ($i = 1, 2, \cdots, n$) 是实数，称 ξ_i 为 x 的第 i 个坐标，并定义运算如下：

(i) 加法：对于 $x = (\xi_1, \cdots, \xi_n)$ 以及 $y = (\eta_1, \cdots, \eta_n)$，令
$$x + y = (\xi_1 + \eta_1, \cdots, \xi_n + \eta_n);$$

(ii) 数乘：对于 $\lambda \in \mathbf{R}$，令 $\lambda x = (\lambda \xi_1, \cdots, \lambda \xi_n) \in \mathbf{R}^n$.

在上述两种运算下构成一个向量空间. 对于 $1 \leqslant i \leqslant n$，记
$$e_i = (0, \cdots, 0, 1, 0, \cdots, 0),$$
其中除第 i 个坐标为 1，外其余皆为 0. $e_1, e_2, \cdots, e_i, \cdots, e_n$ 组成 **R**^{n} 的基底，从而 **R**^{n} 是实数域上的 n 维向量空间，并称 $x = (\xi_1, \cdots, \xi_n)$ 为 **R**^{n} 中的向量或点. 当每个 ξ_i 均为有理数时，$x = (\xi_1, \cdots, \xi_n)$ 称为有理点.

定义 1.16 设 $x = (\xi_1, \cdots, \xi_n) \in \mathbf{R}^n$，令
$$|x| = (\xi_1^2 + \cdots + \xi_n^2)^{1/2},$$

称 $|x|$ 为向量 x 的**模**或**长度**.

关于向量的模我们有下列性质:

(i) $|x| \geqslant 0$,$|x| = 0$ 当且仅当 $x = (0, \cdots, 0)$;

(ii) 对任意的 $a \in \mathbf{R}$,有 $|ax| = |a||x|$;

(iii) $|x+y| \leqslant |x| + |y|$;

(i),(ii) 的结论是明显的;(iii) 是下述 (iv) 的推论:

(iv) 设 $x = (\xi_1, \cdots, \xi_n)$,$y = (\eta_1, \cdots, \eta_n)$,则有

$$(\xi_1 \eta_1 + \cdots + \xi_n \eta_n)^2 \leqslant (\xi_1^2 + \cdots + \xi_n^2)(\eta_1^2 + \cdots + \eta_n^2).$$

证明 只需注意到函数

$$f(\lambda) = (\xi_1 + \lambda \eta_1)^2 + \cdots + (\xi_n + \lambda \eta_n)^2$$

是非负的(对一切 λ),由 λ 的二次方程 $f(\lambda)$ 的判别式小于或等于零即得. (iv) 就是著名的 Cauchy-Schwarz 不等式.

一般地说,设 X 是一个集合.若对 X 中任意两个元素 x 与 y,有一个确定的实数与之对应,记为 $d(x, y)$,它满足下述三条性质:

(i) $d(x, y) \geqslant 0$,$d(x, y) = 0$ 当且仅当 $x = y$;

(ii) $d(x, y) = d(y, x)$;

(iii) $d(x, y) \leqslant d(x, z) + d(z, y)$,

则认为在 X 中定义了**距离** d,并称 (X, d) 为**距离空间**.因而 $(\mathbf{R}^n, d)$ 是一个距离空间,其中 $d(x, y) = |x - y|$.

我们称 $\mathbf{R}^n$ 为 n 维欧氏空间.

(一) 点集的直径、点的(球)邻域、矩体

定义 1.17 设 E 是 $\mathbf{R}^n$ 中一些点形成的集合,令

$$\text{diam}(E) = \sup\{|x - y| : x, y \in E\},$$

称为点集 E 的**直径**.若 $\text{diam}(E) < +\infty$,则称 E 为**有界集**.

显然,E 是有界集的充分且必要条件是,存在 $M > 0$,使得一切 $x \in E$ 都满足 $|x| \leqslant M$.

定义 1.18 设 $x_0 \in \mathbf{R}^n$,$\delta > 0$,称点集

$$\{x \in \mathbf{R}^n : |x - x_0| < \delta\}$$

为 $\mathbf{R}^n$ 中以 x_0 为中心,以 δ 为半径的**开球**,也称为 x_0 的**(球)邻域**,记为 $B(x_0, \delta)$,从而称

$$\{x \in \mathbf{R}^n : |x - x_0| \leqslant \delta\}$$

为**闭球**,记为 $C(x_0, \delta)$. $\mathbf{R}^n$ 中以 x_0 为中心,以 δ 为半径的**球面**是

$$\{x \in \mathbf{R}^n : |x - x_0| = \delta\}.$$

定义 1.19　设 $a_i, b_i (i = 1, 2, \cdots, n)$ 皆为实数,且 $a_i < b_i (i = 1, 2, \cdots, n)$,称点集

$$\{x = (\xi_1, \xi_2, \cdots, \xi_n) : a_i < \xi_i < b_i \quad (i = 1, 2, \cdots, n)\}$$

为 $\mathbf{R}^n$ 中的**开矩体**($n = 2$ 时为矩形,$n = 1$ 时为区间),即直积集

$$(a_1, b_1) \times \cdots \times (a_n, b_n).$$

类似地,$\mathbf{R}^n$ 中的**闭矩体**以及**半开闭矩体**就是直积集

$$[a_1, b_1] \times \cdots \times [a_n, b_n], \quad (a_1, b_1] \times \cdots \times (a_n, b_n],$$

称 $b_i - a_i (i = 1, 2, \cdots, n)$ 为矩体的**边长**. 若各边长都相等,则称矩体为**方体**.

矩体也常用符号 I, J 等表示,其体积用 $|I|, |J|$ 等表示.

若 $I = (a_1, b_1) \times \cdots \times (a_n, b_n)$,则

$$\mathrm{diam}(I) = [(b_1 - a_1)^2 + \cdots + (b_n - a_n)^2]^{1/2},$$

$$|I| = \prod_{i=1}^{n} (b_i - a_i).$$

定义 1.20　设 $x_k \in \mathbf{R}^n (k = 1, 2, \cdots)$. 若存在 $x \in \mathbf{R}^n$,使得

$$\lim_{k \to \infty} |x_k - x| = 0,$$

则称 $x_k (k = 1, 2, \cdots)$ 为 $\mathbf{R}^n$ 中的**收敛**(于 x 的)**点列**,称 x 为它的**极限**,并简记为

$$\lim_{k \to \infty} x_k = x.$$

若令 $x_k = \{\xi_1^{(k)}, \xi_2^{(k)}, \cdots, \xi_n^{(k)}\}, x = \{\xi_1, \xi_2, \cdots, \xi_n\}$,则由于不等式

$$|\xi_i^{(k)} - \xi_i| \leqslant |x_k - x| \leqslant |\xi_1^{(k)} - \xi_1| + \cdots + |\xi_n^{(k)} - \xi_n|$$

对一切 k 与 i 都成立. 故可知 $x_k (k = 1, 2, \cdots)$ 收敛于 x 的充分必要条件是,对每个 i,实数列 $\{\xi_i^{(k)}\}$ 都收敛于 ξ_i. 由此根据实数列收敛的 Cauchy 原理可知,$x_k (k = 1, 2, \cdots)$ 是收敛列的充分必要条件是

$$\lim_{\substack{l \to \infty \\ m \to \infty}} |x_l - x_m| = 0 \quad (\text{也称} \{x_k\} \text{为 Cauchy 列或基本列}).$$

(二) 点集的极限点

定义 1.21　设 $E \subset \mathbf{R}^n, x \in \mathbf{R}^n$. 若存在 E 中的互异点列 $\{x_k\}$,

使得

$$\lim_{k \to \infty} |x_k - x| = 0,$$

则称 x 为 E 的**极限点**(或**聚点**). E 的极限点全体记为 E', 称为 E 的**导集**.

显然, 有限集是不存在极限点的.

定理 1.13 若 $E \subset \mathbf{R}^n$, 则 $x \in E'$ 当且仅当对任意的 $\delta > 0$, 有
$$(B(x, \delta) \setminus \{x\}) \bigcap E \neq \varnothing.$$

证明 若 $x \in E'$, 则存在 E 中的互异点列 $\{x_k\}$, 使得
$$|x_k - x| \to 0 \quad (k \to \infty),$$
从而对任意的 $\delta > 0$, 存在 k_0, 当 $k \geqslant k_0$ 时, 有 $|x_k - x| < \delta$, 即
$$x_k \in B(x, \delta) \quad (k \geqslant k_0).$$

反之, 若对任意的 $\delta > 0$, 有 $(B(x, \delta) \setminus \{x\}) \bigcap E \neq \varnothing$, 则令 $\delta_1 = 1$, 可取 $x_1 \in E, x_1 \neq x$ 且 $|x - x_1| < 1$. 令
$$\delta_2 = \min\left(|x - x_1|, \frac{1}{2} \right),$$
可取 $x_2 \in E, x_2 \neq x$ 且 $|x - x_2| < \delta_2$. 继续这一过程, 就可得到 E 中互异点列 $\{x_k\}$, 使得 $|x - x_k| < \delta_k$, 即
$$\lim_{k \to \infty} |x - x_k| = 0.$$
这说明 $x \in E'$.

定义 1.22 设 $E \subset \mathbf{R}^n$. 若 E 中的点 x 不是 E 的极限点, 即存在 $\delta > 0$, 使得
$$(B(x, \delta) \setminus \{x\}) \bigcap E = \varnothing,$$
则称 x 为 E 的**孤立点**, 即 $x \in E \setminus E'$.

例 1 若 $E = \{1, 1/2, \cdots, 1/k, \cdots\}$, 则 $E' = \{0\}$, 且一切 $1/k$ $(k = 1, 2, \cdots)$ 均为 E 的孤立点.

例 2 设 $E = \{\sqrt{m} - \sqrt{n} : m, n \text{ 是自然数}\}$, 则 $E' = \mathbf{R}$.

事实上, 对任意的 $x \in \mathbf{R}$, 令
$$x_n = \sqrt{[(x+n)^2]} - \sqrt{n^2}$$
($[y]$ 表示不大于 y 的整数部分), 则有 $\sqrt{(x+n)^2 - 1} - n < x_n < x$, 因而可得
$$\lim_{n \to \infty} |x_n - x| = 0.$$

定理 1.14 设 $E_1, E_2 \subset \mathbf{R}^n$, 则 $(E_1 \bigcup E_2)' = E_1' \bigcup E_2'$.

证明 因为 $E_1 \subset E_1 \bigcup E_2$，$E_2 \subset E_1 \bigcup E_2$，所以

$$E_1' \subset (E_1 \bigcup E_2)', \quad E_2' \subset (E_1 \bigcup E_2)',$$

从而有 $E_1' \bigcup E_2' \subset (E_1 \bigcup E_2)'$. 反之，若 $x \in (E_1 \bigcup E_2)'$，则存在 $E_1 \bigcup E_2$ 中的互异点列 $\{x_k\}$，使得

$$\lim_{k \to \infty} x_k = x.$$

显然，在 $\{x_k\}$ 中必有互异点列 $\{x_{k_i}\}$ 属于 E_1 或属于 E_2，而且

$$\lim_{i \to \infty} x_{k_i} = x.$$

在 $\{x_{k_i}\} \subset E_1$ 时，有 $x \in E_1'$，否则 $x \in E_2'$. 这说明

$$(E_1 \bigcup E_2)' \subset E_1' \bigcup E_2'.$$

定理 1.15（Bolzano-Weierstrass 定理） R^n 中任一有界无限点集 E 至少有一个极限点.

证明 首先从 E 中取出互异点列 $\{x_k\}$. 显然，$\{x_k\}$ 仍是有界的，而且 $\{x_k\}$ 的第 $i(i=1,2,\cdots,n)$ 个坐标所形成的实数列 $\{\xi_i^{(k)}\}$ 是有界数列. 其次，根据 R 的 Bolzano-Weierstrass 定理可知，从 $\{x_k\}$ 中可选出子列 $\{x_k^{(1)}\}$，使得 $\{x_k^{(1)}\}$ 的第一个坐标形成的数列是收敛列；再考查 $\{x_k^{(1)}\}$ 的第二个坐标形成的数列，同理可从中选出 $\{x_k^{(2)}\}$，使其第二个坐标形成的数列成为收敛列，此时其第一坐标数列仍为收敛列（注意，收敛数列的任一子列必收敛于同一极限），……至第 n 步，可得到 $\{x_k\}$ 的子列 $\{x_k^{(n)}\}$，其一切坐标数列皆收敛，从而知 $\{x_k^{(n)}\}$ 是收敛点列，设其极限为 x. 由于 $\{x_k^{(n)}\}$ 是互异点列，故 x 为 E 的极限点.

思考题 试证明下列命题：

1. 设 $E \subset R$ 是不可数集，则 $E' \neq \varnothing$.

2. 设 $E \subset R^n$. 若 E' 是可数集，则 E 是可数集.

3. 若 $E \subset (0, +\infty)$ 中的点不能以数值大小加以排列，则 $E' \neq \varnothing$.

4. 设 $\{a_n\}$ 是 R 中的有界点列，且有

$$|a_n - a_{n+1}| \geqslant 1 \quad (n = 1, 2, \cdots),$$

则 $\{a_n\}$ 也可能有无穷多个极限点（$1/n + 1/m$ 与 $1/n + 1/m + 4$）.

5. 若 $E \subset R^2$ 中任意两点间的距离均大于 1，则 E 是可数集.

§1.5 $\mathbf{R}^n$ 中的基本点集：闭集·开集·
Borel 集·Cantor 集

(一) 闭集

定义 1.23 设 $E \subset \mathbf{R}^n$. 若 $E \supset E'$（即 E 包含 E 的一切极限点），则称 E 为**闭集**（这里规定空集为闭集）. 记 $\bar{E} = E \cup E'$，并称 $\bar{E}$ 为 E 的**闭包**（E 为闭集就是 $E = \bar{E}$）.

例 1 $\mathbf{R}^n$ 中的闭矩体是闭集. $\mathbf{R}^n$ 本身是闭集. 有理数集 $\mathbf{Q}$ 的闭包是 $\mathbf{R}$.

例 2 设 $f(x)$ 定义在 $\mathbf{R}^n$ 上，则 $f \in C(\mathbf{R}^n)$ 的充分必要条件是：对任意的 $t \in \mathbf{R}$, 点集

$$E_1 = \{x \in \mathbf{R}^n : f(x) \geqslant t\}, \quad E_2 = \{x \in \mathbf{R}^n : f(x) \leqslant t\}$$

都是闭集.

证明 **必要性** 以 E_1 为例. 若有 $\{x_k\} \subset E_1$, 且 $x_k \to x_0 (k \to \infty)$, 则由 $f(x_k) \geqslant t$ 以及 $f(x)$ 的连续性可知

$$f(x_0) = \lim_{k \to \infty} f(x_k) \geqslant t,$$

即 $x_0 \in E_1$.

充分性 采用反证法. 假定存在 $x_0 \in \mathbf{R}^n$ 不是 $f(x)$ 的连续点，则有 $\varepsilon_0 > 0$ 以及点列 $\{x_k\}$: $x_k \to x_0 (k \to \infty)$, 使得对每一个 k, 有

$$f(x_k) \leqslant f(x_0) - \varepsilon_0 \quad \text{或} \quad f(x_k) \geqslant f(x_0) + \varepsilon_0.$$

不妨认定对一切 x_k, 有 $f(x_k) \leqslant f(x_0) - \varepsilon_0$, 那么取 $t = f(x_0) - \varepsilon_0$, 可知 $x_k \in E_2$. 但 $x_0 \bar{\in} E_2$, 这与 E_2 是闭集矛盾.

例 3 $\mathbf{R}^n$ 中开球 $B(x_0, r)$ 的闭包是闭球 $C(x_0, r)$:

$$\overline{B(x_0, r)} = \{x \in \mathbf{R}^n : |x - x_0| \leqslant r\}.$$

证明 记 $F = \{x \in \mathbf{R}^n : |x - x_0| \leqslant r\}$, 易知 F 是闭集，因此 $\overline{B(x_0, r)} \subset F$. 反之，若 $x \in F$, 则令 $x_k = x_0/k + (1 - 1/k)x$, 且有

$$|x_0 - x_k| = (1 - 1/k)|x_0 - x| \leqslant (1 - 1/k)r < r,$$

$$|x - x_k| = |x_0 - x|/k \leqslant r/k.$$

这说明 $\{x_k\} \subset B(x_0, r)$, 且有 $x_k \to x$. 从而可知 $x \in \overline{B(x_0, r)}$, 即 $F \subset \overline{B(x_0, r)}$.

注　若 $A \subset B$ 且 $\overline{A} = B$,则称 A 在 B 中稠密,或称 A 是 B 的稠密子集.

例 4　设 $a \in \mathbf{Q}, E_a = \{p + aq: p, q \in \mathbf{Z}\}$,则有 $\overline{E_a} = \mathbf{R}$.

证明　对任意的 $x \in \mathbf{R}, \delta > 0$,取正整数 $m: 10^{-m} < \delta$,从而在点集 $\{na: n = 1, 2, \cdots\}$ 中必有 $n_1 a$ 与 $n_2 a$,它们的前 m 个小数相同. 令 k 是数 $n_1 a - n_2 a$ 的整数部分,则

$$|n_1 a - n_2 a - k| < 10^{-m} < \delta.$$

记 $|(n_1 - n_2)a - k|$ 为 $l_1 a + l_2$ ($l_1, l_2 \in \mathbf{Z}$),则 $0 < l_2 + l_1 a < \delta$. 因此,存在 $z \in \mathbf{Z}$,使得

$$x - \delta < z(l_2 + l_1 a) < x + \delta.$$

现在,令 $p = l_2 z, q = l_1 z$,可知 $p + qa \in (x - \delta, x + \delta)$. 证毕.

例 5　设 $E = \{\cos n\}$,则 $\overline{E} = [-1, 1]$.

证明　令 $A = \{n + 2m\pi: n, m \in \mathbf{Z}\}$,易知对任给 $t \in \mathbf{R}$ 以及 $\delta > 0$,存在 $a \in A$,使得 $|t - a| < \delta$,从而知 $\overline{A} = \mathbf{R}$. 现在设 $x \in [-1, 1]$ 以及 $\varepsilon > 0$,则存在 $t \in \mathbf{R}$,使得 $\cos t = x$,且存在 $n, m \in \mathbf{Z}$,使得 $t < n + 2m\pi < t + \varepsilon$. 由此得

$$|x - \cos n| = |\cos t - \cos(n + 2m\pi)| \leqslant n + 2m\pi - t < \varepsilon.$$

定理 1.16(闭集的运算性质)　(i) 若 F_1, F_2 是 $\mathbf{R}^n$ 中的闭集,则其并集 $F_1 \bigcup F_2$ 也是闭集,从而有限多个闭集的并集是闭集;

(ii) 若 $\{F_a: a \in I\}$ 是 $\mathbf{R}^n$ 中的一个闭集族,则其交集 $F = \bigcap\limits_{a \in I} F_a$ 是闭集.

证明　(i) 从等式

$$\overline{F_1 \bigcup F_2} = (F_1 \bigcup F_2) \bigcup (F_1 \bigcup F_2)'$$
$$= (F_1 \bigcup F_2) \bigcup (F_1' \bigcup F_2')$$
$$= (F_1 \bigcup F_1') \bigcup (F_2 \bigcup F_2')$$
$$= \overline{F_1} \bigcup \overline{F_2}$$

可知,若 F_1, F_2 为闭集,则 $\overline{F_1 \bigcup F_2} = F_1 \bigcup F_2$. 即 $F_1 \bigcup F_2$ 是闭集.

(ii) 因为对一切 $a \in I$,有 $F \subset F_a$,所以对一切 $a \in I$,有 $\overline{F} \subset \overline{F_a} = F_a$,从而有

$$\overline{F} \subset \bigcap\limits_{a \in I} F_a = F.$$

但 $F \subset \overline{F}$,故 $F = \overline{F}$. 这说明 F 是闭集.

注意,无穷多个闭集的并集不一定是闭集. 例如,令

$$F_k = \left[\frac{1}{k+1}, \frac{1}{k}\right] \subset \mathbf{R} \quad (k=1,2,\cdots),$$

则有 $\bigcup\limits_{k=1}^{\infty} F_k = (0,1]$. 此例还说明

$$\overline{\bigcup_{k=1}^{\infty} F_k} \neq \bigcup_{k=1}^{\infty} \overline{F_k}.$$

但我们有下列简单事实：设 $E_\alpha \subset \mathbf{R}^n (\alpha \in I)$，则

$$\bigcup_{\alpha \in I} \overline{E}_\alpha \subset \overline{\bigcup_{\alpha \in I} E_\alpha}, \quad \overline{\bigcap_{\alpha \in I} E_\alpha} \subset \bigcap_{\alpha \in I} \overline{E}_\alpha.$$

下述定理推广了 $\mathbf{R}$ 中的闭区间套定理.

定理 1.17（Cantor 闭集套定理）　若 $\{F_k\}$ 是 $\mathbf{R}^n$ 中的非空有界闭集列，且满足 $F_1 \supset F_2 \supset \cdots \supset F_k \supset \cdots$，则 $\bigcap\limits_{k=1}^{\infty} F_k \neq \varnothing$.

证明　若在 $\{F_k\}$ 中有无穷多个相同的集合，则存在自然数 k_0，当 $k \geqslant k_0$ 时，有 $F_k = F_{k_0}$. 此时，$\bigcap\limits_{k=1}^{\infty} F_k = F_{k_0} \neq \varnothing$. 现在不妨假定对一切 k，F_{k+1} 是 F_k 的真子集，即

$$F_k \backslash F_{k+1} \neq \varnothing \quad （\text{一切 } k），$$

我们选取 $x_k \in F_k \backslash F_{k+1} (k=1,2,\cdots)$，则 $\{x_k\}$ 是 $\mathbf{R}^n$ 中的有界互异点列. 根据 Bolzano-Weierstrass 定理可知，存在 $\{x_{k_i}\}$ 以及 $x \in \mathbf{R}^n$，使得 $\lim\limits_{i \to \infty} |x_{k_i} - x| = 0$. 由于每个 F_k 都是闭集，故知 $x \in F_k (k=1,2,\cdots)$，即

$$x \in \bigcap_{k=1}^{\infty} F_k.$$

思考题　解答下列问题：

1. 设 $E \subset \mathbf{R}$ 是非空点集. 若 E 中任一子集皆为闭集，试问 E 是有限集吗？

2. 设 A, B 是 $\mathbf{R}$ 中点集，试问：等式 $\overline{A \cap B} = \overline{A} \cap \overline{B}$ 一定成立吗？

3. 设 $E_k \subset \mathbf{R}^n (k=1,2,\cdots)$，令 $E = \bigcup\limits_{k=1}^{\infty} E_k$. 若有 $x_0 \in E'$，试问：是否一定存在 E_{k_0}，使得 $x_0 \in E'_{k_0}$？

4. 设 $E \subset \mathbf{R}^n$，试证明 $\overline{E}$ 是包含 E 的一切闭集 F 之交：

$$\overline{E} = \bigcap_{F \supset E} F.$$

5. 设 $F\subset\mathbf{R}$ 是有界闭集，$f(x)$ 是定义在 F 上的（实值）函数. 若对任意的 $x_0\in F'$，均有 $f(x)\to+\infty$（$x\in F$ 且 $x\to x_0$），试证明 F 是可数集. $\left(F=\bigcup_{n=1}^{\infty}\{x:f(x)\leqslant n\}\right)$

6. 设 $f\in C(\mathbf{R})$，试证明 $F=\{(x,y):f(x)\geqslant y\}$ 是 $\mathbf{R}^2$ 中的闭集.

7. 试在 $\mathbf{R}$ 中做出可列个互不相交的稠密可列集.

（二）开集

定义 1.24 设 $G\subset\mathbf{R}^n$. 若 $G^c=\mathbf{R}^n\backslash G$ 是闭集，则称 G 为**开集**.

由此定义立即可知，$\mathbf{R}^n$ 本身与空集 $\varnothing$ 是开集；$\mathbf{R}^n$ 中的开矩体是开集；闭集的补集是开集.

例 6 设 $f(x)$ 定义在 $\mathbf{R}^n$ 上，则 $f\in C(\mathbf{R}^n)$ 的充分必要条件是，对任意的 $t\in\mathbf{R}$，点集
$$E_1=\{x\in\mathbf{R}^n:f(x)>t\},\quad E_2=\{x\in\mathbf{R}^n:f(x)<t\}$$
都是开集.

定理 1.18（开集的运算性质） (i) 若 $\{G_\alpha:\alpha\in I\}$ 是 $\mathbf{R}^n$ 中的一个开集族，则其并集 $G=\bigcup_{\alpha\in I}G_\alpha$ 是开集；

(ii) 若 $G_k(k=1,2,\cdots,m)$ 是 $\mathbf{R}^n$ 中的开集，则其交集 $G=\bigcap_{k=1}^{m}G_k$ 是开集（有限个开集的交集是开集）；

(iii) 若 G 是 $\mathbf{R}^n$ 中的非空点集，则 G 是开集的充分必要条件是，对于 G 中任一点 x，存在 $\delta>0$，使得 $B(x,\delta)\subset G$.

证明 (i) 由定义知 $G_\alpha^c(\alpha\in I)$ 是闭集，且有 $G^c=\bigcap_{\alpha\in I}G_\alpha^c$. 根据闭集的性质可知 G^c 是闭集，即 G 是开集.

(ii) 由定义知 $G_k^c(k=1,2,\cdots,m)$ 是闭集，且有 $G^c=\bigcup_{k=1}^{m}G_k^c$. 根据闭集的性质可知 G^c 是闭集，即 G 是开集.

(iii) 若 G 是开集且 $x\in G$，则由于 G^c 是闭集以及 $x\overline{\in}G^c$，可知存在 $\delta>0$，使得 $B(x,\delta)\subset G$.

反之，若对 G 中的任一点 x，存在 $\delta>0$，使得 $B(x,\delta)\subset G$，则

$$B(x,\delta)\bigcap G^c = \varnothing,$$

从而 x 不是 G^c 的极限点,即 G^c 的极限点含于 G^c. 这说明 G^c 是闭集,即 G 是开集.

定义 1.25 设 $E \subset \mathbf{R}^n$. 对 $x \in E$,若存在 $\delta > 0$,使得 $B(x,\delta) \subset E$,则称 x 为 E 的**内点**. E 的内点全体记为 $\mathring{E}$,称为 E 的**内核**. 若 $x \in \bar{E}$ 但 $x \bar{\in} \mathring{E}$,则称 x 为 E 的**边界点**. 边界点全体记为 ∂E.

显然,内核定为开集. 上述性质(iii)说明开集就是集合中每个点都是内点的集合.

例 7 设函数 $f(x)$ 在 $B(x_0,\delta_0)$ 上有定义. 令
$$\omega_f(x_0) = \lim_{\delta \to 0} \sup\{|f(x') - f(x'')| : x', x'' \in B(x_0,\delta)\},$$
我们称 $\omega_f(x_0)$ 为 f 在 x_0 处的振幅. 若 G 是 $\mathbf{R}^n$ 中的开集,且 $f(x)$ 定义在 G 上,则对任意的 $t \in \mathbf{R}$,点集
$$H = \{x \in G : \omega_f(x) < t\}$$
是开集.

证明 不妨设 $H \neq \varnothing$. 对于 H 中的任一点 x_0,因为 $\omega_f(x_0) < t$,所以存在 $\delta_0 > 0$,使得 $B(x_0,\delta_0) \subset G$,且有
$$\sup\{|f(x') - f(x'')| : x', x'' \in B(x_0,\delta_0)\} < t.$$
现在对于 $x \in B(x_0,\delta_0)$,可以选取 $\delta_1 > 0$,使得
$$B(x,\delta_1) \subset B(x_0,\delta_0).$$
显然有
$$\sup\{|f(x') - f(x'')| : x', x'' \in B(x,\delta_1)\} < t,$$
从而可知 $\omega_f(x) < t$,即
$$B(x_0,\delta_0) \subset H.$$
这说明 H 中的点都是内点,H 是开集.

下面的重要定理揭示出开集的构造,使我们对开集有了进一步的感性认识.

定理 1.19 (i) $\mathbf{R}$ 中的非空开集是可数个互不相交的开区间(这里也包括 $(-\infty,a)$,$(b,+\infty)$ 以及 $(-\infty,+\infty)$)的并集;

(ii) $\mathbf{R}^n$ 中的非空开集 G 是可列个互不相交的半开闭方体的并集.

证明 (i) 设 G 是 $\mathbf{R}$ 中的开集. 对于 G 中的任一点 a,由于 a 是

G 的内点，故存在 $\delta>0$，使得 $(a-\delta,a+\delta)\subset G$. 现在令

$$a' = \inf\{x: (x,a)\subset G\}, \quad a'' = \sup\{x: (a,x)\subset G\}$$

（这里 a' 可以是 $-\infty$，a'' 可以是 $+\infty$），显然 $a'<a<a''$ 且 $(a',a'')\subset G$. 这是因为对区间 (a',a'') 中的任一点 z，不妨设 $a'<z\leqslant a$，必存在 x，使得 $a'<x<z$ 且 $(x,a)\subset G$，即 $z\in G$. 我们称这样的开区间 (a',a'') 为 G（关于点 a）的**构成区间** I_a.

如果 $I_a=(a',a''),I_b=(b',b'')$ 是 G 的构成区间，那么可以证明它们或是重合的或是互不相交的. 为此，不妨设 $a<b$. 若

$$I_a\bigcap I_b\neq\varnothing,$$

则有 $b'<a''$. 于是令 $\min\{a',b'\}=c$，$\max\{a'',b''\}=d$，则有 $(c,d)=(a',a'')\bigcup(b',b'')$. 取 $x\in I_a\bigcap I_b$，则 $I_x=(c,d)$ 是构成区间，且

$$(c,d) = (a',a'') = (b',b'').$$

最后，我们知道 **R** 中互不相交的区间族是可数的.

(ii) 首先将 **R**^{n} 用格点（坐标皆为整数）分为可列个边长为 1 的半开闭方体，其全体记为 Γ_0. 再将 Γ_0 中每个方体的每一边二等分，则每个方体就可分为 2^n 个边长为 1/2 的半开闭方体，记 Γ_0 中如此做成的子方体的全体为 Γ_1. 继续按此方法二分下去，可得其所含方体越来越小的方体族组成的序列 $\{\Gamma_k\}$，这里 Γ_k 中每个方体的边长是 2^{-k}，且此方体是 Γ_{k+1} 中相应的 2^n 个互不相交的方体的并集. 我们称如此分成的方体为**二进方体**.

现在把 Γ_0 中凡含于 G 内的方体取出来，记其全体为 H_0. 再把 Γ_1 中含于

$$G\backslash\bigcup_{J\in H_0}J$$

（J 表示半开闭二进方体）内的方体取出来，记其全体为 H_1. 依此类推，H_k 为 Γ_k 中含于

$$G\backslash\bigcup_{i=0}^{k-1}\bigcup_{J\in H_i}J$$

内的方体的全体. 显然，一切由 $H_k(k=0,1,2,\cdots)$ 中的方体构成的集合为可列的. 因为 G 是开集，所以对任意的 $x\in G$，存在 $\delta>0$，使得 $B(x,\delta)\subset G$. 而 Γ_k 中的方体的直径当 $k\to\infty$ 时是趋于零的，从而可

知 x 最终必落入某个 Γ_k 中的方体. 这说明

$$G = \bigcup_{k=0}^{\infty} \bigcup_{J \in H_k} J, \quad J \text{ 表示半开闭二进方体}.$$

$\mathbf{R}^n$ 中的开集还有一个重要事实, 即 $\mathbf{R}^n$ 中存在由可列个开集构成的开集族 Γ, 使得 $\mathbf{R}^n$ 中任一开集均是 Γ 中某些开集的并集. 事实上, Γ 可取为

$$\left\{ B\left(x, \frac{1}{k}\right) : x \text{ 是 } \mathbf{R}^n \text{ 中的有理点}, k \text{ 是自然数} \right\}.$$

首先, Γ 是可列集. 其次, 对于 $\mathbf{R}^n$ 中开集 G 的任一点 x, 必存在 $\delta > 0$, 使得 $B(x, \delta) \subset G$. 现在取有理点 x', 使得 $d(x, x') < 1/k$, 其中 $k > 2/\delta$, 从而有

$$x \in B(x', 1/k) \subset B(x, \delta) \subset G,$$

显然, 一切如此做成的 $B(x', 1/k)$ 的并集就是 G.

思考题 解答下列问题:

1. 设 $E \subset \mathbf{R}^n$, 试证明 $\mathring{E} = (\overline{E^c})^c$, $\partial E = \overline{E} \backslash \mathring{E}$.

2. 试证明函数

$$f(x, y) = \begin{cases} x\sin(1/y), & y \neq 0, \\ 0, & y = 0 \end{cases}$$

的不连续点集不是闭集.

3. 试证明 $G \subset \mathbf{R}^n$ 是开集当且仅当 $G \bigcap \partial G = \varnothing$; $F \subset \mathbf{R}^n$ 是闭集当且仅当 $\partial F \subset F$.

4. 设 $G \subset \mathbf{R}^n$ 是非空开集, $r_0 > 0$. 若对任意的 $x \in G$, 作闭球 $\overline{B(x, r_0)}$, 试证明 $A = \bigcup_{x \in G} \overline{B(x, r_0)}$ 是开集.

5. 设 $F \subset \mathbf{R}$ 是无限闭集, 试证明存在 F 中可数子集 E, 使得 $\overline{E} = F$.

6. 设 $E \subset \mathbf{R}^n$ 中的每点都是 E 的孤立点, 试证明 E 是某开集和闭集的交集.

定义 1.26 设 $E \subset \mathbf{R}^n$, Γ 是 $\mathbf{R}^n$ 中的一个开集族. 若对任意的 $x \in E$, 存在 $G \in \Gamma$, 使得 $x \in G$, 则称 Γ 为 E 的一个**开覆盖**. 设 Γ 是 E 的一个开覆盖. 若 $\Gamma' \subset \Gamma$ 仍是 E 的一个开覆盖, 则称 Γ' 为 Γ (关于 E) 的一个**子覆盖**.

引理 1.20　$\mathbf{R}^n$ 中点集 E 的任一开覆盖 Γ 都含有一个可数子覆盖.

证明从略.

定理 1.21（Heine-Borel 有限子覆盖定理）　$\mathbf{R}^n$ 中有界闭集的任一开覆盖均含有一个有限子覆盖.

证明　设 F 是 $\mathbf{R}^n$ 中的有界闭集，Γ 是 F 的一个开覆盖. 由上述引理，可以假定 Γ 由可列个开集组成：

$$\Gamma = \{G_1, G_2, \cdots, G_i, \cdots\}.$$

令　　　$$H_k = \bigcup_{i=1}^{k} G_i, \quad L_k = F \bigcap H_k^c \quad (k = 1, 2, \cdots).$$

显然，H_k 是开集，L_k 是闭集且有 $L_k \supset L_{k+1}\,(k=1,2,\cdots)$. 分两种情况：(i) 存在 k_0，使得 L_{k_0} 是空集，即 $H_{k_0}^c$ 中不含 F 的点，从而知 $F \subset H_{k_0}$，定理得证；(ii) 一切 L_k 皆非空集，则由 Cantor 闭集套定理可知，存在点 $x_0 \in L_k\,(k=1,2,\cdots)$，即 $x_0 \in F$ 且 $x_0 \in H_k^c\,(k=1,2,\cdots)$. 这就是说 F 中存在点 x_0 不属于一切 H_k，与原设矛盾，故第 (ii) 种情况不存在.

注意，在上述定理中，有界的条件是不能缺的. 例如，在 $\mathbf{R}$ 中对自然数集作开覆盖 $\{(n-(1/2), n+(1/2))\}$ 就不存在有限子覆盖. 同样，闭集的条件也是不能缺的. 例如，在 $\mathbf{R}$ 中对点集 $\{1, 1/2, \cdots, 1/n, \cdots\}$ 作开覆盖

$$\left\{\left(\frac{1}{n} - \frac{1}{2n}, \frac{1}{n} + \frac{1}{2n}\right)\right\} \quad (n = 1, 2, \cdots),$$

就不存在有限子覆盖.

例 8　设 F 是 $\mathbf{R}^n$ 中的有界闭集，G 是 $\mathbf{R}^n$ 中的开集，且 $F \subset G$，则存在 $\delta > 0$，使得当 $|x| < \delta$ 时，有

$$F + \{x\} \stackrel{\text{def}}{=\!=} \{y + x : y \in F\} \subset G.$$

证明　对于任意的 $y \in F$，由于 $y \in G$，故存在 $\delta_y > 0$，使得 $B(y, \delta_y) \subset G$. 因为 $\{B(y, \delta_y/2) : y \in F\}$ 组成 F 的一个开覆盖，所以根据 Heine-Borel 有限子覆盖定理，存在 $y_1, y_2, \cdots, y_m \in F$，使得

$$F \subset \bigcup_{k=1}^{m} B\left(y_k, \frac{\delta_{y_k}}{2}\right).$$

于是,每一个 $y\in F$ 至少属于某个 $B(y_k,\delta_{y_k}/2)$,且 y 与 G^c 中的任一点 z 之间的距离为

$$|y-z|\geqslant|z-y_k|-|y_k-y|>\delta_{y_k}-\delta_{y_k}/2=\delta_{y_k}/2.$$

现在取

$$\delta=\frac{1}{2}\min\{\delta_{y_1},\delta_{y_2},\cdots,\delta_{y_m}\},$$

则当 $|x|<\delta$ 时,有 $y+x\in G$,即 $F+\{x\}\subset G$.

定理 1.22 设 $E\subset\mathbf{R}^n$.若 E 的任一开覆盖都包含有限子覆盖,则 E 是有界闭集.

证明 设 $y\in E^c$,则对于每一个 $x\in E$,存在 $\delta_x>0$,使得

$$B(x,\delta_x)\bigcap B(y,\delta_x)=\varnothing.$$

显然,$\{B(x,\delta_x):x\in E\}$ 是 E 的一个开覆盖,由题设知存在有限子覆盖,设为

$$B(x_1,\delta_{x_1}),\quad\cdots,\quad B(x_m,\delta_{x_m}).$$

由此立即可知 E 是有界集.现在再令

$$\delta_0=\min\{\delta_{x_1},\cdots,\delta_{x_m}\},$$

则 $B(y,\delta_0)\bigcap E=\varnothing$,即 $y\in E'$.这说明 $E'\subset E$,即 E 是闭集.有界性显然.

注意,如果 E 的任一开覆盖均包含有限子覆盖,我们就称 E 为**紧集**.上述两个定理表明,$\mathbf{R}^n$ 中的紧集就是有界闭集.

思考题 解答下列问题:

7. 设在 $\mathbf{R}^n$ 中 $\{G_\alpha\}$ 是 E 的一个开覆盖,试问 $\{\overline{G_\alpha}\}$ 能覆盖 $\bar{E}$ 吗?

8. 设 $\Gamma=\{[a_\alpha,b_\alpha]:\alpha\in[0,1]\}$,且 Γ 中的任意两个闭区间必相交,试证明

$$\bigcap_{\alpha\in[0,1]}[a_\alpha,b_\alpha]\neq\varnothing.$$

9. 设 $F\subset\mathbf{R}$ 是非空可数闭集,试证明 F 必含有孤立点.

10. 设 $\{f_n(x)\}$ 是 $\mathbf{R}$ 上的非负渐降连续函数列.若在有界闭集 F 上 $f_n(x)\to0(n\to\infty)$,试证明 $f_n(x)$ 在 F 上一致收敛于零.

在闭集、开集的性质和有关定理的基础上,我们就可以把"数学分析"课程中关于连续性概念以及定义在闭区间上的连续函数的若干基本事实作如下推广:

定义 1.27　设 $f(x)$ 是定义在 $E \subset \mathbf{R}^n$ 上的实值函数，$x_0 \in E$. 如果对任意的 $\varepsilon > 0$，存在 $\delta > 0$，使得当 $x \in E \bigcap B(x_0, \delta)$ 时，有

$$|f(x) - f(x_0)| < \varepsilon,$$

则称 $f(x)$ 在 $x = x_0$ 处**连续**，称 x_0 为 $f(x)$ 的一个**连续点**（在 $x_0 \overline{\in} E'$ 的情形，即 x_0 是 E 的孤立点时，$f(x)$ 自然在 $x = x_0$ 处连续）. 若 E 中的任一点皆为 $f(x)$ 的连续点，则称 $f(x)$ **在 E 上连续**. 记 E 上的连续函数之全体为 $C(E)$.

显然，对于 $C(E)$ 中的函数，同样也有类似四则运算的性质，且不难证明下述事实（证明从略）：

设 F 是 $\mathbf{R}^n$ 中的有界闭集，$f \in C(F)$，则

(i) $f(x)$ 是 F 上的有界函数，即 $f(F)$ 是 $\mathbf{R}$ 中的有界集；

(ii) 存在 $x_0 \in F$, $y_0 \in F$，使得

$$f(x_0) = \sup\{f(x): x \in F\}, \quad f(y_0) = \inf\{f(x): x \in F\};$$

(iii) $f(x)$ 在 F 上是一致连续的，即对任给的 $\varepsilon > 0$，存在 $\delta > 0$，当 $x', x'' \in F$ 且 $|x' - x''| < \delta$ 时，有 $|f(x') - f(x'')| < \varepsilon$.

此外，若 $E \subset \mathbf{R}^n$ 上的连续函数列 $\{f_k(x)\}$ 一致收敛于 $f(x)$，则 $f(x)$ 是 E 上的连续函数.

例 9　设 $F \subset \mathbf{R}$ 是有界闭集，$f: F \to F$. 若有

$$|f(x) - f(y)| < |x - y|, \quad x, y \in F,$$

则存在 $x_0 \in F$，使得 $f(x_0) = x_0$（不动点）.

证明　作函数 $g(x) = |x - f(x)|$，易知 $g \in C(F)$，从而问题归结为阐明存在 $x_0 \in F$，使得 $g(x_0) = 0$.

采用反证法. 假定 $g(x) > 0$ $(x \in F)$，则存在 $\xi \in F$，使得

$$0 < g(\xi) = l = \inf_{x \in F}\{g(x)\}.$$

但我们有

$$g(f(\xi)) = |f(\xi) - f(f(\xi))| < |\xi - f(\xi)| = l,$$

其中 $f(\xi) \in F$. 这一矛盾说明 $f(x)$ 在 F 中存在不动点.

思考题　试证明下列命题：

11. 设 $F \subset \mathbf{R}$ 是闭集，且 $f \in C(F)$，则点集 $\{x \in F: f(x) = 0\}$ 是闭集.

12. 设 $f: \mathbf{R} \to \mathbf{R}, E_1, E_2 \subset \mathbf{R}$，且 $f \in C(E_1), f \in C(E_2)$.

(i) 若 E_1, E_2 皆是开集，则 $f \in C(E_1 \bigcup E_2)$；

(ii) 若 E_1,E_2 皆是闭集,则 $f \in C(E_1 \bigcap E_2)$.

13. 设 $E \subset \mathbf{R}$. 若每个 $f \in C(E)$ 都是有界函数,则 E 是有界闭集;若每个 $f \in C(E)$ 都在 E 上达到最大值,则 E 是有界闭集.

14. 设定义在 $E \subset \mathbf{R}^n$ 上的函数 $f(x)$ 满足:对 E 中的任一有界闭集 K,均有 $f \in C(K)$,则 $f \in C(E)$. (若 $x_n \rightarrow x_0 (n \rightarrow \infty)$,则点集 $\{x_0, x_1, x_2, \cdots\}$ 是有界闭集.)

15. 设 $f \in C(\mathbf{R})$,且当 $G \subset \mathbf{R}$ 是开集时,$f(G)$ 必是开集,则 $f(x)$ 是严格单调函数. ($f((a,b))$ 是开集,$f(x)$ 在 $[a,b]$ 上的最大、最小值必在端点上取到. 从而若 $f(a) < f(b)$,则对 $a < x < b$,必有

$$f(a) < f(x) < f(b).)$$

(三) Borel 集

开集与闭集是 $\mathbf{R}^n$ 中最基本的集合类型. 当然,在 $\mathbf{R}^n$ 中还有更多的点集并不是闭集或开集. 经过前面的介绍,大家比较熟悉了开集与闭集,从而自然地想到用这种基本点集的运算试着构造或表示其他的点集. 这就是我们在这里要介绍的所谓 Borel 集合.

定义 1.28(F_σ,G_δ **集**) 若 $E \subset \mathbf{R}^n$ 是可数个闭集的并集,则称 E 为 F_σ(**型**)**集**;若 $E \subset \mathbf{R}^n$ 是可数个开集的交集,则称 E 为 G_δ(**型**)**集**.

由定义可直接推知,F_σ 集的补集是 G_δ 集;G_δ 集的补集是 F_σ 集.

例 10 记 $\mathbf{R}^n$ 中全体有理点为 $\{r_k\}$,则有理点集

$$\bigcup_{k=1}^{\infty} \{r_k\}$$

为 F_σ 集.

例 11(函数连续点的结构) 若 $f(x)$ 是定义在开集 $G \subset \mathbf{R}^n$ 上的实值函数,则 $f(x)$ 的连续点集是 G_δ 集.

证明 令 $\omega_f(x)$ 为 $f(x)$ 在 x 点的振幅,易知 $f(x)$ 在 $x = x_0$ 处连续的充分必要条件是 $\omega_f(x_0) = 0$. 由此可知 $f(x)$ 的连续点集可表示为

$$\bigcap_{k=1}^{\infty} \left\{ x \in G : \omega_f(x) < \frac{1}{k} \right\}.$$

因为 $\{x \in G : \omega_f(x) < 1/k\}$ 是开集,所以 $f(x)$ 的连续点集是 G_δ 集.

定义 1.29　设 Γ 是由集合 X 的一些子集所构成的集合族且满足下述条件：

(i) $\varnothing \in \Gamma$；

(ii) 若 $A \in \Gamma$，则 $A^c \in \Gamma$；

(iii) 若 $A_n \in \Gamma$ $(n=1,2,\cdots)$，则 $\bigcup\limits_{n=1}^{\infty} A_n \in \Gamma$，

这时称 Γ 是一个 **σ-代数**.

由定义立即可知下述事实：

(i) 若 $A_n \in \Gamma$ $(n=1,2,\cdots,m)$，则 $\bigcup\limits_{n=1}^{m} A_n \in \Gamma$；

(ii) 若 $A_n \in \Gamma$ $(n=1,2,\cdots)$，则

$$\bigcap_{n=1}^{\infty} A_n \in \Gamma, \quad \overline{\lim_{n \to \infty}} A_n \in \Gamma, \quad \varliminf_{n \to \infty} A_n \in \Gamma;$$

(iii) 若 $A,B \in \Gamma$，则 $A \backslash B \in \Gamma$；

(iv) $X \in \Gamma$.

定义 1.30（生成 σ-代数）　设 Σ 是集合 X 的一些子集所构成的集合族，考虑包含 Σ 的 σ-代数 Γ（即若 $A \in \Sigma$，必有 $A \in \Gamma$，这样的 Γ 是存在的，如 $\mathscr{P}(X)$）. 记包含 Σ 的最小 σ-代数为 $\Gamma(\Sigma)$. 也就是说，对任一包含 Σ 的 σ-代数 Γ'，若 $A \in \Gamma(\Sigma)$，则 $A \in \Gamma'$，称 $\Gamma(\Sigma)$ **为由 Σ 生成的 σ-代数**.

定义 1.31　由 $\mathbf{R}^n$ 中一切开集构成的开集族所生成的 σ-代数称为 Borel σ-代数，记为 $\mathscr{B}$. $\mathscr{B}$ 中的元称为 Borel 集.

显然，$\mathbf{R}^n$ 中的闭集、开集、F_σ 集与 G_δ 集皆为 Borel 集；任一 Borel 集的补集是 Borel 集；Borel 集列的并、交、上（下）限集皆为 Borel 集. 例如，$F_{\sigma\delta}$ 集（可数个 F_σ 集的交集）是 Borel 集.

例 12　设 $f_k \in C(\mathbf{R}^n)$ $(k=1,2,\cdots)$，且有

$$\lim_{k \to \infty} f_k(x) = f(x), \quad x \in \mathbf{R}^n,$$

则 $f(x)$ 的连续点集

$$\bigcap_{m=1}^{\infty} \bigcup_{k=1}^{\infty} \mathring{E}_k\left(\frac{1}{m}\right)$$

是 G_δ 型集，其中 $E_k(\varepsilon) = \{x \in \mathbf{R}^n : |f_k(x) - f(x)| \leqslant \varepsilon\}$.

证明　(i) 设 $x_0 \in \mathbf{R}^n$ 是 $f(x)$ 的连续点. 由题设知，对任意 $\varepsilon > 0$，存在 k_0，使得 $|f_{k_0}(x_0) - f(x_0)| < \varepsilon/3$，且存在 $\delta > 0$，使得

$$|f(x) - f(x_0)| < \varepsilon/3, \quad |f_{k_0}(x) - f_{k_0}(x_0)| < \varepsilon/3, \quad x \in U(x_0, \delta),$$

从而对 $x \in U(x_0, \delta)$，有

$$|f_{k_0}(x) - f(x)| < \varepsilon, \quad U(x_0, \delta) \subset \mathring{E}_{k_0}(\varepsilon).$$

这说明 $x_0 \in \bigcup\limits_{k=1}^{\infty} \mathring{E}_k(\varepsilon)$. 又由 ε 的任意性,可推知

$$x_0 \in \bigcap_{m=1}^{\infty} \bigcup_{k=1}^{\infty} \mathring{E}_k\left(\frac{1}{m}\right).$$

(ii) 设 $x_0 \in \bigcap\limits_{m=1}^{\infty} \bigcup\limits_{k=1}^{\infty} \mathring{E}_k\left(\frac{1}{m}\right)$. 对 $\varepsilon > 0$,取 $m > 3/\varepsilon$. 由于 $x_0 \in \bigcup\limits_{k=1}^{\infty} \mathring{E}_k\left(\frac{1}{m}\right)$,

故存在 k_0,使得 $x_0 \in \mathring{E}_{k_0}\left(\frac{1}{m}\right)$,从而可得 $U(x_0, \delta_0) \subset E_k\left(\frac{1}{m}\right)$,即

$$|f_{k_0}(x) - f(x)| \leqslant \frac{1}{m} < \frac{\varepsilon}{3}, \quad x \in U(x_0, \delta_0).$$

注意到 $f_{k_0}(x)$ 在 $x = x_0$ 处连续,又有 $\delta_1 > 0$,使得

$$|f_{k_0}(x) - f_{k_0}(x_0)| < \frac{\varepsilon}{3}, \quad x \in U(x_0, \delta_1).$$

记 $\delta = \min\{\delta_0, \delta_1\}$,则当 $x \in U(x_0, \delta)$ 时,有 $|f(x) - f(x_0)| < \varepsilon$. 这说明 $f(x)$ 在 $x = x_0$ 处连续.

注 1. 称区间 I 上连续函数列的极限函数 $f(x)$ 的全体为 **Baire 第一函数类**,记为 $f \in B_1(I)$. 我们有结论:若 $f_n \in B_1(\mathbf{R})$,且 $f_n(x)$ 在 $\mathbf{R}$ 上一致收敛于 $f(x)$,则 $f \in B_1(\mathbf{R})$.

事实上,由题设知,对任意 $k \in \mathbf{N}$,存在 $n_k \in \mathbf{N}$,使得

$$|f_{n_k}(x) - f(x)| < 1/2^{k+1} \quad (x \in \mathbf{R}).$$

这里不妨认定 $n_1 < n_2 < \cdots < n_k < \cdots$. 考查 $\sum\limits_{k=1}^{\infty} [f_{n_{k+1}}(x) - f_{n_k}(x)]$,因为我们有

$$|f_{n_{k+1}}(x) - f_{n_k}(x)| \leqslant |f_{n_{k+1}}(x) - f(x)| + |f_{n_k}(x) - f(x)|$$

$$< \frac{1}{2^{k+2}} + \frac{1}{2^{k+1}} < \frac{1}{2^k} \quad (x \in \mathbf{R}),$$

所以 $g(x) \xlongequal{\text{def}} \sum\limits_{k=1}^{\infty} [f_{n_{k+1}}(x) - f_{n_k}(x)] \in B_1(\mathbf{R})$. 显然有 $g(x) = f(x) - f_{n_1}(x)$,即 $f(x) = g(x) + f_{n_1}(x)$. 证毕.

2. $\mathbf{R}$ 中存在非 $F_{\sigma\delta}$ 集、非 $F_{\sigma\delta\sigma}$ 集等等.

思考题　试证明下列命题:

1. 设 $f_n \in C([a,b]) (n = 1, 2, \cdots)$,且存在极限 $\lim\limits_{n \to \infty} f_n(x) = f(x), x \in [a,b]$,则对任意的 $t \in \mathbf{R}$,点集

$$\{x \in [a,b] : f(x) < t\}$$

是 F_σ 集.

2. 设 $\{f_n(x)\}$ 是闭集 $F\subset \mathbf{R}$ 上的连续函数列，则 $f_n(x)$ 在 F 上的收敛点集是 $F_{\sigma\delta}$ 集.

3. 设 $f: \mathbf{R} \to \mathbf{R}$，则点集

$$\left\{ x\in\mathbf{R}: \lim_{y\to x}f(y) \text{ 存在} \right\}$$

是 G_δ 集.

定理 1.23（Baire 定理）* 设 $E\subset\mathbf{R}^n$ 是 F_σ 集，即 $E = \bigcup_{k=1}^{\infty} F_k$，$F_k$ $(k=1,2,\cdots)$ 是闭集. 若每个 F_k 皆无内点，则 E 也无内点.

证明 若 E 有内点，设为 x_0，则存在 $\delta_0>0$，使 $\overline{B}(x_0,\delta_0)\subset E$. 因为 F_1 是无内点的，所以必存在 $x_1\in B(x_0,\delta_0)$，且有 $x_1\overline{\in}F_1$. 又因为 F_1 是闭集，所以可以取到 $\delta_1(0<\delta_1<1)$，使得

$$\overline{B}(x_1,\delta_1)\bigcap F_1 = \varnothing,$$

同时有 $\overline{B}(x_1,\delta_1)\subset B(x_0,\delta_0)$. 再从 $\overline{B}(x_1,\delta_1)$ 出发以类似的推理使用于 F_2，则可得 $\overline{B}(x_2,\delta_2)\bigcap F_2=\varnothing$，同时有 $\overline{B}(x_2,\delta_2)\subset B(x_1,\delta_1)$，这里可以要求 $0<\delta_2<1/2$. 继续这一过程，可得点列 $\{x_k\}$ 与正数列 $\{\delta_k\}$，使得对每个自然数 k，有

$$\overline{B}(x_k,\delta_k) \subset B(x_{k-1},\delta_{k-1}), \quad \overline{B}(x_k,\delta_k)\bigcap F_k = \varnothing,$$

其中 $0<\delta_k<1/k$. 由于当 $l>k$ 时，有 $x_l\in B(x_k,\delta_k)$，故

$$|x_l - x_k| < \delta_k < \frac{1}{k}.$$

这说明 $\{x_k\}$ 是 $\mathbf{R}^n$ 中的基本列（Cauchy 列），从而是收敛列，即存在 $x\in\mathbf{R}^n$，使得 $\lim_{k\to\infty}|x_k - x| = 0$.

此外，从不等式

$$|x-x_k|\leqslant|x-x_l|+|x_l-x_k|<|x-x_l|+\delta_k, \quad l>k$$

立即可知（令 $l\to\infty$）$|x-x_k|\leqslant\delta_k$. 这说明 $x\in\overline{B}(x_k,\delta_k)$，即对一切 k，$x\overline{\in}F_k$. 这与 $x\in E$ 发生矛盾.

例 13 有理数集 **Q** 不是 G_δ 集.

事实上，令 $\mathbf{Q}=\{r_k: k=1,2,\cdots\}$，假定 $\mathbf{Q} = \bigcap_{i=1}^{\infty} G_i$，式中 G_i（$i=$

$1,2,\cdots$)是开集,则有表示式

$$\mathbf{R} = (\mathbf{R}\backslash\mathbf{Q}) \cup \mathbf{Q} = \left(\bigcup_{i=1}^{\infty} G_i^c\right) \cup \left(\bigcup_{k=1}^{\infty} \{r_k\}\right),$$

这里的每个单点集$\{r_k\}$与G_i^c皆为闭集,而且从$\overline{G_i} = \mathbf{R}^1$可知每个$G_i^c$是无内点的. 这说明$\mathbf{R}$是可列个无内点之闭集的并集. 从而由 Baire 定理可知$\mathbf{R}$也无内点,这一矛盾说明$\mathbf{Q}$不是G_δ集.

定义 1.32 设$E\subset\mathbf{R}^n$. 若$\overline{E} = \mathbf{R}^n$,则称$E$为$\mathbf{R}^n$中的**稠密集**;若$\overset{\circ}{E} = \varnothing$,则称$E$为$\mathbf{R}^n$中的**无处稠密集**;可数个无处稠密集的并集称为**贫集**或**第一纲集**. 不是第一纲集称为**第二纲集**.

例 14 设$\{G_k\}$是$\mathbf{R}^n$中的稠密开集列,则$G_0 = \bigcap_{k=1}^{\infty} G_k$在$\mathbf{R}^n$中稠密.

证明 只需指出对$\mathbf{R}^n$中任一闭球$\overline{B} = \overline{B(x,\delta)}$,均有$G_0 \cap \overline{B} \neq \varnothing$即可. 采用反证法:假定存在闭球$\overline{B}_0 = \overline{B(x_0,\delta_0)}$,使得$G_0 \cap \overline{B}_0 = \varnothing$,则易知

$$\mathbf{R}^n = (G_0 \cap \overline{B}_0)^c = G_0^c \cup (\overline{B}_0)^c,$$

$$\overline{B}_0 = \mathbf{R}^n \cap \overline{B}_0 = G_0^c \cap \overline{B}_0 = \left(\bigcap_{k=1}^{\infty} G_k\right)^c \cap \overline{B}_0 = \bigcup_{k=1}^{\infty} (G_k^c \cap \overline{B}_0).$$

注意到G_k^c是无内点的闭集,故由 Baire 定理可知,$\overline{B}_0$也无内点,矛盾.

例 15 设$f_k \in C(\mathbf{R}^n)(k=1,2,\cdots)$. 若$\lim_{k\to\infty} f_k(x) = f(x)(x\in\mathbf{R}^n)$,则$f(x)$的不连续点集为第一纲集.

证明 注意到$f(x)$的连续点集的表示,只需指出(例 12)

$$\left(G\left(\frac{1}{m}\right)\right)^c \quad \left(G\left(\frac{1}{m}\right) = \bigcup_{k=1}^{\infty} \overset{\circ}{E}_k\left(\frac{1}{m}\right)\right)$$

是第一纲集. 对$\varepsilon > 0$,令

$$F_k(\varepsilon) = \bigcap_{i=1}^{\infty} \{x\in\mathbf{R}^n : |f_k(x) - f_{k+i}(x)| \leqslant \varepsilon\},$$

易知$\mathbf{R}^n = \bigcup_{k=1}^{\infty} F_k(\varepsilon)$,$F_k(\varepsilon) \subset E_k(\varepsilon)$,从而有

$$\overset{\circ}{F}_k(\varepsilon) \subset \overset{\circ}{E}_k(\varepsilon) \subset G(\varepsilon), \quad \bigcup_{k=1}^{\infty} \overset{\circ}{F}_k(\varepsilon) \subset G(\varepsilon).$$

由此知

$$[G(\varepsilon)]^c = \mathbf{R}^n \backslash G(\varepsilon) \subset \mathbf{R}^n \backslash \bigcup_{k=1}^{\infty} \mathring{F}_k(\varepsilon)$$

$$= \bigcup_{k=1}^{\infty} F_k(\varepsilon) \backslash \bigcup_{k=1}^{\infty} \mathring{F}_k(\varepsilon) \subset \bigcup_{k=1}^{\infty} [F_k(\varepsilon) \backslash \mathring{F}_k(\varepsilon)] = \bigcup_{k=1}^{\infty} \partial F_k(\varepsilon).$$

因为 $F_k(\varepsilon)$ 是闭集，所以 $\partial F_k(\varepsilon)$ 是无处稠密集. 这说明 $(G(\varepsilon))^c$ 是第一纲集.

例 16 设 $f \in C([0,1])$，且令

$$f_1'(x) = f(x), \ f_2'(x) = f_1(x), \ \cdots, \ f_n'(x) = f_{n-1}(x), \ \cdots.$$

若对每一个 $x \in [0,1]$，都存在自然数 k，使得 $f_k(x) = 0$，则 $f(x) \equiv 0$.

证明 只需指出 $f(x)$ 在 $[0,1]$ 中的一个稠密集上为 0 即可. 对此，我们在 $[0,1]$ 中任取一个闭子区间 I，并记

$$F_k = \{x \in I: f_k(x) = 0\} \quad (k = 1, 2, \cdots).$$

显然，每个 F_k 都是闭集，且 $I = \bigcup_{k=1}^{\infty} F_k$. 根据 Baire 定理可知，存在 F_{k_0}，它包含一个区间 (α, β). 因为在 (α, β) 上 $f_{k_0}(x) = 0$，所以 $f(x) = 0, x \in (\alpha, \beta)$. 注意到 $(\alpha, \beta) \subset I$，即得所证.

思考题 试证明下列命题：

4. (i) 定义在 $(0,1)$ 上的函数 $\chi_{\mathbf{Q}}(x)$ 不是连续函数列的极限；

(ii) $[a,b]$ 上的导函数 $f'(x)$ 的连续点在 $[a,b]$ 中稠密.

5. 设有 $\mathbf{R}$ 中的闭集 F 以及开集列 $\{G_k\}$. 若对每一个 $k, \overline{G_k \bigcap F} = F$，则

$$\overline{G_0 \bigcap F} = F, \quad G_0 = \bigcap_{k=1}^{\infty} G_k.$$

6. 设 $\{F_k\} \subset \mathbf{R}^n$ 是闭集列，且 $\mathbf{R}^n = \bigcup_{k=1}^{\infty} F_k$，则 $\bigcup_{k=1}^{\infty} \mathring{F}_k$ 在 $\mathbf{R}^n$ 中稠密.

（四）Cantor（三分）集

这里我们来介绍一个构思巧妙的特殊点集——Cantor 集. 此集合是 Cantor 在解三角级数问题时做出来的，它具有若干重要特征，常是我们构造重要特例的基础.

设 $[0,1] \subset \mathbf{R}$，将 $[0,1]$ 三等分，并移去中央三分开区间

$$I_{1,1} = \left(\frac{1}{3}, \frac{2}{3}\right),$$

记其留存部分为 F_1,即

$$F_1 = \left[0, \frac{1}{3}\right] \cup \left[\frac{2}{3}, 1\right] = F_{1,1} \cup F_{1,2};$$

再将 F_1 中的区间 $[0, 1/3]$ 及 $[2/3, 1]$ 各三等分,并移去中央三分开区间

$$I_{2,1} = \left(\frac{1}{9}, \frac{2}{9}\right) \quad \text{及} \quad I_{2,2} = \left(\frac{7}{9}, \frac{8}{9}\right),$$

记 F_1 中留存的部分为 F_2(见图 1.5),即

$$F_2 = \left[0, \frac{1}{9}\right] \cup \left[\frac{2}{9}, \frac{1}{3}\right] \cup \left[\frac{2}{3}, \frac{7}{9}\right] \cup \left[\frac{8}{9}, 1\right]$$
$$= F_{2,1} \cup F_{2,2} \cup F_{2,3} \cup F_{2,4}.$$

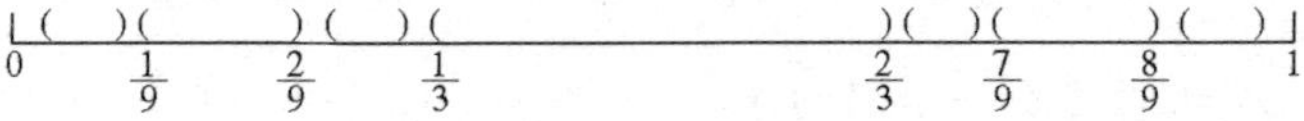

图　1.5

　　一般地说,设所得剩余部分为 F_n,则将 F_n 中每个(互不相交)区间三等分,并移去中央三分开区间,记其留存部分为 F_{n+1},如此等等. 从而我们得到集合列 $\{F_n\}$,其中

$$F_n = F_{n,1} \cup F_{n,2} \cup \cdots \cup F_{n,2^n} \quad (n = 1, 2, \cdots).$$

作点集 $C = \bigcap_{n=1}^{\infty} F_n$,我们称 C 为 **Cantor(三分)集**.

Cantor 集 C 有下述基本性质:

(i) C 是非空有界闭集.

　　因为每个 F_n 都是非空有界闭集,而且 $F_n \supset F_{n+1}$,所以根据 Cantor 闭集套定理,可知 C 不是空集(实际上,$F_n (n=1, 2, \cdots)$ 中每个闭区间的端点都是没有被移去的,即都是 C 中的点). 显然,C 是闭集.

　　(ii) $C = C'$($E = E'$ 称为**完全集**).

　　设 $x \in C$,则 $x \in F_n (n = 1, 2, \cdots)$,即对每个 n,x 属于长度为 $1/3^n$ 的 2^n 个闭区间中的一个. 于是,对任一 $\delta > 0$,存在 n,满足 $1/3^n < \delta$,使得 F_n 中包含 x 的闭区间含于 $(x - \delta, x + \delta)$. 此闭区间有两个端

点,它们是 C 中的点且总有一个不是 x. 这就说明 x 是 C 的极限点,故得 $C' \supset C$. 由(i)知 $C = C'$.

（iii）C 无内点.

设 $x \in C$,给定任一区间 $(x-\delta, x+\delta)$,取 $2/3^n < \delta$. 因为 $x \in F_n$,所以 F_n 中必有某个长度为 $1/3^n$ 的闭区间 $F_{n,k}$ 含于 $(x-\delta, x+\delta)$. 然而,在构造 C 集的第 $n+1$ 步时,将移去 $F_{n,k}$ 的中央三分开区间. 这说明 $(x-\delta, x+\delta)$ 不含于 C.

（iv）Cantor 集的基数是 c.

事实上,将 $[0,1]$ 中的实数按三进位小数展开,则 Cantor 集中点 x 与下述三进位小数集的元

$$x = \sum_{i=1}^{\infty} \frac{a_i}{3^i}, \quad a_i = 0, 2$$

一一对应. 从而知 C 为连续基数集（与 $(0,1]$ 的二进位小数比较）.

注　在下一章中我们将指出,可数个互不相交区间的长度的总和等于每个区间长度的和. 于是 $[0,1] \backslash C$ 的长度的总和为

$$\sum_{n=1}^{\infty} 2^{n-1} 3^{-n} = 1.$$

我们还可以在 $[0,1]$ 中做出总长度为 δ（$0 < \delta < 1$ 是任意给定的数）的稠密开集. 为此,取 $p = (1+2\delta)/\delta$,并采用类似于 Cantor 集的构造过程：第一步,移去长度为 $1/p$ 的同心开区间；第二步,在留存的两个闭区间的每一个中,又移去长度为 $1/p^2$ 的同心开区间；第三步,在留存的四个闭区间中再移去长度为 $1/p^3$ 的同心区间. 继续此过程,可得一列移去的开区间,记其并集为 G（开集）,则 G 的总长度为

$$\sum_{n=1}^{\infty} 2^{n-1} \left(\frac{1}{p} \right)^n = \frac{1}{p-2} = \delta.$$

我们称 $C_p = [0,1] \backslash G$ 为**类 Cantor 集**（当 $p=3$ 时,C_p 就是 Cantor（三分）集）. C_p 也是非空完全集,且没有内点. 由此还易知：若要在 $\mathbf{R}^n$ 的单位方体 $[0,1] \times [0,1] \times \cdots \times [0,1]$ 中构造具有类似性质的集合,则只需取 $C \times C \times \cdots \times C$（$C$ 是 $[0,1]$ 中的类 Cantor 集）即可. 类 Cantor 集也称为 **Harnack 集**.

现在用 Cantor 集来构造一个函数——Cantor 函数. 在后文中我们将看到它的特异性质的一些应用.

例 17　Cantor 函数.

设 C 是 $[0,1]$ 中的 Cantor 集,其中的点我们用三进位小数

$$x = 2\sum_{i=1}^{\infty} \frac{\alpha_i}{3^i}, \quad \alpha_i = 0,1 \quad (i = 1,2,\cdots)$$

来表示.

(i) 作定义在 C 上的函数 $\varphi(x)$. 对于 $x \in C$, 定义

$$\varphi(x) = \varphi\left(2\sum_{i=1}^{\infty} \frac{\alpha_i}{3^i}\right) = \sum_{i=1}^{\infty} \frac{\alpha_i}{2^i}, \quad \alpha_i = 0,1 \quad (i = 1,2,\cdots).$$

因为 $[0,1]$ 中的点可用二进位小数表示, 所以有 $\varphi(C) = [0,1]$.

下面证明 $\varphi(x)$ 是 C 上的递增函数. 设 $\alpha_1, \alpha_2, \cdots, \beta_1, \beta_2, \cdots$ 是取 0 或 1 的数, 而且它们所表示的 C 中的数有下述关系:

$$2\sum_{i=1}^{\infty} \frac{\alpha_i}{3^i} < 2\sum_{i=1}^{\infty} \frac{\beta_i}{3^i}.$$

若记 $k = \min\{i: \alpha_i \neq \beta_i\}$, 则我们有

$$0 < \sum_{i=1}^{\infty} \frac{\beta_i - \alpha_i}{3^i} = \frac{\beta_k - \alpha_k}{3^k} + \sum_{i>k} \frac{\beta_i - \alpha_i}{3^i}$$

$$\leqslant \frac{\beta_k - \alpha_k}{3^k} + \sum_{i>k} \frac{2}{3^i} = \frac{\beta_k - \alpha_k + 1}{3^k}.$$

由此可知 $(\alpha_k < \beta_k) \alpha_k = 0, \beta_k = 1$, 从而得到

$$\varphi\left(2\sum_{i=1}^{\infty} \frac{\alpha_i}{3^i}\right) = \sum_{i=1}^{\infty} \frac{\alpha_i}{2^i} = \sum_{i=1}^{k-1} \frac{\alpha_i}{2^i} + \sum_{i=k}^{\infty} \frac{\alpha_i}{2^i}$$

$$\leqslant \sum_{i=1}^{k-1} \frac{\beta_i}{2^i} + \sum_{i=k+1}^{\infty} \frac{1}{2^i} = \sum_{i=1}^{k-1} \frac{\beta_i}{2^i} + \frac{1}{2^k}$$

$$\leqslant \sum_{i=1}^{k-1} \frac{\beta_i}{2^i} + \sum_{i=k}^{\infty} \frac{\beta_i}{2^i} = \varphi\left(2\sum_{i=1}^{\infty} \frac{\beta_i}{3^i}\right).$$

(ii) 作定义在 $[0,1]$ 上的 $\Phi(x)$. 对于 $x \in [0,1]$, 定义

$$\Phi(x) = \sup\{\varphi(y): y \in C, y \leqslant x\}.$$

显然, $\Phi(x)$ 是 $[0,1]$ 上的递增函数. 因为 $\Phi([0,1]) = [0,1]$, 所以 $\Phi(x)$ 是 $[0,1]$ 上的连续函数. 此外, 在构造 Cantor 集的过程中所移去的每个中央三分开区间 $I_{n,k}$ 上, $\Phi(x)$ 都是常数. 我们称 $\Phi(x)$ 为 **Cantor 函数**.

例 18 $E \subset \mathbf{R}$ 是完全集当且仅当 $E = \left(\bigcup_{n \geqslant 1} (a_n, b_n)\right)^c$, 其中 (a_i, b_i) 与 (a_j, b_j) $(i \neq j)$ 无公共端点.

证明 **必要性** 若 E 是完全集，则 E 是闭集. 从而 E^c 是开集，它是 E^c 内构成区间的并集. 这些构成区间相互之间是没有公共端点的，否则 E 中就会有孤立点了，这是不可能的.

充分性 首先，由题设知 E 是闭集. 其次，对任意的 $x \in E$，如果 $x \bar\in E'$，那么存在 $\delta > 0$，使得 $(x - \delta, x + \delta) \bigcap E = \{x\}$. 这说明 x 是某两个开区间的端点，与假设矛盾.

例 19 设 $E \subset \mathbf{R}^2$ 是完全集，则 E 是不可数集.

证明 用反证法. 假定 $E = \{x_n \in \mathbf{R}^2 : n = 1, 2, \cdots\}$.

(i) 选取 $y_1 \in E \backslash \{x_1\}$，则点 x_1 到 y_1 的距离大于 0. 存在以 y_1 为中心的闭正方形 Q_1，$Q_1 \bigcap E$ 是紧集.

(ii) 看 $E \backslash \{x_2\}$. 因为 y_1 是 $E \backslash \{x_2\}$ 的极限点，所以 $\overset{\circ}{Q}_1 \bigcap (E \backslash \{x_2\}) \neq \varnothing$. 又取 $y_2 \in \overset{\circ}{Q}_1 \bigcap (E \backslash \{x_2\})$，并作以 y_2 为中心的闭正方形 Q_2：$Q_2 \subset Q_1$，$x_1 \bar\in Q_2$，$x_2 \bar\in Q_2$，可知 $(Q_1 \bigcap E) \supset (Q_2 \bigcap E)$ 是紧集. 如此继续做下去，可得有界闭集套列 $\{Q_n \bigcap E\}$：$(Q_{n-1} \bigcap E) \supset (Q_n \bigcap E)(n \in \mathbf{N})$，而且 $x_1, x_2, \cdots, x_n$ 不在其内. 我们有

$$\bigcap_{n=1}^{\infty} (Q_n \bigcap E) = \varnothing,$$

导致矛盾.

注 1. 任一非空完全集的基数均为 c. (证明见 Натансон（纳汤松）著 *Теория Функций Вещественной Переменной*（《实变函数论》）的上册，有高等教育出版社出版的中译本，1955 年.)

2. 设 $E = \left\{ x \in [0,1] : x = \sum_{n=1}^{\infty} a_n \Big/ 10^n, a_n = 2 \text{ 或 } 7 \right\}$，我们有

(i) E 是闭集； (ii) $\bar{\bar{E}} = c$； (iii) E 在 $[0,1]$ 中不稠密.

证明 (i) 若有 $\{x_m\} \subset E$：$x_m \to x(m \to \infty)$，则

$$x = \sum_{n=1}^{\infty} b_n / 10^n \quad (b_n = 0, 1, 2, \cdots, 9).$$

如果 $|x_m - x| < 10^{-p}$，那么在 $x \in E$ 时，$b_n = 2$ 或 $7(n = 1, 2, \cdots, p-1)$. 这说明 E 是闭集.

(ii) 与 0 和 1 组成的数列类似，$\bar{\bar{E}} = c$.

(iii) 注意到 $E \bigcap (0.28, 0.7) = \varnothing$，故 E 不是稠密集.

3. 从构造 Cantor 集的过程大家可以看到，每一步都是在一个闭区间中舍去三分中央开区间. 因此，若略去长度不计，则不论是在此过程中的哪一步，其子区间的三分过程完全相似. 也可以说，其组成部分以某种方式与整体相似，我

们称这样的形体结构为"分形". Cantor 集是人们最了解的典型几何分形,它具有基本分形特征,还可用一个迭代过程来描述,迭代次数越高,越接近 Cantor 集.

分形理论(Fractal Theory)自 20 世纪 70 年代提出以后,现已成为一门新的重要学科,且被广泛应用到自然科学和社会科学的各个领域. 它是研究无序的、不稳定的、非平衡状态中非线性过程(如湍流)的重要手段. 1993 年还开始出版《分形》杂志. 分形理论中的一个极重要的数学概念就是所谓分形维数. Cantor 集的相似维数为 log2/log3＝0.6309.

思考题 解答下列问题:

1. 设 $E \subset \mathbf{R}$ 是非空完全集,试证明对任意的 $x \in E$,存在 $y \in E$,使得 $x-y$ 为无理数.

2. 试证明 $x = \dfrac{1}{4}, \dfrac{1}{13}$ 属于 Cantor 集.

3. 试作一个由无理数构成的完全集. 记($[\sqrt{2}, \sqrt{3}]$ 中的有理数的全体为 $\{r_n\}$. 类似于 Cantor 集的做法:第一步,舍去含有 r_1 的端点为无理数的中央开区间;第二步,在余下的闭区间里以同样的步骤操作,并依次将 $\{r_n\}$ 挖去,…. $[\sqrt{2}, \sqrt{3}] \backslash G$ 即是所求.)

4. 试作一孤立点集 E,使得 E' 是完全集(Cantor 集的补集的全部构成区间的中点).

§1.6 点集间的距离

定义 1.33 设 $x \in \mathbf{R}^n$, E 是 $\mathbf{R}^n$ 中的非空点集,称
$$d(x, E) = \inf\{|x-y| : y \in E\}$$
为点 x 到 E 的**距离**;若 E_1, E_2 是 $\mathbf{R}^n$ 中的非空点集,称
$$d(E_1, E_2) = \inf\{|x-y| : x \in E_1, y \in E_2\}$$
为 E_1 与 E_2 之间的距离. 也可等价地定义为
$$\inf\{d(x, E_2) : x \in E_1\} \quad \text{或} \quad \inf\{d(E_1, y) : y \in E_2\}.$$

例 1 在 $\mathbf{R}^2$ 中作点集
$$E_1 = \{x = (\xi, \eta) : -\infty < \xi < +\infty, \eta = 0\}$$
与
$$E_2 = \{y = (\xi, \eta) : \xi \cdot \eta = 1\},$$

则 $d(E_1,E_2)=0$.

事实上,当我们取 $x=(\xi,0)\in E_1$ 且 $y=(\xi,\eta)\in E_2$ 时,由

$$d(E_1,E_2)\leqslant d(x,y)=|\eta|=\frac{1}{|\xi|}$$

可知,对任给的 $\varepsilon>0$,只需 $|\xi|$ 充分大,就有 $d(E_1,E_2)<\varepsilon$. 由此得

$$d(E_1,E_2)=0.$$

显然,若 $x\in E$,则 $d(x,E)=0$. 但反之,若 $d(x,E)=0$,则 x 不一定属于 E. 不过在 $x\bar{\in}E$ 时,必有 $x\in E'$.

定理 1.24 若 $F\subset \mathbf{R}^n$ 是非空闭集,且 $x_0\in \mathbf{R}^n$,则存在 $y_0\in F$,有

$$|x_0-y_0|=d(x_0,F).$$

证明 作闭球 $\bar{B}=\bar{B}(x_0,\delta)$,使得 $\bar{B}\bigcap F$ 不是空集. 显然

$$d(x_0,F)=d(x_0,\bar{B}\bigcap F).$$

$\bar{B}\bigcap F$ 是有界闭集,而 $|x_0-y|$ 看作定义在 $\bar{B}\bigcap F$ 上的 y 的函数是连续的,故它在 $\bar{B}\bigcap F$ 上达到最小值,即存在 $y_0\in\bar{B}\bigcap F$,使得

$$|x_0-y_0|=\inf\{|x_0-y|:y\in\bar{B}\bigcap F\},$$

从而有 $|x_0-y_0|=d(x_0,F)$.

定理 1.25 若 E 是 $\mathbf{R}^n$ 中非空点集,则 $d(x,E)$ 作为 x 的函数在 $\mathbf{R}^n$ 上是一致连续的.

证明 考虑 $\mathbf{R}^n$ 中的两点 x,y. 根据 $d(y,E)$ 的定义,对任给的 $\varepsilon>0$,必存在 $z\in E$,使得 $|y-z|<d(y,E)+\varepsilon$,从而有

$$d(x,E)\leqslant|x-z|\leqslant|x-y|+|y-z|$$
$$<|x-y|+d(y,E)+\varepsilon.$$

由 ε 的任意性可知

$$d(x,E)-d(y,E)\leqslant|x-y|.$$

同理可证 $d(y,E)-d(x,E)\leqslant|x-y|$. 这说明

$$|d(x,E)-d(y,E)|\leqslant|x-y|.$$

推论 1.26 若 F_1,F_2 是 $\mathbf{R}^n$ 中的两个非空闭集且其中至少有一个是有界的,则存在 $x_1\in F_1,x_2\in F_2$,使得

$$|x_1-x_2|=d(F_1,F_2).$$

例 2 若 F_1,F_2 是 $\mathbf{R}^n$ 中两个互不相交的非空闭集,则存在 $\mathbf{R}^n$ 上的连续函数 $f(x)$,使得

(i) $0 \leqslant f(x) \leqslant 1 (x \in \mathbf{R}^n)$；

(ii) $F_1 = \{x: f(x) = 1\}$，$F_2 = \{x: f(x) = 0\}$.

证明 构造函数 $f(x)$:

$$f(x) = \frac{d(x, F_2)}{d(x, F_1) + d(x, F_2)}, \quad x \in \mathbf{R}^n,$$

它就是所求的函数.

定理 1.27（连续延拓定理） 若 F 是 $\mathbf{R}^n$ 中的闭集，$f(x)$ 是定义在 F 上的连续函数，且 $|f(x)| \leqslant M$ $(x \in F)$，则存在 $\mathbf{R}^n$ 上的连续函数 $g(x)$ 满足

$$|g(x)| \leqslant M, \quad g(x) = f(x), \quad x \in F.$$

证明 把 F 分成三个点集:

$$A = \left\{ x \in F: \frac{M}{3} \leqslant f(x) \leqslant M \right\},$$

$$B = \left\{ x \in F: -M \leqslant f(x) \leqslant \frac{-M}{3} \right\},$$

$$C = \left\{ x \in F: \frac{-M}{3} < f(x) < \frac{M}{3} \right\},$$

并作函数

$$g_1(x) = \frac{M}{3} \cdot \frac{d(x, B) - d(x, A)}{d(x, B) + d(x, A)}, \quad x \in \mathbf{R}^n.$$

因为 A 与 B 是互不相交的闭集，所以 $g_1(x)$ 处处有定义且在 $\mathbf{R}^n$ 上处处连续. 此外，还有

$$|g_1(x)| \leqslant \frac{M}{3}, \quad x \in \mathbf{R}^n,$$

$$|f(x) - g_1(x)| \leqslant \frac{2}{3} M, \quad x \in F.$$

再在 F 上来考查 $f(x) - g_1(x)$（相当于上述之 $f(x)$），并用类似的方法作 $\mathbf{R}^n$ 上的连续函数 $g_2(x)$. 此时由于 $f(x) - g_1(x)$ 的界是 $2M/3$，故 $g_2(x)$ 应满足

$$|g_2(x)| \leqslant \frac{1}{3} \cdot \frac{2M}{3}, \quad x \in \mathbf{R}^n,$$

$$|(f(x) - g_1(x)) - g_2(x)| \leqslant \frac{2}{3} \cdot \frac{2M}{3} = \left(\frac{2}{3}\right)^2 M, \quad x \in F.$$

继续这一过程,可得在 $\mathbf{R}^n$ 上的连续函数列 $\{g_k(x)\}$,使得

$$|g_k(x)| \leqslant \frac{1}{3} \cdot \left(\frac{2}{3}\right)^{k-1} M, \quad x \in \mathbf{R}^n \quad (k = 1, 2, \cdots),$$

$$\left| f(x) - \sum_{i=1}^{k} g_i(x) \right| \leqslant \left(\frac{2}{3}\right)^k M, \quad x \in F \quad (k = 1, 2, \cdots).$$

上面的第一式表明 $\sum\limits_{k=1}^{\infty} g_k(x)$ 是一致收敛的. 若记其和函数为 $g(x)$,则 $g(x)$ 是 $\mathbf{R}^n$ 上的连续函数. 上面的第二式表明

$$g(x) = \sum_{k=1}^{\infty} g_k(x) = f(x), \quad x \in F.$$

最后,对于任意的 $x \in \mathbf{R}^n$,得到

$$|g(x)| \leqslant \sum_{k=1}^{\infty} |g_k(x)| \leqslant \frac{M}{3}\left(1 + \frac{2}{3} + \left(\frac{2}{3}\right)^2 + \cdots\right)$$

$$\leqslant \frac{M}{3} \cdot \frac{1}{1 - \frac{2}{3}} = M.$$

注 1. 上述定理在 $f(x)$ 无界时也成立(研究 $\arctan f(x)$).

2. $\mathbf{R}^2$ 中存在由某些有理点构成的稠密集,其中任意两点的距离为无理数.

思考题 解答下列问题:

1. 设 $E \subset \mathbf{R}^n$ 是一个非空点集. 若对任意的 $x \in E$,存在 $y \in E$,使得 $d(x, y) = d(x, E)$,试证明 E 是闭集.

2. 设 $G \subset \mathbf{R}^n$ 是开集,F 是 G 内的闭集,试证明存在 $r > 0$,使得

$$\{x: d(x, F) \leqslant r\} \subset G.$$

3. 试问:平面中的圆盘 $\{(x, y): x^2 + y^2 \leqslant 1\}$ 能表示为两个不同的非空闭集之并吗?

4. 试证明定义在区间 $(0, 1]$ 上的函数 $y = \sin \dfrac{1}{x}$ 不能延拓为 $(-\infty, \infty)$ 上的连续函数.

习 题 1

1. 设 $\{f_j(x)\}$ 是定义在 $\mathbf{R}^n$ 上的函数列,试用点集

$$\{x: f_j(x) \geqslant 1/k\} \quad (j,k = 1,2,\cdots)$$

表示点集 $\left\{ x: \overline{\lim\limits_{j\to\infty}} f_j(x) > 0 \right\}$.

2. 设 $\{f_n(x)\}$ 是定义在 $[a,b]$ 上的函数列, $E \subset [a,b]$, 且有

$$\lim_{n\to\infty} f_n(x) = \chi_{[a,b]\setminus E}(x), \quad x \in [a,b].$$

若令 $E_n = \left\{ x \in [a,b]: f_n(x) \geqslant \dfrac{1}{2} \right\}$, 试求集合 $\lim\limits_{n\to\infty} E_n$.

3. 设有集合列 $\{A_n\}$, $\{B_n\}$, 试证明:

(i) $\overline{\lim\limits_{n\to\infty}}(A_n \cup B_n) = \left(\overline{\lim\limits_{n\to\infty}} A_n \right) \cup \left(\overline{\lim\limits_{n\to\infty}} B_n \right)$;

(ii) $\underline{\lim\limits_{n\to\infty}}(A_n \cap B_n) = \left(\underline{\lim\limits_{n\to\infty}} A_n \right) \cap \left(\underline{\lim\limits_{n\to\infty}} B_n \right)$.

4. 设 $f: X \to Y$, $A \subset X$, $B \subset Y$, 试问: 下列等式成立吗?

(i) $f^{-1}(Y \setminus B) = f^{-1}(Y) \setminus f^{-1}(B)$;

(ii) $f(X \setminus A) = f(X) \setminus f(A)$.

5. 试作开圆盘 $\{(x,y): x^2 + y^2 < 1\}$ 与闭圆盘 $\{(x,y): x^2 + y^2 \leqslant 1\}$ 之间的一一对应.

6. 设 $f(x)$ 在 (a,b) 上有界. 若 $f(x)$ 是保号的(即当 $f(x_0) \gtrless 0$ 时, 必有 $\delta_0 > 0$, 使得 $f(x) \gtrless 0 \ (x_0 - \delta < x < x_0 + \delta)$), 试证明 $f(x)$ 的不连续点集是可数的.

7. 设 $f(x)$ 是定义在 $[0,1]$ 上的实值函数, 且存在常数 M, 使得对于 $[0,1]$ 中任意有限个数 $x_1, x_2, \cdots, x_n$, 均有

$$|f(x_1) + f(x_2) + \cdots + f(x_n)| \leqslant M,$$

试证明集合 $E = \{x \in [0,1]: f(x) \neq 0\}$ 是可数集.

8. 设 $f(x)$ 是定义在 $\mathbf{R}$ 上的实值函数. 如果对于任意的 $x_0 \in \mathbf{R}$, 必存在 $\delta > 0$, 使得当 $|x - x_0| < \delta$ 时, 有 $f(x) \geqslant f(x_0)$, 试证明集合 $E = \{y: y = f(x)\}$ 是可数集.

9. 设 E 是三维欧氏空间 $\mathbf{R}^3$ 中的点集, 且 E 中任意两点的距离都是有理数, 试证明 E 是可数集.

10. 设 E 是平面 $\mathbf{R}^2$ 中的可数集, 试证明存在互不相交的集合 A 与 B, 使得 $E = A \cup B$, 且任一平行于 x 轴的直线交 A 至多是有限个点, 任一平行于 y 轴的直线交 B 至多是有限个点.

11. 设 $\{f_a(x)\}_{a\in I}$ 是定义在 $[a,b]$ 上的实值函数族. 若存在 $M>0$, 使得

$$|f_a(x)|\leqslant M,\quad x\in[a,b],\ \alpha\in I,$$

试证明对 $[a,b]$ 中任一可数集 E, 总有函数列 $\{f_{a_n}(x)\}$, 存在极限

$$\lim_{n\to\infty}\{f_{a_n}(x)\},\quad x\in E.$$

12. 设 $E=\bigcup_{n=1}^{\infty}A_n$. 若 $\overline{\overline{E}}=c$, 试证明存在 n_0, 使得 $\overline{\overline{A}}_{n_0}=c$.

13. 设 $f(x)$ 是定义在 $\mathbf{R}$ 上的递增函数, 试证明点集

$$E=\{x:对于任意的 \varepsilon>0, 有 f(x+\varepsilon)-f(x-\varepsilon)>0\}$$

是 $\mathbf{R}$ 中的闭集.

14. 设 $F\subset\mathbf{R}^n$ 是有界闭集, E 是 F 的一个无限子集, 试证明 $E'\cap F\neq\varnothing$. 反之, 若 $F\subset\mathbf{R}^n$, 且对于 F 中任一无限子集 E, 有 $E'\cap F\neq\varnothing$, 试证明 F 是有界闭集.

15. 设 $F\subset\mathbf{R}^n$ 是闭集, $r>0$, 试证明点集

$$E=\{t\in\mathbf{R}^n:存在 x\in F, 使得 |t-x|=r\}$$

是闭集.

16. 设 A,B 是 $\mathbf{R}$ 中的点集, 试证明

$$(A\times B)'=(\overline{A}\times B')\cup(A'\times\overline{B}).$$

17. 设 $E\subset\mathbf{R}^2$, 称 $E_y=\{x\in\mathbf{R}:(x,y)\in E\}$ 为 E 在 $\mathbf{R}$ 上的投影 (集). 若 $E\subset\mathbf{R}^2$ 是闭集, 试证明 E_y 也是闭集.

18. 设 $f\in C(\mathbf{R})$, $\{F_k\}$ 是 $\mathbf{R}$ 中的递减紧集列, 试证明

$$f\left(\bigcap_{k=1}^{\infty}F_k\right)=\bigcap_{k=1}^{\infty}f(F_k).$$

19. 设 $f(x)$ 在 $\mathbf{R}$ 上具有介值性. 若对任意的 $r\in Q$, 点集 $\{x\in\mathbf{R}:f(x)=r\}$ 必为闭集, 试证明 $f\in C(\mathbf{R})$.

20. 设 E_1,E_2 是 $\mathbf{R}$ 中的非空集, 且 $E_2'\neq\varnothing$, 试证明

$$\overline{E}_1+E_2'\subset(E_1+E_2)'.$$

21. 设 $E\subset\mathbf{R}^n$. 若 $E\neq\varnothing$, 且 $E\neq\mathbf{R}^n$, 试证明 E 的边界点集非空 (即 $\partial E\neq\varnothing$).

22. 设 G_1,G_2 是 $\mathbf{R}^n$ 中的互不相交的开集, 试证明

$$G_1 \bigcap \overline{G_2} = \varnothing.$$

23. 设 $G \subset \mathbf{R}^n$. 若对任意的 $E \subset \mathbf{R}^n$, 有 $G \bigcap \overline{E} \subset \overline{G \bigcap E}$, 试证明 G 是开集.

24. 设 a,b,c,d 是实数, 且
$$P(x,y) = ax^2 y^2 + bxy^2 + cxy + dy,$$
试问: 点集 $\{(x,y): P(x,y)=0\}$ 有内点吗?

25. 设 $f: \mathbf{R} \to \mathbf{R}$, 令
$$G_1 = \{(x,y): y < f(x)\}, \quad G_2 = \{(x,y): y > f(x)\},$$
试证明 $f \in C(\mathbf{R})$ 当且仅当 G_1 与 G_2 是开集.

26. 试问: 由 $\mathbf{R}$ 中的一切开集构成的集族的基数是什么?

27. 设 $\{F_\alpha\}$ 是 $\mathbf{R}^n$ 中的一族有界闭集. 若任取其中有限个: F_{α_1}, $F_{\alpha_2}, \cdots, F_{\alpha_m}$, 都有
$$\bigcap_{i=1}^m F_{\alpha_i} \neq \varnothing,$$
试证明: $\bigcap_\alpha F_\alpha \neq \varnothing.$

28. 设 $\{F_\alpha\}$ 是 $\mathbf{R}^n$ 中的有界闭集族, G 是开集, 且有
$$\bigcap_\alpha F_\alpha \subset G,$$
试证明 $\{F_\alpha\}$ 中存在有限个: $F_{\alpha_1}, F_{\alpha_2}, \cdots, F_{\alpha_m}$, 使得
$$\bigcap_{i=1}^m F_{\alpha_i} \subset G.$$

29. 设 $K \subset \mathbf{R}^n$ 是有界闭集, $\{B_k\}$ 是 K 的开球覆盖, 试证明存在 $\varepsilon > 0$, 使得以 K 中任一点为中心, ε 为半径的球必含于 $\{B_k\}$ 中的一个.

30. 设 $f(x)$ 是定义在 $\mathbf{R}$ 上的可微函数, 且对任意的 $t \in \mathbf{R}$, 点集 $\{x \in \mathbf{R}: f'(x)=t\}$ 是闭集, 试证明 $f'(x)$ 是 $\mathbf{R}$ 上的连续函数.

31. 设 $f \in C(\mathbf{R})$. 若存在 $a > 0$, 使得
$$|f(x) - f(y)| \geqslant a|x-y| \quad (x,y \in \mathbf{R}),$$
试证明 $R(f) = \mathbf{R}$.

32. 试证明 $\mathbf{R}$ 中可数稠密集不是 G_δ 集.

33. 设 $f \in C([a,b])$，且在 $[a,b]$ 内的任一子区间上皆非常数. 若 $f(x)$ 的极值点在 $[a,b]$ 中稠密，试证明点集

$$\{x \in [a,b]: f'(x) \text{ 不存在或 } f'(x) \text{ 在 } x \text{ 处不连续}\}$$

在 $[a,b]$ 上稠密.

34. 试证明在 $[0,1]$ 上不能定义如下的函数 $f(x)$：在有理数上连续，在无理数处不连续.

35. 试证明不存在满足下列条件的函数 $f(x,y)$：

(i) $f(x,y)$ 是 $\mathbf{R}^2$ 上的连续函数；

(ii) 偏导数 $\dfrac{\partial}{\partial x} f(x,y), \dfrac{\partial}{\partial y} f(x,y)$ 在 $\mathbf{R}^2$ 上处处存在；

(iii) $f(x,y)$ 在 $\mathbf{R}^2$ 的任一点上都不可微.

36. 设 $E \subset \mathbf{R}$ 是非空可数集. 若 E 无孤立点，试证明 $\bar{E} \setminus E$ 在 $\bar{E}$ 中稠密.

37. 试证明 $\mathbf{R}^n$ 中任一闭集皆为 G_δ 集，任一开集皆为 F_σ 集.

38. 设 $f: [0,1] \longmapsto [0,1]$. 若点集

$$G_f = \{(x, f(x)): x \in [0,1]\}$$

是 $[0,1] \times [0,1]$ 中的闭集，试证明 $f \in C([0,1])$.

39. 设 $F \subset \mathbf{R}$. 若对任意的 $f \in C(F)$，必有在 $\mathbf{R}$ 上的连续延拓，试证明 F 是闭集.

40. 设 $A, B \subset \mathbf{R}^n$，且 $\bar{A} \cap B = \bar{B} \cap A = \varnothing$，试证明存在开集 G_A, G_B：$G_A \cap G_B = \varnothing, G_A \supset A, G_B \supset B$.

41. 设 F_1, F_2, F_3 是 $\mathbf{R}^n$ 中三个互不相交的闭集，试作 $f \in C(\mathbf{R}^n)$，使得

(i) $0 \leqslant f(x) \leqslant 1$；

(ii) $f(x) = 0 (x \in F_1), f(x) = 1/2 (x \in F_2), f(x) = 1 (x \in F_3)$.

注　记

（一）无穷集合中的悖论

Cantor 在其集合理论的操作中所运用的原则大致可归结为以下三条：

　　(i) 概括性：集合是由适合某种条件(规定性)的"元素"形成的.

　　(ii) 外延性：两个集合相同就是它们的元素相同.

　　(iii) 选择性：承认选择公理为真.

　　集合论问世不久,除了上述第二条外,其他原则都引起了各种问题,且遭到了不同的责难,也震撼了数学界.下面对概括性原则的情况作简要的评述,关于选择公理的问题放到第二章后再介绍.

　　集合论的中心难题是"无穷集合"这个概念本身.早在古希腊时代,"无穷"就引起了数学家和哲学家们的困惑和注意,其典型范例就是 Zeno 的悖论.又如,有人注意到一个圆有无穷多条直径,而每条直径可以分圆为两个半圆.因此,无穷多个半圆是无穷多条直径的两倍,无穷还有多少之分吗？物理学巨人 Galileo 也曾发现正整数的全体可以与它们的平方数全体一对一地对应起来.但前者包含后者,从而破坏了整体大于局部的观念,与人们从有限集里所获得的认识相矛盾.这就导致下述观点：所谓全体整数有无穷多个,是指可以把它们一个接着一个不断地写出来(写不完),但不承认全体整数作为一个固定实体而存在.也就是说,承认"潜无穷",否认"实无穷".大数学家 Gauss 以及 Cauchy 也都不承认无穷集合的存在.

　　然而,随着 19 世纪关于数学分析严密化工作的深入,无穷集合的许多问题再也无法躲避了.首当其冲的是：如何理解关于实数(无穷)集的结构？正是因为 Cauchy 不明白实数集的结构,致使他本人不能证明由他自己创立的"数列收敛准则"的充分性.又如在 Bolzano 关于连续函数零点的证明中,搞错的一个关键之处,也是由于不了解实数集的结构之故.从而在 Weierstrass 的促进下,终于由 Cantor, Dedekind 等数学家完成了实数连续统的创建工作,且使 Cantor 本人成为集合论的鼻祖.

　　在 Cantor 的数学实践中,拒绝了不允许有实无穷集存在的传统观念,并且建立起一系列的基本理论.但是,就在这最原始的起点——实无穷上,简单地拒绝传统观念立即引起许多问题,导致悖论的产生.

　　所谓悖论,是指这样一个命题 p：由 p 出发,可以导出一个语句 q,如果假定 q 真,那么就可推出 q 不真;如果假定 q 不真,那么就可以推出 q 真. 1902 年,英国大数理逻辑学家 Russell 就提出了下述著名的悖论：作集合(用现在的符号)

$$E = \{A : A \bar{\in} A\}.$$

也就是说,E 是由这样的元素 A 形成的,把 A 看成一个集合时,A 自身不是 A 的元素.对此,可具体地举例解释如下：实际上,在客观世界中,有的集合包含有三个元素或更多,现在如果把所有各种各样的上述集合当作元素再形成一个大集合,显然这个大集合是含有三个元素以上的,因此它是其自身的元素. 当然,有的集合并非是其自身的元素. 总而言之,客观世界的所有集合都分属两类:$A \in A, A \bar{\in} A$. 按照 Cantor 关于集合概念的概括性界定,E 应被认为是一个给定的集合,从而就提出了这样的命题:E 属于哪一类? 即 $E \in E$ 还是 $E \bar{\in} E$? 不难阐明(推理可参阅关于无最大基数定理的证明),若 $E \in E$,则可推出 $E \bar{\in} E$;若 $E \bar{\in} E$,则可推出 $E \in E$. 这是一个悖论.(还可举出其他的悖论.)

悖论的出现,在数学史中曾被称为数学中的第三次“危机”(我们认为这种称谓不妥),有些数学家由此而认为数学的基础发生了动摇(这种认识也不当). 实际上,这一悖论的出现,只是说明不能用概括性来定义集合概念,它是人们在一定历史阶段的认识局限性所致,需要在新的背景下重新改造,在数学发展的过程中逐步完善. 这种情形在数学史中并不鲜见.

产生集合论中的悖论的根本原因,在于如何正确认识无穷以及在数学中如何恰当地运用无穷. 人的认识是有限的,同时又是可无限推进的. 但是,任凭人们自由地、无限制地把尚未完全把握住的、无限开放的所有对象随意地圈定为一个完整的存在实体,这种做法是科学的吗? 在数学中是被允许的吗?

集合论中出现的悖论具有积极的意义,它促使数学家们努力去解决这类问题,并产生许多改进方案,那就是把集合论公理化,其中最著名的是 Zemelo-Frankl(策梅洛-弗兰克尔)公理集合论体系(简称 Z.F.S.). 为了消除 Russell 悖论,必须把集合概念加以限制,不允许任何对象都可形成集合. 在无法用其他简单的定义来代替 Cantor 对集合概念的朴素界定时,只能用一些公理来约定集合的性质,而集合本身不加定义. 除 Z.F.S 外,还有 Russell-Whitehead 的型理论等,使集合论的内容更加丰富. 这正是数学内在矛盾推动数学前进的又一范例.

本书所讨论的集合均非随意指定,一般都是指某个具体的全集(如 $\mathbf{R}^{n}$)中的子集. 这样,情况就比较简单.

(二) 连续统假设

关于无限集的基数,从我们在正文中所举的例子来看,不是 $\aleph_0$ 就是 c,那么在 $\aleph_0$ 与 c 之间是否还有别的基数? 这一问题曾耗费了 Cantor 本人不少的精力,但并没有得出任何结论. 所谓连续统假设就是下述著名猜测:$\aleph_0$ 与 c 之间不存在别的基数. 虽经后继者的许多努力,也提出了若干等价的原则,但我们还没有一个绝对的观念来说明这一猜测的真假. 不过在现今的 Z-F 集合论公理系统里,Godel 在 1940 年发表的文章中指出了连续统假设的相容性(即不能证明连续统假设的不真),而在 1963 年 Cohen 又证明了它的独立性(即不能用其他公理给予证明). 因此,在目前最广泛采用的集合论公理系统中,这一问题就算有了一个解答. 当然,有的数学家认为:应当有一个确定的集合的数学实现,使其中连续统假设是真或是假. 1900 年,在巴黎举行的世界数学家代表大会上,连续统假设曾被德国著名数学家 Hilbert 列入为 23 个的数学问题之一.

有兴趣的读者可参阅:R. M. Smullyan and M. Fitting, Set Theory and the Continuum Problem, Oxford University Press, Oxford, U. K. (1996).

(三) 一个覆盖例题

下例具体说明,可用总长为 1 的可列个区间覆盖住 $\mathbf{Q} \bigcap [0,1]$,但不能把 $[0,1]$ 中的无理点全部盖住.

例 将 $[0,1]$ 中全部有理数排列起来:$r=m/n$ 排列在第 $k=m+n(n+1)/2$ 项,并用长为 $1/2^k$ 的区间覆盖住第 k 项有理数. 下面证明 $x_0=\sqrt{2}/2$ 不属于任一覆盖区间. 采用反证法. 假定存在 m,n $(n \geqslant m \geqslant 0, n \geqslant 1)$,使得

$$\left| \frac{m}{n} - x_0 \right| < \frac{1}{2} \cdot \frac{1}{2^k} = \frac{1}{2} \Big/ 2^{m+n(n+1)/2} \leqslant \frac{1}{2}^{1+n(n+1)/2}.$$

注意到 $\sqrt{2}$ 是无理数,故对任意的 m,n $(n \geqslant 1)$,有 $|2m^2-n^2| \geqslant 1$ 从而得

$$\left| \frac{m}{n} - \frac{\sqrt{2}}{2} \right| = \left| \left(\frac{m}{n} \right)^2 - \frac{1}{2} \right| \Big/ \left(\frac{m}{n} + \frac{\sqrt{2}}{2} \right)$$

$$= \frac{|2m^2-n^2|}{2mn+\sqrt{2}n^2}$$

$$> \frac{1}{4n^2} \geqslant \frac{1}{2}^{1+n(n+1)/2}.$$

(四) 基数运算简介

现在我们来粗略地谈谈基数的一般运算规律,它可使我们对许多集合的基数的判定更加迅速,其大小的比较更加清晰.

定义 (i) 设有基数 α_1 与 α_2,取集合 A_1 与 A_2,使得 $A_1 \bigcap A_2 = \varnothing$,$\overline{A_1}=\alpha_1$ 且 $\overline{A_2}=\alpha_2$[①],称集合 $A_1 \bigcup A_2$ 的基数是 α_1 与 α_2 的和 $\alpha_1+\alpha_2$.

(ii) 设有基数 α_1 与 α_2,取集合 A_1 与 A_2,使得

$$\overline{A_1} = \alpha_1, \quad \overline{A_2} = \alpha_2,$$

称直积集 $A_1 \times A_2$ 的基数为 α_1 与 α_2 的**乘积**,记为 $\alpha_1 \cdot \alpha_2$. 又记 n 个相同的基数

---

① 这样的取法是可行的. 事实上,若 $\overline{B_1}=\alpha_1$,$\overline{B_2}=\alpha_2$,则再作
$$A_1 = \{a_1\} \times B_1, \quad A_2 = \{a_2\} \times B_2,$$
其中 $a_1=\varnothing$,$a_2=\{\varnothing\}$,则 $A_1 \bigcap A_2 = \varnothing$.

α 的乘积为 $\alpha \cdot \alpha \cdots \cdots \cdot \alpha = \alpha^n$.

（iii）设有集合 A 与 B，记从 B 到 A 的一切映射所构成的集合为 A^B. 若 $\overline{A} = \alpha, \overline{B} = \beta$，则称 A^B 的基数为 α 的 β 次幂 α^β①.

这些基数运算的规定都是有限集个数运算的推广，不过我们从前面的具体例子看到，无限集基数运算的结果与有限集个数运算的结果有很大不同，例如

$$\aleph_0 + \aleph_0 = \aleph_0, \qquad \aleph_0^n = \aleph_0.$$

例　设 $\overline{A} = \alpha$，则

$$\overline{\overline{\mathscr{P}(A)}} = 2^\alpha.$$

证明　2^α 是集合 $\{0,1\}^A$ 的基数，而 $\{0,1\}^A$ 就是定义在 A 上的 A 中子集的特征函数全体形成的集合. 而相应于 A 的每个子集 E，均唯一地对应一个特征函数 χ_E：

$$\chi_E(x) = \begin{cases} 1, & x \in E, \\ 0, & x \in A \backslash E. \end{cases}$$

反之亦然. 这说明 $\mathscr{P}(A)$ 与 $\{0,1\}^A$ 是对等的.

命题　$c = 2^{\aleph_0}$.

我们只需比较 $\{0,1\}^N$ 与 $(0,1]$ 的基数即可. 对于任意的 $\varphi \in \{0,1\}^N$，作映射

$$f: \varphi \to \sum_{n=1}^{\infty} \frac{\varphi(n)}{3^n}.$$

易知 f 是从 $\{0,1\}^N$ 到 $(0,1]$ 的一个单射，故得 $2^{\aleph_0} \leqslant c$. 另一方面，对每一个 $x \in (0,1]$，用二进位制小数（必须出现无穷多个数码 1）表示为

$$x = \sum_{n=1}^{\infty} \frac{a_n}{2^n}, \quad a_n = 0, 1.$$

现在定义映射 g 如下：

$$g: x \to \varphi \in \{0,1\}^N, \quad \varphi(n) = a_n \quad (n = 1, 2, \cdots).$$

易知 g 是从 $(0,1]$ 到 $\{0,1\}^N$ 的一个单射，故又得 $c \leqslant 2^{\aleph_0}$. 根据 Cantor-Bernstein 定理，$c = 2^{\aleph_0}$.

注　1. $0 < 1 < 2 < \cdots < \aleph_0 < 2^{\aleph_0} = c < 2^c < 2^{2^c} < \cdots$.

2. 不可数个互不相同的集合之并集可以是可数集.

3. 令 $S = \{f: f(x)$ 定义在 $[a,b]$ 上，且只有一个间断点$\}$，则 $\overline{\overline{S}} = 2^c$.

（五）关于距离 $d(x,y)$

命题　若映射 $T: \mathbf{R}^2 \to \mathbf{R}^2$ 保持点之间有理数距离不变，则可保持点之间一

----

①　例如 $B = \{1, 2, \cdots, n\}, A = \{0,1\}$，则 B 到 A 的映射总数正好是 2^n.

切距离不变. 但这一结论对 **R** 不真.

注 不可能定义可微的距离函数.

（六）关于开集

命题 设 $\alpha\neq 0,\beta\neq 0,A\subset\mathbf{R}^n$ 是开集，$B\subset\mathbf{R}^n$，则 $\alpha A+\beta B$ 是开集.

证明 令 $f(x)=\alpha\cdot x,f^{-1}(x)=x/\alpha$，则 f 和 f^{-1} 是 $\mathbf{R}^n$ 到 $\mathbf{R}^n$ 上的一一满射，且知 $f(A)=\alpha A,f^{-1}(\alpha A)=A$. 因为 f^{-1} 在 $\mathbf{R}^n$ 中的开集上连续，而 A 在 f^{-1} 的值域中是开集，所以 A 的原像是开集，即 αA 是开集.

设 $y\in B$，考查 $g(x)=x+\beta y(x\in A),g^{-1}(x)=x-\beta y$，它们都是一一的连续映射. 由 $\alpha A+\beta y=g(\alpha A)$ 可知，$\alpha A=g^{-1}(\alpha A+\beta y)$. 类似地，注意到 g^{-1} 的连续性以及 αA 是开集，故其原像 $\alpha A+\beta y$ 是开集. 又注意到

$$\alpha A+\beta y=\bigcup_{y\in B}(\alpha A+\beta y),$$

即可得证.

（七）关于连续延拓

(i) 设 $E\subset\mathbf{R},f\in C(E)$，则存在 G_δ 集 $H:H\supset E$，以及 $f^*\in C(H)$，使得

$$f^*(x)=f(x)\quad(x\in E).$$

证明 令 $H=\{x\in\bar E:\omega_f(x)=0\}$，则 $\omega_f(x)=0(x\in E)$，从而可知 $E\subset H$. 若 $x\in H$，则存在 $\{x_n\}\subset E$，使得 $\lim_{n\to\infty}x_n=x$. 注意到 $\omega_f(x)=0,\{f(x_n)\}$ 是 Cauchy 列，故存在 $y\in\mathbf{R}:\lim_{n\to\infty}f(x_n)=y$. 易知 y 与 $\{x_n\}$ 的选取无关，因此可令 $f^*(x)=y$. 根据定义 $\omega_{f^*}(x)=0(x\in H)$，从而 $f^*\in C(H)$.

此外，因为我们有

$$H=\left(\bigcap_{n=1}^\infty G_n\right)\cap\bar E,$$

$$G_n=\{x\in E:\omega_f(x)<1/(n+1)\}\quad(n\in\mathbf{N}),$$

所以 H 是 G_δ 集.

注 存在 **R** 上的实值函数，使得对任一满足 $\bar{\bar E}=c$ 的点集 $E\subset\mathbf{R},f|_E$ 均非连续函数.

(ii) 设 $E\subset\mathbf{R},f(x)$ 定义在 E 上. 若存在 $M>0$，使得 $|f(x)-f(y)|\leqslant M|x-y|(x,y\in E)$，则存在 **R** 上的函数 $f^*(x)$，使得

$$|f^*(x)-f^*(y)|\leqslant M|x-y|\quad(x,y\in\mathbf{R}).$$

证明 对任意的 $x\in\mathbf{R}$，作函数

$$f^*(x)=\inf\{f(y)+M|x-y|:y\in E\}.$$

对取定的 $x\in E$，对任意的 $y\in E$，我们有

$$f^{*}(x) \leqslant f(y) + M|x-y|.$$

特别取 $y=x$，则得 $f^{*}(x) \leqslant f(x)(x \in E).$

另一方面，由 $|f(x)-f(y)| \leqslant M|x-y|(y \in E)$ 可知

$$f(x) \leqslant f(y) + M|x-y| \quad (y \in E),$$

从而得 $f(x) \leqslant f^{*}(x)$，这说明 $f^{*}(x) = f(x)(x \in E).$

现在，对 $x_1, x_2 \in \mathbf{R}$ 以及 $\varepsilon > 0$，存在 $y_1, y_2 \in E$，使得

$$f(y_1) + M|x_1-y_1| - \varepsilon \leqslant f^{*}(x_1) \leqslant f(y_2) + M|x_1-y_2|;$$

$$f(y_2) + M|x_2-y_2| - \varepsilon \leqslant f^{*}(x_2) \leqslant f(y_1) + M|x_2-y_1|,$$

因此我们有

$$f^{*}(x_2) - f^{*}(x_1) \leqslant M(|x_2-y_1| - |x_1-y_1|) + \varepsilon$$

$$\leqslant M|x_1-x_2| + \varepsilon,$$

$$f^{*}(x_1) - f^{*}(x_2) \leqslant M(|x_1-y_2| - |x_2-y_2|) + \varepsilon$$

$$\leqslant M|x_1-x_2| + \varepsilon.$$

这说明 $|f^{*}(x_1) - f^{*}(x_2)| \leqslant M|x_1-x_2| + \varepsilon.$ 证毕.

第二章　Lebesgue 测度

从本章开始,我们将开始逐步介绍实变函数理论的核心内容——Lebesgue 测度与积分.

19 世纪的数学家们已经认识到,仅有连续函数与积分的古典理论已经不足以解决数学分析中的许多问题.为了克服古典的 Riemann 积分在理论上的局限性(见积分论评述),必须改造原有的积分定义.大家知道,对于 $[a,b]$ 上的正值连续函数 $f(x)$,其积分的几何意义是平面曲边梯形(下方图形)

$$\underline{G}(f) = \{(x,y): x \in [a,b], 0 \leqslant y \leqslant f(x)\}$$

的面积.因此,积分的定义以及一个函数的可积性,是与相应的下方图形面积如何确定以及面积是否存在密切相关的.从这一个角度看问题,过去我们所说的不可积函数 f,就反映在平面点集 $\underline{G}(f)$ 的"面积"不存在的问题上.于是,如果我们想要建立能够应用于更大函数类的新的积分理论,自然希望把原有的面积概念加以推广,以使得更多的点集能具有类似于面积性质的新的度量.

总之,我们希望对一般 $\mathbf{R}^n$ 中的点集 E 给予一种度量,它是长度、面积以及体积的概念的推广.如果记点集 E 的这种度量为 $m(E)$,那么自然应要求它具有某些常见的性质或满足一定的条件.此时,称 $m(E)$ 为 E 的测度.以 $\mathbf{R}$ 为例.我们提出:

(i) $m(E) \geqslant 0$;

(ii) 可合同的点集具有相同的测度;

(iii) 令 $I = (a,b)$,则 $m(I) = b - a$;

(iv) 若 $E_1, E_2, \cdots, E_k, \cdots$ 是互不相交的点集,则

$$m\left(\sum_{i=1}^{\infty} E_i\right) = \sum_{i=1}^{\infty} m(E_i).$$

条件(i)~(iii)是容易理解的,条件(iv)称为可数可加(σ-可加)性.(历史上还创立过其他种类的测度,例如所谓 Jordan 测度,但它只具

备有限可加性.)正是这种可数可加性使建立在测度论基础上的积分有了新的功能.

1898 年,Borel 建立了 **R** 中点集(现在称为 Borel 集)的测度理论. 不久,Lebesgue 在 1902 年提出了直至目前仍广泛应用的"Lebesgue 测度"理论. 后来,Carathéodory 在 1918 年左右深入地研究了外测度的性质. 从此,测度理论有了迅速的发展.

不同的积分概念是基于或紧密地联系于不同的测度概念的. 测度理论及其方法在近代分析、概率论以及其他一些学科领域中已成为必不可少的工具. 在后续的各章中我们将看到,Lebesgue 测度理论还为实变函数的许多其他课题(例如单调函数的不可微点,Riemann 可积函数的特征等等)的研究提供了适当的框架与方法. 本章的目的就是介绍 **R**^{n} 中点集的 Lebesgue 测度理论.

§2.1 点集的 Lebesgue 外测度

大家知道,平面中一个矩形的面积等于长乘以宽. 也就是说,先取定一个标准单位——单位正方形,然后来计算该矩形包含有多少个正方形. 还有,多边形面积往往是用内部所含的三角形面积来度量的. 用古典积分计算下方图形 $G(f)$ 的面积,也基本上是从其内部小矩形的面积出发来逐步进行计算的. 显然,这种计算方法只是对具有内点的点集有效.

为了对一般点集也能度量出某种"面积"来,我们放弃从点集内部扩张的做法,而按从其外部挤压的方法,即用矩形(或正方形)去覆盖点集,然后来计算这些矩形的面积总和(类似于古典积分论中的 Darboux 上和). 当然,这样的覆盖方式有多种多样. 一般说来,这样的覆盖所盖住的点要比原点集的"面积"大. 因此,在这里取一切这种覆盖所求出的矩形面积总和的下确界来代表它的某种度量是很正常的. 另外,还有一个问题:每次覆盖所用的矩形是多少个? 若只允许有限个,则由此所建立的度量就是所谓 Jordan 容度. 这种度量在数学史上占有一定地位,但因有严重缺陷(见积分论评述)而被改造. 也就是说,现在采用的覆盖,允许有可数个矩形参加. 这一革命性举措正是 Lebesgue 所创,使得由此所建立的点集的度量理论呈现崭新的面貌,也使得 Lebesgue 积分论成为进入现代分析的大门.

定义 2.1 设 $E \subset \mathbf{R}^n$. 若 $\{I_k\}$ 是 $\mathbf{R}^n$ 中的可数个开矩体,且有

$$E \subset \bigcup_{k \geqslant 1} I_k,$$

则称 $\{I_k\}$ 为 E 的一个 **L-覆盖**(显然,这样的覆盖有很多,且每一个 L-覆盖 $\{I_k\}$ 确定一个非负广义实值 $\sum_{k \geqslant 1} |I_k|$(可以是 $+\infty$,$|I_k|$ 表示 I_k 的体积)). 称

$$m^*(E) = \inf\left\{ \sum_{k \geqslant 1} |I_k| : \{I_k\} \text{ 为 } E \text{ 的 } L\text{- 覆盖} \right\}$$

为点集 E 的 **Lebesgue 外测度**,简称**外测度**[①].

显然,若 E 的任意的 L-覆盖 $\{I_k\}$ 均有

$$\sum_{k \geqslant 1} |I_k| = +\infty,$$

则 $m^*(E) = +\infty$,否则 $m^*(E) < +\infty$.

例 1 $\mathbf{R}^n$ 中的单点集的外测度为零,即 $m^*(\{x_0\}) = 0$,$x_0 \in \mathbf{R}^n$. 这是因为可作一开矩体 I,使得 $x_0 \in I$ 且 $|I|$ 可任意地小. 同理,$\mathbf{R}^n$ 中的点集

$$\{x = (\xi_1, \xi_2, \cdots, \xi_{i-1}, t_0, \xi_i, \cdots, \xi_n) : a_j \leqslant \xi_j \leqslant b_j, j \neq i\}$$

($n-1$ 维超平面块)的外测度也为零.

例 2 设 I 是 $\mathbf{R}^n$ 中的开矩体,$\bar{I}$ 是闭矩体,则 $m^*(\bar{I}) = |I|$.

证明 对任给的 $\varepsilon > 0$,作一开矩体 J,使得 $J \supset \bar{I}$ 且 $|J| < |I| + \varepsilon$,从而有

$$m^*(\bar{I}) \leqslant |J| < |I| + \varepsilon.$$

[①] 在本定义中,对 E 所做的覆盖 $\{I_k\}$ 不仅限于有限个,而且可以是可列个. 为了说明这一区别,我们来分析一下有理数集 $\mathbf{Q}$ 的情形.

设 $\mathbf{Q} = \{r_n\}$ 是 $[0,1]$ 中的有理数集,任给 $\varepsilon > 0$,作区间

$$\left(r_n - \frac{\varepsilon}{2^{n+1}}, r_n + \frac{\varepsilon}{2^{n+1}} \right), \quad n = 1, 2, \cdots.$$

显然,这些区间的全体覆盖了 $\mathbf{Q}$,而这些区间长度的总和是 ε. 由于 $\varepsilon > 0$ 是任意给定的,当然就认为有理点集 $\mathbf{Q}$ 的测度是零. 但若只允许我们用有限个区间去覆盖,则根据 $\mathbf{Q}$ 在 $[0,1]$ 中的稠密性,这些区间必须覆盖除有限个点外整个区间 $[0,1]$. 也就是说,这些区间长度的总和起码是 1. 对于 $[0,1]$ 中的无理点集也可得出相同的结论,从而只能说有理点集 $\mathbf{Q}$ 是不可度量的.

由 ε 的任意性可知 $m^*(\bar{I}) \leqslant |I|$. 现在设 $\{I_k\}$ 是 $\bar{I}$ 的任意的 L-覆盖,则因为 $\bar{I}$ 是有界闭集,所以存在 $\{I_k\}$ 的有限子覆盖

$$\{I_{i_1}, I_{i_2}, \cdots, I_{i_l}\}, \qquad \bigcup_{j=1}^{l} I_{i_j} \supset \bar{I}.$$

易知

$$|I| \leqslant \sum_{j=1}^{l} |I_{i_j}| \leqslant \sum_{k=1}^{\infty} |I_k|,$$

由此又得 $|I| \leqslant m^*(\bar{I})$,从而我们有 $m^*(\bar{I}) = |I|$.

定理 2.1($\mathbf{R}^n$ 中点集的外测度性质)

(i) 非负性:$m^*(E) \geqslant 0$, $m^*(\varnothing) = 0$;

(ii) 单调性:若 $E_1 \subset E_2$,则 $m^*(E_1) \leqslant m^*(E_2)$;

(iii) 次可加性:$m^*\left(\bigcup_{k=1}^{\infty} E_k\right) \leqslant \sum_{k=1}^{\infty} m^*(E_k)$.

证明 (i) 这可从定义直接得出.

(ii) 这是因为 E_2 的任一个 L-覆盖都是 E_1 的 L-覆盖.

(iii) 不妨设 $\sum_{k=1}^{\infty} m^*(E_k) < +\infty$. 对任意的 ε > 0 以及每个自然数 k,存在 E_k 的 L-覆盖 $\{I_{k,l}\}$,使得

$$E_k \subset \bigcup_{l=1}^{\infty} I_{k,l}, \qquad \sum_{l=1}^{\infty} |I_{k,l}| < m^*(E_k) + \frac{\varepsilon}{2^k}.$$

由此可知

$$\bigcup_{k=1}^{\infty} E_k \subset \bigcup_{k,l=1}^{\infty} I_{k,l}, \qquad \sum_{k,l=1}^{\infty} |I_{k,l}| \leqslant \sum_{k=1}^{\infty} m^*(E_k) + \varepsilon.$$

显然,$\{I_{k,l}: k, l = 1, 2, \cdots\}$ 是 $\bigcup_{k=1}^{\infty} E_k$ 的 L-覆盖,从而有

$$m^*\left(\bigcup_{k=1}^{\infty} E_k\right) \leqslant \sum_{k=1}^{\infty} m^*(E_k) + \varepsilon.$$

由 ε 的任意性可知结论成立.

注 若 I 是 $\mathbf{R}^n$ 中的开矩体,则 $m^*(I) = m^*(\bar{I}) = |I|$.

推论 2.2 若 $E \subset \mathbf{R}^n$ 为可数点集,则 $m^*(E) = 0$.

由此可知有理点集的外测度 $m^*(\mathbf{Q}^n) = 0$. 这里我们看到了一个虽然处处稠密但外测度为零的可列点集. 但下述例 3 说明外测度为

零的点集不一定是可列集.

例 3 $[0,1]$中的 Cantor 集 C 的外测度是零.

事实上,因为 $C = \bigcap\limits_{n=1}^{\infty} F_n$,其中的 F_n(在构造 C 的过程中第 n 步所留存下来的)是 2^n 个长度为 3^{-n} 的闭区间的并集,所以我们有

$$m^*(C) \leqslant m^*(F_n) \leqslant 2^n \cdot 3^{-n},$$

从而得知 $m^*(C) = 0$.

注意,对于 $\mathbf{R}^n$ 中的任意两个点集 E_1 与 E_2,根据外测度的次可加性,可以得出

$$m^*(E_1 \bigcup E_2) \leqslant m^*(E_1) + m^*(E_2).$$

不过上式中的等号不一定成立,即使 $E_1 \bigcap E_2 = \varnothing$ 也是如此(这一点在下一节还要再谈及).但若 $d(E_1, E_2) > 0$,则上式中等号就成立了.这称为距离外测度性质.为证此,先介绍一个引理.

引理 2.3 设 $E \subset \mathbf{R}^n$ 以及 $\delta > 0$.令

$$m_\delta^*(E) = \inf\left\{ \sum_{k=1}^{\infty} |I_k| : \bigcup_{k=1}^{\infty} I_k \supset E, \text{每个开矩体 } I_k \text{ 的边长} < \delta \right\},$$

则 $m_\delta^*(E) = m^*(E)$.

证明 显然有 $m_\delta^*(E) \geqslant m^*(E)$.为证明其反向不等式也成立,不妨设 $m^*(E) < +\infty$.由外测度的定义可知,对于任给的 $\varepsilon > 0$,存在 E 的 L-覆盖 $\{I_k\}$,使得

$$\sum_{k=1}^{\infty} |I_k| \leqslant m^*(E) + \varepsilon.$$

对于每个 k,我们把 I_k 分割成 $l(k)$ 个开矩体:

$$I_{k,1}, \ I_{k,2}, \ \cdots, \ I_{k,l(k)},$$

它们互不相交且每个开矩体的边长都小于 $\delta/2$.现在保持每个 $I_{k,i}$ 的中心不动,边长扩大 $\lambda(1 < \lambda < 2)$ 倍做出开矩体,并记为 $\lambda I_{k,i}$,显然,对每个 k,有

$$\bigcup_{i=1}^{l(k)} \lambda I_{k,i} \supset I_k, \quad \sum_{i=1}^{l(k)} |\lambda I_{k,i}| = \lambda^n \sum_{i=1}^{l(k)} |I_{k,i}| = \lambda^n |I_k|.$$

易知 $\{\lambda I_{k,i} : i = 1, 2, \cdots, l(k); k = 1, 2, \cdots\}$ 是 E 的边长小于 δ 的 L-覆盖,且有

$$\sum_{k=1}^{\infty} \sum_{i=1}^{l(k)} |\lambda I_{k,i}| = \lambda^n \sum_{k=1}^{\infty} |I_k| \leqslant \lambda^n (m^*(E) + \varepsilon),$$

从而可知 $m_\delta^*(E) \leqslant \lambda^n (m^*(E) + \varepsilon)$. 令 $\lambda \to 1$ 并注意到 ε 的任意性,我们得到 $m_\delta^*(E) \leqslant m^*(E)$. 这说明 $m_\delta^*(E) = m^*(E)$.

定理 2.4 设 E_1, E_2 是 $\mathbf{R}^n$ 中的两个点集. 若 $d(E_1, E_2) > 0$,则
$$m^*(E_1 \bigcup E_2) = m^*(E_1) + m^*(E_2).$$

证明 只需证明 $m^*(E_1 \bigcup E_2) \geqslant m^*(E_1) + m^*(E_2)$ 即可. 为此,不妨设 $m^*(E_1 \bigcup E_2) < +\infty$. 对任给的 $\varepsilon > 0$,作 $E_1 \bigcup E_2$ 的 L-覆盖 $\{I_k\}$,使得

$$\sum_{k=1}^{\infty} |I_k| < m^*(E_1 \bigcup E_2) + \varepsilon,$$

其中 I_k 的边长都小于 $d(E_1, E_2)/\sqrt{n}$. 现在将 $\{I_k\}$ 分为如下两组:

(i) $J_{i_1}, J_{i_2}, \cdots, \bigcup\limits_{k \geqslant 1} J_{i_k} \supset E_1$; (ii) $J_{l_1}, J_{l_2}, \cdots, \bigcup\limits_{k \geqslant 1} J_{l_k} \supset E_2$,

且其中任一矩体皆不能同时含有 E_1 与 E_2 中的点,从而得

$$m^*(E_1 \bigcup E_2) + \varepsilon > \sum_{k \geqslant 1} |I_k| = \sum_{k \geqslant 1} |J_{i_k}| + \sum_{k \geqslant 1} |J_{l_k}|$$
$$\geqslant m^*(E_1) + m^*(E_2).$$

再由 ε 的任意性可知 $m^*(E_1 \bigcup E_2) \geqslant m^*(E_1) + m^*(E_2)$.

例 4 设 $E \subset [a,b], m^*(E) > 0, 0 < c < m^*(E)$,则存在 E 的子集 A,使得 $m^*(A) = c$.

证明 记 $f(x) = m^*([a,x) \bigcap E), a \leqslant x \leqslant b$,则 $f(a) = 0, f(b) = m^*(E)$. 考查 x 与 $x + \Delta x$. 不妨设 $a \leqslant x < x + \Delta x \leqslant b$,则由

$$[a, x + \Delta x) \bigcap E = ([a,x) \bigcap E) \bigcup ([x, x + \Delta x) \bigcap E)$$

可知 $f(x + \Delta x) \leqslant f(x) + \Delta x$,即

$$f(x + \Delta x) - f(x) \leqslant \Delta x.$$

对 $\Delta x < 0$ 也可证得类似不等式. 总之,我们有

$$|f(x + \Delta x) - f(x)| \leqslant |\Delta x|, \quad a \leqslant x \leqslant b.$$

这说明 $f \in C([a,b])$. 根据连续函数中值定理,对 $f(a) < c < f(b)$,存在 $\xi \in (a,b)$,使得 $f(\xi) = c$. 取 $A = [a,\xi) \bigcap E$,即得证.

定理 2.5（平移不变性） 设 $E \subset \mathbf{R}^n$，$x_0 \in \mathbf{R}^n$. 记 $E + \{x_0\} = \{x + x_0, x \in E\}$，则

$$m^*(E + \{x_0\}) = m^*(E). \tag{2.1}$$

证明 首先，对于 $\mathbf{R}^n$ 中的开矩体 I，易知 $I + \{x_0\}$ 仍是一个开矩体且其相应边长均相等，$|I| = |I + \{x_0\}|$. 其次，对 E 的任意的 L-覆盖 $\{I_k\}$，$\{I_k + \{x_0\}\}$ 仍是 $E + \{x_0\}$ 的 L-覆盖. 从而由

$$m^*(E + \{x_0\}) \leqslant \sum_{k=1}^{\infty} |I_k + \{x_0\}| = \sum_{k=1}^{\infty} |I_k|$$

可知（对一切 L-覆盖取下确界）

$$m^*(E + \{x_0\}) \leqslant m^*(E).$$

反之，考虑对 $E + x_0$ 作向量 $-x_0$ 的平移，可得原点集 E. 同理又有

$$m^*(E) \leqslant m^*(E + \{x_0\}).$$

例 5（数乘的情形） 设 $E \subset \mathbf{R}$，$\lambda \in \mathbf{R}$，记 $\lambda E = \{\lambda x : x \in E\}$，则

$$m^*(\lambda E) = |\lambda| \, m^*(E).$$

证明 因为 $E \subset \bigcup_{n \geqslant 1} (a_n, b_n)$ 等价于 $\lambda E \subset \bigcup_{n \geqslant 1} \lambda(a_n, b_n)$，$m^*([a_n, b_n]) = m^*((a_n, b_n))$，且对任一区间 (α, β)，有

$$m^*(\lambda(\alpha, \beta)) = |\lambda| \, m^*((\alpha, \beta)) = |\lambda| (\beta - \alpha),$$

所以按外测度定义可得 $m^*(\lambda E) = |\lambda| m^*(E)$.

注 上面介绍的 $\mathbf{R}^n$ 中点集的外测度 m^* 是一种定义在 $\mathscr{P}(\mathbf{R}^n)$ 上的集合函数（取广义实值），即对每一个 $E \subset \mathbf{R}^n$，对应于一个广义实值 $m^*(E)$. 当然，它还具有一些性质. 一般地说，设 X 是一个非空集合，μ^* 是定义在幂集 $\mathscr{P}(X)$ 上的一个取广义实值的集合函数，且满足：

(i) $\mu^*(\varnothing) = 0$，$\mu^*(E) \geqslant 0 (E \subset X)$；

(ii) 若 $E_1, E_2 \subset X$，$E_1 \subset E_2$，则 $\mu^*(E_1) \leqslant \mu^*(E_2)$；

(iii) 若 $\{E_n\}$ 是 X 的子集列，则有

$$\mu^* \left(\bigcup_{n=1}^{\infty} E_n \right) \leqslant \sum_{n=1}^{\infty} \mu^*(E_n),$$

那么称 μ^* 是 X 上的一个**外测度**.

若 (X, d) 是一个距离空间，且其上的外测度 μ^* 还满足：当 $d(E_1, E_2) > 0$ 时，有

$$\mu^*(E_1 \cup E_2) = \mu^*(E_1) + \mu^*(E_2),$$

那么称 μ^* 是 X 上的一个**距离外测度**(利用距离外测度性质可以证明开集的可测性).

思考题　解答下列问题：

1. 设 $A \subset \mathbf{R}^n$ 且 $m^*(A) = 0$,试证明对任意的 $B \subset \mathbf{R}^n$,有

$$m^*(A \bigcup B) = m^*(B) = m^*(B \backslash A).$$

2. 设 $A, B \subset \mathbf{R}^n$,且 $m^*(A), m^*(B) < +\infty$,试证明

$$|m^*(A) - m^*(B)| \leqslant m^*(A \triangle B);$$

3. 设 $E \subset \mathbf{R}^n$. 若对任意的 $x \in E$,存在开球 $B(x, \delta_x)$,使得 $m^*(E \bigcap B(x, \delta_x)) = 0$,试证明 $m^*(E) = 0$.

§2.2　可测集与测度

上一节指出,$\mathbf{R}^n$ 中点集的 Lebesgue 外测度具有次可加性.事实上,可以举例说明 $\mathbf{R}^n$ 中存在互不相交的集合列 $E_1, E_2, \cdots, E_k, \cdots$,使得

$$m^*\left(\bigcup_{k=1}^{\infty} E_k\right) < \sum_{k=1}^{\infty} m^*(E_k)$$

(例如用后文中的不可测集来构造),即不满足可数可加性.这样,集合函数 m^* 还不是我们所希望的 $\mathbf{R}^n$ 上点集的测度.那么,是否存在其他集合函数可以满足要求呢?(注意,这里仍需满足本章前言中所叙述的那些条件.)结论是否定的.这就是说,在我们所指的意义下,实际上不可能给出一种在 $\mathbf{R}^n$ 的一切子集上都有定义的测度.也就是说,有些点集不存在测度或说是不可测的.于是,我们的任务就是要在 Lebesgue 外测度的基础上,在 $\mathbf{R}^n$ 中诱导出一个可测集合类,在其上 m^* 是一种所期望的测度.(实践证明,这对多数的应用课题来说已是足够的了.)因此,直接引用可加性条件来诱导可测集是不难理解的了.

首先,我们认为 $\mathbf{R}^n$ 中的任一矩体 I 应当属于这一可测集合类.因此,若点集 $E \subset \mathbf{R}^n$ 也属于可测集合类,则根据可加性应有(见图 2.1)

$$m^*(I) = m^*(I \bigcap E) + m^*(I \bigcap E^c).$$

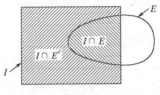

图 2.1

这一等式本可作为 E 是可测集的定义,不过由于我们实际上还可由此证明,对 $\mathbf{R}^n$ 中的任一点集 T,有

$$m^*(T)=m^*(T\bigcap E)+m^*(T\bigcap E^c)^①,$$

从而下面当定义 E 为可测集时,不采用矩体(这是 $\mathbf{R}^n$ 中特有的点集)作"试验集",而代之以一般点集. 这样做可使我们的定义推广于抽象测度.

定义 2.2　设 $E\subset\mathbf{R}^n$. 若对任意的点集 $T\subset\mathbf{R}^n$,有

$$m^*(T)=m^*(T\bigcap E)+m^*(T\bigcap E^c)^②, \tag{2.2}$$

则称 E 为 Lebesgue 可测集(或 m^*-可测集),简称为**可测集**[③],其中 T 称为**试验集**(这一定义可测集的等式也称为 Carathéodory 条件). 可测集的全体称为**可测集类**,简记为 $\mathscr{M}$.

有了可测集的定义,我们下面就要来探讨可测集的性质与结构.

---

① 事实上,对任给的 $\varepsilon>0$,存在 T 的 L-覆盖 $\{I_k\}$,使得

$$\sum_{k=1}^{\infty}|I_k|\leqslant m(T)+\varepsilon,$$

从而有

$$m^*(T)\leqslant m^*(T\bigcap E)+m^*(T\bigcap E^c)$$
$$\leqslant m^*\left(\left(\bigcup_{k=1}^{\infty}I_k\right)\bigcap E\right)+m^*\left(\left(\bigcup_{k=1}^{\infty}I_k\right)\bigcap E^c\right)$$
$$\leqslant\sum_{k=1}^{\infty}[m^*(I_k\bigcap E)+m^*(I_k\bigcap E^c)]$$
$$\leqslant\sum_{k=1}^{\infty}m(I_k)=\sum_{k=1}^{\infty}|I_k|\leqslant m^*(T)+\varepsilon.$$

令 $\varepsilon\to 0$,即得 $m^*(T)=m^*(T\bigcap E)+m^*(T\bigcap E^c)$.

② 当年,Lebesgue 对 $E\subset[a,b]$ 引进了内测度的概念:$m_*(E)=(b-a)-m^*([a,b]\backslash E)$,并以条件 $m^*(E)=m_*(E)$ 来定义可测集. 这相当于 (2.2) 式中取 $T=[a,b]$.

③ 一般而言,一个集合 E 的可测性不是 E 自身所固有的,而是依赖于外测度的定义的. 事实上,我们可以给 E 两种外测度的界定,使 E 在其中一种意义下是可测的,在另一种意义下是不可测的.

在这之前,注意到下述简单事实是方便的:对于 $\mathbf{R}^n$ 中任一点集 E, 为了证明它是一个可测集,我们只需对任一点集 $T \subset \mathbf{R}^n$,证明

$$m^*(T) \geqslant m^*(T \cap E) + m^*(T \cap E^c) \qquad (2.3)$$

即可. 这是因为 $m^*(T) \leqslant m^*(T \cap E) + m^*(T \cap E^c)$ 总是成立的. 由此又可知,只需对 $m^*(T) < +\infty$ 的 T 来论证(2.3)式即可,因为在 $m^*(T) = \infty$ 时(2.3)式总成立.

例 1 若 $m^*(E) = 0$,则 $E \in \mathcal{M}$. 事实上,此时我们有

$$m^*(T \cap E) + m^*(T \cap E^c) \leqslant m^*(E) + m^*(T) = m^*(T).$$

外测度为零的点集称为**零测集**. 显然,$\mathbf{R}^n$ 中由单个点组成的点集是零测集. 从而根据外测度的次可加性知道 $\mathbf{R}^n$ 中的有理点集 $\mathbf{Q}^n$ 是零测集. 零测集的任一子集是零测集. 由此再注意到 Cantor 集是零测集这一事实,不难推断 $\mathcal{M}$ 的基数大于或等于 2^c,但 $\mathcal{M}$ 的基数又不会超过 2^c,于是 $\mathcal{M}$ 的基数实际上是 2^c.

上一节曾经提到两个集合即使不相交,其外测度也不一定是可加的. 但可测集的定义暗示我们,当两个集合由一个可测集分离开时,其外测度就有可加性:若 $E_1 \subset S, E_2 \subset S^c, S \in \mathcal{M}$,则有

$$m^*(E_1 \cup E_2) = m^*(E_1) + m^*(E_2).$$

事实上,此时取试验集 $T = E_1 \cup E_2$,从 S 是可测集的定义得

$$m^*(E_1 \cup E_2) = m^*((E_1 \cup E_2) \cap S) + m^*((E_1 \cup E_2) \cap S^c)$$
$$= m^*(E_1) + m^*(E_2).$$

由此还可知,当 E_1 与 E_2 是互不相交的可测集时,对任一集合 T 有

$$m^*(T \cap (E_1 \cup E_2)) = m^*(T \cap E_1) + m^*(T \cap E_2).$$

定理 2.6(可测集的性质)

(i) $\varnothing \in \mathcal{M}$.

(ii) 若 $E \in \mathcal{M}$,则 $E^c \in \mathcal{M}$.

(iii) 若 $E_1 \in \mathcal{M}, E_2 \in \mathcal{M}$,则 $E_1 \cup E_2, E_1 \cap E_2$ 以及 $E_1 \backslash E_2$ 皆属于 $\mathcal{M}$.(由此知,可测集任何有限次取交、并运算后所得的集皆为可测集.)

(iv) 若 $E_i \in \mathcal{M}$ $(i = 1, 2, \cdots)$,则其并集也属于 $\mathcal{M}$. 若进一步有 $E_i \cap E_j = \varnothing$ $(i \neq j)$,则

$$m^*\left(\bigcup_{i=1}^{\infty} E_i\right) = \sum_{i=1}^{\infty} m^*(E_i),$$

即 m^* 在 $\mathscr{M}$ 上满足可数可加性(或称为 σ-可加性).

证明　(i) 显然成立.

(ii) 注意到 $(E^c)^c = E$,从定义可立即得出结论.

(iii) 对于任一集 $T \subset \mathbf{R}^n$,根据集合分解(参阅图 2.2)与外测度的次可加性,我们有

$$m^*(T) \leqslant m^*(T \cap (E_1 \cup E_2)) + m^*(T \cap (E_1 \cup E_2)^c)$$
$$= m^*(T \cap (E_1 \cup E_2)) + m^*((T \cap E_1^c) \cap E_2^c)$$
$$\leqslant m^*((T \cap E_1) \cap E_2) + m^*((T \cap E_1) \cap E_2^c)$$
$$\quad + m^*((T \cap E_1^c) \cap E_2) + m^*((T \cap E_1^c) \cap E_2^c).$$

又由 E_1, E_2 的可测性知,上式右端就是

$$m^*(T \cap E_1) + m^*(T \cap E_1^c) = m^*(T).$$

这说明

$$m^*(T) = m^*(T \cap (E_1 \cup E_2)) + m^*(T \cap (E_1 \cup E_2)^c).$$

也就是说 $E_1 \cup E_2$ 是可测集.

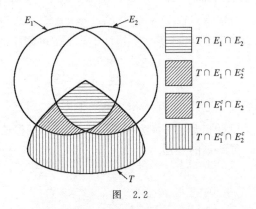

图　2.2

为证 $E_1 \cap E_2$ 是可测集,只需注意 $E_1 \cap E_2 = (E_1^c \cup E_2^c)^c$ 即可.
又由 $E_1 \backslash E_2 = E_1 \cap E_2^c$ 可知,$E_1 \backslash E_2$ 是可测集.

(iv) 首先,设 $E_1, E_2, \cdots, E_i, \cdots$ 皆互不相交,并令

$$S = \bigcup_{i=1}^{\infty} E_i, \quad S_k = \bigcup_{i=1}^{k} E_i, \ k = 1, 2, \cdots.$$

由(iii)知每个 S_k 都是可测集,从而对任一集 T,我们有

$$m^*(T) = m^*(T \bigcap S_k) + m^*(T \bigcap S_k^c)$$

$$= m^*\left(\bigcup_{i=1}^{k}(T \bigcap E_i)\right) + m^*(T \bigcap S_k^c)$$

$$= \sum_{i=1}^{k} m^*(T \bigcap E_i) + m^*(T \bigcap S_k^c).$$

由于 $T \bigcap S_k^c \supset T \bigcap S^c$,可知

$$m^*(T) \geqslant \sum_{i=1}^{k} m^*(T \bigcap E_i) + m^*(T \bigcap S^c).$$

令 $k \to \infty$,就有

$$m^*(T) \geqslant \sum_{i=1}^{\infty} m^*(T \bigcap E_i) + m^*(T \bigcap S^c).$$

由此可得

$$m^*(T) \geqslant m^*(T \bigcap S) + m^*(T \bigcap S^c).$$

这说明 $S \in \mathcal{M}$.

此外,在公式

$$m^*(T) \geqslant \sum_{i=1}^{\infty} m^*(T \bigcap E_i) + m^*(T \bigcap S^c)$$

中以 $T \bigcap S$ 替换 T,则又可得

$$m^*(T \bigcap S) \geqslant \sum_{i=1}^{\infty} m^*(T \bigcap E_i).$$

但反向不等式总是成立的,因而实际上有

$$m^*(T \bigcap S) = \sum_{i=1}^{\infty} m^*(T \bigcap E_i).$$

在这里再取 T 为全空间 $\mathbf{R}^n$,就可证明可数可加性质:

$$m^*(S) = m^*\left(\bigcup_{i=1}^{\infty} E_i\right) = \sum_{i=1}^{\infty} m^*(E_i).$$

其次,对于一般的可测集列 $\{E_i\}$,我们令

$$S_1 = E_1, \quad S_k = E_k \Big\backslash \left(\bigcup_{i=1}^{k-1} E_i\right), \quad k \geqslant 2,$$

则 $\{S_k\}$ 是互不相交的可测集列. 而由 $\bigcup_{i=1}^{\infty} E_i = \bigcup_{k=1}^{\infty} S_k$ 可知,$\bigcup_{i=1}^{\infty} E_i$ 是

可测集.

从定理的结论(i),(ii)以及(iv)可知,$\mathbf{R}^n$ 中可测集类构成一个 σ-代数. 对于可测集 E,其外测度称为**测度**,记为 $m(E)$. 这就是通常所说的 $\mathbf{R}^n$ 上的 **Lebesgue 测度**.

注 一般来说,设 X 是非空集合,$\mathscr{A}$ 是 X 的一些子集构成的 σ-代数. 若 μ 是定义在 $\mathscr{A}$ 上的一个集合函数,且满足:

(i) $0 \leqslant \mu(E) \leqslant +\infty (E \in \mathscr{A})$;

(ii) $\mu(\varnothing) = 0$;

(iii) μ 在 $\mathscr{A}$ 上是可数可加的,

则称 μ 是 $\mathscr{A}$ 上的(非负)测度. $\mathscr{A}$ 中的元素称为 (μ) 可测集,有序组 $(X, \mathscr{A}, \mu)$ 称为测度空间. 本节所建立的测度空间就是 $(\mathbf{R}^n, \mathscr{M}, m)$.

定理 2.7(递增可测集列的测度运算) 若有递增可测集列 $E_1 \subset E_2 \subset \cdots \subset E_k \cdots$,则

$$m\left(\lim_{k \to \infty} E_k\right) = \lim_{k \to \infty} m(E_k). \tag{2.4}$$

证明 若存在 k_0,使得 $m(E_{k_0}) = +\infty$,则定理自然成立. 现在假定对一切 k,有 $m(E_k) < +\infty$. 由假设 $E_k \in \mathscr{M}$ $(k = 1, 2, \cdots)$,故 E_{k-1} 与 $E_k \backslash E_{k-1}$ 是互不相交的可测集. 由测度的可加性知

$$m(E_{k-1}) + m(E_k \backslash E_{k-1}) = m(E_k).$$

因为 $m(E_{k-1})$ 是有限的,所以移项得

$$m(E_k \backslash E_{k-1}) = m(E_k) - m(E_{k-1}).$$

令 $E_0 = \varnothing$,可得

$$\lim_{k \to \infty} E_k = \bigcup_{k=1}^{\infty} E_k = \bigcup_{k=1}^{\infty} (E_k \backslash E_{k-1}).$$

再应用测度的可数可加性,我们有

$$m\left(\lim_{k \to \infty} E_k\right) = m\left(\bigcup_{k=1}^{\infty} (E_k \backslash E_{k-1})\right)$$

$$= \sum_{k=1}^{\infty} (m(E_k) - m(E_{k-1}))$$

$$= \lim_{k \to \infty} \sum_{i=1}^{k} (m(E_i) - m(E_{i-1}))$$

$$= \lim_{k \to \infty} m(E_k).$$

推论 2.8（递减可测集列的测度运算） 若有递减可测集列 $E_1 \supset E_2 \supset \cdots \supset E_k \supset \cdots$，且 $m(E_1) < +\infty$，则

$$m\left(\lim_{k\to\infty} E_k\right) = \lim_{k\to\infty} m(E_k). \tag{2.5}$$

证明 显然，$\lim\limits_{k\to\infty} E_k$ 是可测集且 $\lim\limits_{k\to\infty} m(E_k)$ 是有定义的. 因为

$$E_1 \backslash E_k \subset E_1 \backslash E_{k+1}, \quad k = 2, 3, \cdots,$$

所以 $\{E_1 \backslash E_k\}$ 是递增集合列. 于是由上述定理可知

$$m\left(E_1 \backslash \lim_{k\to\infty} E_k\right) = m\left(\lim_{k\to\infty} (E_1 \backslash E_k)\right)$$

$$= \lim_{k\to\infty} m(E_1 \backslash E_k).$$

由于 $m(E_1) < +\infty$，故上式可写为

$$m(E_1) - m\left(\lim_{k\to\infty} E_k\right) = m(E_1) - \lim_{k\to\infty} m(E_k).$$

消去 $m(E_1)$，我们有

$$m\left(\lim_{k\to\infty} E_k\right) = \lim_{k\to\infty} m(E_k).$$

例 2 若有可测集列 $\{E_k\}$，且有 $\sum\limits_{k=1}^{\infty} m(E_k) < +\infty$，则

$$m\left(\varlimsup_{k\to\infty} E_k\right) = 0.$$

证明 $m\left(\varlimsup\limits_{k\to\infty} E_k\right) = \lim\limits_{k\to\infty} m\left(\bigcup\limits_{i=k}^{\infty} E_i\right) \leqslant \lim\limits_{k\to\infty} \sum\limits_{i=k}^{\infty} m(E_i) = 0.$

推论 2.9 设 $\{E_k\}$ 是可测集列，则

$$m\left(\varliminf_{k\to\infty} E_k\right) \leqslant \varliminf_{k\to\infty} m(E_k).$$

证明 因为 $\bigcap\limits_{j=k}^{\infty} E_j \subset E_k (k=1, 2, \cdots)$，所以有

$$m\left(\bigcap_{j=k}^{\infty} E_j\right) \leqslant m(E_k) \quad (k = 1, 2, \cdots).$$

令 $k \to \infty$，则得 $\left(\bigcap\limits_{j=k}^{\infty} E_j \text{ 随 } k \text{ 增大而递增}\right)$

$$m\left(\varliminf_{k\to\infty} E_k\right) = \lim_{k\to\infty} m\left(\bigcap_{j=k}^{\infty} E_j\right) \leqslant \varliminf_{k\to\infty} m(E_k).$$

注   也称结论

$$m\left(\varliminf_{n\to\infty}E_n\right)\leqslant\varliminf_{n\to\infty}m(E_n),\quad m\left(\varlimsup_{n\to\infty}E_n\right)\geqslant\varlimsup_{n\to\infty}m(E_n)$$

为测度论中的 Fatou 引理(见第四章).

思考题   解答下列问题:

1. 设 $E\subset[0,1]$. 若 $m(E)=1$,试证明 $\bar{E}=[0,1]$;若 $m(E)=0$, 试证明 $\overset{\circ}{E}=\varnothing$.

2. 设 $\{A_n\}$ 是互不相交的可测集列, $B_n\subset A_n\,(n=1,2,\cdots)$,试证明

$$m^*\left(\bigcup_{n=1}^{\infty}B_n\right)=\sum_{n=1}^{\infty}m^*(B_n).$$

3. 设有点集 E_1,E_2,且 E_1 是可测集. 若 $m(E_1\triangle E_2)=0$,试证明 E_2 是可测集,且

$$m(E_2)=m(E_1).$$

4. 设点集 B 满足:对于任给 $\varepsilon>0$,都存在可测集 A,使得 $m^*(A\triangle B)<\varepsilon$,试证明 B 是可测集.

5. 设 $E\subset\mathbf{R}$,且 $0<\alpha<m(E)$,试证明存在 E 中的有界闭集 F,使得 $m(F)=\alpha$.

6. 设 $X=\{E_a\}$ 是由 $\mathbf{R}$ 中某些互不相交的正测集形成的集族,试证明 X 是可数的.

7. 设有 $\mathbf{R}$ 中的可测集列 $\{E_k\}$,且当 $k\geqslant k_0$ 时,$E_k\subset[a,b]$. 若存在 $\lim\limits_{k\to\infty}E_k=E$,试证明

$$m(E)=\lim_{k\to\infty}m(E_k).$$

8. 设 $0<\varepsilon_n<1\,(n=1,2,\cdots)$,试证明 $\varepsilon_n\to0\,(n\to\infty)$ 的充分必要条件是,存在 $E_n\subset[0,1],m(E_n)=\varepsilon_n\,(n=1,2,\cdots)$,使得

$$\sum_{n=1}^{\infty}\chi_{E_n}(x)<+\infty,\quad x\in[0,1]\backslash\mathbf{Z},\quad m(\mathbf{Z})=0.$$

$$\left(E_n=[0,\varepsilon_n];\ m\left(\varlimsup_{n\to\infty}E_n\right)=0.\right)$$

§2.3 可测集与 Borel 集的关系

在上一节的前言中,曾经提到 $\mathbf{R}^n$ 中的矩体(或开集)应为可测集.本节将应用距离外测度性质证明这一点.从而立即可知凡 Borel 集都是可测集.本节还将讨论一般可测集与 Borel 集的关系.这一关系揭示出可测集的某种结构,有助于进一步了解可测集的性质.

引理 2.10(Carathéodory 引理) 设 $G \neq \mathbf{R}^n$ 是开集,$E \subset G$,令

$$E_k = \{x \in E: d(x, G^c) \geqslant 1/k\} \quad (k = 1, 2, \cdots),$$

则
$$\lim_{k \to \infty} m^*(E_k) = m^*(E).$$

证明 (i) 易知 $\{E_k\}$ 是递增列,且 $\lim_{k \to \infty} E_k \subset E$. 又对 $x \in E$,由于 x 是 G 的内点,故当 k 充分大时,必有 $x \in E_k$,这说明 $E \subset \bigcup_{k=1}^{\infty} E_k$. 从而可知

$$E = \lim_{k \to \infty} E_k = \bigcup_{k=1}^{\infty} E_k.$$

(ii) 显然有 $\lim_{k \to \infty} m^*(E_k) \leqslant m^*(E)$. 为证反向不等式,不妨假定 $\lim_{k \to \infty} m^*(E_k) < +\infty$. 令 $A_k = E_{k+1} \backslash E_k (k = 1, 2, \cdots)$,易知 $d(A_{2j}, A_{2j+2}) > 0$ $(j = 1, 2, \cdots)$. 再注意到 $E_{2k} \supset \bigcup_{j=1}^{k-1} A_{2j}$,可得

$$m^*(E_{2k}) \geqslant m^*\left(\bigcup_{j=1}^{k-1} A_{2j}\right) = \sum_{j=1}^{k-1} m^*(A_{2j}).$$

这说明(令 $k \to \infty$)

$$\sum_{j=1}^{\infty} m^*(A_{2j}) < +\infty. \quad \left(类似地可知 \sum_{j=1}^{\infty} m^*(A_{2j+1}) < +\infty.\right)$$

因为对任意的 k,我们有

$$E = E_{2k} \cup \left(\bigcup_{j=k}^{\infty} A_{2j}\right) \cup \left(\bigcup_{j=k}^{\infty} A_{2j+1}\right),$$

所以对任意的 k,就有

$$m^*(E) \leqslant m^*(E_{2k}) + \sum_{j=k}^{\infty} m^*(A_{2j}) + \sum_{j=k}^{\infty} m^*(A_{2j+1}).$$

现在,令 $k \to \infty$,并注意上式右端后两项趋于零,因此又知
$$m^*(E) \leqslant \lim_{k \to \infty} m^*(E_k),$$
即得所证.

定理 2.11 非空闭集 F 是可测集.

证明 对任一试验集 T,由于 $T \backslash F \subset F^c = G$ 是开集,故由上述引理知,存在 $T \backslash F$ 中的集列 $\{F_k\}$:
$$d(F_k, F) \geqslant 1/k \ (k = 1, 2, \cdots), \quad \lim_{k \to \infty} m^*(F_k) = m^*(T \backslash F).$$
从而我们有(对任一试验集 T)
$$m^*(T) \geqslant m^* [(T \cap F) \cup F_k] = m^*(T \cap F) + m^*(F_k).$$
再令 $k \to \infty$,可得
$$m^*(T) \geqslant m^*(T \cap F) + m^*(T \cap F^c).$$
这说明 F 是可测集.

推论 2.12 Borel 集是可测集.

证明 由闭集的可测性可知开集是可测集.又因为可测集类是一个 σ-代数,所以任一 Borel 集皆可测.

定理 2.13 若 $E \in \mathcal{M}$,则对任给的 $\varepsilon > 0$,我们有

(i) 存在包含 E 的开集 G,使得 $m(G \backslash E) < \varepsilon$;

(ii) 存在含于 E 的闭集 F,使得 $m(E \backslash F) < \varepsilon$.

证明 (i) 首先考虑 $m(E) < +\infty$ 的情形.由定义知,存在 E 的 L-覆盖 $\{I_k\}$,使得 $\sum_{k=1}^{\infty} |I_k| < m(E) + \varepsilon$.令 $G = \bigcup_{k=1}^{\infty} I_k$,则 G 是包含 E 的开集,且 $m(G) < m(E) + \varepsilon$.因为 $m(E) < +\infty$,所以移项后再合并得 $m(G \backslash E) < \varepsilon$.

其次讨论 $m(E)$ 是 $+\infty$ 的情形.令
$$E_k = E \cap B(0, k), \quad E = \bigcup_{k=1}^{\infty} E_k, \quad k = 1, 2, \cdots.$$
因为 $m(E_k) < \infty \ (k = 1, 2, \cdots)$,所以对任给的 $\varepsilon > 0$,存在包含 E_k 的开集 G_k,使得 $m(G_k \backslash E_k) < \varepsilon / 2^k$.现在作点集 $G = \bigcup_{k=1}^{\infty} G_k$,则 $G \supset E$ 且为开集.我们有

$$G \backslash E \subset \bigcup_{k=1}^{\infty} (G_k \backslash E_k),$$

从而得 $\qquad m(G \backslash E) \leqslant \sum_{k=1}^{\infty} m(G_k \backslash E_k) \leqslant \sum_{k=1}^{\infty} \dfrac{\varepsilon}{2^k} = \varepsilon.$

(ii) 考虑 E^c. 由(i)可知,对任给的 $\varepsilon > 0$,存在包含 E^c 的开集 G,使得 $m(G \backslash E^c) < \varepsilon$. 现在令 $F = G^c$,显然 F 是闭集且 $F \subset E$. 因为 $E \backslash F = G \backslash E^c$,所以得到 $m(E \backslash F) < \varepsilon$.

定理 2.14 若 $E \in \mathcal{M}$,则

(i) $E = H \backslash Z_1$,H 是 G_δ 集,$m(Z_1) = 0$;

(ii) $E = K \cup Z_2$,K 是 F_σ 集,$m(Z_2) = 0$.

证明 (i) 对于每个自然数 k,由定理 2.13(i)可知,存在包含 E 的开集 G_k,使得 $m(G_k \backslash E) < \dfrac{1}{k}$. 现在作点集 $H = \bigcap_{k=1}^{\infty} G_k$,则 H 为 G_δ 集且 $E \subset H$. 因为对一切 k,都有

$$m(H \backslash E) \leqslant m(G_k \backslash E) < \dfrac{1}{k},$$

所以 $m(H \backslash E) = 0$. 若令 $H \backslash E = Z_1$,则得 $E = H \backslash Z_1$.

(ii) 对于每个自然数 k,由定理 2.13(ii)可知,存在含于 E 的闭集 F_k,使得 $m(E \backslash F_k) < 1/k$. 现在作点集 $K = \bigcup_{k=1}^{\infty} F_k$,则 K 是 F_σ 集且 $K \subset E$. 因为对一切 k,都有

$$m(E \backslash K) \leqslant m(E \backslash F_k) < \dfrac{1}{k},$$

所以 $m(E \backslash K) = 0$. 若令 $E \backslash K = Z_2$,则得 $E = K \cup Z_2$.

G_δ 集,F_σ 集皆为 Borel 集,从而上述定理说明了 Lebesgue 可测集与 Borel 集的简明关系. 此处如果仅从测度的角度来看,那么上述定理指出:存在包含 E 的集 H,使得 $m(H) = m(E)$;存在含于 E 的集 K,使得 $m(K) = m(E)$. 我们称如此的 H 与 K 为 E 的**等测包**与**等测核**. 等测包对于一般点集 E 的外测度也是成立的. 这从上述定理的证明中已经暗示出来了.

定理 2.15(外测度的正则性) 若 $E \subset \mathbf{R}^n$,则存在包含 E 的 G_δ 集 H,使得 $m(H) = m^*(E)$.(此时我们也称 H 为 E 的等测包.)

证明 对于每个自然数 k,存在包含 E 的开集 G_k,使得

$$m(G_k) \leqslant m^*(E) + \frac{1}{k}.$$

现在作点集 $H = \bigcap_{k=1}^{\infty} G_k$,则 H 是 G_δ 集且 $H \supset E$. 因为

$$m^*(E) \leqslant m(H) \leqslant m(G_k) \leqslant m^*(E) + \frac{1}{k},$$

所以 $m(H) = m^*(E)$.

注意,若 H 是 E 的等测包且 $m^*(E) < \infty$,则有

$$m(H) - m^*(E) = 0,$$

但 $m^*(H \backslash E)$ 不一定等于零. 不过可以证明 $H \backslash E$ 的任一可测子集皆为零测集.

推论 2.16 设 $E_k \subset \mathbf{R}^n$ $(k = 1, 2, \cdots)$,则

$$m^*\left(\varliminf_{k \to \infty} E_k\right) \leqslant \varliminf_{k \to \infty} m^*(E_k).$$

证明 对每个 E_k 均作等测包 H_k:

$$H_k \supset E_k, \quad m(H_k) = m^*(E_k) \quad (k = 1, 2, \cdots),$$

则可得

$$m^*\left(\varliminf_{k \to \infty} E_k\right) \leqslant m\left(\varliminf_{k \to \infty} H_k\right) \leqslant \varliminf_{k \to \infty} m(H_k) = \varliminf_{k \to \infty} m^*(E_k).$$

推论 2.17 若 $\{E_k\}$ 是递增集合列,则

$$\lim_{k \to \infty} m^*(E_k) = m^*(\lim_{k \to \infty} E_k). \tag{2.6}$$

定理 2.18 若 $E \in \mathscr{M}, x_0 \in \mathbf{R}^n$,则 $(E + \{x_0\}) \in \mathscr{M}$ 且

$$m(E + \{x_0\}) = m(E).$$

证明 由定理 2.14 可知

$$E = H \backslash Z,$$

其中 $H = \bigcap_{k=1}^{\infty} G_k$,每个 G_k 都是开集,$m(Z) = 0$. 因为 $G_k + \{x_0\}$ 是开集,所以

$$\bigcap_{k=1}^{\infty} (G_k + \{x_0\})$$

是可测集. 根据外测度的平移不变性,可知点集 $Z + \{x_0\}$ 是零测集,

于是从等式

$$E + \{x_0\} = (H + \{x_0\}) \backslash (Z + \{x_0\})$$

$$= \left(\bigcap_{k=1}^{\infty} (G_k + \{x_0\}) \backslash (Z + \{x_0\}) \right)$$

立即可知 $E + \{x_0\} \in \mathscr{M}$. 再用外测度的平移不变性得到

$$m(E + \{x_0\}) = m(E).$$

注 一般地说,若在 Borel σ-代数上定义了测度 μ,且对紧集 K 有 $\mu(K) <$ $+\infty$,则称 μ 为 Borel 测度(显然,$\mathbf{R}^n$ 上的 Lebesgue 测度是一种 Borel 测度).

可以证明(见注记):若 μ 是 $\mathbf{R}^n$ 上的平移不变的 Borel 测度,则存在常数 λ,使得对 $\mathbf{R}^n$ 中每一个 Borel 集 B,均有

$$\mu(B) = \lambda m(B).$$

这就是说,除了一个常数倍因子外,Lebesgue 测度是 $\mathbf{R}^n$ 上平移不变的唯一的 Borel 测度.

例 1 作 $[0,1]$ 中的第二纲零测集 E.

解 令 $\{r_n\} = [0,1] \cap \mathbf{Q}$, $I_{n,k} = (r_n - 2^{-n-k}, r_n + 2^{-n-k})$ $(n, k \in \mathbf{N})$,易知 $m\left(\bigcup_{n=1}^{\infty} I_{n,k} \right) \leqslant 2^{-k+1}$, $m\left(\bigcap_{k=1}^{\infty} \bigcup_{n=1}^{\infty} I_{n,k} \right) = 0$. 由于每个 $I \backslash \bigcup_{n=1}^{\infty} I_{n,k}$ $(k \in \mathbf{N})$ 均是无处稠密集,故可知 $E = \bigcap_{k=1}^{\infty} \bigcup_{n=1}^{\infty} I_{n,k}$ 是第二纲集.

例 2 设 $A \subset \mathbf{R}$,且对 $x \in A$,存在无穷多个数组 (p,q) $(p,q \in \mathbf{Z}, q \geqslant 1)$,使得 $|x - p/q| \leqslant 1/q^3$,则 $m(A) = 0$.

证明 (i) 令 $B = [0,1] \cap A$,注意到 $x + n - (p+nq)/q = x - p/q$,故 $A = \bigcup_{n=-\infty}^{+\infty} (B + \{n\})$,从而只需指出 $m(B) = 0$.

(ii) 令 $I_{p,q} = \left[\dfrac{p}{q} - \dfrac{1}{q^3}, \dfrac{p}{q} + \dfrac{1}{q^3} \right]$,则 $x \in I_{p,q}$ 等价于

$$qx - \frac{1}{q^2} \leqslant p \leqslant qx + \frac{1}{q^2}. \tag{2.7}$$

易知对 $q \geqslant 2$ 或 $q = 1$,在长度为 $2/q^2$ 的区间中至多有一个或三个整数,故 $x \in B$ 当且仅当 x 属于无穷多个 B_q:

$$B_q = [0,1] \cap \left(\bigcup_p I_{p,q} \right).$$

从而又只需指出 $\sum_q m(B_q) < +\infty$.

由 (2.7) 式知,对整数 q,使 $I_{p,q} \cap [0,1] \neq \varnothing$ 就是

$$-\frac{1}{q^2} \leqslant p \leqslant q+\frac{1}{q^2}.$$

在 $q \geqslant 2$ 时,这相当于 $0 \leqslant p \leqslant q$. 因此,我们有

$$m(B_q) \leqslant 2(q+1)/q^3,$$

即得所证.

思考题 解答下列问题:

1. 设 $E \subset \mathbf{R}^n$,且 $m^*(E) < +\infty$. 若有

$$m^*(E) = \sup\{m(F): F \subset E \text{ 是有界闭集}\},$$

试证明 E 是可测集.

2. 设 $A \in \mu, B \subset \mathbf{R}^n$,试证明

$$m^*(A \bigcup B) + m^*(A \bigcap B) = m^*(A) + m^*(B).$$

3. 设 $f(x), g(x)$ 是 $[a,b]$ 上严格递减的连续函数,且对任意的 $t \in \mathbf{R}$,有

$$m(\{x \in [a,b]: f(x) > t\}) = m(\{x \in [a,b]: g(x) > t\}),$$

试证明 $f(x) = g(x)$, $x \in (a,b)$.

§2.4 正测度集与矩体的关系

我们知道,$\mathbf{R}^n$ 中集合的测度是用可数覆盖的矩体体积来度量的. 因此,对于一个具有正测度的点集(不妨认为是有界的)而言,可以想象它的一大堆点一定是"挤"在某一个范围内,而占据着某个覆盖矩体的大部分地区,即该点集的这部分的测度与此矩体的体积差不多.

定理 2.19 设 E 是 $\mathbf{R}^n$ 中的可测集,且 $m(E) > 0, 0 < \lambda < 1$,则存在矩体 I,使得

$$\lambda |I| < m(I \bigcap E). \tag{2.8}$$

证明 不妨设 $m(E) < +\infty$. 对于 $0 < \varepsilon < (\lambda^{-1}-1)m(E)$,作 E 的 L-覆盖 $\{I_k\}$,使得 $\sum_{k=1}^{\infty} |I_k| < m(E) + \varepsilon$. 从而存在 k_0,使得 $\lambda |I_{k_0}| < m(I_{k_0} \bigcap E)$. 事实上,若对一切 k,有

$$\lambda |I_k| \geqslant m(I_k \bigcap E),$$

则可得
$$m(E) \leqslant \sum_{k=1}^{\infty} m(I_k \cap E) \leqslant \lambda \sum_{k=1}^{\infty} |I_k|$$
$$\leqslant \lambda(m(E) + \varepsilon) < m(E).$$

这就导致 $m(E) < m(E)$，产生矛盾.

上述定理告诉我们，任何一个正测集，其中总有一部分被一个矩体套住，使两者的测度差小于预先给定的正数 ε. 当然，这一测度差不一定能等于零.

例 1 $[0,1]$ 中存在正测集 E，使对 $[0,1]$ 中任一开区间 I，有
$$0 < m(E \cap I) < m(I).$$

解 首先，在 $[0,1]$ 中作类 Cantor 集 H_1：$m(H_1) = 1/2$. 其次，在 $[0,1]$ 中 H_1 的邻接区间 $\{I_{1j}\}$ 的每个 I_{1j} 内再作类 Cantor 集 H_{1j}：$m(H_{1j}) = |I_{1j}|/2^2$，并记 $H_2 = \bigcup_{j=1}^{\infty} H_{1j}$. 然后，对 $H_1 \cup H_2$ 的邻接区间 $\{I_{2j}\}$ 的每个 I_{2j}，又作类 Cantor 集 H_{2j}：$m(H_{2j}) = |I_{2j}|/2^3$. 再记 $H_3 = \bigcup_{j=1}^{\infty} H_{2j}$，依次继续进行，则得 $\{H_m\}$. 令 $E = \bigcup_{n=1}^{\infty} H_n$，得证.

定理 2.20(Steinhaus 定理) 设 E 是 $\mathbf{R}^n$ 中的可测集，且 $m(E) > 0$. 作（向量差）点集
$$E - E \xlongequal{\text{def}} \{x - y: x, y \in E\},$$
则存在 $\delta_0 > 0$，使得 $E - E \supset B(0, \delta_0)$.

证明 取 λ 满足 $1 - 2^{-(n+1)} < \lambda < 1$. 由定理 2.15 可知，存在矩体 I，使得 $\lambda |I| < m(I \cap E)$. 现在记 I 的最短边长为 δ，并作开矩体
$$J = \left\{ x = (\xi_1, \xi_2, \cdots, \xi_n): |\xi_i| < \frac{\delta}{2} \ (i = 1, 2, \cdots, n) \right\}.$$
从而只需证明 $J \subset E - E$ 即可，也就是只要证明对每个 $x_0 \in J$，点集 $E \cap I$ 必与点集 $(E \cap I) + \{x_0\}$ 相交（此时有 $y, z \in E \cap I$，使得 $y - z = x_0$）即可. 因为 J 是以原点为中心，边长为 δ 的开矩体，所以 I 的平移矩体 $I + \{x_0\}$ 仍含有 I 的中心，从而知
$$m(I \cap (I + \{x_0\})) > 2^{-n} |I|.$$
由此可得
$$m(I \cup (I + \{x_0\}))$$

$$= |I| + m(I + \{x_0\}) - m(I \bigcap (I + \{x_0\}))$$
$$< 2 |I| - 2^{-n} |I|,$$

即
$$m(I \bigcup (I + \{x_0\})) < 2\lambda |I|.$$

但由于 $E \bigcap I$ 与 $(E \bigcap I) + \{x_0\}$ 有着相同的测度并且都大于 $\lambda |I|$,同时又都含于 $I \bigcup (I + \{x_0\})$ 之中,故它们必定相交,否则其并集测度要大于 $2\lambda |I|$,从而引起矛盾.

例 2 设有定义在 $\mathbf{R}$ 上的函数 $f(x)$,满足
$$f(x + y) = f(x) + f(y), \quad x, y \in \mathbf{R},$$
且在 $E \subset \mathbf{R}$ $(m(E)>0)$ 上有界,则 $f(x) = cx$ $(x \in \mathbf{R})$,其中 $c = f(1)$.

证明 (i) 首先,由题设知,对 $r \in \mathbf{Q}$,必有 $f(r) = rf(1)$.

(ii) 其次,由 $m(E)>0$ 可知,存在区间 I: $I \subset E - E$. 不妨设 $|f(x)| \leqslant M$ $(x \in E)$,又对任意的 $x \in I$,有 $x', x'' \in E$,使得 $x = x' - x''$,则
$$|f(x)| = |f(x') - f(x'')| \leqslant |f(x')| + |f(x'')| \leqslant 2M.$$

记 $I = [a, b]$,并考查 $[0, b-a]$. 若 $x \in [0, b-a]$,则 $x + a \in [a, b]$. 从而由 $f(x) = f(x+a) - f(a)$ 可知,$|f(x)| \leqslant 4M$,$x \in [0, b-a]$. 记 $b-a=c$,这说明
$$|f(x)| \leqslant 4M, \quad x \in [0, c].$$
易知
$$|f(x)| \leqslant 4M, \quad x \in [-c, c].$$

已知对任意的 $x \in \mathbf{R}$ 以及自然数 n,均存在有理数 r,使得 $|x - r| < c/n$,因此我们得到
$$|f(x) - xf(1)| = |f(x-r) + rf(1) - xf(1)|$$
$$= |f(x-r) + (r-x)f(1)| \leqslant \frac{4M + c|f(1)|}{n}.$$

根据 n 的任意性(r 的任意性),即得 $f(x) = xf(1)$.

思考题 解答下列问题:

1. 设 $E \subset \mathbf{R}$,且 $m(E)>0$,试证明存在 $a>0$,使得
$$(E + \{x\}) \bigcap E \neq \varnothing \quad (|x| < a).$$

2. 设 $E \subset \mathbf{R}$ 是可测集,$a \in \mathbf{R}, \delta > 0$. 若对满足 $|x| < \delta$ 的一切 x,均有 $a + x \in E$ 或 $a - x \in E$,试证明 $m(E) \geqslant \delta$.

§2.5 不 可 测 集

$\mathbf{R}^n$ 中的点集并非都是可测集,这一点 Lebesgue 本人早就预见到了,只不过第一个不可测集的例子是由意大利数学家 Voltera 做出的,其中要用到选择公理. 当然,在一般的数学实践中,遇到不可测集的机会是极少的,它通常只是被用来构成各种特例,以廓清某些课题的适应范围,而使我们对这种测度理论的认识更加深刻. 下述不可测集的例子属于 Sierpinski.

例(不可测集) 设 $\mathbf{Q}^n$ 为 $\mathbf{R}^n$ 中的有理点集. 对于 $\mathbf{R}^n$ 中的点 x 与 y,若 $x-y\in\mathbf{Q}^n$,则记为 $x\sim y$. 根据这一等价关系"$\sim$",将 $\mathbf{R}^n$ 中一切点分类,凡有等价关系者均属一类(例如 $\mathbf{Q}^n$ 本身即为其中一类). 现在根据选择公理[①],在每一类中取出一点且只取一点形成点集,并记为 W,则 W 为不可测集.

事实上,若 W 为可测集,则第一种情形是 $m(W)>0$. 从而根据 §2.4 中定理 2.19 和定理 2.20,可知点集 $W-W$ 含有一球 $B(0,\delta)$,因此存在

$$x\in(W-W)\bigcap\mathbf{Q}^n,\quad x\neq 0.$$

这就是说,存在 W 中的点 y 与 z,满足 $x=y-z,y\neq z$. 这与集 W 的构成矛盾. 于是只有第二种情形发生: $m(W)=0$. 但此时若作可列个平移集

$$W+\{r^{(k)}\},\quad \{r^{(1)},r^{(2)},\cdots,r^{(k)},\cdots\}=\mathbf{Q}^n,$$

显然有
$$\mathbf{R}^n=\bigcup_{k=1}^{\infty}(W+\{r^{(k)}\}).$$

由于 $m(W)=0$,可知 $m(W+\{r^{(k)}\})=0$,随之得出 $\mathbf{R}^n$ 是零测集. 这一矛盾说明第二种情形也不能发生. 于是 W 不是 Lebesgue 可测集.

注意,实际上任一个 $m^*(E)>0$ 的点集 E 中均含有不可测集.

注 1. 上述不可测集 W 是从 $\mathbf{R}^n$ 中的一切等价类中选出来形成的,但实际上并未明确界定如何从每类中选出一个元素,也就是说选择的方法多得很,因

---

① 见本章末尾注记.

此 W 就可以有无穷多种. 若把任一种选择法而形成的 W 称为选成集,并记一切选成集全体为 S,则对一切 $\alpha > 0$,均存在 $W \in S$,使得 $m^*(W) = \alpha$(证明要用到良序、超限归纳法等概念,见 Monthly, 1979, Aug.-Sept. No. 7).

2. 比较两个点集的内含大或多,还是小或少,其度量方法有多种:用基数是一种,用测度也是一种,还有一种观点是用所谓"第一纲集"和"第二纲集",若用后者来看可测集,则"大多数"具有正外测度的点集都是不可测的(见 Int. J. Math. Educ. Sci. technol., 1988, Vol.19, No.2, 315~318).

3. 若 W 是不可测集,则其不良性质可从下述命题获悉:存在 $\varepsilon_0 > 0$,使得对满足
$$A \supset W, \quad B \supset W^c$$
的任意两个可测集 A 与 B,均有
$$m(A \cap B) \geqslant \varepsilon_0.$$
这说明 W 与 W^c 中的点相互无休止的缠绕在一起,无法厘清. 从另一角度看,若记 $B^c = C$,则 $C \subset W$. 上述结论说明,不可测集是无法用可测集从"外包"和"内挤"两侧来逼近的.

4. $\mathbf{R}^n$ 中存在零测集 E,使 $E + E$ 是不可测集.

5. $[0,1]$ 中存在不可数集 E,使得 $E - E$ 无内点.

6. $(0,1]$ 中存在互不相交的不可测集列 $\{W_n\}$,使得 $\bigcup\limits_{n=1}^{\infty} W_n = (0,1]$.

7. 设 $(0, +\infty) = E_1 \cup E_2, E_1 \cap E_2 = \varnothing$. 若每个 $E_i (i = 1, 2)$(其元素)对加法运算是封闭的,则 E_1, E_2 均为不可测集.

思考题 解答下列问题:

1. 试问:是否存在可测集 $E \subset [0,1]$,使得对于任意的 $x \in \mathbf{R}$,存在 $y \in E$,有 $x - y \in \mathbf{Q}$?

2. 试做出互不相交的点集列 $\{E_k\}$,使得
$$m^*\left(\bigcup_{k=1}^{\infty} E_k\right) < \sum_{k=1}^{\infty} m^*(E_k).$$

3. 试在 $[0,1]$ 中作一不可数集 W,使得 $W - W$ 无内点.

4. 设 W 是不可测集, E 是可测集,试证明 $E \triangle W$ 是不可测集.

5. 设有点集 E. 若对任意的满足
$$F \subset E \subset G$$
的闭集 F 和开集 G,有
$$\sup_{F}\{m(F)\} < \inf_{G}\{m(G)\},$$

试证明 E 不可测.

　　6. 试问：一族可测集的交集必是可测集吗？

§2.6　连续变换与可测集

　　当我们在可测集类上建立起积分理论时,自然需要引进变量替换这一重要运算手段. 为此,必须考查可测集在运动中,或说在经过某种映射或变换下变成一个新点集时,是否仍为可测集,测度有什么变化. 对于平移变换,前文已有了结论,而一般地研究这一课题已超出本书范围. 在这里主要对连续映射,特别是对非奇异线性变换的情形作一介绍. 在教学实践中,本节内容是否要详细讲解,应根据具体情况而定.

　　定义 2.3　设有变换 $T: \mathbf{R}^n \to \mathbf{R}^n$. 若对任一开集 $G \subset \mathbf{R}^n$,逆像集

$$T^{-1}(G) \quad 即 \quad \{x \in \mathbf{R}^n : T(x) \in G\}$$

是一个开集,则称 T 是从 $\mathbf{R}^n$ 到 $\mathbf{R}^n$ 的**连续变换**.

　　定理 2.21　变换 $T: \mathbf{R}^n \to \mathbf{R}^n$ 是连续变换的充分必要条件是,对任一点 $x \in \mathbf{R}^n$ 以及任意的 $\varepsilon > 0$,存在 $\delta > 0$,使得当 $|y-x| < \delta$ 时,有

$$|T(y) - T(x)| < \varepsilon.$$

　　证明　必要性　对任一点 $x \in \mathbf{R}^n$ 以及任意的 $\varepsilon > 0$,有 x 属于开集

$$T^{-1}(B(T(x),\varepsilon)),$$

从而存在 $\delta > 0$,使得

$$B(x,\delta) \subset T^{-1}(B(T(x),\varepsilon)).$$

这说明,当 $|y-x| < \delta$ 时,有 $y \in T^{-1}(B(T(x),\varepsilon))$,即

$$|T(y) - T(x)| < \varepsilon.$$

　　充分性　设 G 是 $\mathbf{R}^n$ 中任一开集,且 $T^{-1}(G)$ 不是空集,则对任一点 $x \in T^{-1}(G)$,有 $T(x) \in G$. 因此,存在 $\varepsilon > 0$,使得 $B(T(x),\varepsilon) \subset G$. 根据充分性的假定,对此 $\varepsilon > 0$,存在 $\delta > 0$,使得当 $|y-x| < \delta$ 时,有

$$|T(y) - T(x)| < \varepsilon, \quad 即 \quad T(y) \in B(T(x),\varepsilon).$$

这就是说 $B(x,\delta) \subset T^{-1}(G)$,即 $T^{-1}(G)$ 是开集.

　　例 1　若 $T: \mathbf{R}^n \to \mathbf{R}^n$ 是线性变换,则 T 是连续变换.

　　证明　令 $e_i (i=1,2,\cdots,n)$ 是 $\mathbf{R}^n$ 中的一组基,则对 $\mathbf{R}^n$ 中任意的 $x = (\xi_1, \xi_2, \cdots, \xi_n)$,有

$$x = \xi_1 e_1 + \xi_2 e_2 + \cdots + \xi_n e_n.$$

再令 $T(e_i) = x_i (i=1,2,\cdots,n)$,又有

$$T(x) = \xi_1 x_1 + \xi_2 x_2 + \cdots + \xi_n x_n.$$

记 $M = \left(\sum_{i=1}^{n} |x_i|^2 \right)^{1/2}$ 可得

$$|T(x)| \leqslant |\xi_1| |x_1| + |\xi_2| |x_2| + \cdots + |\xi_n| |x_n|$$

$$\leqslant \left(\sum_{i=1}^{n} |x_i|^2 \right)^{1/2} \left(\sum_{i=1}^{n} |\xi_i|^2 \right)^{1/2} = M|x|.$$

由此可知

$$|T(y) - T(x)| = |T(y-x)| \leqslant M|y-x|.$$

这说明 T 是连续变换.

定理 2.22 设 $T: \mathbf{R}^n \to \mathbf{R}^n$ 是连续变换. 若 K 是 $\mathbf{R}^n$ 中的紧集, 则 $T(K)$ 是 $\mathbf{R}^n$ 中的紧集.

证明 对于 $T(K)$ 的任一开覆盖族 $\{H_i\}$, 令 $G_i = T^{-1}(H_i)$, 则 $\{G_i\}$ 是 K 的开覆盖族. 根据有限子覆盖定理可知, 在 $\{G_i\}$ 中存在 $G_{i_1}, G_{i_2}, \cdots, G_{i_k}$, 使得

$$K \subset \bigcup_{j=1}^{k} G_{i_j}.$$

从而得

$$T(K) \subset \bigcup_{j=1}^{k} T(G_{i_j}) \subset \bigcup_{j=1}^{k} H_{i_j}.$$

这说明 $T(K)$ 是 $\mathbf{R}^n$ 中的紧集.

推论 2.23 设 $T: \mathbf{R}^n \to \mathbf{R}^n$ 是连续变换. 若 E 是 F_σ 集, 则 $T(E)$ 是 F_σ 集.

推论 2.24 设 $T: \mathbf{R}^n \to \mathbf{R}^n$ 是连续变换. 若对 $\mathbf{R}^n$ 中的任一零测集 Z, $T(Z)$ 必为零测集, 则对 $\mathbf{R}^n$ 中的任一可测集 E, $T(E)$ 必为可测集.

证明 根据定理 2.11, 有 $E = K \cup Z$, 其中 K 是 F_σ 集, Z 是零测集. 因为

$$T(E) = T(K) \bigcup T(Z),$$

而 $T(K)$ 是 F_σ 集, $T(Z)$ 为零测集, 所以 $T(E)$ 是可测集.

上面着重讨论了保持点集可测性的变换. 对于线性变换, 我们还有下述结论:

定理 2.25 若 $T: \mathbf{R}^n \to \mathbf{R}^n$ 是非奇异性线性变换, $E \subset \mathbf{R}^n$, 则

$$m^*(T(E)) = |\det T|^{①} \cdot m^*(E). \tag{2.9}$$

证明 记

$$I_0 = \{x = (\xi_1, \xi_2, \cdots, \xi_n): 0 \leqslant \xi_i < 1, 1 \leqslant i \leqslant n\},$$

$$I = \{x = (\xi_1, \xi_2, \cdots, \xi_n): 0 \leqslant \xi_i < 2^{-k}, 1 \leqslant i \leqslant n\}.$$

显然, I_0 是 2^{nk} 个 I 的平移集 $I + \{x_j\}$ $(j = 1, 2, \cdots, 2^{nk})$ 的并集, $T(I_0)$ 是 2^{nk} 个

---

① $|\det T|$ 表示矩阵 T 的行列式的绝对值.

$$T(I + \{x_j\}), \quad j = 1, 2, \cdots, 2^{nk}$$

的并集,而且有(注意 T^{-1} 是连续变换)

$$m(T(I + \{x_j\})) = m(T(I)), \quad j = 1, 2, \cdots, 2^{nk}.$$

现在假定(2.9)式对于 I_0 成立:

$$m(T(I_0)) = |\det T|, \qquad (2.10)$$

则

$$|\det T| = 2^{nk} m(T(I)).$$

因为 $m(I) = 2^{-nk}$,所以得到

$$m(T(I)) = 2^{-nk} |\det T| = |\det T| m(I).$$

这说明(2.9)式对每个 I 以及 I 的平移集都成立,从而可知(2.9)式对可数个互不相交的任意二进方体的并集是成立的,也就说明对任一开集 $G \subset \mathbf{R}^n$ (2.9)式均成立. 于是应用等测包的推理方法立即可知,对一般点集(2.9)式成立.

下面证明(2.10)式成立. 大家知道 T 至多可以表为如下几个初等变换的乘积:

(i) 坐标 $\xi_1, \xi_2, \cdots, \xi_n$ 之间的交换;

(ii) $\xi_1 \rightarrow \beta \xi_1, \xi_i \rightarrow \xi_i (i = 2, 3, \cdots, n)$;

(iii) $\xi_1 \rightarrow \xi_1 + \xi_2, \xi_i \rightarrow \xi_i (i = 2, 3, \cdots, n)$.

在(i)的情形,显然有 $|\det T| = 1, T(I_0) = I_0$. 从而可知(2.10)式成立.

在(ii)的情形,矩阵 T 可由恒等矩阵在第一行乘以 β 而得到,此时有

$$T(I_0) = \{x = (\xi_1, \xi_2, \cdots, \xi_n): 0 \leqslant \xi_i < 1 \ (i = 2, 3, \cdots, n),$$
$$0 \leqslant \xi_1 < \beta \ (\beta > 0), \beta < \xi_1 \leqslant 0 \ (\beta < 0)\}.$$

从而可知 $m(T(I_0)) = |\beta|$,即(2.10)式成立.

在(iii)的情形,此时 $\det T = 1$,而且有

$$T(I_0) = \{x = (\xi_1, \xi_2, \cdots, \xi_n): 0 \leqslant \xi_i < 1 \ (i \neq 1),$$
$$0 \leqslant \xi_1 - \xi_2 < 1\}.$$

记

$$A = \{x = (\xi_1, \xi_2, \cdots, \xi_n) \in T(I_0): \xi_1 < 1\},$$
$$e_1 = (1, 0, \cdots, 0), \quad B = T(I_0) \backslash A.$$

我们有

$$A = \{x = (\xi_1, \xi_2, \cdots, \xi_n) \in I_0: \xi_2 < \xi_1\},$$
$$B - e_1 = \{x = (\xi_1, \xi_2, \cdots, \xi_n) \in I_0: \xi_1 < \xi_2\}.$$

因此得到

$$m(T(I_0)) = m(A) + m(B) = m(A) + m(B - e_1)$$
$$= m(I_0) = 1 = \det T.$$

这说明(2.10)式对 I_0 成立.

最后不妨设 $T = T_1 \cdot T_2 \cdot \cdots \cdot T_j$，这里的每个 T_j 均是 (i)~(iii) 情形之一，从而由归纳法可知

$$m^*(T(E)) = m(T_1(T_2(\cdots(T_j(E))\cdots)))$$
$$= |\det T_1| \, |\det T_2| \, \cdots \, |\det T_j| \, m^*(E)$$
$$= |\det T| \, m^*(E).$$

注 在 $|\det T| = 0$ 时，T 将 $\mathbf{R}^n$ 变为一个低维线性子空间，显然其映像集是零测集，我们有

$$m(T(E)) = |\det T| \, m(E) = 0, \quad E \subset \mathbf{R}^n.$$

推论 2.26 设 $T: \mathbf{R}^n \to \mathbf{R}^n$ 是非奇异线性变换. 若 $E \in \mathcal{M}$，则 $T(E) \in \mathcal{M}$ 且有

$$m(T(E)) = |\det T| \, m(E).$$

例 2 若 $E \subset \mathbf{R}^2$ 是可测集，则将 E 作旋转变换后所成集可测集，且测度不变.

例 3 $\mathbf{R}^2$ 中三角形的测度等于它的面积.

证明 显然，$\mathbf{R}^2$ 中任一三角形都是可测集. 由于测度的平移不变性，故不妨假定三角形的一个顶点在原点. 记三角形为 T，其面积记为 $|T|$. 因为 $m(T) = m(-T)$，所以经平移后可得 $2m(T) = m(T) + m(-T) = m(P)$，其中 P 是平行四边形. 再将 P 中的子三角形作旋转或平移，可使 P 转换为矩形 Q，且有 $m(P) = m(Q) = |P| = 2|T|$，从而得 $m(T) = |T|$.

例 4 圆盘 $D = \{(x,y): x^2 + y^2 \leqslant r^2\}$ 是 $\mathbf{R}^2$ 中可测集，且 $m(D) = \pi r^2$.

证明 记 P_n 与 Q_n 为 D 的内接与外切正 n 边形，由 P_n 与 Q_n 的可测性易知 D 是可测集. 注意到 $P_n \subset D \subset Q_n$，以及

$$m(P_n) = \pi r^2 \frac{\sin(\pi/n)}{\pi/n} \cos \frac{\pi}{n} \to \pi r^2 \quad (n \to \infty),$$

$$m(Q_n) = \pi r^2 \frac{\tan(\pi/n)}{\pi/n} \to \pi r^2 \quad (n \to \infty),$$

可知 $m(D) = \pi r^2$.

作为本节的结束，再举一个求平面扇形测度的例子：

例 5 设 $E \subset (-\pi, \pi]$，$0 \leqslant a < b \leqslant +\infty$，令

$$S_E = S_E(a,b) = \{(r\cos\theta, r\sin\theta): a < r < b, \theta \in E\}.$$

大家知道，若 $E = (\alpha, \beta)$，则 S_E 就是通常所说的扇形，其面积为

$$(b^2 - a^2)(\beta - \alpha)/2.$$

(1) 对于一般点集 E，我们有

$$m^*(S) \leqslant (b^2 - a^2) m^*(E)/2.$$

(注意，这里 $m^*(S)$ 是二维外测度，$m^*(E)$ 是一维外测度.)

证明 (i) 设 $b<+\infty$,此时,对任给 $\varepsilon>0$,存在开区间列 $\{I_n\}$: $\bigcup_{n=1}^{\infty} I_n \supset E$,
$\sum_{n=1}^{\infty}|I_n| < m^*(E)+\varepsilon.$ 显然,$\bigcup_{n=1}^{\infty} S_{I_n} \supset S_E$,从而有

$$m^*(S_E) \leqslant m^*\left(\bigcup_{n=1}^{\infty} S_{I_n}\right) \leqslant \sum_{n=1}^{\infty} m^*(S_{I_n})$$

$$= (b^2-a^2)\sum_{n=1}^{\infty}|I_n|/2 \leqslant \frac{b^2-a^2}{2}(m^*(E)+\varepsilon),$$

由 ε 的任意性即得所证.

(ii) 设 $b=+\infty, m^*(E)=0.$ 此时,对 $n \geqslant 1$,由(i)知
$$m^*(S_E(a,n)) \leqslant (n^2-a^2)m^*(E)/2 = 0.$$
从而得到
$$m^*(S_E(a,+\infty)) = \lim_{n\to\infty} m^*(S_E(n)) = 0.$$

(iii) 设 $b=+\infty, m^*(E)>0.$ 结论显然.

(2) 若 $E \subset (-\pi,\pi]$ 是可测集,则 S 是可测集.

证明 由于 $S_E(a,b) = S_E(0,+\infty) \cap S_{(-\pi,\pi]}(a,b)$,故只需指出 $S_E(0,+\infty)$ 可测即可.

设 $I \subset (-\pi,\pi]$ 是开区间,记 $T=S_I(a,b)$(开环扇形),$E^c=(-\pi,\pi]\backslash E$ 以及 $S_E=S_E(0,+\infty)$,我们有

$$m^*(T\cap S_E)+m^*(T\cap S_{E^c})$$
$$= m^*(S_{I\cap E}(a,b))+m^*(S_{I\cap E^c}(a,b))$$
$$\leqslant \frac{b^2-a^2}{2}\{m^*(I\cap E)+m^*(I\cap E^c)\}$$
$$= \frac{b^2-a^2}{2}|I| = m(T) \text{(开环扇形面积).}$$

设 R 是一个开矩形,易知它可由互不相重的可列个开环扇形 T_n 组成,至多差一零测集(边界).因此(注意,开环扇形可测)得到
$$m^*(R\cap S_E)+m^*(R\cap S_{E^c})$$
$$\leqslant \sum_{n=1}^{\infty} m^*(T_n \cap S_E)+\sum_{n=1}^{\infty} m^*(T_n \cap S_{E^c})$$
$$\leqslant \sum_{n=1}^{\infty} m(T_n) = m\left(\bigcup_{n=1}^{\infty} T_n\right) = m(R).$$

这说明,对任一矩形 R,有
$$m(R) = m^*(R\cap S_E)+m^*(R\cap S_{E^c}).$$

而 S_{E^c} 就是 S_E 的补集(除原点外),也就是说 S_E 是可测集.

习　题　2

1. 设 $E \subset \mathbf{R}$,且存在 $q: 0 < q < 1$,使得对任一区间 (a,b),都有开区间列 $\{I_n\}$:

$$E \cap (a,b) \subset \bigcup_{n=1}^{\infty} I_n, \quad \sum_{n=1}^{\infty} m(I_k) < (b-a)q,$$

试证明 $m(E) = 0$.

2. 设 $A_1, A_2 \subset \mathbf{R}^n, A_1 \subset A_2, A_1$ 是可测集,且 $m(A_1) = m^*(A_2) < +\infty$,试证明 A_2 是可测集.

3. 设 $A, B \subset \mathbf{R}^n$ 都是可测集,试证明

$$m^*(A \cup B) + m^*(A \cap B) = m^*(A) + m^*(B)$$

(用 $A, A \cup B$ 做试验集).

4. 试问:是否存在闭集 $F, F \subset [a,b]$ 且 $F \neq [a,b]$,而

$$m(F) = b - a?$$

5. 试在 $\mathbf{R}$ 中作由某些无理数构成的闭集 F,使得 $m(F) > 0$.

6. 设 $I = [0,1] \times [0,1]$,令

$$E = \left\{ (x,y) \in I : \sin x < \frac{1}{2}, \cos(x+y) \text{ 是无理数} \right\},$$

试求 $m(E)$.(答:$\pi/6$)

7. 设 $\{E_k\}$ 是 $\mathbf{R}^n$ 中的可测集列,若 $m\left(\bigcup_{k=1}^{\infty} E_k \right) < +\infty$,试证明

$$m\left(\varliminf_{k \to \infty} E_k \right) \geqslant \varlimsup_{k \to \infty} m(E_k).$$

8. 设 $\{E_k\}$ 是 $[0,1]$ 中的可测集列,$m(E_k) = 1 \ (k = 1, 2, \cdots)$,试证明

$$m\left(\bigcap_{k=1}^{\infty} E_k \right) = 1.$$

9. 设 $E_1, E_2, \cdots, E_k$ 是 $[0,1]$ 中的可测集,且有

$$\sum_{i=1}^{k} m(E_i) > k - 1,$$

试证明 $m\left(\bigcap\limits_{i=1}^{k} E_i\right) > 0$.

10. 设 A, B, C 是 $\mathbf{R}^n$ 中的可测集. 若有
$$m(A \triangle B) = 0, \quad m(B \triangle C) = 0,$$
试证明 $m(A \triangle C) = 0$. ($A \backslash C = A \bigcap C^c \bigcap (B \bigcup B^c) = [A \bigcap (B \backslash C)] \bigcup [C^c \bigcap (A \backslash B)]$)

11. 设 $\{B_\alpha\}_{\alpha \in I}$ 是 $\mathbf{R}^n$ 中的一族开球, 记 $G = \bigcup\limits_{\alpha \in I} B_\alpha$. 若有 $0 < \lambda < m(G)$, 试证明存在有限个互不相交的开球 $B_{\alpha_1}, B_{\alpha_2}, \cdots, B_{\alpha_m}$, 使得
$$\sum_{k=1}^{m} m(B_{\alpha_k}) > \frac{\lambda}{3^n}.$$

$\left(\text{作 } K \subset G \text{ 紧集}: m(K) > \lambda, \text{再在 } \bigcup\limits_{k=1}^{m} B_{\alpha_k} \supset K \text{ 中取直径最大者, 后继}\right.$
$\left.\text{者应与前者不相交. 最后直径放大三倍.}\right)$

12. 设 $\{B_k\}$ 是 $\mathbf{R}^n$ 中递减可测集列, $m^*(A) < +\infty$. 令 $E_k = A \bigcap B_k (k = 1, 2, \cdots)$, $E = \bigcap\limits_{k=1}^{\infty} E_k$, 试证明
$$\lim_{k \to \infty} m^*(E_k) = m^*(E).$$

13. 设 $E \subset \mathbf{R}^n$, $H \supset E$ 且 H 是可测集. 若 $H \backslash E$ 的任一可测子集皆为零测集, 试问: H 是 E 的等测包吗?

14. 试证明点集 E 可测的充分必要条件是: 对任给 $\varepsilon > 0$, 存在开集 $G_1, G_2: G_1 \supset E, G_2 \supset E^c$, 使得 $m(G_1 \bigcap G_2) < \varepsilon$.

15. 设 $E \subset [0, 1]$ 是可测集, 且有
$$m(E) \geqslant \varepsilon > 0, \quad x_i \in [0, 1], \ i = 1, 2, \cdots, n,$$
其中 $n > \dfrac{2}{\varepsilon}$, 试证明 E 中存在两个点其距离等于 $\{x_1, x_2, \cdots, x_n\}$ 中某两个点之间的距离.

16. 设 W 是 $[0, 1]$ 中的不可测集, 试证明存在 $\varepsilon: 0 < \varepsilon < 1$, 使得对于 $[0, 1]$ 中任一满足 $m(E) \geqslant \varepsilon$ 的可测集 $E, W \bigcap E$ 是不可测集.

注　记

（一）Lebesgue 当年的测度理论是用内、外测度的观点建立起来的.

设 $E \subset [a,b]$，外测度 $m^*(E)$ 的定义与本章所用定义相同（矩体换为区间），而内测度定义为

$$m_*(E) = (b-a) - m^*([a,b] \backslash E).$$

若 $m^*(E) = m_*(E)$，则称 E 为可测集，且定义其测度为

$$m(E) = m^*(E) \ (= m_*(E)).$$

易知，这一界定方式是针对有界点集而发的，且无法推广到一般的抽象背景上去. 此外，虽然内测度在直觉上接受性较强，但从可加性角度看问题，又有重大缺陷. 可以证明，当外测度具有可加性时，内测度也具有可加性，但反之不然.

（二）在 §2.3 中，我们指出 $\mathbf{R}^n$ 中的 Borel 集是可测的，且任一可测集是一个 Borel 集与一个零测集的并集. 那么，是否确有不是 Borel 集的可测集呢？回答是肯定的. 现在我们以 $\mathbf{R}$ 为例来说明不是 Borel 集的零测集是存在的. 为此，先介绍一个一般的引理.

引理　设 $f(x)$ 是定义在 $E \subset \mathbf{R}^n$ 上的实值函数，Γ 是 $\mathbf{R}^n$ 中一些子集构成的 σ-代数，且 $E \in \Gamma$. 若令

$$\mathscr{A} = \{A \subset \mathbf{R}: f^{-1}(A) \in \Gamma\},$$

则 $\mathscr{A}$ 是 σ-代数.

证明　(i) 因为 $f^{-1}(\mathbf{R}) = E \in \Gamma$，所以 $\mathbf{R} \in \mathscr{A}$.

(ii) 若 $A \in \mathscr{A}$，则由 $f^{-1}(A^c) = E \backslash f^{-1}(A)$，可知 $f^{-1}(A^c) \in \Gamma$，从而得 $A^c \in \mathscr{A}$.

(iii) 若 $\{A_k\}$ 是 $\mathscr{A}$ 中一集合列（即 $f^{-1}(A_k) \in \Gamma$），则由

$$f^{-1}\left(\bigcup_{k=1}^{\infty} A_k\right) = \bigcup_{k=1}^{\infty} f^{-1}(A_k)$$

可知 $f^{-1}\left(\bigcup_{k=1}^{\infty} A_k\right) \in \Gamma$，从而得 $\bigcup_{k=1}^{\infty} A_k \in \mathscr{A}$.

上述三条性质说明 $\mathscr{A}$ 是一个 σ-代数.

推论　设 $f(x)$ 是 $\mathbf{R}$ 上的连续函数. 若 $A \subset \mathbf{R}$ 是 Borel 集，则 $f^{-1}(A)$ 也是 Borel 集.

证明　令 Γ 是 $\mathbf{R}$ 中的 Borel σ-代数，G 是 $\mathbf{R}$ 中的开集. 根据 f 的连续性，$f^{-1}(G)$ 也是开集. 因此，若令

$$\mathscr{A} = \{A: f^{-1}(A) \in \Gamma\},$$

则 $f^{-1}(G) \in \Gamma$. 从而 $G \in \mathscr{A}$, 上述引理指出 $\mathscr{A}$ 是一个 σ-代数. 由此知一切 Borel 集皆属于 $\mathscr{A}$. 这说明若 A 是 Borel 集, 则 $f^{-1}(A) \in \Gamma$, 即 $f^{-1}(A)$ 是 Borel 集.

例 (非 Borel 集的可测集) 考虑 $\mathbf{R}$ 中的 $[0,1]$ 区间, $\varPhi(x)$ 是 $[0,1]$ 上的 Cantor 函数. 作函数

$$\varPsi(x) = \frac{1}{2}(x + \varPhi(x)), \ x \in [0,1].$$

显然, $\varPsi$ 是 $[0,1]$ 上严格递增的连续函数, 且 $\varPsi(0)=0$, $\varPsi(1)=1$. 记其反函数为 $\varPsi^{-1}$, 它是连续 (且一一对应) 的函数.

现在取 $[0,1]$ 中的 Cantor 集 C, 并令在构造过程中每步移去的中央三分开区间为 $I_{n,k}$ ($n=1,2,\cdots; k=1,2,\cdots,2^{n-1}$), 其长度为 $|I_{n,k}|$, 则 $\varPsi(I_{n,k})$ 是长度为 $|I_{n,k}|/2$ 的开区间 (注意 $\varPhi(x)$ 在 $I_{n,k}$ 上是常数). 从而点集

$$\varPsi\left(\bigcup_{n=1}^{\infty}\bigcup_{k=1}^{2^{n-1}} I_{n,k}\right)$$

的测度为 $1/2$. 若令 $\varPsi(C)=H$, 可知 $m(H)=1/2$.

令 W 是 H 中的不可测集, 并记 $\varPsi^{-1}(W)=S$. 因为 $S \subset C$, 所以 S 是可测集, 但 S 不是 Borel 集, 否则根据上述推论, W 也是 Borel 集, 从而可测集.

此外, 关于 Borel 测度与 Lebesgue 测度, 我们有下述结论: 设 μ 是 $\mathbf{R}^1$ 上的 Borel 测度, 且 $\mu([0,1])<+\infty$. 若对任意的区间 $[a,b)$, 以及 $\mathbf{R}^1$ 中稠密集 D 中任一点 x_0, 均有

$$\mu([a,b) + \{x_0\}) = \mu([a,b)),$$

则 $\mu(E)=\lambda m(E)$ (E 是 Borel 可测集).

事实上, (i) 对任意的点 $c \in \mathbf{R}$, 作 D 中递增列 $\{d_k\}: d_k \to c$ ($k \to \infty$), 可知

$$[a+d_k,b+c) \supset [a+d_{k+1},b+c),$$
$$[b+d_k,b+c) \supset [b+d_{k+1},b+c) \quad (k=1,2,\cdots);$$
$$\lim_{k\to\infty}[a+d_k,b+c) = [a+c,b+c);$$
$$\lim_{k\to\infty}[b+d_k,b+c) = \varnothing.$$

从而当 $k \to \infty$ 时, 有

$$\mu([a,b)) = \mu([a+d_k,b+d_k))$$
$$= \mu([a+d_k,b+c)) - \mu([b+d_k,b+c))$$
$$\to \mu([a+c,b+c)),$$

即 $\qquad \mu([a,b))=\mu([a,b)+\{c\}).$

(ii) 对任意的自然数 m,n, 注意到

$$\mu([0,m/n)) = \mu\Big(\bigcup_{i=1}^{m} \Big[\frac{i-1}{n}, \frac{i}{n} \Big) \Big)$$

$$= \sum_{i=1}^{m} \mu\Big(\Big[0, \frac{1}{n} \Big) + \Big\{ \frac{i}{n} \Big\} \Big) = m\mu\Big(\Big[0, \frac{1}{n} \Big) \Big),$$

可得

$$\mu([0,1)) = \mu\Big(\Big[0, \frac{n}{n} \Big) \Big) = n\mu\Big(\Big[0, \frac{1}{n} \Big) \Big);$$

$$\mu\Big(\Big[0, \frac{m}{m} \Big) \Big) = \frac{m}{n}\mu([0,1)).$$

从而对 $r',r''\in \mathbf{Q}$,就有

$$\mu([r',r'')) = \mu(\{r'\} + [0,r''-r'))$$

$$= (r''-r')\mu([0,1)) = \lambda m([r',r'')),$$

其中 $\lambda = \mu([0,1))$. 由此易知,对 $a,b\in \mathbf{R}$,也有 $\mu([a,b)) = \lambda m([a,b))$. 因此,对于开集 G,就有 $\mu(G) = \lambda m(G)$. 而对一般 Borel 集 B,可用包含 B 的递减开集列过渡,即得所证.

最后指出:(i) 对于 Borel 集 B_1,B_2,其差集 $B_1 - B_2$ 不一定仍是 Borel 集;

(ii) 由于存在非 Borel 集的 Lebesgue 可测集 E,又有 Borel 集 $H: H \supset E$, $m(H) = 0$,故由全体 Borel 集 $\mathscr{B}$ 以及其上之 Borel 测度 μ 构成的测度空间 $(\mathbf{R}, \mathscr{B}, \mu)$ 是不完全的;

(iii) 存在测度空间 $(\mathbf{R}, \mathscr{A}, \mu)$:$\mathscr{A} \supset \mathscr{B}$,使得其中的可测集 E 不能表为

$$E = B \cup Z, \quad B \in \mathscr{B}, \quad \mu(Z) = 0;$$

(iv) $\mathbf{R}^2$ 中的凸集不一定是 Borel 集;

(v) $\mathbf{R}$ 中的 Borel 集全体的基数是 c.

(三) 设 $E \subset \mathbf{R}$ 是可测集. 若对任意的 $x_0 \in \mathbf{R}$,有

$$m(E \triangle (E + \{x_0\})) = 0,$$

则

$$m(E^c \triangle (E^c + \{x_0\})) = 0, \quad m(E) \cdot m(E^c) = 0.$$

(四) 设 $E \subset \mathbf{R}$. 若存在 $\delta > 0$,使对任意的区间 $I \subset \mathbf{R}$,均有 $m^*(E \cap I) \geqslant \delta \cdot m(I)$,则当 E 为可测集时,有 $m(\mathbf{R} \backslash E) = 0$.

(五) 选择公理、不可测集

在集合论的某些命题的证明中,我们经常需要在一些集合中选取元素,且还要再形成新的集合实体.那么,这种做法是否科学呢? 这需要一种约定,即所谓选择公理.在这里给予简单诠释.**选择公理**说:"若 Γ 是由互不相交的一些非空集合所形成的集合族,则存在集合 X,它由该族的每一个集合中恰取一个元素而形成的."在这里,由于没有明确指定选取集合中哪一个元素,致使人们对集合 X 的存在性发生动摇.举例来说,如果有许多双鞋,从每双鞋中选出右脚

穿的鞋形成一个集合,那么这还好说,但如果从中任取一只鞋来形成一个集合,那么要承认这个集合是明确地给定的,就必须是人为的约定,即承认选择公理为真.从而,围绕这一公理开展出许多数学工作.

首先,承认选择公理为真是否会推出矛盾?有人证明在著名的 Z. F. 公理集合论系统中,选择公理是相容的.其次,它是否可由其他公理导出?不然,有人证明选择公理与 Z. F. 公理集合论系统的其他公理是互相独立的.

在这些研究工作展开的同时,人们还获得许多与选择公理等价的各种形式的命题,并在许多数学分支中均有着多样的应用.除了前述正文中所提到的不可测集的存在外,又例如建立实数系的 Hamel 基、泛函分析中的 Hahn-Banach 扩张定理、拓扑学中乘积拓扑空间紧性的 Тихонов 定理等.

然而,毕竟在选择公理的陈述中暗含着某种不确定的因素,致使人们做出了一些古怪的思维产物.例如,在 1924 年,Banach 和 Tarski 指出,应用选择公理,可将一个球体分解为有限个部分,经重新组合后成为两个与原球体同样大小的球体.这一结论与人们的直观完全相反,不过也没有引发逻辑上的矛盾.(当然,这有限个组成部分都是不可测集.)

关于不可测集,在前述正文中构造它时,我们用到了选择公理.如果不用这一公理,例如在 Z. F. 公理集合论系统(不包含选择公理)中,1964 年 Solovy 做出了一个集合论模型,其中每个点集都是 Lebesgue 可测的(Ann. of Math. , 92 (1970)).注意,这一结论不是说"如果选择公理不对,那么每个点集都可测了",而是说"为了获得不可测集,选择公理是必要的".实际上,由 Cohen 所做的模型指出,选择公理不真而又有不可测集存在.为了从不可测集的存在来推出选择公理不真,必须指出在每个模型中,其中选择公理是错的,而每个集合皆可测.

如果我们从另一角度看问题,即承认选择公理而又要避免出现不可测集,那么只好放弃测度的可数可加这一性质(因为 $m([0,1]^n)=1$ 以及平移不变性都是符合常规的).一种办法是改成次可加性,例如外测度.但这使得结果无多大用处;另一种方法是改为有限可加性.20 世纪 20 年代 Banach 用泛函延拓定理论述了 **R** 的情形,但这使得在其上所建立的积分不再具有著名的关于积分与极限交换次序的若干良好结果了.

关于不可测集与基数的问题. R. Solovay 曾指出,如果我们允许基数小于 c 的不可数集存在,那么用选择公理是不能证明或驳斥这种不可测集的存在性.然而,如果基数小于 c 的不可数可测集存在,那么它必是零测集.事实上,如设它为有界闭集 F,且 $m(F)>0$,则可作闭区间 $J_0,J_1:J_0\cap J_1=\varnothing$,使

$$m(F\cap J_0)>0,\quad m(F\cap J_1)>0.$$

继续对 $F\cap J_0$ 与 $F\cap J_1$ 进行上述操作,并一直下去,可得下图:

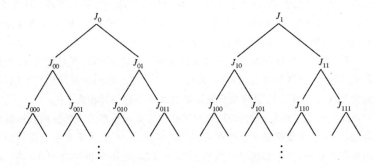

这相当于由 $0,1$ 两个数字作成数列之全体，它的基数是 c. 这一矛盾说明 $m(F)=0$.

注　下列两个命题等价：

(i) 选择公理成立；

(ii) 对任一无穷集合 X，均存在一一映射 $T: X \to X \times X$；

(六) 如果对于 $\mathbf{R}^2$ 中的正测集 E，存在 $\mathbf{R}$ 中的正测集 A 与 B，使得

$$m(E) = m(A \times B),$$

则称 E 为**正测矩形**. 下例指出，$\mathbf{R}^2$ 中不是每个正测集都包含有正测矩形.

例　记 $[0,1]$ 中类 Cantor 集 C_*：$m(C_*)>0$，并作平面点集.

$$E = \{(x,y): x-y \in C_*\} \subset [0,1] \times [0,1], \quad m(E)>0.$$

现在假定存在 $[0,1]$ 中的正测点集 A 与 B，使得 $A \times B \subset E$，则差集 $A - B \subset C_*$. 因为 $m(A)>0, m(B)>0$，所以 $A-B$ 有非空内点，矛盾.

(七) 非 Jordan 可测集

记 $[0,1] \cap \mathbf{Q} = \{r_n\}$，$0 < \varepsilon < 1$. 对 $n \in \mathbf{N}$，作开区间 I_n：$I_n \subset [0,1]$，$r_n \in I_n$，$m(I_n) = \varepsilon/2^n$. 又作 $G = \bigcup_{n=1}^{\infty} I_n$，$K = [0,1] \backslash G$，则

(i) G 的内测度小于 ε.

(ii) G 的外测度 $=1$，$\bar{G} = [0,1]$.

(iii) G 是开集，且非 Jordan 可测集；K 是紧集，且是非 Jordan 可测集.

(八) 全密点

定义　设 $E \subset \mathbf{R}$. 对 $x \in E$，若有

$$\lim_{h \searrow 0} \frac{m^*(E \cap (x-h, x+h))}{2h} = 1,$$

则称点 x 为点集 E 的**外全密点**.（若 E 是可测集，则称 x 为 E 的**全密点**.）

命题　设 $E \subset \mathbf{R}$，则 E 中几乎处处的点都是外全密点.

证明　不妨假定 E 是有界集,并设 t: $0<t<1$,则只需指出点集

$$A = \left\{ x \in E : \varliminf_{h \searrow 0} \frac{m^*(E \cap (x-h, x+h))}{2h} < 1 - t \right\}$$

是零测集即可. 故又只需指出: 对任给 $\varepsilon > 0$,必有 $m^*(A) < \varepsilon(1 + 3t^{-1})$ 即可.

(i) 作开集 G: $G \supset A$, $m(G) < m^*(A) + \varepsilon$. 易知对 G 内任一可测子集 B,均有

$$m^*(A) \leqslant m^*(A \cap B) + m^*(G \backslash B)$$
$$\leqslant m^*(A \cap B) + m(G) - m(B).$$

故可得 $m^*(A \cap B) \geqslant m(B) - \varepsilon$.

(ii) 对任意的 $x \in A$,选以有理数为端点的开区间 I: $x \in I \subset G$,且

$$m^*(E \cap I) < (1-t)m(I).$$

如此继续做下去,可得开区间列 $\{I_n\}$: 使得

$$\bigcup_{n=1}^{\infty} I_n \supset A, \quad \bigcup_{n=1}^{\infty} I_n \subset G,$$

且有

$$m^*(E \cap I_n) < (1-t)m(I_n) \quad (n = 1, 2, \cdots).$$

第三章 可 测 函 数

Riemann 积分的定义,粗略地说,是对"差不多"连续的函数而作的(确切地说,一个定义在$[a,b]$上的有界函数是 Riemann 可积的充分必要条件是其不连续点集的 Lebesgue 测度为零,见下章).实变函数中所要建立的 Lebesgue 积分论,是要把积分对象扩充到更大的一类函数——可测函数类上去.

与连续函数不同,可测函数在极限运算下是封闭的,这就使所建立的积分在理论上使用起来更加便利.在本章中,我们还能看到可测函数与连续函数.可测函数列的点态收敛与一致收敛有着密切的联系,这些有关可测函数结构和运算的内容在积分理论中发挥重要作用.

§3.1 可测函数的定义及其性质

为了论述的简便和统一,今后我们在谈到可测函数时允许函数取"值"$\pm\infty$.(称 $\mathbf{R}\cup\{+\infty\}\cup\{-\infty\}$ 为广义实数集.)现在先将有关 $\pm\infty$ 的运算规则约定如下(注意,这里的 $\pm\infty$ 不是指无穷大变量):

(i) $-\infty<+\infty$,若 $x\in\mathbf{R}$,则 $-\infty<x<+\infty$;

(ii) 若 $x\in\mathbf{R}$,则

$$x+(\pm\infty)=(\pm\infty)+x=(\pm\infty)+(\pm\infty)=\pm\infty,$$
$$x-(\mp\infty)=(\pm\infty)-(\mp\infty)=\pm\infty,$$
$$\pm(\pm\infty)=+\infty,\quad \pm(\mp\infty)=-\infty,$$
$$|\pm\infty|=+\infty;$$

(iii) $x\in\mathbf{R}$ 且 $x\neq0$ 的符号函数为

$$\mathrm{sign}x=\begin{cases}+1,&x>0,\\-1,&x<0,\end{cases}$$
$$x\cdot(\pm\infty)=\pm(\mathrm{sign}x)\infty,$$

$$(\pm\infty)(\pm\infty)=+\infty, \quad (\pm\infty)(\mp\infty)=-\infty,$$

但是$(\pm\infty)-(\pm\infty),(\pm\infty)+(\mp\infty)$等是无意义的；

(iv) 特别约定 $0 \cdot (\pm\infty)=0$.

注意,$+\infty$经常简记为 ∞.

定义 3.1 设 $f(x)$是定义在可测集$E\subset\mathbf{R}^n$上的广义实值函数. 若对于任意的实数 t,点集

$$\{x\in E: f(x)>t\} \text{（或简写为}\{x: f(x)>t\}\text{）}$$

是可测集,则称 $f(x)$是 E 上的**可测函数**,或称 $f(x)$在 E 上**可测**.

这一定义中虽然指的是对任意 $t\in\mathbf{R}$,但下一定理说明,我们只需对 $\mathbf{R}$ 中的一个稠密集中的元 r,指出集合$\{x: f(x)>r\}$是可测集就可以了.

定理 3.1 设 $f(x)$是可测集 E 上的函数,D 是 $\mathbf{R}$ 中的一个稠密集. 若对任意的$r\in D$,点集$\{x: f(x)>r\}$都是可测集,则对任意的 $t\in\mathbf{R}$,点集$\{x: f(x)>t\}$也是可测集.

证明 对任一实数 t,选取 D 中的点列$\{r_k\}$,使得

$$r_k\geqslant t \ (k=1,2,\cdots); \quad \lim_{k\to\infty}r_k=t.$$

我们有

$$\{x: f(x)>t\}=\bigcup_{k=1}^{\infty}\{x: f(x)>r_k\}. \tag{3.1}$$

因为每个点集$\{x: f(x)>r_k\}$都是可测集,所以$\{x: f(x)>t\}$是可测集.

例 1 设 $f(x)$是定义在区间$[a,b]$上的单调函数,则 $f(x)$是$[a,b]$上的可测函数.

事实上,对于任意的 $t\in\mathbf{R}$,点集$\{x\in[a,b]: f(x)>t\}$定属于下述三种情况之一：区间、单点集或空集. 从而可知

$$\{x\in[a,b]: f(x)>t\}$$

是可测集. 这说明 $f(x)$是$[a,b]$上的可测函数.

定理 3.2 若 $f(x)$是 E 上的可测函数,则下列等式中左端的点集皆可测：

(i) $\{x: f(x)\leqslant t\}=E\backslash\{x: f(x)>t\}$ $(t\in\mathbf{R})$;

(ii) $\{x: f(x) \geqslant t\} = \bigcap\limits_{k=1}^{\infty} \left\{x: f(x) > t - \dfrac{1}{k}\right\}$ $(t \in \mathbf{R})$;

(iii) $\{x: f(x) < t\} = E \backslash \{x: f(x) \geqslant t\}$ $(t \in \mathbf{R})$;

(iv) $\{x: f(x) = t\} = \{x: f(x) \geqslant t\} \bigcap \{x: f(x) \leqslant t\}$ $(t \in \mathbf{R})$;

(v) $\{x: f(x) < +\infty\} = \bigcup\limits_{k=1}^{\infty} \{x: f(x) < k\}$;

(vi) $\{x: f(x) = +\infty\} = E \backslash \{x: f(x) < +\infty\}$;

(vii) $\{x: f(x) > -\infty\} = \bigcup\limits_{k=1}^{\infty} \{x: f(x) > -k\}$;

(viii) $\{x: f(x) = -\infty\} = E \backslash \{x: f(x) > -\infty\}$.

证明　上述等式的成立是明显的. 至于左端点集的可测性可阐明如下：

从可测性定义易推(i),(ii)与(vii). 从(ii)可推出(iii). 从(i)与(ii)可推出(iv). 从(iii)可推出(v). 从(v)可推出(vi). 从(vii)可推出(viii).

注　由于对任意的 $t \in \mathbf{R}$, 有

$$\{x: f(x) > t\} = \bigcup_{k=1}^{\infty} \left\{x: f(x) > t + \frac{1}{k}\right\}$$

$$= E \backslash \{x: f(x) \leqslant t\} = E \Big\backslash \bigcap_{k=1}^{\infty} \left\{x: f(x) < t + \frac{1}{k}\right\},$$

故定理中(i),(ii)与(iii)的左端点集的可测性均可当作 $f(x)$ 可测性的定义.

定理 3.3　(i) 设 $f(x)$ 是定义在 $E_1 \bigcup E_2 \subset \mathbf{R}^n$ 上的广义实值函数, 若 $f(x)$ 在 E_1, E_2 上均可测, 则 $f(x)$ 也在 $E_1 \bigcup E_2$ 上可测;

(ii) 若 $f(x)$ 在 E 上可测, A 是 E 中可测集, 则 $f(x)$ 看做是定义在 A 上的函数在 A 上也是可测的.

证明　(i) 只需注意等式

$\{x \in E_1 \bigcup E_2: f(x) > t\}$
$\qquad = \{x \in E_1: f(x) > t\} \bigcup \{x \in E_2: f(x) > t\}$, $t \in \mathbf{R}$.

(ii) 只需注意等式

$\{x \in A: f(x) > t\} = A \bigcap \{x \in E: f(x) > t\}$, $t \in \mathbf{R}$.

例 2　若 $E \in \mathcal{M}$, 则 $\chi_E(x)$ 是 $\mathbf{R}^n$ 上的可测函数.

定理 3.4(可测函数的运算性质 1)　若 $f(x), g(x)$ 是 E 上的实

值可测函数,则下列函数

(i) $cf(x)(c\in\mathbf{R})$; (ii) $f(x)+g(x)$; (iii) $f(x) \cdot g(x)$

都是 E 上的可测函数.

证明 (i) 对于 $t\in\mathbf{R}$,若 $c>0$,则由

$$\{x: cf(x) > t\} = \{x: f(x) > c^{-1}t\}$$

可知,$cf(x)$ 在 E 上可测;若 $c<0$,则由

$$\{x: cf(x) > t\} = \{x: f(x) < c^{-1}t\}$$

可知,$cf(x)$ 在 E 上可测;若 $c=0$,则 $cf(x)=0$ 的可测性是明显的.

(ii) 对 $t\in\mathbf{R}$,由于 $f(x)+g(x)>t$ 就是 $f(x)>t-g(x)$,故

$$\{x: f(x) + g(x) > t\}$$

$$= \bigcup_{i=1}^{\infty} (\{x: f(x) > r_i\} \bigcap \{x: g(x) > t-r_i\}),$$

其中 $\{r_i\}$ 是全体有理数. 从而知 $f(x)+g(x)$ 是 E 上的可测函数.

(iii) 首先,$f^2(x)$ 在 E 上可测. 这是因为对于 $t\in\mathbf{R}^1$,我们有

$$\{x: f^2(x) > t\}$$

$$= \begin{cases} E, & t < 0, \\ \{x: f(x) > \sqrt{t}\} \bigcup \{x: f(x) < -\sqrt{t}\}, & t \geqslant 0. \end{cases}$$

又在 $f(x)g(x) = \{[f(x)+g(x)]^2 - [f(x)-g(x)]^2\}/4$ 中,$f(x)+g(x)$ 以及 $f(x)+(-g(x))$ 都是 E 上可测函数,所以 $f(x) \cdot g(x)$ 在 E 上可测.

推论 3.5 上述定理所说的运算性质对于取广义实值的可测函数也是成立的.

事实上,只需注意下列点集:

$$\{x: f(x) = +\infty\}, \quad \{x: f(x) = -\infty\},$$

$$\{x: g(x) = +\infty\}, \quad \{x: g(x) = -\infty\}$$

都是可测集即可.

定理 3.6(可测函数的运算性质 2) 若 $\{f_k(x)\}$ 是 E 上的可测函数列,则下列函数:

(i) $\sup_{k\geqslant 1}\{f_k(x)\}$; (ii) $\inf_{k\geqslant 1}\{f_k(x)\}$;

(iii) $\varlimsup_{k\to\infty} f_k(x)$; (iv) $\varliminf_{k\to\infty} f_k(x)$

都是 E 上的可测函数.

证明 (i) 因为我们有

$$\{x: \sup_{k \geq 1}\{f_k(x)\} > t\} = \bigcup_{k=1}^{\infty} \{x: f_k(x) > t\}, \quad t \in \mathbf{R},$$

所以 $\sup_{k \geq 1}\{f_k(x)\}$ 是 E 上的可测函数.

(ii) 由于 $\inf_{k \geq 1}\{f_k(x)\} = -\sup_{k \geq 1}\{-f_k(x)\}$, 故可知 $\inf_{k \geq 1}\{f_k(x)\}$ 在 E 上可测.

(iii) 只需注意到 $\varlimsup_{k \to \infty} f_k(x) = \inf_{i \geq 1}\left(\sup_{k \geq i}[f_k(x)]\right)$ 即可.

(iv) 根据等式 $\varliminf_{k \to \infty} f_k(x) = -\varlimsup_{k \to \infty}(-f_k(x))$ 可知, $\varliminf_{k \to \infty} f_k(x)$ 是 E 上的可测函数.

推论 3.7 若 $\{f_k(x)\}$ 是 E 上的可测函数列, 且有

$$\lim_{k \to \infty} f_k(x) = f(x) \quad (x \in E),$$

则 $f(x)$ 是 E 上的可测函数.

例 3 设 $f(x)$ 是定义在 E 上的广义实值函数, 令

$$f^+(x) = \max\{f(x), 0\}, \quad f^-(x) = \max\{-f(x), 0\},$$

并分别称它们为 $f(x)$ 的正部与负部. 显然, 我们有

$$f(x) = f^+(x) - f^-(x). \tag{3.2}$$

若 $f(x)$ 在 E 上是可测的, 则 $f^+(x), f^-(x)$ 都是 E 上的可测函数; 反之亦然. 此外, 因为我们有

$$|f(x)| = f^+(x) + f^-(x), \tag{3.3}$$

所以当 $f(x)$ 在 E 上可测时, $|f(x)|$ 也在 E 上可测; 但反之不然.

关于可测函数的复合运算性质将在 §3.3 的 (二) 中讨论.

例 4 若 $f(x, y)$ 是定义在 $\mathbf{R}^2$ 上的实值函数, 且对固定的 $x \in \mathbf{R}$, $f(x, y)$ 是 $y \in \mathbf{R}$ 上的连续函数; 对固定的 $y \in \mathbf{R}$, $f(x, y)$ 是 $x \in \mathbf{R}$ 上的可测函数, 则 $f(x, y)$ 是 $\mathbf{R}^2$ 上的可测函数.

证明 对每个 $n = 1, 2, \cdots$, 作函数

$$f_n(x, y) = f\left(x, \frac{k}{n}\right), \frac{k-1}{n} < y \leq \frac{k}{n} \quad (k = 0, \pm 1, \pm 2, \cdots).$$

因为对任意的 $t \in \mathbf{R}$, 有

$$\{(x, y) \in \mathbf{R}^2: f_n(x, y) < t\}$$

$$= \bigcup_{k=-\infty}^{\infty} \left\{ x \in \mathbf{R} : f\left(x, \frac{k}{n}\right) < t \right\} \times \left(\frac{k-1}{n}, \frac{k}{n}\right],$$

所以 $f_n(x,y)$ 是 $\mathbf{R}^2$ 上的可测函数. 而由题设易知

$$\lim_{n \to \infty} f_n(x,y) = f(x,y), \quad (x,y) \in \mathbf{R}^2,$$

即得所证.

例5 设 $E \subset \mathbf{R}^n$ 是可测集. 若 $f \in C(E)$,则 $f(x)$ 是 E 上的可测函数.

证明 参阅第一章 §1.5 中的例9.

思考题 试证明下列命题:

1. 设 $f(x)$ 定义在可测集 $E \subset \mathbf{R}^n$ 上. 若 $f^2(x)$ 在 E 上可测,且 $\{x \in E : f(x) > 0\}$ 是可测集,则 $f(x)$ 在 E 上可测.

2. 记 $\mathscr{F}$ 为 $(0,1)$ 上的一个连续函数族,则函数

$$g(x) = \sup_{f \in \mathscr{F}}\{f(x)\}, \quad h(x) = \inf_{f \in \mathscr{F}}\{f(x)\}$$

是 $(0,1)$ 上的可测函数.

3. 若 $\{f_k(x)\}$ 是 $E \subset \mathbf{R}^n$ 上的可测函数列,则 $f_k(x)$ 在 E 上收敛的点集是可测集.

4. 设 $f(x)$ 在 $E \subset \mathbf{R}$ 上可测,G 和 F 各为 $\mathbf{R}$ 中的开集和闭集,则点集

$$E_1 = \{x \in E : f(x) \in G\}, \quad E_2 = \{x \in E : f(x) \in F\}$$

是可测集.

5. 设 $\{E_k\} \subset \mathbf{R}^n$ 是互不相交的可测集列. 若 $f(x)$ 在 $E_k(k=1, 2,\cdots)$ 上是可测的,则 $f(x)$ 在 $\bigcup_{k=1}^{\infty} E_k$ 上也是可测的.

定义3.2 设有一个与集合 $E \subset \mathbf{R}^n$ 中的点 x 有关的命题 $P(x)$. 若除了 E 中的一个零测集以外,$P(x)$ 皆为真,则称 $P(x)$ 在 E 上几乎处处是**真的**,并简记为 $P(x)$, a.e. [1] $x \in E$.

设 $f(x), g(x)$ 是定义在 $E \subset \mathbf{R}^n$ 上的可测函数. 若有

$$m(\{x \in E : f(x) \neq g(x)\}) = 0,$$

---

[1] a.e. 是英文 almost everywhere 的缩写. 早期的书上写成 p.p.(法文 presque partout 的缩写),因为"几乎处处"一词首先由法国学者提出.

则称 $f(x)$ 与 $g(x)$ 在 E 上**几乎处处相等**,也称为 $f(x)$ 与 $g(x)$ 是**对等的**,记为 $f(x) = g(x)$, a. e. $x \in E$.

设 $f(x)$ 是定义在 $E \subset \mathbf{R}^n$ 上的可测函数. 若有

$$m(\{x \in E: |f(x)| = +\infty\}) = 0,$$

则称 $f(x)$ 在 E 上是**几乎处处有限的**,并记为

$$|f(x)| < \infty, \quad \text{a. e. } x \in E.$$

注意,$|f(x)| < +\infty$, a. e. $x \in E$. 与 $|f(x)| < M$, a. e. $x \in E$ 是不同的. 后者蕴含前者,但反之不然.

定理 3.8 设 $f(x), g(x)$ 是定义在 $E \subset \mathbf{R}^n$ 上的广义实值函数,$f(x)$ 是 E 上的可测函数. 若 $f(x) = g(x)$, a. e. $x \in E$,则 $g(x)$ 在 E 上可测.

证明 令 $A = \{x: f(x) \neq g(x)\}$,则 $m(A) = 0$ 且 $E \setminus A$ 是可测集. 对于 $t \in \mathbf{R}$,我们有

$$\{x \in E: g(x) > t\}$$
$$= \{x \in E \setminus A: g(x) > t\} \bigcup \{x \in A: g(x) > t\}$$
$$= \{x \in E \setminus A: f(x) > t\} \bigcup \{x \in A: g(x) > t\}.$$

根据 $f(x)$ 在 E 上的可测性可知,上式右端第一个点集是可测的,而第二个点集是零测集,从而可知左端点集是可测的.

由此可知,对一个可测函数来说,当改变它在零测集上的值时不会改变函数的可测性.

例 6(**局部有界化**) 设 $0 < m(A) < +\infty$,$f(x)$ 是 $A \subset \mathbf{R}^n$ 上的可测函数,且有 $0 < f(x) < +\infty$, a. e. $x \in A$,则对任给的 δ:$0 < \delta < m(A)$,存在 $B \subset A$ 以及自然数 k_0,使得

$$m(A \setminus B) < \delta, \quad \frac{1}{k_0} \leqslant f(x) \leqslant k_0, \quad x \in B.$$

证明 记 $A_k = \{x \in A: 1/k \leqslant f(x) \leqslant k\}$ $(k = 1, 2, \cdots)$,$Z_1 = \{x \in A: f(x) = 0\}$,$Z_2 = \{x \in A: f(x) = +\infty\}$,易知 $m(Z_1) = m(Z_2) = 0$,且有

$$A = \left(\bigcup_{k=1}^{\infty} A_k \right) \bigcup Z_1 \bigcup Z_2, A_k \subset A_{k+1} \quad (k = 1, 2, \cdots).$$

由此可知 $m(A_k) \to m(A)$ $(k \to \infty)$,从而存在 k_0,使得 $m(A \setminus A_{k_0}) < \delta$.

取 $B = A_{k_0}$，即得所证.

思考题　解答下列问题：

6. 设 $f \in C([a,b])$. 若有定义在 $[a,b]$ 上的函数 $g(x)$：$g(x) = f(x)$，a. e. $x \in [a,b]$，试问：$g(x)$ 在 $[a,b]$ 上必是几乎处处连续的吗？

7. 设 $f(x)$ 是 **R** 上几乎处处连续的函数，试问是否存在 $g \in C(\mathbf{R})$，使得

$$g(x) = f(x), \quad \text{a. e. } x \in \mathbf{R}?$$

研究一个课题，从最简单、理想的情形入手，或先考查最典型、初等的情况开始，再从简到繁是一种常规手段. 对于可测函数来说，其最简者莫过于可测集 E 上的特征函数 $\chi_E(x)$，因为它只取两个值. 从而可以认为，约称只取有限个值的函数为简单函数，自然是合乎情理的.

定义 3.3（简单函数）　设 $f(x)$ 是 $E \subset \mathbf{R}^n$ 上的实值函数. 若

$$\{y: y = f(x), x \in E\}$$

是有限集，则称 $f(x)$ 为 E 上的**简单函数**.

设 $f(x)$ 是 E 上的简单函数，且有

$$E = \bigcup_{i=1}^p E_i, \quad E_i \cap E_j = \varnothing, \qquad i,j = 1,2,\cdots,p.$$

$$f(x) = c_i, \quad x \in E_i,$$

此时可将 f 记为

$$f(x)^{①} = \sum_{i=1}^p c_i \chi_{E_i}(x), \quad x \in E. \tag{3.4}$$

从而简单函数是有限个特征函数的线性组合. 特别地，当每个 E_i 是矩体（这里允许取无限大的矩体）时，称 $f(x)$ 是**阶梯函数**.

显然，若 $f(x), g(x)$ 是 E 上的简单函数，则 $f(x) \pm g(x)$，$f(x) \cdot g(x)$ 也是 E 上的简单函数.

若 $f(x)$ 是 E 上的简单函数，且 (3.4) 式中的每个 E_i 都是可测集，则称 $f(x)$ 是 E 上的**可测简单函数**. 由此可见，可测简单函数是

---

① 这里的 $f(x)$ 也可看成 $\mathbf{R}^n$ 上的函数 $\displaystyle\sum_{i=1}^p c_i \chi_{E_i}(x)$ 在 E 上的限定.

可测函数类中结构较简明的一种函数,如果我们能够揭示出它与一般可测函数之间的某种联系,那将是极为有益的.事实上,下述逼近定理正是我们今后要得到的许多重要结果的基础.

定理 3.9（简单函数逼近定理） （i）若 $f(x)$ 是 E 上的非负可测函数,则存在非负可测的简单函数渐升列:

$$\varphi_k(x) \leqslant \varphi_{k+1}(x), \quad k = 1, 2, \cdots,$$

使得

$$\lim_{k \to \infty} \varphi_k(x) = f(x)^{①}, \quad x \in E; \tag{3.5}$$

（ii）若 $f(x)$ 是 E 上的可测函数,则存在可测简单函数列 $\{\varphi_k(x)\}$,使得 $|\varphi_k(x)| \leqslant |f(x)|$,且有

$$\lim_{k \to \infty} \varphi_k(x) = f(x), \quad x \in E.$$

若 $f(x)$ 还是有界的,则上述收敛是一致的.

证明 （i）对任意的自然数 k,将 $[0, k]$ 划分为 $k2^k$ 等分,并记

$$E_{k,j} = \left\{ x \in E: \frac{j-1}{2^k} \leqslant f(x) < \frac{j}{2^k} \right\},$$

$$E_k = \{ x \in E: f(x) \geqslant k \},$$

$$j = 1, 2, \cdots, k2^k, \quad k = 1, 2, \cdots.$$

作函数列

$$\varphi_k(x) = \begin{cases} \dfrac{j-1}{2^k}, & x \in E_{k,j}, \\ k, & x \in E_k, \end{cases}$$

$$j = 1, 2, \cdots, k2^k, \quad k = 1, 2, \cdots,$$

且写成

$$\varphi_k(x) = k\chi_{E_k}(x) + \sum_{j=1}^{k2^k} \frac{j-1}{2^k} \chi_{E_{k,j}}(x), \quad x \in E.$$

---

① 这就是说存在非负实数列 $\{c_k\}$ 以及可测集列 $\{A_k\}$,使得 $f(x)$ 有表达式

$$f(x) = \sum_{k=1}^{\infty} c_k \chi_{A_k}(x), \quad x \in E.$$

这只需令 $\varphi_0(x) = 0$,并将

$$f(x) = \sum_{k=1}^{\infty} [\varphi_k(x) - \varphi_{k-1}(x)], \quad x \in E$$

表为二重级数即可.

显然,每个 $\varphi_k(x)$ 都是非负可测简单函数,且有

$$\varphi_k(x) \leqslant \varphi_{k+1}(x) \leqslant f(x), \quad \varphi_k(x) \leqslant k,$$
$$x \in E, \quad k = 1,2,\cdots.$$

现在,对任意的 $x \in E$,若 $f(x) \leqslant M$,则当 $k > M$ 时,有

$$0 \leqslant f(x) - \varphi_k(x) \leqslant 2^{-k}, \quad x \in E.$$

若 $f(x) = +\infty$,则 $\varphi_k(x) = k (k = 1,2,\cdots)$,从而得

$$\lim_{k \to \infty} \varphi_k(x) = f(x), \quad x \in E.$$

(ii) 记 $f(x) = f^+(x) - f^-(x)$. 由(i)知存在可测简单函数列 $\{\varphi_k^{(1)}(x)\}$ 及 $\{\varphi_k^{(2)}(x)\}$,满足

$$\lim_{k \to \infty} \varphi_k^{(1)}(x) = f^+(x), \quad \lim_{k \to \infty} \varphi_k^{(2)}(x) = f^-(x), \quad x \in E.$$

显然,$\varphi_k^{(1)}(x) - \varphi_k^{(2)}(x)$ 是可测简单函数,且有

$$\lim_{k \to \infty} [\varphi_k^{(1)}(x) - \varphi_k^{(2)}(x)] = f^+(x) - f^-(x) = f(x), \quad x \in E.$$

若在 E 上有 $|f(x)| \leqslant M$,则当 $k > M$ 时,有

$$\sup |f^+(x) - \varphi_k^{(1)}(x)| \leqslant \frac{1}{2^k},$$
$$\sup |f^-(x) - \varphi_k^{(2)}(x)| \leqslant \frac{1}{2^k}, \qquad x \in E.$$

从而知 $\varphi_k^{(1)}(x) - \varphi_k^{(2)}(x)$ 是一致收敛于 $f(x)$ 的.

定义 3.4 对于定义在 $E \subset \mathbf{R}^n$ 上的函数 $f(x)$,称点集

$$\{x : f(x) \neq 0\}$$

的闭包为 $f(x)$ 的**支集**,记为 $\mathrm{supp}(f)$. 若 $f(x)$ 的支集是有界(即支集是紧集)的,则称 $f(x)$ 是**具有紧支集**的函数.

推论 3.10 定理 3.9 中所说的可测简单函数列中的每一个均可取成具有紧支集的函数.

证明 对每个 k,令 $g_k(x) = \varphi_k(x) \chi_{B(0,k)}(x) (x \in E)$,则 $g_k(x)$ 仍是可测简单函数且具有紧支集.

若 $x \in E$,则存在 k_0,使得当 $k \geqslant k_0$ 时有 $x \in B(0,k)$. 此时可得

$$\lim_{k \to \infty} g_k(x) = \lim_{k \to \infty} \varphi_k(x) = f(x), \quad x \in E.$$

注 设 $f(x)$ 是 **R** 上的实值可测函数,则存在函数值都是有理数的函数列 $\{f_n(x)\}$,使得 $f_n(x)$ 在 **R** 上一致收敛且递增于 $f(x)$.

证明 作 $E_{k,n}=\{x\in\mathbf{R}: f(x)\in[k2^{-n},(k+1)2^{-n}), k\in\mathbf{Z}, n\in\mathbf{N}\}$，且令

$$f_n(x)=\sum_{k=-\infty}^{\infty}k2^{-n}\chi_{E_{k,n}}(x),$$

则由 $0\leqslant f(x)-f_n(x)\leqslant 2^{-n}$ 以及 $f_n(x)\nearrow f(x)(n\to\infty)$ 即得所证.

§3.2 可测函数列的收敛

给定一个函数列，在考虑它的收敛问题时，我们关心两点：一是，在什么意义下收敛？二是，各种收敛之间有什么关系？对于可测函数列来说，本节所介绍的 Eгopoв 定理指出了几乎处处收敛与一致收敛的某种关系. 由于函数列一致收敛性的重要意义，可以预料这一定理将有着广泛的应用. 此外，下文将要引进的依测度收敛的概念是可测函数列最典型的一种收敛，它在概率论中有着具体的含义.

(一) 几乎处处收敛与一致收敛

定义 3.5 设 $f(x),f_1(x),f_2(x),\cdots,f_k(x),\cdots$ 是定义在点集 $E\subset\mathbf{R}^n$ 上的广义实值函数. 若存在 E 中的点集 Z，有 $m(Z)=0$ 及

$$\lim_{k\to\infty}f_k(x)=f(x), \quad x\in E\backslash Z,$$

则称 $\{f_k(x)\}$ 在 E 上**几乎处处收敛**于 $f(x)$，并记为

$$f_k(x)\to f(x), \quad \text{a. e. } x\in E.$$

显然，若 $\{f_k(x)\}$ 是 E 上的可测函数列，则 $f(x)$ 也是 E 上的可测函数.

引理 3.11 设 $f(x),f_1(x),f_2(x),\cdots,f_k(x),\cdots$ 是 E 上几乎处处有限的可测函数，且 $m(E)<+\infty$. 若 $f_k(x)\to f(x)$, a. e. $x\in E$，则对任给 $\varepsilon>0$，令

$$E_k(\varepsilon)=\{x\in E:|f_k(x)-f(x)|\geqslant\varepsilon\},$$

有

$$\lim_{j\to\infty}m\left(\bigcup_{k=j}^{\infty}E_k(\varepsilon)\right)=0. \tag{3.6}$$

证明 显然，上限集 $\bigcap_{j=1}^{\infty}\bigcup_{k=j}^{\infty}E_k(\varepsilon)$ 中的点一定不是收敛点，从而

依题设可知

$$m\left(\bigcap_{j=1}^{\infty}\bigcup_{k=j}^{\infty}E_k(\varepsilon)\right)=0.$$

根据递减集合列测度定理,可知(3.6)式成立.

定理 3.12(Eгopoв[①]定理) 设 $f(x),f_1(x),f_2(x),\cdots,f_k(x)$, $\cdots$ 是 E 上几乎处处有限的可测函数,且 $m(E)<+\infty$. 若 $f_k(x)\to f(x)$, a.e. $x\in E$, 则对任给的 $\delta>0$, 存在 E 的可测子集 E_δ: $m(E_\delta)\leqslant\delta$, 使得 $\{f_k(x)\}$ 在 $E\backslash E_\delta$ 上一致收敛于 $f(x)$.

证明 由上述引理 3.11 可知,对任给的 $\varepsilon>0$, 有

$$\lim_{j\to\infty}m\left(\bigcup_{k=j}^{\infty}E_k(\varepsilon)\right)=0.$$

现在取正数列 $1/i$ $(i=1,2,\cdots)$, 则对任给的 $\delta>0$ 以及每一个 i, 存在 j_i, 使得 $m\left(\bigcup_{k=j_i}^{\infty}E_k\left(\dfrac{1}{i}\right)\right)<\dfrac{\delta}{2^i}$. 令 $E_\delta=\bigcup_{i=1}^{\infty}\bigcup_{k=j_i}^{\infty}E_k\left(\dfrac{1}{i}\right)$, 我们有

$$m(E_\delta)\leqslant\sum_{i=1}^{\infty}m\left(\bigcup_{k=j_i}^{\infty}E_k\left(\frac{1}{i}\right)\right)\leqslant\sum_{i=1}^{\infty}\frac{\delta}{2^i}=\delta.$$

现在来证明在点集

$$E\backslash E_\delta=\bigcap_{i=1}^{\infty}\bigcap_{k=j_i}^{\infty}\left\{x\in E:|f_k(x)-f(x)|<\frac{1}{i}\right\}$$

上, $\{f_k(x)\}$ 是一致收敛于 $f(x)$ 的.

事实上,对于任给 $\varepsilon>0$, 存在 i, 使得 $1/i<\varepsilon$, 从而对一切 $x\in E\backslash E_\delta$, 当 $k\geqslant j_i$ 时, 有

$$|f_k(x)-f(x)|<\frac{1}{i}<\varepsilon.$$

这说明 $f_k(x)$ 在 $E\backslash E_\delta$ 上一致收敛于 $f(x)$.

注 1. Eгopoв 定理中的条件 $m(E)<+\infty$ 不能去掉. 例如考虑可测函数列

$$f_n(x)=\chi_{(0,n)}(x),\quad n=1,2,\cdots,\quad x\in(0,+\infty).$$

它在 $(0,+\infty)$ 上处处收敛于 $f(x)\equiv1$, 但在 $(0,+\infty)$ 中的任一个有限测度集外均不一致收敛于 $f(x)\equiv1$.

但对 $m(E)=+\infty$ 的情形,结论可陈述如下: 对任给 $M>0$, 存在 E_M: $E_M\subset$

---

① Eгopoв(1869—1931), 俄国数学家.

$E, m(E_M) > M$,使得 $f_n(x)$ 在 E_M 上一致收敛于 $f(x)$.

2. 设 $\{f_n(x)\}$ 以及 $f(x)$ 均是 E 上几乎处处有限的可测函数,且有 $\lim\limits_{n\to\infty} f_n(x) = f(x), \text{a. e. } x \in E$,则存在可测集列 $\{E_i\}$:$E_i \subset E (i \in \mathbb{N})$,$m\left(E \backslash \bigcup\limits_{i=1}^{\infty} E_i\right) = 0$,使得 $f_n(x)$ 在每个 E_i 上均一致收敛于 $f(x)$.

例 1 考查 $f_n(x) = x^n (0 \leqslant x \leqslant 1)$,$f(x) = 0 (0 \leqslant x < 1)$ 以及 $f(1) = 1$,则在 $[0,1]$ 上 $f_n(x)$ 点收敛于 $f(x)$ 而非一致收敛于 $f(x)$. 但在舍去一个测度可任意小的正测集(如 $(1-\delta, 1]$)后,$f_n(x)$ 在余下点集上一致收敛于 $f(x)$.

注 粗略地说,Eropoв 定理把可测函数列收敛的非一致性大部一致化,有的书上称此定理的结论为"近一致收敛".

(二) 几乎处处收敛与依测度收敛

对于可测函数列来说,仅用处处收敛或几乎处处收敛的概念来描述它是不充分且不典型的. 为此,先看一例.

例 2 对给定的自然数 n,我们总可找到唯一的自然数 k 与 i,使得

$$n = 2^k + i, \quad 0 \leqslant i < 2^k, \quad k = 1, 2, \cdots.$$

现在在 $[0,1]$ 上作函数列:

$$f_n(x) = \chi_{\left[\frac{i}{2^k}, \frac{i+1}{2^k}\right]}(x), \quad n = 1, 2, \cdots, \quad x \in [0, 1].$$

对于这一函数列来说,它在 $[0,1]$ 中的任一点上都是不收敛的. 事实上,若 $x_0 \in [0,1]$,则必存在 k_0 与 i_0,使得

$$x_0 \in \left[\frac{i_0}{2^{k_0}}, \frac{i_0+1}{2^{k_0}}\right].$$

这说明在 $f_1(x_0), f_2(x_0), \cdots, f_n(x_0), \cdots$ 中有无穷多项为 1 和 0,即它是不收敛的. 因此,仅考虑点收敛,将得不到任何信息.

然而,由于每个 $f_n(x)$ 都是可测函数,故我们可提出下述思想: 虽然对每个 $x \in [0,1]$,$\{f_k(x)\}$ 中有无穷多个 1 出现,但是在所谓"频率"的意义下,0 却大量地出现. 换句话说,如果我们取 $0 < \varepsilon \leqslant 1$,那么点集

$$\{x \in [0,1]: |f_n(x) - 0| \geqslant \varepsilon\}$$

的测度随 n 增大会非常小的. 实际上, 我们有(注意 $n=2^k+i$)

$$m(\{x\in[0,1]: |f_n(x)|\geqslant\varepsilon\}) = \frac{1}{2^k}.$$

这样, 对于任给 $\varepsilon>0, \delta>0$, 可取到 n_0, 也就是取到 k_0, 使得当 $k\geqslant k_0$ 时, 有

$$m(\{x\in[0,1]: |f_n(x)|<\varepsilon\}) > 1-\delta,$$

其中 $2^{-k}<\delta$. 这个不等式反映出这样的事实: 对充分大的 n, 出现 0 的"频率"接近 1, 我们称此为 $\{f_n(x)\}$ 依测度收敛于零. 它在概率论中有着重要意义(依概率收敛).

定义 3.6 设 $f(x), f_1(x), f_2(x), \cdots, f_k(x), \cdots$ 是 E 上几乎处处有限的可测函数. 若对任给的 $\varepsilon>0$, 有

$$\lim_{k\to\infty} m(\{x\in E: |f_k(x)-f(x)|>\varepsilon\}) = 0, \qquad (3.7)$$

则称 $\{f_k(x)\}$ 在 E 上**依测度收敛**于 $f(x)$.

注意, $m(\{x\in E: |f_k(x)|=+\infty\})=0$ $(k=1,2,\cdots)$.

下述定理指出, 在函数对等的意义下, 依测度收敛的极限函数是唯一的.

定理 3.13 若 $\{f_k(x)\}$ 在 E 上同时依测度收敛于 $f(x)$ 与 $g(x)$, 则 $f(x)$ 与 $g(x)$ 是对等的.

证明 因为对 a. e. $x\in E$, 有

$$|f(x)-g(x)|\leqslant|f(x)-f_k(x)|+|g(x)-f_k(x)|,$$

所以对任给 $\varepsilon>0$, 有(除零测集外)

$$\{x\in E: |f(x)-g(x)|>\varepsilon\}$$
$$\subset\left\{x\in E: |f(x)-f_k(x)|>\frac{\varepsilon}{2}\right\}$$
$$\cup\left\{x\in E: |g(x)-f_k(x)|>\frac{\varepsilon}{2}\right\}.$$

但当 $k\to\infty$ 时, 上式右端点集的测度趋于零, 从而得

$$m(\{x\in E: |f(x)-g(x)|>\varepsilon\}) = 0.$$

由 ε 的任意性可知 $f(x)=g(x)$, a. e. $x\in E$.

从几乎处处收敛与依测度收敛的定义可以看出, 前者强调的是在点上函数值的收敛(尽管除一个零测集外), 后者并非指在哪个点

上的收敛,其要点在于点集

$$\{x \in E: |f_k(x) - f(x)| \geqslant \varepsilon\}$$

的测度应随 k 趋于无穷而趋于零,而不论此点集的位置状态如何. 这是两者的区别. 下面我们着重要谈到的是它们之间的联系.

定理 3.14 设 $\{f_k(x)\}$ 是 E 上几乎处处有限的可测函数列,且 $m(E) < +\infty$. 若 $\{f_k(x)\}$ 几乎处处收敛于几乎处处有限的函数 $f(x)$,则 $f_k(x)$ 在 E 上依测度收敛于 $f(x)$(反之不然).

证明 因为题设满足引理 3.11 的条件,故对任给的 $\varepsilon > 0$,可知

$$\lim_{j \to \infty} m\left(\bigcup_{k=j}^{\infty} \{x \in E: |f_k(x) - f(x)| \geqslant \varepsilon\}\right) = 0.$$

由此立即可得

$$\lim_{k \to \infty} m(\{x \in E: |f_k(x) - f(x)| \geqslant \varepsilon\}) = 0.$$

这说明 $f_k(x)$ 在 E 上依测度收敛于 $f(x)$.

定理 3.15 设 $f(x), f_1(x), f_2(x), \cdots, f_k(x) \cdots$ 是 E 上几乎处处有限的可测函数. 若对任给的 $\delta > 0$,存在 $E_\delta \subset E$ 且 $m(E_\delta) < \delta$,使得 $\{f_k(x)\}$ 在 $E \backslash E_\delta$ 上一致收敛于 $f(x)$,则 $\{f_k(x)\}$ 在 E 上依测度收敛于 $f(x)$. 若 $m(E) < +\infty$,则 $\{f_k(x)\}$ 在 E 上 a.e. 收敛于 $f(x)$.

证明 对任给的 $\varepsilon, \delta > 0$,依假设存在 $E_\delta \subset E$ 且 $m(E_\delta) < \delta$,以及自然数 k_0,使得当 $k \geqslant k_0$ 时,有

$$|f_k(x) - f(x)| < \varepsilon, \quad x \in E \backslash E_\delta.$$

由此可知

$$\{x \in E: |f_k(x) - f(x)| \geqslant \varepsilon\} \subset E_\delta.$$

这说明,当 $k \geqslant k_0$ 时,有

$$m(\{x \in E: |f_k(x) - f(x)| \geqslant \varepsilon\}) < \delta.$$

类似于(点)收敛列与 Cauchy(或基本)列的关系,对于依测度收敛列我们也有类似的概念与结论.

定义 3.7 设 $\{f_k(x)\}$ 是 E 上几乎处处有限的可测函数列. 若对任给的 $\varepsilon > 0$,有

$$\lim_{\substack{k \to \infty \\ j \to \infty}} m(\{x \in E: |f_k(x) - f_j(x)| > \varepsilon\}) = 0,$$

则称 $\{f_k(x)\}$ 为 E 上的**依测度 Cauchy(基本)列**.

定理 3.16 若 $\{f_k(x)\}$ 是 E 上的依测度 Cauchy 列,则在 E 上存在几乎处处有限的可测函数 $f(x)$,使得 $\{f_k(x)\}$ 在 E 上依测度收敛于 $f(x)$.

证明 对每个自然数 i,可取 k_i,使得当 $l,j \geqslant k_i$ 时,有

$$m\left(\left\{x \in E: |f_l(x) - f_j(x)| \geqslant \frac{1}{2^i}\right\}\right) < \frac{1}{2^i}.$$

从而我们可以假定 $k_i < k_{i+1}(i=1,2,\cdots)$,令

$$E_i = \left\{x \in E: |f_{k_i}(x) - f_{k_{i+1}}(x)| \geqslant \frac{1}{2^i}\right\}, \quad i=1,2,\cdots,$$

则 $m(E_i) < 2^{-i}$. 现在研究 $\{E_i\}$ 的上限集 $S = \bigcap_{j=1}^{\infty} \bigcup_{i=j}^{\infty} E_i$,易知 $m(S)=0$. 若 $x \overline{\in} S$,则存在 j,使得 $x \in E \backslash \bigcup_{i=j}^{\infty} E_i$.

从而当 $i \geqslant j$ 时,有 $|f_{k_{i+1}}(x) - f_{k_i}(x)| < 2^{-i}$. 由此可知当 $l \geqslant j$ 时,有

$$\sum_{i=l}^{\infty} |f_{k_{i+1}}(x) - f_{k_i}(x)| \leqslant \frac{1}{2^{l-1}}.$$

这说明级数 $f_{k_1}(x) + \sum_{i=1}^{\infty} [f_{k_{i+1}}(x) - f_{k_i}(x)]$ 在 $E \backslash S$ 上是绝对收敛的,因此 $\{f_{k_i}(x)\}$ 在 E 上是几乎处处收敛的,设其极限函数为 $f(x)$,$f(x)$ 是 E 上几乎处处有限的可测函数.

此外,易知 $\{f_{k_i}(x)\}$ 在 $E \backslash \bigcup_{i=j}^{\infty} E_i$ 上是一致收敛于 $f(x)$ 的. 由于

$$m\left(\bigcup_{i=j}^{\infty} E_i\right) < \frac{1}{2^{j-1}},$$

故 $f(x)$ 及 $\{f_{k_i}(x)\}$ 在 E 上满足定理 3.15 的条件,于是 $\{f_{k_i}(x)\}$ 在 E 上依测度收敛于 $f(x)$.

最后,由不等式

$$m(\{x \in E: |f_k(x) - f(x)| \geqslant \varepsilon\})$$

$$\leqslant m\left(\left\{x \in E: |f_k(x) - f_{k_i}(x)| \geqslant \frac{\varepsilon}{2}\right\}\right)$$

$$+ m\left(\left\{x \in E: |f_{k_i}(x) - f(x)| \geqslant \frac{\varepsilon}{2}\right\}\right)$$

可得 $$\lim_{k\to\infty} m(\{x\in E: |f_k(x)-f(x)|\geqslant\varepsilon\})=0.$$

注意,若$\{f_k(x)\}$在E上依测度收敛于$f(x)$,则$\{f_k(x)\}$必是E上依测度 Cauchy 列. 此外,从上述定理的证明中已经可以看到,在依测度 Cauchy 列中一定可抽出一个子列是几乎处处收敛的. 从而我们有下述结果:

定理 3. 17(Riesz 定理) 若$\{f_k(x)\}$在E上依测度收敛于$f(x)$,则存在子列$\{f_{k_i}(x)\}$,使得

$$\lim_{i\to\infty} f_{k_i}(x) = f(x), \quad \text{a. e. } x\in E.$$

证明 因为$\{f_k(x)\}$依测度收敛于$f(x)$,所以$\{f_k(x)\}$是依测度 Cauchy 列. 从而由上述定理的证明可知,存在子列$\{f_{k_i}(x)\}$以及可测函数$g(x)$,使得

$$\lim_{i\to\infty} f_{k_i}(x) = g(x), \quad \text{a. e. } x\in E,$$

而且$\{f_{k_i}(x)\}$也是依测度收敛于$g(x)$的. 但按假设,$\{f_{k_i}(x)\}$应依测度收敛于$f(x)$,从而知$f(x)$与$g(x)$对等.

例 3 设$f(x),f_k(x)(k\in \mathbf{N})$是$E\subset\mathbf{R}$上的实值可测函数,$m(E)<+\infty$.

(i) 若在任一子列$\{f_{k_i}(x)\}$中均有子列$\{f_{k_{i_j}}(x)\}$在E上收敛于$f(x)$,则$f_k(x)$在E上依测度收敛于$f(x)$.

(ii) 若$f_k(x)>0(k\in\mathbf{N})$,且$f_k(x)$在E上依测度收敛于$f(x)$,则对$p>0$,$f_k^p(x)$在E上依测度收敛于$f(x)$.

证明 (i) 反证法. 假定结论不真,则存在$\varepsilon_0>0,\sigma_0>0$以及$\{k_i\}$,使得

$$m(\{x\in E: |f_{k_i}(x)-f(x)|>\varepsilon_0\}) \geqslant \sigma_0. \tag{*}$$

但依题设知,存在$\{k_{i_j}\}$,使得$f_{k_{i_j}}(x)\to f(x)(j\to\infty)$. 由此又知$f_{k_{i_j}}(x)$在$E$上依测度收敛于$f(x)$,这与式(*)矛盾.

(ii) 由题设知,任何子列$\{f_{k_i}(x)\}$中必有子列$\{f_{k_{i_j}}(x)\}$在E上收敛于$f(x)$. 即$\{f_{k_i}^p(x)\}$必有子列$\{f_{k_{i_j}}^p(x)\}$在E上收敛于$f^p(x)$. 因此,根据(i)即得所证.

注 设$f(x),\{f_n(x)\}$是$\mathbf{R}$上的可测函数列.

(i) 若$f_n(x)$在$[a,b]$上近一致收敛于$f(x)$,$\varphi\in C(\mathbf{R})$,则$\varphi[f_n(x)]$在$[a,b]$上近一致收敛于$\varphi[f(x)]$;若$f_n(x)$在$[a,b]$上依测度收敛于$f(x)$,$\varphi\in C(\mathbf{R}^1)$,则$\varphi[f_n(x)]$在$[a,b]$上依测度收敛于$f(x)$.

(ii) 若$f_n(x)$在$\mathbf{R}$上一致收敛于$f(x)$(近一致收敛或依测度收敛于

$f(x)$),$\varphi(x)$在 $\mathbf{R}$ 上一致连续,则 $\varphi[f_n(x)]$ 在 $\mathbf{R}$ 上一致收敛(近一致收敛或依测度收敛)于 $f(x)$.

思考题 解答下列问题:

1. 设在可测集 $E\subset\mathbf{R}$ 上,$f_n(x)$($n=1,2,\cdots$)几乎处处收敛于 $f(x)$,且依测度收敛于 $g(x)$,试问:是否有关系式

$$g(x) = f(x), \quad \text{a. e. } x\in E?$$

2. 设 $f(x)$,$f_k(x)$($k=1,2,\cdots$)是 E 上的实值可测函数. 若对任给 $\varepsilon>0$ 以及 $\delta>0$,存在 E 中可测子集 e 以及 K,使得 $m(E\backslash e)<\delta$,且有

$$|f_k(x) - f(x)| < \varepsilon \quad (k > K, x\in e).$$

试问这是哪种意义下的收敛?

3. 设 $\{f_k(x)\}$ 在 E 上依测度收敛于零,$g(x)$ 是 E 上实值可测函数. 若 $m(E)=+\infty$,试说明 $\{g(x)f_k(x)\}$ 在 E 上不一定依测度收敛于零. (提示:$g(x)=x$,$f_k(x)=1/k$)

4. 试问:$f_n(x)=\cos^n x$($n=1,2,\cdots$)是 $[0,\pi]$ 上依测度收敛列吗?

5. 若 $f_n(x)$($n=1,2,\cdots$)在 $E\subset\mathbf{R}$ 上依测度收敛于 $f(x)\equiv 0$,试问:是否有

$$\lim_{n\to\infty} m(\{x\in E: |f_n(x)| > 0\}) = 0?$$

6. 设 $E\subset\mathbf{R}$ 上的可测函数列 $\{f_k(x)\}$ 满足

$$f_k(x) \geqslant f_{k+1}(x) \quad (k = 1,2,\cdots).$$

若 $f_k(x)$ 在 E 上依测度收敛到 0,试问:$f_k(x)$ 在 E 上是否几乎处处收敛到 0?

§3.3 可测函数与连续函数的关系

(一) Лузин 定理

可测函数与连续函数有着密切的关系,这种关系使我们对可测函数的了解更加深入,也是研究可测函数的有效手段.

定理 3.18（Лузин[①] 定理） 若 $f(x)$ 是 $E \subset \mathbf{R}^n$ 上的几乎处处有限的可测函数,则对任给的 $\delta > 0$,存在 E 中的闭集 $F, m(E \backslash F) < \delta$,使得 $f(x)$ 是 F 上的连续函数.

证明 不妨假定 $f(x)$ 是实值函数,这是因为

$$m(\{x \in E: |f(x)| = +\infty\}) = 0.$$

首先考虑 $f(x)$ 是可测简单函数的情形:

$$f(x) = \sum_{i=1}^{p} c_i \chi_{E_i}(x), \ x \in E = \bigcup_{i=1}^{p} E_i, \ E_i \bigcap E_j = \varnothing (i \neq j).$$

此时,对任给的 $\delta > 0$ 以及每个 E_i,可作 E_i 中的闭集 F_i,使得

$$m(E_i \backslash F_i) < \frac{\delta}{p}, \quad i = 1, 2, \cdots, p.$$

因为当 $x \in F_i$ 时,$f(x) = c_i$,所以 $f(x)$ 在 F_i 上连续. 而 $F_1, F_2, \cdots, F_p$ 是互不相交的,可知 $f(x)$ 在 $F = \bigcup_{i=1}^{p} F_i$ 上连续. 显然,F 是闭集,且有

$$m(E \backslash F) = \sum_{i=1}^{p} m(E_i \backslash F_i) < \sum_{i=1}^{p} \frac{\delta}{p} = \delta.$$

其次,考虑 $f(x)$ 是一般可测函数的情形. 由于可作变换

$$g(x) = \frac{f(x)}{1 + |f(x)|} \quad \left(f(x) = \frac{g(x)}{1 - |g(x)|} \right),$$

故不妨假定 $f(x)$ 是有界函数. 根据定理 3.9 可知,存在可测简单函数列 $\{\varphi_k(x)\}$ 在 E 上一致收敛于 $f(x)$. 现在对任给的 $\delta > 0$ 以及每个 $\varphi_k(x)$,均作 E 中的闭集 $F_k: m(E \backslash F_k) < \frac{\delta}{2^k}$,使得 $\varphi_k(x)$ 在 F_k 上连续. 令 $F = \bigcap_{k=1}^{\infty} F_k$,则 $F \subset E$,且有

$$m(E \backslash F) \leqslant \sum_{k=1}^{\infty} m(E \backslash F_k) < \delta.$$

因为每个 $\varphi_k(x)$ 在 F 上都是连续的,所以根据一致收敛性,易知 $f(x)$ 在 F 上连续.

----

① Лузин(1883—1950),俄国数学家.

注意,上述 Лузин 定理的结论不能改为: $f(x)$ 是 $E \backslash Z$ 上的连续函数,其中 $m(Z)=0$(见本章末尾的注记)(Лузин 定理也可不用 Егоров 定理来证明,见美国数学月刊(1988)). 粗略地讲,Лузин 定理是把可测函数的不连续性局部连续化了.

推论 3.19 若 $f(x)$ 是 $E \subset \mathbf{R}^n$ 上几乎处处有限的可测函数,则对任给的 $\delta>0$,存在 $\mathbf{R}^n$ 上的一个连续函数 $g(x)$,使得
$$m(\{x \in E: f(x) \neq g(x)\})<\delta; \tag{3.8}$$
若 E 还是有界集,则可使上述 $g(x)$ 具有紧支集.

证明 由 Лузин 定理可知,对任给的 $\delta>0$,存在 E 中的闭集 F,$m(E \backslash F)<\delta$ 且 $f(x)$ 是 F 上的连续函数,从而根据连续函数的延拓定理 1.27,存在 $\mathbf{R}^n$ 上的连续函数 $g(x)$,使得
$$f(x)=g(x), \quad x \in F.$$
因为 $\{x \in E: f(x) \neq g(x)\} \subset E \backslash F$,所以得
$$m(\{x \in E: f(x) \neq g(x)\}) \leqslant m(E \backslash F)<\delta.$$

若 E 是有界集,不妨设 $E \subset B(0,k)$,则作 $\mathbf{R}^n$ 上的连续函数 $\varphi(x)$,$0 \leqslant \varphi(x) \leqslant 1$,且满足
$$\varphi(x)=\begin{cases}1, & x \in F, \\ 0, & x \overline{\in} B(0,k).\end{cases}$$
从而将上述 $g(x)$ 换成 $g(x) \cdot \varphi(x)$ 即得所求.

推论 3.20 若 $f(x)$ 是 $E \subset \mathbf{R}^n$ 上几乎处处有限的可测函数,则存在 $\mathbf{R}^n$ 上的连续函数列 $\{g_k(x)\}$,使得
$$\lim_{k \to \infty} g_k(x)=f(x), \quad \text{a. e. } x \in E. \tag{3.9}$$

证明 由推论 3.19 可知,对于任意的趋于零的正数列 $\{\varepsilon_k\}$ 与 $\{\delta_k\}$,存在 $\mathbf{R}^n$ 上的连续函数列 $\{g_k(x)\}$,使得
$$m(\{x \in E: |f(x)-g_k(x)| \geqslant \varepsilon_k\})<\delta_k, \quad k=1,2,\cdots.$$
这说明 $\{g_k(x)\}$ 在 E 上依测度收敛于 $f(x)$. 从而根据 Riesz 定理,可选子列 $\{g_{k_i}(x)\}$,使得
$$\lim_{i \to \infty} g_{k_i}(x)=f(x), \quad \text{a. e. } x \in E.$$

注 我们知道,$\mathbf{R}$ 上的函数
$$f(x)=\begin{cases}1, & x \text{ 是有理数}, \\ 0, & x \text{ 是无理数}\end{cases}$$

可以表示为(双重指标)连续函数列的累次极限:
$$\lim_{n \to \infty} \lim_{k \to \infty} [\cos(n!2\pi x)]^{2k} = f(x), \quad x \in \mathbf{R}.$$
然而,并不存在 $\mathbf{R}$ 上的连续函数列 $\{g_k(x)\}$,使得
$$\lim_{k \to \infty} g_k(x) = f(x), \quad x \in \mathbf{R}.$$

例 1 若 $f(x)$ 是 $\mathbf{R}$ 上的实值可测函数,且对任意的 $x, y \in \mathbf{R}$,有 $f(x+y) = f(x) + f(y)$,则 $f(x)$ 是连续函数.

证明 因为 $f(x+h) - f(x) = f(h)$ 以及 $f(0) = 0$,所以只需证明 $f(x)$ 在 $x = 0$ 处连续即可. 根据 Лузин 定理,可作有界闭集 F: $m(F) > 0$,使得 $f(x)$ 在 F 上(一致)连续,即对任意的 $\varepsilon > 0$,存在 $\delta_1 > 0$,有
$$|f(x) - f(y)| < \varepsilon, \quad |x-y| < \delta_1, \quad x, y \in F.$$

现在研究 $F - F$. 由第二章的定理 2.16 知道,存在 $\delta_2 > 0$,使得
$$F - F \supset [-\delta_2, \delta_2].$$
取 $\delta = \min\{\delta_1, \delta_2\}$,则当 $z \in [-\delta, \delta]$ 时,由于存在 $x, y \in F$,使得 $z = x - y$,故可得
$$|f(z)| = |f(x-y)| = |f(x) - f(y)| < \varepsilon.$$
这说明 $f(x)$ 在 $x = 0$ 处是连续的.

例 2 设 $f(x)$ 是 $I = (a, b)$ 上的实值可测函数. 若 $f(x)$ 具有中值(下)凸性质:
$$f\left(\frac{x+y}{2}\right) \leqslant \frac{f(x) + f(y)}{2}, \quad x, y \in I,$$
则 $f \in C(I)$.

证明 根据数学分析的理论易知,若 $f(x)$ 是 I 上的有界函数,则 $f \in C(I)$.

对此,假定 $f(x)$ 在 $x = x_0 \in I$ 处不连续,且考查区间 $[x_0 - 2\delta, x_0 + 2\delta] \subset I$,其中存在 $\{\xi_k\}$:
$$\xi_k \in (x_0 - \delta, x_0 + \delta), \quad f(\xi_k) \geqslant k \quad (k = 1, 2, \cdots).$$
对于任意的 $x \in (\xi_k - \delta, \xi_k + \delta)$,显然有
$$x_0 - 2\delta \leqslant x \leqslant x_0 + 2\delta, \ x_0 - 2\delta \leqslant x' \stackrel{\text{def}}{=\!=\!=} 2\xi_k - x \leqslant x_0 + 2\delta.$$
由 $2\xi_k = x' + x$ 可知 $2f(\xi_k) \leqslant f(x) + f(x')$,从而必有 $f(x) \geqslant k$ 或者 $f(x') \geqslant k$. 这说明
$$m(\{x \in (\xi_k - \delta, \xi_k + \delta) : f(x) \geqslant k\}) \geqslant \delta.$$
也就是说,对于任意大的自然数 k,均有

$$m(\{x_0 - 2\delta \leqslant x \leqslant x_0 + 2\delta : f(x) \geqslant k\}) \geqslant \delta.$$

从而导致 $f(x_0) = +\infty$, 矛盾, 即得所证.

思考题 解答下列问题:

1. 设 $f(x)$ 是 **R** 上的实值可测函数, 试问: 是否存在 $g \in C(\mathbf{R})$, 使得

$$m(\{x \in \mathbf{R} : |f(x) - g(x)| > 0\}) = 0?$$

2. 设 $f(x)$ 在 $[a,b]$ 上可测, 试证明存在多项式列 $\{P_n(x)\}$, 使得

$$\lim_{n \to \infty} P_n(x) = f(x), \quad \text{a. e. } x \in [a,b].$$

(二) 复合函数的可测性

为了讨论可测函数复合运算的可测性问题, 让我们首先用点集映射的观点把函数可测性的定义改述一下. 大家知道, 对于实值函数 $f(x)$ 来说, 点集

$$\{x : f(x) > t\} \quad \text{与} \quad f^{-1}((t, +\infty))$$

是一致的. 我们有下述结论:

引理 3.21 若 $f(x)$ 是定义在 $\mathbf{R}^n$ 上的实值函数, 则 $f(x)$ 在 $\mathbf{R}^n$ 上可测的充分必要条件是, 对于 **R** 中的任一开集 $G, f^{-1}(G)$ 是可测集.

证明 充分性显然, 下面证明必要性. 由假设知 $f^{-1}((t, +\infty))$ 是可测集, 故知对任意的区间 $(a,b) \subset \mathbf{R}$, 点集

$$f^{-1}((a,b)) = f^{-1}((a, +\infty)) \backslash f^{-1}([b, +\infty))$$

是可测的. 若 $G \subset \mathbf{R}$ 是开集, 则 $G = \bigcup_{k \geqslant 1} (a_k, b_k)$, 从而根据

$$f^{-1}(G) = \bigcup_{k \geqslant 1} f^{-1}(a_k, b_k)$$

可知 $f^{-1}(G)$ 是可测集.

定理 3.22 设 $f(x)$ 是 **R** 上的连续函数, $g(x)$ 是 **R** 上的实值可测函数, 则复合函数 $h(x) = f(g(x))$ 是 **R** 上的可测函数.

证明 对任一开集 $G \subset \mathbf{R}$, 因为 $f^{-1}(G)$ 是开集, 所以根据 $g(x)$ 的可测性知道 $g^{-1}(f^{-1}(G))$ 是可测集. 这说明 $h(x) = f(g(x))$ 是 **R** 上的可测函数.

注意, 当 $f(x)$ 是可测函数而 $g(x)$ 是连续函数时, $f(g(x))$ 就不

一定是可测函数(见下例).

例 3 设 $\Phi(x)$ 是 $[0,1]$ 上的 Cantor 函数,令

$$\Psi(x) = \frac{x + \Phi(x)}{2},$$

则 $\Psi(x)$ 是 $[0,1]$ 上的严格递增的连续函数. 记 C 是 $[0,1]$ 中的 Cantor 集,W 是 $\Psi(C)$ 中的不可测子集.

现在令 $f(x)$ 是点集 $\Psi^{-1}(W)$ 上的特征函数,作

$$g(x) = \Psi^{-1}(x), \quad x \in [0,1].$$

显然,$f(x) = 0$, a. e. $x \in [0,1]$, $g(x)$ 是 $[0,1]$ 上的严格递增的连续函数. 易知 $f(g(x))$ 在 $[0,1]$ 上不是可测函数.

注 该例说明,存在可测函数 $f(x)$,它有反函数 $f^{-1}(x)$,但 $f^{-1}(x)$ 不可测.

定理 3.23 设 $T: \mathbf{R}^n \to \mathbf{R}^n$ 是连续变换,当 $Z \subset \mathbf{R}^n$ 且 $m(Z) = 0$ 时,$T^{-1}(Z)$ 是零测集. 若 $f(x)$ 是 $\mathbf{R}^n$ 上的实值可测函数,则 $f(T(x))$ 是 $\mathbf{R}^n$ 上的可测函数.

证明 设 G 是 $\mathbf{R}$ 中的任一开集,由假设知道 $f^{-1}(G)$ 是可测集. 不妨设 $f^{-1}(G) = H \backslash Z$,其中 $m(Z) = 0$,且 H 是 G_δ 型集. 由假设可知 $T^{-1}(Z)$ 是零测集以及 $T^{-1}(H)$ 是 G_δ 型集,故从等式

$$T^{-1}(f^{-1}(G)) = T^{-1}(H) \backslash T^{-1}(Z)$$

立即得出 $T^{-1}(f^{-1}(G))$ 是可测集. 这说明 $f(T(x))$ 是 $\mathbf{R}^n$ 上的可测函数.

推论 3.24 设 $f(x)$ 是 $\mathbf{R}^n$ 的实值可测函数,$T: \mathbf{R}^n \to \mathbf{R}^n$ 是非奇异线性变换,则 $f(T(x))$ 是 $\mathbf{R}^n$ 上的可测函数.

例 4 若 $f(x)$ 是 $\mathbf{R}^n$ 上的可测函数,则 $f(x-y)$ 是 $\mathbf{R}^n \times \mathbf{R}^n$ 上的可测函数.

证明 (i) 记 $F(x,y) = f(x)$, $(x,y) \in \mathbf{R}^n \times \mathbf{R}^n$,则因对 $t \in \mathbf{R}$,有

$$\{(x,y): F(x,y) > t\} = \{(x,y): f(x) > t, \ y \in \mathbf{R}^n\},$$

所以 $F(x,y)$ 是 $\mathbf{R}^n \times \mathbf{R}^n$ 上的可测函数.

(ii) 作 $\mathbf{R}^n \times \mathbf{R}^n$ 到 $\mathbf{R}^n \times \mathbf{R}^n$ 的非奇异线性变换 T:

$$\begin{cases} x = \xi - \eta, \\ y = \xi + \eta, \end{cases} \quad (\xi, \eta) \in \mathbf{R}^n \times \mathbf{R}^n.$$

易知在变换 T 下,$F(x,y)$ 变为 $F(\xi-\eta, \xi+\eta) = f(\xi-\eta)$,从而 $f(\xi-\eta)$ 是 $\mathbf{R}^n \times \mathbf{R}^n$ 上的可测函数.

例 5 设 $f(x)$ 是 $(0, +\infty)$ 上的实值可测函数,令 $F(x,y) = f(y/x)$ $(0 < x,$

$y<+\infty)$,则 $F(x,y)$ 是 $(0,+\infty)\times(0,+\infty)$ 上的二元可测函数.

证明 令 $g(\theta)=f(\tan\theta),0<\theta<\pi/2$. 因为 $y=\tan x$ 的反函数是绝对连续的,它把零测集变为零测集(见第五章),所以 $g(\theta)$ 在 $(0,\pi/2)$ 上可测. 从而对 $t\in$ **R**,点集

$$E=\{\theta:0<\theta<\pi/2,g(\theta)>t\}$$

是可测集. 又由于我们有

$$\{(x,y):0<x<+\infty,0<y<+\infty,F(x,y)>t\}$$
$$=\{(r\cos\theta,r\sin\theta):0<r<+\infty,\theta\in E\}=S_E(0,+\infty),$$

故根据第二章 §2.6 的例 5 所述,即得所证.

注 设定义在 $\mathbf{R}^2$ 上的函数 $f(x,y)$ 满足:

(i) $f(x,y)$ 是单变量 $y\in\mathbf{R}$ 的可测函数;

(ii) $f(x,y)$ 是单变量 $x\in\mathbf{R}$ 的连续函数,

则对定义在 **R** 上任一实值可测函数 $g(y),f[g(y),y]$ 是 **R** 上的可测函数.

证明 对 **R** 作如下的区间分割: $\left[\dfrac{m-1}{n},\dfrac{m}{n}\right]$ $(m\in\mathbf{Z},n\in\mathbf{N})$,并对 $(x,y)\in$ $[(m-1)/n,m/n]\times\mathbf{R}$,作函数列(凸线性组合)

$$f_n(x,y)=n\left(\frac{m}{n}-x\right)f\left(\frac{m-1}{n},y\right)+n\left(x-\frac{m-1}{n}\right)f\left(\frac{m}{n},y\right),$$

易知 $f_n(x,y)$ 位于 $f((m-1)/n,y)$ 与 $f(m/n,y)$ 之间.

因为对每点 (x,y),均存在区间列

$$I_k=\left[\frac{m_k-1}{n_k},\frac{m_k}{n_k}\right]\quad(k\in\mathbf{N}),\qquad\bigcap_{k=1}^{\infty}I_k=x.$$

由(ii)可知 $\lim\limits_{n\to\infty}f_n(x,y)=f(x,y)$,从而我们有

$$\lim_{n\to\infty}f_n(g(y),y)=f(g(y),y),$$

即可得证.

思考题 试证明下述命题:

1. 设 $f(x),g(x)$ 是 **R** 上的可测函数,且 $f(x)>0(x\in\mathbf{R})$,则 $f(x)^{g(x)}$ 是 **R** 上的可测函数.

2. 设 $f(x)$ 在 $[a,b]$ 上可测,且 $m\leqslant f(x)\leqslant M$,$g(x)$ 在 $[m,M]$ 上单调,则 $g(f(x))$ 在 $[a,b]$ 上可测.

习 题 3

1. 设有指标集 $I,\{f_\alpha(x):\alpha\in I\}$ 是 $\mathbf{R}^n$ 上可测函数族,试问:函

数 $S(x) = \sup\{f_\alpha(x) : \alpha \in I\}$ 在 $\mathbf{R}^n$ 上是可测的吗?

2. 设 $z = f(x, y)$ 是 $\mathbf{R}^2$ 上的连续函数,$g_1(x), g_2(x)$ 是 $[a,b] \subset \mathbf{R}$ 上的实值可测函数,试证明 $F(x) = f(g_1(x), g_2(x))$ 是 $[a,b]$ 上的可测函数.

3. 设 $f(x)$ 在 $[a,b]$ 上存在右导数,试证明右导函数 $f'_+(x)$ 是 $[a,b]$ 上的可测函数.

4. 设 $f(x)$ 是 $E \subset \mathbf{R}^n$ 上几乎处处有限的可测函数,$m(E) < +\infty$,试证明对任意的 $\varepsilon > 0$,存在 E 上的有界可测函数 $g(x)$,使得
$$m(\{x \in E : |f(x) - g(x)| > 0\}) < \varepsilon.$$

5. 设 $f(x)$ 以及 $f_n(x)$ $(n = 1, 2, \cdots)$ 都是 $A \subset \mathbf{R}$ 上几乎处处有限的可测函数. 若对任给的 $\varepsilon > 0$,存在 A 的可测子集 B:$m(A \setminus B) < \varepsilon$,使得 $f_n(x)$ 在 B 上一致收敛于 $f(x)$,试证明 $f_n(x)$ 在 A 上几乎处处收敛于 $f(x)$.

6. 设 $\{f_k(x)\}$ 是 $E \subset \mathbf{R}^n$ 上的实值可测函数列,$m(E) < +\infty$,试证明 $\lim\limits_{k \to \infty} f_k(x) = 0 (\text{a. e. } x \in E)$ 的充分且必要条件是:对任意的 $\varepsilon > 0$ 有
$$\lim_{j \to \infty} m(\{x \in E : \sup_{k \geqslant j}\{|f_k(x)|\} \geqslant \varepsilon\}) = 0.$$

7. 设 $f(x), f_1(x), \cdots, f_k(x), \cdots$ 是 $[a,b]$ 上几乎处处有限的可测函数,且有 $\lim\limits_{k \to \infty} f_k(x) = f(x) (\text{a. e. } x \in [a,b])$,试证明存在 $E_n \subset [a,b]$ $(n = 1, 2, \cdots)$,使得
$$m\left([a,b] \setminus \bigcup_{n=1}^{\infty} E_n\right) = 0,$$
而 $\{f_k(x)\}$ 在每个 E_n 上一致收敛于 $f(x)$.

8. 设 $\{f_k(x)\}$ 在 E 上依测度收敛于 $f(x)$,$\{g_k(x)\}$ 在 E 上依测度收敛于 $g(x)$,试证明 $\{f_k(x) + g_k(x)\}$ 在 E 上依测度收敛于 $f(x) + g(x)$.

9. 设 $m(E) < +\infty$,$f(x), f_1(x), f_2(x), \cdots, f_k(x), \cdots$ 是 E 上几乎处处有限的可测函数,试证明 $\{f_k(x)\}$ 在 E 上依测度收敛于 $f(x)$ 的充分必要条件是:
$$\lim_{k \to \infty} \inf_{\alpha > 0}\{\alpha + m(\{x \in E : |f_k(x) - f(x)| > \alpha\})\} = 0.$$

10. 设 $f_n(x)(n=1,2,\cdots)$ 是 $[0,1]$ 上的递增函数，且 $\{f_n(x)\}$ 在 $[0,1]$ 上依测度收敛于 $f(x)$，试证明在 $f(x)$ 的连续点 x_0 上，有

$$f_n(x_0) \to f(x_0) \quad (n \to \infty).$$

11. 设 $f: \mathbf{R}^n \to \mathbf{R}$，且对任意的 $\varepsilon > 0$，存在开集 $G \subset \mathbf{R}^n$，$m(G) < \varepsilon$，使得 $f \in C(\mathbf{R}^n \backslash G)$，试证明 $f(x)$ 是 $\mathbf{R}^n$ 上的可测函数.

12. 设 $\{f_k(x)\}$ 与 $\{g_k(x)\}$ 在 E 上都依测度收敛于零，试证明 $\{f_k(x) \cdot g_k(x)\}$ 在 E 上依测度收敛于零.

13. 设 $\{f_k(x)\}$ 在 $[a,b]$ 上依测度收敛于 $f(x)$，$g(x)$ 是 $\mathbf{R}$ 上的连续函数，试证明 $\{g(f_k(x))\}$ 在 $[a,b]$ 上依测度收敛于 $g(f(x))$. 若将 $[a,b]$ 改为 $[0,+\infty)$，结论还成立吗？

14. 设有定义在可测集 $E \subset \mathbf{R}^n$ 上的函数 $f(x)$，且对任给的 $\delta > 0$，存在 E 中的闭集 F，$m(E \backslash F) < \delta$，使得 $f(x)$ 在 F 上连续，试证明 $f(x)$ 是 E 上的可测函数.

15. 设 $\{f_n(x)\}$ 是 $[a,b]$ 上的可测函数列，$f(x)$ 是 $[a,b]$ 上的实值函数. 若对任给的 $\varepsilon > 0$，都有

$$\lim_{n \to \infty} m^*(\{x \in [a,b]: |f_n(x) - f(x)| > \varepsilon\}) = 0,$$

试问 $f(x)$ 是 $[a,b]$ 上的可测函数吗？

16. 设 $f(x)$，$f_k(x)(k=1,2,\cdots)$ 是 $E \subset \mathbf{R}$ 上实值可测函数. 若对任给 $\varepsilon > 0$，必有

$$\lim_{j \to \infty} m\left(\bigcup_{k=j}^{\infty} \{x: |f_k(x) - f(x)| > \varepsilon\}\right) = 0.$$

试证明对任给 $\delta > 0$，存在 $e \subset E$ 且 $m(e) < \delta$，使得 $f_k(x)$ 在 $E \backslash e$ 上一致收敛于 $f(x)$.

注　记

（一）**Егоров** 定理对于连续指标函数族一般是不成立的

例　设 $W \subset [0,1/2]$ 是不可测集，令

$$J = [0,1] \times [2,+\infty),$$

$$D_n = \{(x,n+x): 0 \leqslant x \leqslant 1\}, \quad (n=1,2,\cdots),$$

并作函数 $f: J \to \{0,1\}$：

$$f(x,y) = \begin{cases} 1, & x \in W + \{1/n\}, (x,y) \in D_n, n \geqslant 2, \\ 0, & \text{其他}, \end{cases}$$

则有 $\lim\limits_{y \to \infty} f(x,y) = 0$,而 Eropoв 定理的结论不成立.

但有下述结果:设 $f(x)$ 与 $f_t(x)$ $(t \in (0, +\infty))$ 是 E 上的实值可测函数,$m(E) < \infty$. 若

(i) $\lim\limits_{t \to \infty} f_t(x) = f(x)$,$x \in E$;

(ii) 对每个 n, $\sup\limits_{n \leqslant t \leqslant n+1} |f_t(x) - f(x)|$ 在 E 上可测,

则对任给的 $\varepsilon > 0$,存在 $E_\delta \subset E$ 且 $m(E_\delta) < \delta$,使得当 $t \to \infty$ 时,$f_t(x)$ 在 $E \backslash E_\delta$ 上一致收敛于 $f(x)$.

此外,可以做出 $[0,1]$ 上收敛于零的连续函数列,但它在任一子区间上均不一致收敛. 试比较 Eropoв 定理的结论.

(二) Лузин 定理的结论不能改为:$m(E \backslash F) = 0$ 而 $f(x)$ 在 F 上连续

举例如下:

例 在 $[0,1]$ 中作类 Cantor 集 C:$m(C) = 1/2$,且令

$$f(x) = \begin{cases} 1, & x \in C, \\ -1, & x \in [0,1] \backslash C, \end{cases}$$

则对 $[0,1]$ 中任一零测集 Z,总有

$$([0,1] \backslash Z) \bigcap C \neq \varnothing,$$

从而对 $x \in ([0,1] \backslash Z) \bigcap C$,必存在 $\delta > 0$,使得

$$(x - \delta, x + \delta) \bigcap ([0,1] \backslash (Z \bigcup C)) \neq \varnothing.$$

(三) 可测函数的复合表示

设 $f(x)$ 是定义在 $(0,1]$ 上的实值函数,则必存在 L-可测函数 $g(x)$ 与 $h(x)$,使得

$$f(x) = g(h(x)), \quad x \in (0,1].$$

解 把 $(0,1]$ 中的点 x 作二进位无尽小数表示:

$$x = \sum_{n=1}^{\infty} \frac{a_n}{2^n}, \quad a_n = \begin{cases} 0, \\ 1, \end{cases}$$

并定义

$$h(x) = \sum_{n=1}^{\infty} \frac{2a_n}{3^n}, \quad h(0) = 0,$$

则 $h(x)$ 在 $(0,1]$ 上严格递增. 易知 $h((0,1])$ 是 Cantor 集的子集,从而

$$m(h((0,1])) = 0.$$

现在,再定义函数

$$g(x) = \begin{cases} f(h^{-1}(x)), & x \in h((0,1]), \\ 0, & \text{其他}, \end{cases}$$

则 $f(x) = g(h(x))$，其中 $g(x), h(x)$ 是 $(0,1]$ 上的 L-可测函数.

（四）等可测函数

考查定义在区间 I 上的两个可测函数 $f(x)$ 和 $g(x)$. 若对任意的 $t \in \mathbf{R}$，有

$$m(\{x \in I : f(x) \geqslant t\}) = m(\{x \in I : g(x) \geqslant t\}),$$

则称 $f(x)$ 与 $g(x)$ 为**等可测函数**. 当然，两个等可测函数不一定是同一个函数.

命题　设 $f(x), g(x)$ 在 $I = (0,1)$ 上等测. 若 $f(x), g(x)$ 是递减左连续函数，则 $f(x) = g(x), x \in I = (0,1)$.

证明　假定存在 $c : 0 < c < 1, f(c) \neq g(c)$，不妨设为 $f(c) > g(c)$，则令 $t = f(c)$，有 $c \in \{x \in I : f(x) \geqslant t\}$. 注意到 $f(x)$ 是递减的，可得

$$m(\{x \in I : f(x) \geqslant t\}) \geqslant c > 0.$$

对于 $\{x \in I : g(x) \geqslant t\}$，由于 $g(c) < t$，故 $c \bar{\in} \{x \in I : g(x) \geqslant t\}$. 又由于 $g(x)$ 的左连续性和递减性可知，存在 $(0,c)$ 中使 $g(x) \geqslant t$ 的最大值的点 $c_1 : g(c_1) \geqslant t > g(c)$. 因此有

$$m(\{x \in I : g(x) \geqslant t\}) = c_1 < c = m(\{x \in I : f(x) \geqslant t\}),$$

这一矛盾说明命题成立.

（五）几乎处处连续函数的一种描述

设 G 是 $\mathbf{R}^n$ 中的点集，若 G 中几乎处处的点均为内点，则称 G 为**近乎开集**.

命题　设 $f(x)$ 定义在开集 $G \subset \mathbf{R}^n$ 上，则下述两个条件等价：

(i) $f(x)$ 在 G 上几乎处处连续；

(ii) 对一切 $t \in \mathbf{R}$，点集

$$\{x \in G : f(x) > t\}, \quad \{x \in G : f(x) < t\}$$

是近乎开集.

证明　(i)$\Rightarrow$(ii)：设 $m(Z) = 0$，$G \backslash Z$ 中的点都是 $f(x)$ 的连续点. 若 $x_0 \in G \backslash Z$，且 $f(x_0) > t$，则存在邻域 $U(x_0)$，使得

$$f(x) > t, \quad x \in U(x_0),$$

即 x_0 是 $\{x \in G : f(x) > t\}$ 的内点. 对 $\{x \in G : f(x) < t\}$ 也可类推.

(ii)$\Rightarrow$(i)：对 $r \in \mathbf{Q}$，记 A_r 为 $\{x \in G : f(x) > r\}$ 中非内点之全体，则 $m(A_r) = 0$，从而有

$$m(A) = 0, \quad A \stackrel{\text{def}}{=\!=\!=} \bigcup_{r \in \mathbf{Q}} A_r.$$

类似地，对 $B_r = \{x \in G : f(x) < r\}$，也有

$$m(B) = 0, \quad B \stackrel{\text{def}}{=\!=\!=} \bigcup_{r \in \mathbf{Q}} B_r.$$

易知 $x \in A \cup B$ 是 $f(x)$ 的不连续点集.

（六）设在 **R** 上定义的函数 $f(x)$ 满足

$$f(x+y) = f(x) + f(y), \quad x,y \in \mathbf{R},$$

若 $f(x)$ 至少有一个不连续点，则点集 $\{(x,f(x)): x\in \mathbf{R}\}$ 在 $\mathbf{R}^2$ 中稠密.

（七）1. 设 $\{f_n(x)\}$ 是 $[0,1]$ 上的非负连续函数列. 若有

$$f_1(x) \geqslant f_2(x) \geqslant \cdots \geqslant f_n(x) \geqslant \cdots \quad (x\in[0,1]),$$

以及 $f_n(x) \to f(x)$ $(n\to\infty, x\in[0,1])$，则存在 $x_0 \in [0,1]$，使得

$$f(x_0) = \sup_{0\leqslant x\leqslant 1}\{f(x)\}.$$

2. 设 $f_n \in C(\mathbf{R})$，且 $\lim\limits_{n\to\infty} f_n(x) = f(x)$ $(x\in \mathbf{R})$，则下述两个结论等价：

(i) $f\in C(\mathbf{R})$；

(ii) 对任给 $\varepsilon>0$ 以及任一自然数 m，存在 $n_0: n_0 > m$，使得点集 $\{x \in \mathbf{R}: |f(x) - f_{n_0}(x)| < \varepsilon\}$ 是开集.

证明 (i)$\Rightarrow$(ii). 由题设知，对任给 $\varepsilon>0$，点集

$$\{x \in \mathbf{R}: |f_m(x) - f(x)| < \varepsilon\} \quad (m = 1,2,\cdots)$$

是开集，故得证.

(ii)$\Rightarrow$(i). 任取 $x_0 \in \mathbf{R}$，往证 $f(x)$ 在 $x=x_0$ 处连续. 对任给 $\varepsilon>0$，由 (ii) 知存在 $\{n_k\}: n_1 < n_2 < \cdots < n_k < \cdots$，使得点集

$$E_k = \{x\in\mathbf{R}: |f_{n_k}(x) - f(x)| < \varepsilon/3\} \quad (k = 1,2,\cdots)$$

均为开集，且易知 $\mathbf{R} = \bigcup\limits_{k=1}^{\infty} E_k$. 由此知存在 $k_0: x_0 \in E_{k_0}$.

注意到 E_{k_0} 是开集，因此对任意的 $x\in E_{k_0}$，均有

$$|f(x) - f(x_0)| \leqslant |f(x) - f_{n_{k_0}}(x)| + |f_{n_{k_0}}(x) - f_{n_{k_0}}(x_0)|$$
$$+ |f_{n_{k_0}}(x_0) - f(x_0)|$$
$$\leqslant 2\varepsilon/3 + |f_{n_{k_0}}(x) - f_{n_{k_0}}(x_0)|.$$

根据 $f_{n_{k_0}}$ 的连续性，又知存在邻域 $U(x_0)$，使得

$$U(x_0) \subset E_{k_0}, \quad |f_{n_{k_0}}(x) - f_{n_{k_0}}(x_0)| < \varepsilon/3 \quad (x\in U(x_0)).$$

从而得到 $|f(x) - f(x_0)| < \varepsilon (x\in U(x_0))$，即 $f(x)$ 在 $x=x_0$ 处连续.

推论（Dini） 设 $f_n \in C(\mathbf{R})(n\in\mathbf{N})$，且有

$$f_1(x) \leqslant f_2(x) \leqslant \cdots \leqslant f_n(x) \leqslant \cdots, \quad \lim_{n\to\infty} f_n(x) = f(x) \quad (x\in\mathbf{R}),$$

则下列两个结论等价：

(i) $f\in C(\mathbf{R})$；

(ii) $f_n(x)$ 在 **R** 上一致收敛于 $f(x)$.

（八）**R** 上的可测函数全体形成之集的基数是 2^c.

第四章　Lebesgue 积分

Lebesgue 积分是在 Lebesgue 测度论的基础上建立起来的. 这一理论可以统一处理函数有界与无界的情形, 而且函数也可以定义在更一般的点集(不一定是闭区间$[a,b]$)上. 特别是, 它提供了比 Riemann 积分更加广泛而有效的收敛定理. 例如:

命题　设 $f_n \in R([a,b])$ $(n=1,2,\cdots)$, 且有 $0 \leqslant f_n(x) \leqslant 1$ $(n=1,2,\cdots;x\in[a,b])$, 以及 $\lim\limits_{n\to\infty} f_n(x) = 0$, 则

$$\lim_{n\to\infty}\int_a^b f_n(x)\,\mathrm{d}x = 0.$$

这一初等命题用 Riemann 积分理论给予证明就比较复杂, 而在 Lebesgue 积分的论述中则要容易得多.

定义 Lebesgue 积分有着各种不同的等价方法, 我们在这里所采用的是, 首先定义非负可测简单函数的积分, 再注意到可测简单函数与非负可测函数的关系, 就可以给出后者的积分定义, 最后通过表示式 $f(x) = f^+(x) - f^-(x)$, 也就有了一般可测函数的积分定义. 这种建立积分的途径也适用于一般测度空间上的积分.

§4.1　非负可测函数的积分

(一) 非负可测简单函数的积分

定义 4.1　设 $f(x)$ 是 $\mathbf{R}^n$ 上的非负可测简单函数, 它在点集 A_i $(i=1,2,\cdots,p)$ 上取值 c_i:

$$f(x) = \sum_{i=1}^p c_i \chi_{A_i}(x), \quad \bigcup_{i=1}^p A_i = \mathbf{R}^n, \quad A_i \cap A_j = \varnothing \ (i \neq j).$$

若 $E \in \mathscr{M}$, 则定义 $f(x)$ 在 E 上的**积分**为

$$\int_E f(x)\,\mathrm{d}x = \sum_{i=1}^p c_i m(E \cap A_i).$$

这里积分符号下的 $\mathrm{d}x$ 是 $\mathbf{R}^n$ 上 Lebesgue 测度的标志.(注意,我们曾约定 $0 \cdot \infty = 0$.)

此外,由定义立即得知,$\displaystyle\int_E f(x)\mathrm{d}x$ 只与 $f(x)$ 在 E 上的值有关.

例 1 设在 $\mathbf{R}$ 上定义函数

$$f(x) = \chi_{\mathbf{Q}}(x) = \begin{cases} 1, & x \text{ 是有理数}, \\ 0, & x \text{ 是无理数}. \end{cases}$$

我们有
$$\int_{(0,1)} f(x)\mathrm{d}x = 0.$$

定理 4.1（积分的线性性质） 设 $f(x), g(x)$ 是 $\mathbf{R}^n$ 上的非负可测简单函数,$f(x)$ 在点集 $A_i(i=1,2,\cdots,p)$ 上取值 $a_i(i=1,2,\cdots,p)$,$g(x)$ 在点集 $B_j(j=1,2,\cdots,q)$ 上取值 $b_j(j=1,2,\cdots,q)$,$E \in \mathscr{M}$,则有

(i) 若 C 是非负常数,则 $\displaystyle\int_E Cf(x)\mathrm{d}x = C\int_E f(x)\mathrm{d}x$;

(ii) $\displaystyle\int_E (f(x)+g(x))\mathrm{d}x = \int_E f(x)\mathrm{d}x + \int_E g(x)\mathrm{d}x$.

证明 (i) 可从定义直接得出.

(ii) 由于 $f(x)+g(x)$ 在 $A_i \bigcap B_j$(假定非空)上取值 a_i+b_j,故有

$$\int_E (f(x)+g(x))\mathrm{d}x = \sum_{i=1}^p \sum_{j=1}^q (a_i+b_j) m(E \bigcap A_i \bigcap B_j)$$

$$= \sum_{i=1}^p a_i \sum_{j=1}^q m(E \bigcap A_i \bigcap B_j) + \sum_{j=1}^q b_j \sum_{i=1}^p m(E \bigcap A_i \bigcap B_j)$$

$$= \sum_{i=1}^p a_i m(E \bigcap A_i) + \sum_{j=1}^q b_j m(E \bigcap B_j)$$

$$= \int_E f(x)\mathrm{d}x + \int_E g(x)\mathrm{d}x.$$

定理 4.2 若 $\{E_k\}$ 是 $\mathbf{R}^n$ 中的递增可测集列,$f(x)$ 是 $\mathbf{R}^n$ 上的非负可测简单函数,则

$$\int_E f(x)\mathrm{d}x = \lim_{k\to\infty}\int_{E_k} f(x)\mathrm{d}x, \quad E = \bigcup_{k=1}^\infty E_k.$$

证明 设 $f(x)$ 在 $A_i(i=1,2,\cdots,p)$ 上取值 $c_i(i=1,2,\cdots,p)$,则

$$\lim_{k \to \infty} \int_{E_k} f(x) \mathrm{d}x = \lim_{k \to \infty} \sum_{i=1}^{p} c_i m(E_k \bigcap A_i)$$

$$= \sum_{i=1}^{p} c_i m(E \bigcap A_i) = \int_{E} f(x) \mathrm{d}x.$$

(二) 非负可测函数的积分

定义 4.2 设 $f(x)$ 是 $E \subset \mathbf{R}^n$ 上的非负可测函数,定义 $f(x)$ 在 E 上的积分为

$$\int_{E} f(x) \mathrm{d}x$$

$$= \sup_{\substack{h(x) \leqslant f(x) \\ x \in E}} \left\{ \int_{E} h(x) \mathrm{d}x : h(x) \text{ 是 } \mathbf{R}^n \text{ 上的非负可测简单函数} \right\},$$

这里的积分可以是 $+\infty$;若 $\int_{E} f(x) \mathrm{d}x < +\infty$,则称 $f(x)$ 在 E 上是**可积的**,或称 $f(x)$ 是 E 上的**可积函数**.

由定义立即可知下列简单事实:

(i) 设 $f(x), g(x)$ 是 E 上的非负可测函数. 若 $f(x) \leqslant g(x)$ $(x \in E)$,则

$$\int_{E} f(x) \mathrm{d}x \leqslant \int_{E} g(x) \mathrm{d}x.$$

事实上,若用 $h(x)$ 表示非负可测简单函数(在 $\mathbf{R}^n$ 上),且

$$h(x) \leqslant f(x) \quad (x \in E),$$

则 $h(x) \leqslant g(x)(x \in E)$,从而由定义可知

$$\int_{E} h(x) \mathrm{d}x \leqslant \int_{E} g(x) \mathrm{d}x.$$

由此即得

$$\int_{E} f(x) \mathrm{d}x = \sup_{\substack{h(x) \leqslant f(x) \\ x \in E}} \left\{ \int_{E} h(x) \mathrm{d}x \right\} \leqslant \int_{E} g(x) \mathrm{d}x.$$

这一事实指出:设 $f(x)$ 在 E 上非负可测,我们有

ⅰ 若存在 E 上非负可积函数 $F(x)$,使得

$$f(x) \leqslant F(x), \quad x \in E,$$

则 $f(x)$ 在 E 上可积.

ⅱ 若 $f(x)$ 在 E 上有界,且 $m(E) < +\infty$,则 $f(x)$ 在 E 上可积.

(ii) 若 $f(x)$ 是 E 上的非负可测函数, A 是 E 中可测子集, 则

$$\int_A f(x)\mathrm{d}x = \int_E f(x)\chi_A(x)\mathrm{d}x.$$

事实上, 我们有

$$\int_A f(x)\mathrm{d}x = \sup_{\substack{h(x)\leqslant f(x)\\ x\in A}}\left\{\int_A h(x)\mathrm{d}x\right\}$$

$$= \sup_{\substack{h(x)\chi_A(x)\leqslant f(x)\chi_A(x)\\ x\in E}}\left\{\int_A h(x)\mathrm{d}x\right\} = \int_E f(x)\chi_A(x)\mathrm{d}x.$$

(iii) 若 $f(x)$ 在 E 上几乎处处等于零, 则 $\int_E f(x)\mathrm{d}x = 0$; $\Big($ 若 $m(E)=0$, 则 $\int_E f(x)\mathrm{d}x = 0.\Big)$ 若 $\int_E f(x)\mathrm{d}x = 0$, 则 $f(x)$ 在 E 上几乎处处等于零.

事实上, 前一结论显然成立. 对于后者, 记

$$E_k = \{x\in E: f(x) > 1/k\},$$

由于

$$\frac{1}{k}m(E_k) = \int_{E_k}\frac{1}{k}\mathrm{d}x \leqslant \int_{E_k}f(x)\mathrm{d}x \leqslant \int_E f(x)\mathrm{d}x = 0,$$

故知 $m(E_k)=0\ (k=1,2,\cdots)$. 注意到

$$\{x\in E: f(x) > 0\} = \bigcup_{k=1}^{\infty}E_k,$$

立即得出 $m(\{x\in E: f(x)>0\})=0$.

定理 4.3 若 $f(x)$ 是 E 上的非负可积函数, 则 $f(x)$ 在 E 上是几乎处处有限的.

证明 令 $E_k=\{x\in E: f(x)>k\}$, 则有

$$\{x\in E: f(x)=+\infty\} = \bigcap_{k=1}^{\infty}E_k.$$

对于每个 k, 可得

$$km(E_k) \leqslant \int_{E_k}f(x)\mathrm{d}x \leqslant \int_E f(x)\mathrm{d}x < +\infty,$$

从而知道 $\lim\limits_{k\to\infty}m(E_k)=0$. 这就是说

$$m(\{x\in E: f(x)=+\infty\})=0.$$

定理 4.4（Beppo Levi 非负渐升列积分定理） 设有定义在 E 上的非负可测函数渐升列：

$$f_1(x) \leqslant f_2(x) \leqslant \cdots \leqslant f_k(x) \leqslant \cdots,$$

且有 $\lim\limits_{k\to\infty} f_k(x) = f(x), x \in E$，则

$$\lim_{k\to\infty} \int_E f_k(x)\mathrm{d}x = \int_E f(x)\mathrm{d}x. \tag{4.1}$$

证明 易知 $f(x)$ 是 E 上的非负可测函数，积分 $\int_E f(x)\mathrm{d}x$ 有定义. 因为

$$\int_E f_k(x)\mathrm{d}x \leqslant \int_E f_{k+1}(x)\mathrm{d}x \quad (k=1,2,\cdots),$$

所以 $\lim\limits_{k\to\infty} \int_E f_k(x)\mathrm{d}x$ 有定义，而且从函数列的渐升性可知

$$\lim_{k\to\infty} \int_E f_k(x)\mathrm{d}x \leqslant \int_E f(x)\mathrm{d}x.$$

现在令 c 满足 $0 < c < 1$，$h(x)$ 是 $\mathbf{R}^n$ 上的任一非负可测简单函数，且 $h(x) \leqslant f(x), x \in E$. 记

$$E_k = \{x \in E: f_k(x) \geqslant ch(x)\} \quad (k=1,2,\cdots),$$

则 $\{E_k\}$ 是递增可测集列，且 $\lim\limits_{k\to\infty} E_k = E$. 根据定理 4.2 可知

$$\lim_{k\to\infty} c\int_{E_k} h(x)\mathrm{d}x = c\int_E h(x)\mathrm{d}x,$$

于是从不等式

$$\int_E f_k(x)\mathrm{d}x \geqslant \int_{E_k} f_k(x)\mathrm{d}x \geqslant \int_{E_k} ch(x)\mathrm{d}x = c\int_{E_k} h(x)\mathrm{d}x$$

得到

$$\lim_{k\to\infty} \int_E f_k(x)\mathrm{d}x \geqslant c\int_E h(x)\mathrm{d}x.$$

在上式中令 $c \to 1$，有

$$\lim_{k\to\infty} \int_E f_k(x)\mathrm{d}x \geqslant \int_E h(x)\mathrm{d}x.$$

依 $f(x)$ 的积分定义即知

$$\lim_{k\to\infty} \int_E f_k(x)\mathrm{d}x \geqslant \int_E f(x)\mathrm{d}x.$$

上一定理表明，对于非负可测函数渐升列来说，极限与积分的次序可以交换. 此外，由于非负可测函数是非负可测简单函数渐升列的

极限,因而使得积分理论中的许多结果可直接从可测简单函数的积分性质得到.

定理 4.5（积分的线性性质） 设 $f(x),g(x)$ 是 E 上的非负可测函数,α,β 是非负常数,则

$$\int_E (\alpha f(x) + \beta g(x))\mathrm{d}x = \alpha\int_E f(x)\mathrm{d}x + \beta\int_E g(x)\mathrm{d}x.$$

证明 由定理 4.1 可知,只需证明 $\alpha=\beta=1$ 的情形. 现在设 $\{\varphi_k(x)\},\{\psi_k(x)\}$ 是非负可测简单函数渐升列,且有

$$\lim_{k\to\infty}\varphi_k(x) = f(x), \quad \lim_{k\to\infty}\psi_k(x) = g(x), \quad x\in E,$$

则 $\{\varphi_k(x)+\psi_k(x)\}$ 仍为非负可测简单函数渐升列,且有

$$\lim_{k\to\infty}(\varphi_k(x) + \psi_k(x)) = f(x) + g(x), \quad x\in E.$$

从而由简单函数积分的线性性质和定理 4.1 可知,

$$\int_E (f(x) + g(x))\mathrm{d}x = \lim_{k\to\infty}\int_E (\varphi_k(x) + \psi_k(x))\mathrm{d}x$$

$$= \lim_{k\to\infty}\int_E \varphi_k(x)\mathrm{d}x + \lim_{k\to\infty}\int_E \psi_k(x)\mathrm{d}x$$

$$= \int_E f(x)\mathrm{d}x + \int_E g(x)\mathrm{d}x.$$

例 2 设 $\{f_k(x)\}$ 是 E 上的非负可积函数渐降列,且有

$$\lim_{k\to\infty}f_k(x) = f(x), \quad \text{a. e. } x\in E,$$

则

$$\lim_{k\to\infty}\int_E f_k(x)\mathrm{d}x = \int_E f(x)\mathrm{d}x.$$

证明 由 $0\leqslant f(x)\leqslant f_1(x)$ 可知,$f(x)$ 在 E 上可积. 记

$$g_k(x) = f_1(x) - f_k(x) \quad (k = 1,2,\cdots),$$

则 $\{g_k(x)\}$ 是非负可积函数渐升列. 从而有

$$\lim_{k\to\infty}\int_E (f_1(x) - f_k(x))\mathrm{d}x = \lim_{k\to\infty}\int_E g_k(x)\mathrm{d}x$$

$$= \int_E \lim_{k\to\infty}g_k(x)\mathrm{d}x = \int_E (f_1(x) - f(x))\mathrm{d}x.$$

注意到 $f_1(x)=(f_1(x)-f_k(x))+f_k(x)$,我们有

$$\int_E f_1(x)\mathrm{d}x = \int_E (f_1(x) - f_k(x))\mathrm{d}x + \int_E f_k(x)\mathrm{d}x,$$

$$\int_E (f_1(x) - f_k(x))\mathrm{d}x = \int_E f_1(x)\mathrm{d}x - \int_E f_k(x)\mathrm{d}x.$$

由此可得

$$\lim_{k\to\infty}\left(\int_E f_1(x)\mathrm{d}x - \int_E f_k(x)\mathrm{d}x\right) = \int_E f_1(x) - \int_E f(x)\mathrm{d}x.$$

因为可积函数的积分值是有限的,所以从两端消去同值项,即得所证.

例 3 设 $f(x),g(x)$ 是 E 上的非负可测函数. 若 $f(x)=g(x)$ a. e. $x\in E$,则

$$\int_E f(x)\mathrm{d}x = \int_E g(x)\mathrm{d}x.$$

证明 令 $E_1=\{x\in E: f(x)\neq g(x)\}$,$E_2=E\backslash E_1$,$m(E_1)=0$,则

$$\int_E f(x)\mathrm{d}x = \int_E f(x)[\chi_{E_1}(x) + \chi_{E_2}(x)]\mathrm{d}x$$

$$= \int_{E_1} f(x)\mathrm{d}x + \int_{E_2} f(x)\mathrm{d}x$$

$$= \int_{E_1} g(x)\mathrm{d}x + \int_{E_2} g(x)\mathrm{d}x$$

$$= \int_E g(x)\mathrm{d}x.$$

思考题 试证明下列命题:

1. 设 $f_1(x),f_2(x),\cdots,f_m(x)$ 是 E 上的非负可积函数,则

(i) $F(x)=\left(\sum_{k=1}^{m}(f_k(x))^2\right)^{1/2}$ 在 E 上可积;

(ii) $G(x)=\sum_{1\leqslant i,k\leqslant m}(f_i(x)f_k(x))^{1/2}$ 在 E 上可积.

2. 设 $\{E_k\}$ 是 $\mathbf{R}^n$ 中递增可测集列,且 $E_k\to E(k\to\infty)$. 若 $f(x)$ 是 E 上的非负可测函数,则

$$\int_E f(x)\mathrm{d}x = \lim_{k\to\infty}\int_{E_k} f(x)\mathrm{d}x.$$

3. 设 $\{f_k(x)\}$ 是 E 上的非负可积函数列. 若

$$\lim_{k\to\infty}\int_E f_k(x)\mathrm{d}x = 0,$$

则 $\quad \lim_{k\to\infty}\int_E (1-\mathrm{e}^{-f_k(x)})\mathrm{d}x = 0 \quad (1-\mathrm{e}^{-t}\leqslant t, 0\leqslant t<+\infty).$

4. 设 $f(x)$ 是 E 上的非负可积函数,则对任给 $\varepsilon > 0$,存在 $N > 0$,使得

$$\int_E f(x) \chi_{\{x \in E: f(x) > N\}}(x) \mathrm{d}x < \varepsilon.$$

5. $\lim\limits_{n \to \infty} \int_{[0,n]} \left(1 + \dfrac{x}{n}\right)^n \mathrm{e}^{-2x} \mathrm{d}x = \int_{[0,+\infty)} \mathrm{e}^{-x} \mathrm{d}x.$

6. $\lim\limits_{n \to \infty} \int_{[0,1]} x^n \mathrm{d}x = 0.$

定理 4.6（逐项积分定理） 若 $\{f_k(x)\}$ 是 E 上的非负可测函数列,则

$$\int_E \sum_{k=1}^{\infty} f_k(x) \mathrm{d}x = \sum_{k=1}^{\infty} \int_E f_k(x) \mathrm{d}x. \tag{4.2}$$

证明 令 $S_m(x) = \sum\limits_{k=1}^{m} f_k(x)$,则 $\{S_m(x)\}$ 是 E 上的非负可测函数渐升列,且

$$\lim_{m \to \infty} S_m(x) = \sum_{k=1}^{\infty} f_k(x).$$

从而根据 Beppo Levi 非负渐升列积分定理以及积分的线性性质,可知

$$\int_E \sum_{k=1}^{\infty} f_k(x) \mathrm{d}x = \lim_{m \to \infty} \int_E S_m(x) \mathrm{d}x$$

$$= \lim_{m \to \infty} \sum_{k=1}^{m} \int_E f_k(x) \mathrm{d}x = \sum_{k=1}^{\infty} \int_E f_k(x) \mathrm{d}x.$$

推论 4.7 设 $E_k \in \mathcal{M}(k = 1, 2, \cdots), E_i \bigcap E_j = \varnothing (i \neq j).$ 若 $f(x)$ 是 $E = \bigcup\limits_{k=1}^{\infty} E_k$ 上的非负可测函数,则

$$\int_E f(x) \mathrm{d}x = \int_{\bigcup\limits_{k=1}^{\infty} E_k} f(x) \mathrm{d}x = \sum_{k=1}^{\infty} \int_{E_k} f(x) \mathrm{d}x. \tag{4.3}$$

证明 由逐项积分定理可得

$$\sum_{k=1}^{\infty} \int_{E_k} f(x) \mathrm{d}x = \sum_{k=1}^{\infty} \int_E f(x) \chi_{E_k}(x) \mathrm{d}x$$

$$= \int_E f(x) \sum_{k=1}^{\infty} \chi_{E_k}(x) \mathrm{d}x = \int_E f(x) \mathrm{d}x.$$

特别地,当 $f(x) \equiv 1$ 时,上式就是测度的可数可加性. 从这里还可看到,通过点集的特征函数,积分与测度的问题是可以互相转化的.

例 4 若 $E_1, E_2, \cdots, E_n$ 是 $[0,1]$ 中的可测集,$[0,1]$ 中每一点至少属于上述集合中的 k 个 $(k \leqslant n)$,则在 $E_1, E_2, \cdots, E_n$ 中必有一个点集的测度大于或等于 k/n.

证明 因为当 $x \in [0,1]$ 时,有 $\sum\limits_{i=1}^{n} \chi_{E_i}(x) \geqslant k$,所以

$$\sum_{i=1}^{n} m(E_i) = \sum_{i=1}^{n} \int_{[0,1]} \chi_{E_i}(x) \mathrm{d}x = \int_{[0,1]} \sum_{i=1}^{n} \chi_{E_i}(x) \mathrm{d}x \geqslant k.$$

若每一个 $m(E_i)$ 皆小于 k/n,则

$$\sum_{i=1}^{n} m(E_i) < \frac{k}{n} \cdot n = k.$$

这与前式矛盾,故存在 i_0,使得 $m(E_{i_0}) \geqslant k/n$.

定理 4.6 指出,只要每一函数项皆非负可测,函数项级数就可进行逐项积分. 这为估算积分提供了极大的便利.

定理 4.8(Fatou 引理）[①] 若 $\{f_k(x)\}$ 是 E 上的非负可测函数列,则

$$\int_E \varliminf_{k \to \infty} f_k(x) \mathrm{d}x \leqslant \varliminf_{k \to \infty} \int_E f_k(x) \mathrm{d}x. \tag{4.4}$$

证明 令 $g_k(x) = \inf\{f_j(x) : j \geqslant k\}$,我们有

$$g_k(x) \leqslant g_{k+1}(x) \quad (k = 1, 2, \cdots),$$

而且得到

$$\varliminf_{k \to \infty} f_k(x) = \lim_{k \to \infty} g_k(x), \quad x \in E,$$

从而根据 Beppo Levi 非负渐升列积分定理可知,

$$\int_E \varliminf_{k \to \infty} f_k(x) \mathrm{d}x = \int_E \lim_{k \to \infty} g_k(x) \mathrm{d}x = \lim_{k \to \infty} \int_E g_k(x) \mathrm{d}x$$

$$= \varliminf_{k \to \infty} \int_E g_k(x) \mathrm{d}x \leqslant \varliminf_{k \to \infty} \int_E f_k(x) \mathrm{d}x.$$

Fatou 引理常用于判断极限函数的可积性. 例如,当 E 上的非负可测函数列 $\{f_k(x)\}$ 满足

---

① 这是 Fatou 的博士论文(1906)中的一个引理.

$$\int_E f_k(x)\mathrm{d}x \leqslant M \quad (k=1,2,\cdots)$$

时,我们就得到

$$\int_E \varliminf_{k\to\infty} f_k(x)\mathrm{d}x \leqslant M.$$

下面的例子说明 Fatou 引理中的不等号是可能成立的.

例5　在 [0,1] 上作非负可测函数列:

$$f_n(x)=\begin{cases}0, & x=0,\\ n, & 0<x<\dfrac{1}{n},\\ 0, & \dfrac{1}{n}\leqslant x\leqslant 1\end{cases} \quad (n=1,2,\cdots).$$

显然,$\lim\limits_{n\to\infty} f_n(x)=0$ $(x\in[0,1])$,因此我们有

$$\int_{[0,1]} \lim_{n\to\infty} f_n(x)\mathrm{d}x = 0 < 1 = \lim_{n\to\infty}\int_{[0,1]} f_n(x)\mathrm{d}x.$$

作为本节的结束,我们给出一个非负可测函数可积的另一等价条件.

定理 4.9　设 $f(x)$ 是 E 上的几乎处处有限的非负可测函数,$m(E)<+\infty$. 在 $[0,+\infty)$ 上作如下划分:

$$0=y_0 < y_1 < \cdots < y_k < y_{k+1} < \cdots \to \infty,$$

其中 $y_{k+1}-y_k<\delta$ $(k=0,1,\cdots)$. 若令

$$E_k = \{x\in E: y_k \leqslant f(x) < y_{k+1}\} \quad (k=0,1,\cdots),$$

则 $f(x)$ 在 E 上是可积的当且仅当级数

$$\sum_{k=0}^{\infty} y_k m(E_k) < +\infty.$$

此时有

$$\lim_{\delta\to 0}\sum_{k=0}^{\infty} y_k m(E_k) = \int_E f(x)\mathrm{d}x. \tag{4.5}$$

证明　因为有不等式

$$y_k m(E_k) \leqslant \int_{E_k} f(x)\mathrm{d}x \leqslant y_{k+1} m(E_k),$$

所以得到

$$\sum_{k=0}^{\infty} y_k m(E_k) \leqslant \int_E f(x) \mathrm{d}x \leqslant \sum_{k=0}^{\infty} y_{k+1} m(E_k)$$

$$= \sum_{k=0}^{\infty} (y_{k+1} - y_k) m(E_k) + \sum_{k=0}^{\infty} y_k m(E_k)$$

$$\leqslant \delta m(E) + \sum_{k=0}^{\infty} y_k m(E_k).$$

由此立即可知结论成立.

由上述定理可知,对 $m(E) < +\infty$ 以及 E 上的非负实值可测函数来说,它的可积性等价于

$$\sum_{k=1}^{\infty} k m(E_k) < +\infty,$$

其中

$$E_k = \{x \in E : k \leqslant f(x) < k+1\} \quad (k = 1, 2, \cdots).$$

但若把 E_k 换成 $\{x \in E : f(x) \geqslant k\}$,则还有下述结论:

例 6 设 $E \subset \mathbf{R}$: $m(E) < +\infty$,$f(x)$ 是 E 上的非负实值可测函数,则 $f(x)$ 在 $[0, +\infty)$ 上可积的充分必要条件是

$$\sum_{n=0}^{\infty} m(\{x \in E : f(x) \geqslant n\}) < +\infty.$$

证明 **必要性** 只需注意到下式即可:

$$\sum_{n=0}^{\infty} m(\{x \in E : f(x) \geqslant n\})$$

$$= \sum_{n=0}^{\infty} \sum_{k=n}^{\infty} m(\{x \in E : k \leqslant f(x) < k+1\})$$

$$= \sum_{k=0}^{\infty} (k+1) m(\{x \in E : k \leqslant f(x) < k+1\}) < +\infty.$$

充分性 只需注意到下式即可:

$$\int_E f(x) \mathrm{d}x = \sum_{k=0}^{\infty} \int_{\{x \in E : k \leqslant f(x) < k+1\}} f(x) \mathrm{d}x$$

$$\leqslant \sum_{k=0}^{\infty} (k+1) m(\{x \in E : k \leqslant f(x) < k+1\})$$

$$= \sum_{n=0}^{\infty} m(\{x \in E: f(x) \geqslant n\}) < +\infty.$$

例 7 设 $f(x)$ 是 $[a,b]$ 的上非负实值可测函数,则 $f^2(x)$ 在 $[a,b]$ 上可积当且仅当

$$\sum_{n=1}^{\infty} nm(\{x \in [a,b]: f(x) \geqslant n\}) < +\infty.$$

证明 (i) 首先,若 $f^2(x)$ 在 $[a,b]$ 上可积,则易知 $f(x)$ 在 $[a,b]$ 上可积. 若令

$$E_n = \{x \in [a,b]: n \leqslant f(x) < n+1\}, \quad n \in \mathbf{N},$$

则 $\bigcup_{n=0}^{\infty} E_n = b-a$,且有

$$\sum_{n=0}^{\infty} nm(E_n) \leqslant \sum_{n=0}^{\infty} \int_{E_n} f(x)\mathrm{d}x = \int_{[a,b]} f(x)\mathrm{d}x$$

$$\leqslant \sum_{n=0}^{\infty} (n+1)m(E_n) = \sum_{n=0}^{\infty} nm(E_n) + (b-a),$$

$$\sum_{n=0}^{\infty} n^2 m(E_n) \leqslant \sum_{n=0}^{\infty} \int_{E_n} f^2(x)\mathrm{d}x \leqslant \sum_{n=0}^{\infty} (n+1)^2 m(E_n)$$

$$= \sum_{n=0}^{\infty} n^2 m(E_n) + 2\sum_{n=0}^{\infty} nm(E_n) + (b-a).$$

这就是说,$f^2(x)$ 在 $[a,b]$ 上可积当且仅当

$$\sum_{n=0}^{\infty} n^2 m(E_n) < +\infty, \quad \sum_{n=0}^{\infty} nm(E_n) < +\infty.$$

(ii) 注意到等式

$$\frac{1}{2}\sum_{n=1}^{\infty} nm(E_n) + \frac{1}{2}\sum_{n=1}^{\infty} n^2 m(E_n)$$

$$= \sum_{n=1}^{\infty} \frac{n(n+1)}{2} m(E_n) = \sum_{n=1}^{\infty} \sum_{k=1}^{n} km(E_n)$$

$$= \sum_{k=1}^{\infty} k \sum_{n=k}^{\infty} m(E_n) = \sum_{k=1}^{\infty} km(\{x \in [a,b]: f(x) \geqslant k\}),$$

即得所证.

注 设 $f(x)$ 是 E 上的非负实值可测函数. 若对任意的正整数 n,均有 $m(\{x \in E: f(x) > n\}) > 0$,则存在 $g \in L(E)$,使得 $fg \overline{\in} L(E)$.

证明 令 $E_n = \{x \in E: n \leqslant f(x) < n+1\}$,由 $\sum_{n=1}^{\infty} m(E_n) > 0$ 可知,存在 $\{n_k\}: m(E_{n_k}) > 0 (k \in \mathbf{N})$. 作函数

$$g(x) = \begin{cases} (1/k^2) \cdot m(E_{n_k}), & x \in E_{n_k} \ (k \in \mathbf{N}), \\ 0, & x \in \left(\bigcup_{k=1}^{\infty} E_{n_k} \right)^c, \end{cases}$$

易知 $g \in L(E)$,且有

$$\int_E g(x)f(x)\mathrm{d}x \geqslant \sum_{k=1}^{\infty} \frac{n_k}{k^2} = +\infty \quad (\text{注意 } n_k \geqslant k).$$

思考题 试证明下列命题:

7. 设 $f^3(x)$ 是 $E(m(E) < +\infty)$ 上的非负可积函数,则 $f^2(x)$ 在 E 上可积.

8. 设 $f(x)$ 在 $[a,b]$ 上非负可测,则 $f^3(x)$ 在 $[a,b]$ 上可积当且仅当

$$\sum_{n=1}^{\infty} n^2 m(\{x \in [a,b] : f(x) \geqslant n\}) < +\infty.$$

9. 设 $\{f_k(x)\}$ 是 E 上的非负可测函数列. 若有

$$\lim_{k \to \infty} f_k(x) = f(x), \quad f_k(x) \leqslant f(x) \quad (x \in E; k = 1,2,\cdots),$$

则对 E 的任一可测子集 e,有

$$\lim_{k \to \infty} \int_e f_k(x)\mathrm{d}x = \int_e f(x)\mathrm{d}x.$$

10. 设 $\{E_n\} \subset [0,1]$ 是可测集列. 若 $m\left(\overline{\lim_{n \to \infty}} E_n\right) = 0$,则对任给的 $\varepsilon > 0$,存在 $[0,1]$ 的可测子集 A,使得 $m([0,1] \backslash A) < \varepsilon$,且有

$$\sum_{n=1}^{\infty} m(A \cap E_n) < +\infty.$$

$$\left(\text{注意} \sum_{n=1}^{\infty} \chi_{E_n}(x) < +\infty, \text{ a.e. } x \in [0,1]2. \right)$$

§4.2 一般可测函数的积分

(一)积分的定义与初等性质

定义 4.3 设 $f(x)$ 是 $E \subset \mathbf{R}^n$ 上的可测函数. 若积分

$$\int_E f^+(x)\mathrm{d}x, \quad \int_E f^-(x)\mathrm{d}x$$

中至少有一个是有限值,则称

$$\int_E f(x)\,\mathrm{d}x = \int_E f^+(x)\,\mathrm{d}x - \int_E f^-(x)\,\mathrm{d}x$$

为 $f(x)$ 在 E 上的**积分**;当上式右端两个积分值皆为有限时,则称 $f(x)$ 在 E 上是**可积的**,或称 $f(x)$ 是 E 上的**可积函数**. 在 E 上可积的函数的全体记为 $L(E)$.

由于等式

$$\int_E |f(x)|\,\mathrm{d}x = \int_E f^+(x)\,\mathrm{d}x + \int_E f^-(x)\,\mathrm{d}x$$

成立,故知在 $f(x)$ 可测的条件下,$f(x)$ 的可积性与 $|f(x)|$ 的可积性是等价的,且有

$$\left| \int_E f(x)\,\mathrm{d}x \right| \leqslant \int_E |f(x)|\,\mathrm{d}x. \tag{4.6}$$

例 1 若 $f(x)$ 是 E 上的有界可测函数,且 $m(E) < +\infty$,则
$$f \in L(E).$$

事实上,不妨设 $|f(x)| \leqslant M$ $(x \in E)$,由于 $|f(x)|$ 是 E 上的非负可测函数,故有

$$\int_E |f(x)|\,\mathrm{d}x \leqslant \int_E M\,\mathrm{d}x = Mm(E) < +\infty.$$

由定义立即可知下述简单事实:

(i) 若 $f \in L(E)$,则 $f(x)$ 在 E 上是几乎处处有限的.

(ii) 若 $E \in \mathscr{M}$,且 $f(x) = 0$, a. e. $x \in E$,则
$$\int_E f(x)\,\mathrm{d}x = 0.$$

事实上,因为 $|f(x)| = 0$, a. e.,所以

$$\left| \int_E f(x)\,\mathrm{d}x \right| \leqslant \int_E |f(x)|\,\mathrm{d}x = 0.$$

(iii) 若 $f(x)$ 是 E 上的可测函数,$g \in L(E)$,且 $|f(x)| \leqslant g(x)$,$x \in E$ $(g(x)$ 称为 $f(x)$ 的控制函数),则 $f \in L(E)$.

事实上,由非负可测函数的积分性质可知

$$\int_E |f(x)|\,\mathrm{d}x \leqslant \int_E g(x)\,\mathrm{d}x < +\infty.$$

由此可知,若 $f \in L(E)$,$e \subset E$ 是可测集,则 $f \in L(e)$.

(iv) 设 $f \in L(\mathbf{R}^n)$，则

$$\lim_{N \to \infty} \int_{\{x \in \mathbf{R}^n: \, |x| \geqslant N\}} |f(x)| \, dx = 0,$$

或说对任给 $\varepsilon > 0$，存在 N，使得

$$\int_{\{x: \, |x| \geqslant N\}} |f(x)| \, dx < \varepsilon.$$

事实上，记 $E_N = \{x \in \mathbf{R}^n: |x| \geqslant N\}$，则 $\{|f(x)| \chi_{E_N}(x)\}$ 是非负可积函数渐降列，且有

$$\lim_{N \to \infty} |f(x)| \chi_{E_N}(x) = 0, \quad x \in \mathbf{R}^n.$$

由此可知

$$\lim_{N \to \infty} \int_{E_N} |f(x)| \, dx = \lim_{N \to \infty} \int_{\mathbf{R}^n} |f(x)| \chi_{E_N}(x) \, dx$$

$$= \int_{\mathbf{R}^n} \lim_{N \to \infty} |f(x)| \chi_{E_N}(x) \, dx = 0.$$

注　若 $f \in L(E)$，且有 $E_N = \{x \in E: |x| \geqslant N\}$，则

$$\lim_{N \to \infty} \int_{E \cap E_N} f(x) \, dx = 0.$$

这是因为 $f \cdot \chi_E \in L(\mathbf{R}^n)$.

定理 4.10（积分的线性性质）　若 $f, g \in L(E), C \in \mathbf{R}$，则

(i) $\displaystyle\int_E Cf(x) \, dx = C \int_E f(x) \, dx$；

(ii) $\displaystyle\int_E (f(x) + g(x)) \, dx = \int_E f(x) \, dx + \int_E g(x) \, dx$.

证明　不妨假定 $f(x)$ 与 $g(x)$ 是实值函数.

(i) 由公式

$$f^+(x) = (|f(x)| + f(x))/2, \quad f^-(x) = (|f(x)| - f(x))/2$$

立即可知：当 $C \geqslant 0$ 时，$(Cf)^+ = Cf^+$，$(Cf)^- = Cf^-$. 根据积分定义以及非负可测函数积分的线性性质，可得

$$\int_E Cf(x) \, dx = \int_E Cf^+(x) \, dx - \int_E Cf^-(x) \, dx$$

$$= C\left(\int_E f^+(x) \, dx - \int_E f^-(x) \, dx\right) = C \int_E f(x) \, dx.$$

当 $C=-1$ 时，$(-f)^+=f^-$，$(-f)^-=f^+$．同理可得

$$\int_E (-f(x))\mathrm{d}x = \int_E f^-(x)\mathrm{d}x - \int_E f^+(x)\mathrm{d}x = -\int_E f(x)\mathrm{d}x.$$

当 $C<0$ 时，$Cf(x)=-|C|f(x)$．由上述结论可得

$$\int_E Cf(x)\mathrm{d}x = \int_E -|C|f(x)\mathrm{d}x = -\int_E |C|f(x)\mathrm{d}x$$

$$= -|C|\int_E f(x)\mathrm{d}x = C\int_E f(x)\mathrm{d}x.$$

$Cf(x)$ 的可积性是明显的．

(ii) 首先，由于有 $|f(x)+g(x)|\leqslant|f(x)|+|g(x)|$，故可知 $f+g\in L(E)$．其次，注意到

$$(f+g)^+ - (f+g)^- = f+g = f^+ - f^- + g^+ - g^-,$$

$$(f+g)^+ + f^- + g^- = (f+g)^- + f^+ + g^+,$$

从而由非负可测函数积分的线性性质得

$$\int_E (f+g)^+(x)\mathrm{d}x + \int_E f^-(x)\mathrm{d}x + \int_E g^-(x)\mathrm{d}x$$

$$= \int_E (f+g)^-(x)\mathrm{d}x + \int_E f^+(x)\mathrm{d}x + \int_E g^+(x)\mathrm{d}x.$$

因为式中每项积分值都是有限的，所以可移项且得到

$$\int_E (f(x)+g(x))\mathrm{d}x = \int_E f(x)\mathrm{d}x + \int_E g(x)\mathrm{d}x.$$

关于函数的乘积，我们有：若 $f\in L(E)$，$g(x)$ 是 E 上的有界可测函数，则 $f\cdot g\in L(E)$．这是因为有不等式

$$|f(x)\cdot g(x)|\leqslant|f(x)|\cdot\sup_{x\in E}|g(x)|, \quad x\in E.$$

从上述性质可知，若 $f\in L(E)$，且 $f(x)=g(x)$，a.e. $x\in E$，则

$$\int_E f(x)\mathrm{d}x = \int_E g(x)\mathrm{d}x.$$

因此，改变函数在零测集上的值，不会影响它的可积性与积分值．

例 2 设 $f(x)$ 是 $[0,1]$ 上的可测函数，且有

$$\int_{[0,1]} |f(x)|\ln(1+|f(x)|)\mathrm{d}x < +\infty,$$

则 $f\in L([0,1])$．

证明 为了阐明 $f\in L([0,1])$，自然想到去寻求可积的控制函

数. 题设告诉我们 $|f(x)|\ln(1+|f(x)|)$ 是 $[0,1]$ 上的可积函数, 难道它能控制 $|f(x)|$ 吗? 显然, 这只是在 $\ln(1+|f(x)|)\geqslant 1$ 或 $|f(x)|\geqslant e-1$ 时才行. 但注意到 $|f(x)|<e-1$ 时, 由于区间 $[0,1]$ 的测度是有限的, 故常数 $e-1$ 本身就是控制函数. 也就是说, 可在不同的定义区域寻求不同的控制函数.

为此, 作点集

$$E_1 = \{x\in[0,1]: |f(x)|\leqslant e\}, \quad E_2 = [0,1]\backslash E,$$

则我们有

$$|f(x)|\leqslant e, \quad x\in E_1;$$
$$|f(x)|\leqslant |f(x)|\ln(1+|f(x)|), \quad x\in E_2.$$

这就是说 $f\in L(E_1)$ 且 $f\in L(E_2)$, 从而

$$f \in L(E_1\bigcup E_2) = L([0,1]).$$

例 3　设 $f\in L(E), f_n\in L(E)(n\in \mathbf{N})$. 若有

$$\lim_{n\to\infty}f_n(x) = f(x) \, (x\in E), \quad f_n(x)\leqslant f_{n+1}(x) \quad (n\in\mathbf{N}, x\in E),$$

则

$$\lim_{n\to\infty}\int_E f_n(x)\mathrm{d}x = \int_E f(x)\mathrm{d}x.$$

证明　令 $F_n(x)=f(x)-f_n(x)(n\in\mathbf{N}, x\in E)$, 则 $\{F_n(x)\}$ 是 E 上非负渐降收敛于 0 的可积函数列, 从而由 §4.1 例 2 可知

$$0 = \lim_{n\to\infty}\int_E F_n(x)\mathrm{d}x = \lim_{n\to\infty}\left(\int_E f(x)\mathrm{d}x - \int_E f_n(x)\mathrm{d}x\right)$$
$$= \int_E f(x)\mathrm{d}x - \lim_{n\to\infty}\int_E f_n(x)\mathrm{d}x,$$

即得所证.

例 4　设 $g\in L(E), f_n\in L(E)(n\in\mathbf{N})$. 若 $f_n(x)\geqslant g(x)$, a. e. $x\in E$, 则

$$\int_E \varliminf_{n\to\infty} f_n(x)\mathrm{d}x \leqslant \varliminf_{n\to\infty}\int_E f_n(x)\mathrm{d}x.$$

证明　根据 Fatou 引理, 我们有

$$\int_E \varliminf_{n\to\infty}[f_n(x)-g(x)]\mathrm{d}x \leqslant \varliminf_{n\to\infty}\left(\int_E [f_n(x)-g(x)]\mathrm{d}x\right).$$

这说明 $\displaystyle\int_E \varliminf_{n\to\infty}[f_n(x)]\mathrm{d}x \leqslant \varliminf_{n\to\infty}\int_E f_n(x)\mathrm{d}x$. 证毕.

例 5（Jensen 不等式）　设 $w(x)$ 是 $E\subset\mathbf{R}$ 上的正值可测函数, 且 $\displaystyle\int_E w(x)\mathrm{d}x = 1$; $\varphi(x)$ 是区间 $I=[a,b]$ 上的 (下) 凸函数; $f(x)$ 在 E

上可测,且值域 $R(f) \subset I$. 若 $fw \in L(E)$,则

$$\varphi\left(\int_E f(x)w(x)\mathrm{d}x\right) \leqslant \int_E \varphi(f(x))w(x)\mathrm{d}x.$$

证明 注意到 $a \leqslant f(x) \leqslant b$,我们有

$$y_0 = \int_E f(x)w(x)\mathrm{d}x \in I.$$

(i) 设 $y_0 \in (a,b)$,由 $\varphi(x)$ 之(下)凸性可知有

$$\varphi(y) \geqslant \varphi(y_0) + k(y - y_0), \quad y \in [a,b].$$

以 $f(x)$ 代 y 得

$$\varphi(f(x)) \geqslant \varphi(y_0) + k(f(x) - y_0), \text{ a. e. } x \in E.$$

在上式两端乘以 $w(x)$,并在 E 上作积分,则

$$\int_E \varphi(f(x))w(x)\mathrm{d}x \geqslant \int_E \varphi(y_0)w(x)\mathrm{d}x + k\int_E (f(x) - y_0)w(x)\mathrm{d}x$$

$$= \varphi(y_0) + k\left(\int_E f(x)w(x)\mathrm{d}x - y_0\right)$$

$$= \varphi(y_0) = \varphi\left(\int_E f(x)w(x)\mathrm{d}x\right).$$

(ii) 若 $y_0 = b$(或 a),易知此时有

$$\int_E (b - f(x))w(x)\mathrm{d}x = 0,$$

由此可得 $f(x) = b$, a. e. $x \in E$,从而

$$\int_E \varphi(f(x))w(x)\mathrm{d}x = \int_E \varphi(b)w(x)\mathrm{d}x$$

$$= \varphi(b)\int_E w(x)\mathrm{d}x = \varphi(b)$$

$$= \varphi\left(\int_E f(x)w(x)\mathrm{d}x\right).$$

证毕.

注 Jensen 不等式在 $\mathbf{R}^n$ 上也成立,只需将区间 I 用凸集代替. 下面是一个特例:

设 $E \subset \mathbf{R}$,且 $m(E) = 1, f(x)$ 在 E 上正值可积,且记 $A = \int_E f(x)\mathrm{d}x$,则

$$\sqrt{1 + A^2} \leqslant \int_E \sqrt{1 + f^2(x)}\mathrm{d}x \leqslant 1 + A.$$

实际上,考查 $\varphi(x) = (1 + x^2)^{1/2}$,易知 $\varphi(x)$ 是(下)凸函数. 根据 Jensen 不

等式($w(x)\equiv 1$),有 $\left(A^2\leqslant\displaystyle\int_E f^2(x)\mathrm{d}x\right)$

$$\sqrt{1+A^2}\leqslant\left(1+\int_E f^2(x)\mathrm{d}x\right)^{1/2}=\left(\int_E(1+f^2(x))\mathrm{d}x\right)^{1/2}$$

$$\leqslant\int_E\sqrt{1+f^2(x)}\mathrm{d}x\leqslant\int_E(1+f(x))\mathrm{d}x=1+A.$$

思考题 试证明下列命题:

1. 若 $f\in L(\mathbf{R}^n)$,$g\in L(\mathbf{R}^n)$,则函数

$$m(x)=\min_{x\in\mathbf{R}^n}\{f(x),g(x)\},\ M(x)=\max_{x\in\mathbf{R}^n}\{f(x),g(x)\}$$

在 $\mathbf{R}^n$ 上可积.

2. 设有定义在 $[0,1]\times[0,1]$ 的二元函数:

$$f(x,y)=\begin{cases}1,& xy\ \text{为无理数},\\ 2,& xy\ \text{为有理数},\end{cases}$$

则 $\displaystyle\iint_{[0,1]^2}f(x,y)\mathrm{d}x\mathrm{d}y=1.$

3. 若 $f\in L(E)$,则

$$m(\{x\in E:|f(x)|>k\})=O\left(\frac{1}{k}\right)\quad(k\to\infty).$$

4. 设 $f\in L((0,+\infty))$,令 $f_n(x)=f(x)\chi_{(0,n)}(x)$ ($n=1,2,\cdots$),则 $f_n(x)$ 在 $(0,+\infty)$ 上依测度收敛于 $f(x)$.

5. 设 $f\in L([0,1])$. 若 $\mathrm{e}^{\int_{[0,1]}f(x)\mathrm{d}x}=\displaystyle\int_{[0,1]}\mathrm{e}^{f(x)}\mathrm{d}x$,则 $f(x)=C$(常数), a.e. $x\in[0,1]$. ($\mathrm{e}^x(x-a)+\mathrm{e}^a=\mathrm{e}^x$ 当且仅当 $x=a$.)

6. 设 $f\in L(\mathbf{R})$,且对任意的区间 I,记

$$f_I=\frac{1}{|I|}\int_I f(x)\mathrm{d}x,\quad E_I=\{x\in I:f(x)>f_I\},$$

则 $$\int_I|f(x)-f_I|\mathrm{d}x=2\int_{E_I}(f(x)-f_I)\mathrm{d}x.$$

定理 4.11(积分对定义域的可数可加性) 设 $E_k\in\mathscr{M}$ ($k=1,2,\cdots$),$E_i\cap E_j=\varnothing$ ($i\neq j$). 若 $f(x)$ 在 $E=\bigcup\limits_{k=1}^{\infty}E_k$ 上可积,则

$$\int_E f(x)\mathrm{d}x=\sum_{k=1}^{\infty}\int_{E_k}f(x)\mathrm{d}x.\tag{4.7}$$

证明 根据 $f \in L(E)$ 以及非负可测函数积分的可数可加性(推论 4.7),我们有

$$\sum_{k=1}^{\infty} \int_{E_k} f^{\pm}(x)\mathrm{d}x = \int_{E} f^{\pm}(x)\mathrm{d}x \leqslant \int_{E} |f(x)|\mathrm{d}x < +\infty.$$

从而可知

$$\sum_{k=1}^{\infty} \int_{E_k} f(x)\mathrm{d}x = \sum_{i=1}^{\infty} \left(\int_{E_k} f^{+}(x)\mathrm{d}x - \int_{E_k} f^{-}(x)\mathrm{d}x \right)$$
$$= \int_{E} f^{+}(x)\mathrm{d}x - \int_{E} f^{-}(x)\mathrm{d}x = \int_{E} f(x)\mathrm{d}x.$$

例 6(可积函数几乎处处为零的一种判别法) 设函数 $f(x) \in L([a,b])$. 若对任意的 $c \in [a,b]$,有

$$\int_{[a,c]} f(x)\mathrm{d}x = 0,$$

则 $f(x) = 0$, a. e. $x \in [a,b]$.

证明 若结论不成立,则存在 $E \subset [a,b]$,$m(E) > 0$ 且 $f(x)$ 在 E 上的值不等于零. 不妨假定在 E 上 $f(x) > 0$. 作闭集 F,$F \subset E$,且 $m(F) > 0$,并令 $G = (a,b) \backslash F$,我们有

$$\int_{G} f(x)\mathrm{d}x + \int_{F} f(x)\mathrm{d}x = \int_{a}^{b} f(x)\mathrm{d}x = 0.$$

因为 $\int_{F} f(x)\mathrm{d}x > 0$,所以

$$\sum_{n \geqslant 1} \int_{[a_n,b_n]} f(x)\mathrm{d}x = \int_{G} f(x)\mathrm{d}x \neq 0,$$

其中 $\{(a_n,b_n)\}$ 为开集 G 的构成区间,从而存在 n_0,使得

$$\int_{[a_{n_0},b_{n_0}]} f(x)\mathrm{d}x \neq 0.$$

由此可知

$$\int_{[a,a_{n_0}]} f(x)\mathrm{d}x \neq 0 \quad 或 \quad \int_{[a,b_{n_0}]} f(x)\mathrm{d}x \neq 0.$$

这与假设矛盾.

例 7 设 $g(x)$ 是 E 上的可测函数. 若对任意的 $f \in L(E)$,都有 $fg \in L(E)$,则除一个零测集 Z 外,$g(x)$ 是 $E \backslash Z$ 上的有界函数.

事实上,如果结论不成立,那么一定存在自然数子列 $\{k_i\}$,使得

$$m(\{x \in E: k_i \leqslant |g(x)| < k_{i+1}\}) = m(E_i) > 0 \quad (i = 1, 2, \cdots).$$

现在作函数

$$f(x) = \begin{cases} \dfrac{\mathrm{sign}g(x)}{i^{1+(1/2)}m(E_i)}, & x \in E_i, \\ 0, & x \,\overline{\in}\, E_i \end{cases} \quad (i = 1, 2, \cdots).$$

因为

$$\int_E |f(x)|\mathrm{d}x = \sum_{i=1}^{\infty} \int_{E_i} |f(x)|\mathrm{d}x$$

$$= \sum_{i=1}^{\infty} \frac{1}{i^{1+(1/2)}m(E_i)} m(E_i) < +\infty,$$

所以 $f \in L^1(E)$，但我们有

$$\int_E f(x)g(x)\mathrm{d}x \geqslant \sum_{i=1}^{\infty} \frac{k_i}{i^{1+(1/2)}m(E_i)} m(E_i) = +\infty,$$

这说明 $fg\,\overline{\in}\, L(E)$，矛盾.（比较 §4.1 例 7 后的注）

定理 4.12（积分的绝对连续性） 若 $f \in L(E)$，则对任给的 $\varepsilon > 0$，存在 $\delta > 0$，使得当 E 中子集 e 的测度 $m(e) < \delta$ 时，有

$$\left| \int_e f(x)\mathrm{d}x \right| \leqslant \int_e |f(x)|\mathrm{d}x < \varepsilon. \tag{4.8}$$

证明 不妨假定 $f(x) \geqslant 0$. 根据定理 3.9 以及渐升列的积分定理 4.4 可知，对于任给的 $\varepsilon > 0$，存在可测简单函数 $\varphi(x), 0 \leqslant \varphi(x) \leqslant f(x)\ (x \in E)$，使得

$$\int_E (f(x) - \varphi(x))\mathrm{d}x = \int_E f(x)\mathrm{d}x - \int_E \varphi(x)\mathrm{d}x < \frac{\varepsilon}{2}.$$

现在设 $\varphi(x) \leqslant M$，取 $\delta = \varepsilon/(2M)$，则当 $e \subset E$，且 $m(e) < \delta$ 时，就有

$$\int_e f(x)\mathrm{d}x = \int_e f(x)\mathrm{d}x - \int_e \varphi(x)\mathrm{d}x + \int_e \varphi(x)\mathrm{d}x$$

$$\leqslant \int_E (f(x) - \varphi(x))\mathrm{d}x + \int_e \varphi(x)\mathrm{d}x$$

$$< \frac{\varepsilon}{2} + Mm(e) \leqslant \frac{\varepsilon}{2} + \frac{\varepsilon}{2} = \varepsilon.$$

例 8 设 $f \in L(E)\,(E \subset \mathbf{R})$，且

$$0 < A = \int_E f(x)\mathrm{d}x < +\infty,$$

则存在 E 中可测子集 e，使得

$$\int_e f(x)\mathrm{d}x = \frac{A}{3}.$$

证明 设 $E_t = E \bigcap (-\infty, t), t \in \mathbf{R}$，并记

$$g(t) = \int_{E_t} f(x)\mathrm{d}x,$$

则由积分绝对连续性可知，对任给的 $\varepsilon > 0$，存在 $\delta > 0$，只要 $|\Delta t| < \delta$，就有

$$|g(t + \Delta t) - g(t)| \leqslant \int_{E \bigcap [t, t + \Delta t]} |f(x)|\mathrm{d}x$$

$$\leqslant \int_{[t, t + \Delta t]} |f(x)|\mathrm{d}x < \varepsilon.$$

这说明 $g \in C(\mathbf{R})$. 因为 $g(x)$ 是递增函数，且有

$$\lim_{t \to -\infty} g(t) = 0, \quad \lim_{t \to +\infty} g(t) = A,$$

而 $0 < A/3 < A$，所以根据连续函数介值定理可知，存在 t_0：$-\infty < t_0 < +\infty$，使得 $g(t_0) = A/3$：

$$g(t_0) = \int_{E \bigcap (-\infty, t_0)} f(x)\mathrm{d}x = \frac{A}{3}.$$

令 $e = E \bigcap (-\infty, t_0)$，即得所证.

定理 4.13（积分变量的平移变换定理） 若 $f \in L(\mathbf{R}^n)$，则对任意的 $y_0 \in \mathbf{R}^n$，$f(x + y_0) \in L(\mathbf{R}^n)$，有

$$\int_{\mathbf{R}^n} f(x + y_0)\mathrm{d}x = \int_{\mathbf{R}^n} f(x)\mathrm{d}x. \tag{4.9}$$

证明 只需考虑 $f(x) \geqslant 0$ 的情形. 首先看 $f(x)$ 是非负可测简单函数的情形：

$$f(x) = \sum_{i=1}^k c_i \chi_{E_i}(x), \quad x \in \mathbf{R}^n.$$

显然有

$$f(x + y_0) = \sum_{i=1}^k c_i \chi_{E_i - \{y_0\}}(x),$$

它仍是非负可测简单函数，从而知

$$\int_{\mathbf{R}^n} f(x + y_0)\mathrm{d}x = \sum_{i=1}^k c_i m(E_i - \{y_0\})$$

$$= \sum_{i=1}^{k} c_i m(E_i) = \int_{\mathbf{R}^n} f(x) \mathrm{d}x.$$

其次,考虑一般非负可测函数 $f(x)$. 此时存在非负可测简单函数渐升列 $\{\varphi_k(x)\}$,使得 $\lim\limits_{k\to\infty}\varphi_k(x) = f(x), x \in \mathbf{R}^n$. 显然,$\{\varphi_k(x+y_0)\}$ 仍为渐升列,且有

$$\lim_{k\to\infty}\varphi_k(x+y_0) = f(x+y_0), \quad x \in \mathbf{R}^n.$$

从而可知

$$\int_{\mathbf{R}^n} f(x+y_0) \mathrm{d}x = \lim_{k\to\infty}\int_{\mathbf{R}^n}\varphi_k(x+y_0)\mathrm{d}x$$

$$= \lim_{k\to\infty}\int_{\mathbf{R}^n}\varphi_k(x)\mathrm{d}x = \int_{\mathbf{R}^n} f(x)\mathrm{d}x.$$

例 9 设 $f \in L([0,+\infty))$,则

$$\lim_{n\to\infty} f(x+n) = 0, \quad \text{a. e. } x \in \mathbf{R}.$$

证明 因为 $f(x+n) = f(x+1+(n-1))$,所以只需考查 $[0,1]$ 中的点即可. 为证此,又只需指出级数 $\sum\limits_{n=1}^{\infty}|f(x+n)|$ 在 $[0,1]$ 上几乎处处收敛即可. 应用积分的手段,由于

$$\int_{[0,1]}\sum_{n=1}^{\infty}|f(x+n)|\mathrm{d}x = \sum_{n=1}^{\infty}\int_{[0,1]}|f(x+n)|\mathrm{d}x$$

$$= \sum_{n=1}^{\infty}\int_{[n,n+1]}|f(x)|\mathrm{d}x = \int_{[1,\infty)}|f(x)|\mathrm{d}x < +\infty,$$

可知 $\sum\limits_{n=1}^{\infty}|f(x+n)|$ 作为 x 的函数是在 $[0,1]$ 上可积的,因而是几乎处处有限的,即级数是几乎处处收敛的.

积分的一般变量替换公式是一个较复杂的课题,我们将在附录中作介绍. 在这里只指出另一种特殊情形.

例 10 设 $I \subset \mathbf{R}$ 是区间,$f \in L(I), a \neq 0$,记 $J = \{x/a : x \in I\}$,$g(x) = f(ax)(x \in J)$,则 $g \in L(J)$,且有

$$\int_I f(x)\mathrm{d}x = |a|\int_J g(x)\mathrm{d}x.$$

证明 (i) 若 $f(x) = \chi_E(x)$,E 是 I 中的可测集,则 $a^{-1}E \subset J$. 由于 $\chi_E(ax) = \chi_{a^{-1}E}(x)$,故有

$$\int_J g(x)\mathrm{d}x = \frac{1}{|a|}m(E) = \frac{1}{|a|}\int_I f(x)\mathrm{d}x.$$

由此可知当 $f(x)$ 是简单可测函数时,结论也真.

(ii) 对 $f\in L(I)$,设简单可测函数列 $\{\varphi_n(x)\}$,使得 $\varphi_n(x)\to f(x)(n\to\infty,x\in I)$,且 $|\varphi_n(x)|\leqslant|f(x)|$ $(n=1,2,\cdots,x\in I)$,则令 $\psi_n(x)=\varphi_n(ax)(x\in J,n=1,2,\cdots)$,$\psi_n(x)\to g(x)(n\to\infty,x\in J)$,我们有

$$|a|\int_J g(x)\mathrm{d}x = |a|\lim_{n\to\infty}\int_J \psi_n(x)\mathrm{d}x$$
$$= \lim_{n\to\infty}\int_I \varphi_n(x)\mathrm{d}x = \int_I f(x)\mathrm{d}x.$$

注 对 $f\in L(\mathbf{R}^n)$,$a\in\mathbf{R}\backslash\{0\}$,则

$$\int_{\mathbf{R}^n} f(ax)\mathrm{d}x = \frac{1}{|a|^n}\int_{\mathbf{R}^n} f(x)\mathrm{d}x.$$

思考题 试证明下列命题:

7. 设 $f\in L(\mathbf{R})$,$g\in L(\mathbf{R})$,且有

$$\int_{[a,x]} f(t)\mathrm{d}t = \int_{[a,x]} g(t)\mathrm{d}t, \quad x\in\mathbf{R},$$

则 $f(x)=g(x)$,a.e. $x\in\mathbf{R}$.

8. 设 $f\in L(\mathbf{R})$.若对 $\mathbf{R}$ 上任意的有界可测函数 $\varphi(x)$,都有

$$\int_{\mathbf{R}} f(x)\varphi(x)\mathrm{d}x = 0,$$

则 $f(x)=0$,a.e. $x\in\mathbf{R}$.

(二)控制收敛定理

控制收敛定理为积分与极限次序的交换所提供的充分条件有着广泛的应用.它是 Lebesgue 积分理论中最重要的结果之一.

定理 4.14(控制收敛定理) 设 $f_k\in L(E)$ $(k=1,2,\cdots)$,且有

$$\lim_{k\to\infty} f_k(x) = f(x), \quad \text{a.e. } x\in E.$$

若存在 E 上的可积函数 $F(x)$,使得

$$|f_k(x)|\leqslant F(x), \quad \text{a.e. } x\in E \ (k=1,2,\cdots),$$

则

$$\lim_{k\to\infty}\int_E f_k(x)\mathrm{d}x = \int_E f(x)\mathrm{d}x. \tag{4.10}$$

(通常称 $F(x)$ 为函数列 $\{f_k(x)\}$ 的**控制函数**.)

证明 显然, $f(x)$ 是 E 上的可测函数, 且由 $|f_k(x)|\leqslant F(x)$ (a. e. $x\in E$)可知 $|f(x)|\leqslant F(x)$, a. e. $x\in E$. 因此, $f(x)$ 也是 E 上的可积函数. 作函数列

$$g_k(x) = |f_k(x) - f(x)| \quad (k = 1,2,\cdots),$$

则 $g_k\in L(E)$, 且 $0\leqslant g_k(x)\leqslant 2F(x)$, a. e. $x\in E$ $(k=1,2,\cdots)$.

根据 Fatou 引理, 我们有

$$\int_E \lim_{k\to\infty}(2F(x) - g_k(x))\mathrm{d}x \leqslant \varliminf_{k\to\infty}\int_E (2F(x) - g_k(x))\mathrm{d}x.$$

因为 $F(x)$ 以及每个 $g_k(x)$ 都是可积的, 所以得到

$$\int_E 2F(x)\mathrm{d}x - \int_E \lim_{k\to\infty}g_k(x)\mathrm{d}x \leqslant \int_E 2F(x)\mathrm{d}x - \varlimsup_{k\to\infty}\int_E g_k(x)\mathrm{d}x.$$

消去 $\int_E 2F(x)\mathrm{d}x$, 并注意到 $\lim_{k\to\infty}g_k(x)=0$, a. e. $x\in E$, 可得

$$\varlimsup_{k\to\infty}\int_E g_k(x)\mathrm{d}x = 0.$$

最后, 从不等式 $(k=1,2,\cdots)$

$$\left|\int_E f_k(x)\mathrm{d}x - \int_E f(x)\mathrm{d}x\right|$$

$$\leqslant \left|\int_E (f_k(x) - f(x))\mathrm{d}x\right| \leqslant \int_E g_k(x)\mathrm{d}x$$

立即可知, 定理的结论成立.

注意 (i) 在上述定理的推演中, 实际上证明了更强的结论:

$$\lim_{k\to\infty}\int_E |f_k(x) - f(x)|\mathrm{d}x = 0. \tag{*}$$

今后, 我们将称式 $(*)$ 为 $f_k(x)$ 在 E 上依 L^1 的意义收敛于 $f(x)$. 一般来说, 式(4.10)不能推出$(*)$成立(在非负情形有例外).

此外, 当式$(*)$成立时, 也不一定有

$$\lim_{k\to\infty}f_k(x) = f(x), \quad \text{a. e. } x\in E.$$

不过可以得出 $f_k(x)$ 在 E 上依测度收敛于 $f(x)$ 的结论. 实际上, 因为对任意的 $\sigma>0$, 记

$$E_k(\sigma) = \{x \in E : |f_k(x) - f(x)| > \sigma\},$$

就有

$$\sigma m(E_k(\sigma)) = \int_{E_k(\sigma)} \sigma dx \leqslant \int_{E_k(\sigma)} |f_k(x) - f(x)| dx$$

$$\leqslant \int_E |f_k(x) - f(x)| dx \to 0 \quad (k \to \infty),$$

所以 $m(E_k(\sigma)) \to 0 \ (k \to \infty)$.

由此,进一步又可知,存在子列 $\{f_{k_i}(x)\}$,使得

$$\lim_{i \to \infty} f_{k_i}(x) = f(x), \quad \text{a. e. } x \in E.$$

(ii) 上述控制收敛定理的一个特例是有界收敛定理:

设 $\{f_k(x)\}$ 是 E 上的可测函数列,$m(E) < +\infty$,且对 $x \in E$ 有

$$\lim_{k \to \infty} f_k(x) = f(x), \quad |f_k(x)| \leqslant M \quad (k = 1, 2, \cdots),$$

则 $f \in L(E)$,且

$$\lim_{k \to \infty} \int_E f_k(x) dx = \int_E f(x) dx.$$

为阐明这一点,只需注意常数函数 M 就是 E 上的控制函数.

例 11 设 $f_n \in C^{(1)}((a,b))$ $(n=1,2,\cdots)$,且有

$$\lim_{n \to \infty} f_n(x) = f(x), \quad \lim_{n \to \infty} f_n'(x) = F(x), \quad x \in (a,b).$$

若 $f'(x), F(x)$ 在 (a,b) 上连续,则 $f'(x) = F(x)$,$x \in (a,b)$.

证明 只需指出在 (a,b) 的一个稠密子集上有 $f'(x) = F(x)$ 即可. 为此,任取 (a,b) 中的子区间 $[c,d]$,且记

$$E_n = \{x \in [c,d] : |f_k'(x) - F(x)| \leqslant 1, k \geqslant n\},$$

易知每个 E_n 皆闭集,且 $[c,d] = \bigcup_{n=1}^{\infty} E_n$. 从而根据 Baire 定理(定理 1.23)可知,存在 n_0 以及区间 $[c',d']$,使得 $E_{n_0} \supset [c',d']$. 由于

$$|f_k'(x) - F(x)| \leqslant 1 \quad (k \geqslant n_0), \ x \in [c',d'],$$

故知 $k \geqslant n_0$ 时,$\{f_k'(x)\}$ 在 $[c',d']$ 上一致有界. 这样,由等式

$$\int_{[c',x]} f_k'(t) dt = f_k(x) - f_k(c'), \quad c' < x < d'$$

可知(有界收敛定理)

$$\int_{[c',x]} F(t) dt = f(x) - f(c'), \quad c' < x < d'.$$

在等式两端对 x 求导可得

$$F(x) = f'(x), \quad c' < x < d',$$

即得所证.

定理 4.15（依测度收敛型控制收敛定理） 设 $f_k \in L(\mathbf{R}^n)$ $(k=1,2,\cdots)$，且 $f_k(x)$ 在 $\mathbf{R}^n$ 上依测度收敛于 $f(x)$. 若存在 $F \in L(\mathbf{R}^n)$，使得

$$|f_k(x)| \leqslant F(x) \quad (k=1,2,\cdots; \text{a. e. } x \in \mathbf{R}^n),$$

则 $f \in L(\mathbf{R}^n)$，且有

$$\lim_{k\to\infty} \int_{\mathbf{R}^n} f_k(x)\mathrm{d}x = \int_{\mathbf{R}^n} f(x)\mathrm{d}x.$$

证明 （下述证法虽繁，但习之也不无益处.）设 ε 是任意给定的正数，则只需指出存在 K，使得 $k > K$ 时，有

$$\int_{\mathbf{R}^n} |f_k(x) - f(x)|\mathrm{d}x < \varepsilon.$$

首先，由题设知，存在 $\{f_{k_i}(x)\}$，使得

$$\lim_{i\to\infty} f_{k_i}(x) = f(x), \quad \text{a. e. } x \in \mathbf{R}^n,$$

从而在 $|f_{k_i}(x)| \leqslant F(x)$ 中令 $i \to \infty$，即知 $f \in L(\mathbf{R}^n)$，且 $|f(x)| \leqslant F(x)$，a. e. $x \in \mathbf{R}^n$.

其次，把 $\mathbf{R}^n$ 分解如下：

（i）由 $F \in L(\mathbf{R}^n)$ 可知，存在 N，使得

$$\int_{\{x: |x| \geqslant N\}} F(x)\mathrm{d}x < \frac{\varepsilon}{6}.$$

自然同时对一切 $k=1,2,\cdots$，也有

$$\int_{\{x: |x| \geqslant N\}} |f_k(x) - f(x)|\mathrm{d}x$$

$$\leqslant 2\int_{\{x: |x| \leqslant N\}} F(x)\mathrm{d}x < \frac{\varepsilon}{3}.$$

（ii）由 $F(x)$ 的积分绝对连续性可知，存在 $\delta > 0$，使得当 $m(e) < \delta$ 时，有

$$\int_e F(x)\mathrm{d}x < \frac{\varepsilon}{6}.$$

自然，同时对一切 $k=1,2,\cdots$，也有

$$\int_e |f_k(x) - f(x)|\mathrm{d}x \leqslant 2\int_e F(x)\mathrm{d}x < \frac{\varepsilon}{3}.$$

(iii) 再看 $B=B(0,N)$，记 $m(B)=l$. 由 $f_k(x)$ 依测度收敛于 $f(x)$ 可知，对 $\varepsilon/(3l)$ 以及 δ，（记 $E_k=\{x\in B:\ |f_k(x)-f(x)|>\varepsilon/(3l)\}$）必存在 K，当 $k\geqslant K$ 时，有 $m(E_k)<\delta$.

(iv) 对 $k\geqslant K$ 作分解

$$\int_{\mathbf{R}^n}|f_k(x)-f(x)|\,\mathrm{d}x$$

$$=\int_{\{x:\ |x|\geqslant N\}}|f_k(x)-f(x)|\,\mathrm{d}x+\int_B|f_k(x)-f(x)|\,\mathrm{d}x$$

$$<\frac{\varepsilon}{3}+\int_{E_k}|f_k(x)-f(x)|\,\mathrm{d}x+\int_{B\setminus E_k}|f_k(x)-f(x)|\,\mathrm{d}x$$

$$<\frac{\varepsilon}{3}+\frac{\varepsilon}{3}+\int_{B\setminus E_k}\frac{\varepsilon}{3l}\mathrm{d}x\leqslant\frac{2\varepsilon}{3}+\frac{\varepsilon}{3l}\int_B\mathrm{d}x=\varepsilon.$$

注 对于 E 上依测度收敛于 $f\in L(E)$ 的非负可积函数列 $\{f_k(x)\}$，若有

$$\lim_{k\to\infty}\int_E f_k(x)\,\mathrm{d}x=\int_E f(x)\,\mathrm{d}x,$$

则

$$\lim_{k\to\infty}\int_E|f_k(x)-f(x)|\,\mathrm{d}x=0.$$

记 $m_k(x)=\min_{x\in E}\{f_k(x),f(x)\}$，$M_k(x)=\max_{x\in E}\{f_k(x),f(x)\}$，则对 $\sigma>0$，由于 $\{x\in E:\ f(x)-m_k(x)>\sigma\}\subset\{x\in E:\ |f_k(x)-f(x)|>\sigma\}$，故知 $m_k(x)$ 在 E 上依测度收敛于 $f(x)$. 再注意到 $0\leqslant m_k(x)\leqslant f(x)$ $(x\in E)$，可得

$$\lim_{k\to\infty}\int_E m_k(x)\,\mathrm{d}x=\int_E f(x)\,\mathrm{d}x.$$

又因为 $M_k(x)=f(x)+f_k(x)-m_k(x)$ $(x\in E)$，所以有

$$\int_E M_k(x)\,\mathrm{d}x=\int_E f(x)\,\mathrm{d}x+\int_E f_k(x)\,\mathrm{d}x-\int_E m_k(x)\,\mathrm{d}x$$

$$\to\int_E f(x)\,\mathrm{d}x\quad(k\to\infty).$$

最后，根据 $|f_k(x)-f(x)|=M_k(x)-m_k(x)$，我们有

$$\lim_{k\to\infty}\int_E|f_k(x)-f(x)|\,\mathrm{d}x=\lim_{k\to\infty}\int_E M_k(x)\,\mathrm{d}x-\lim_{k\to\infty}\int_E m_k(x)\,\mathrm{d}x=0.$$

例 12 $\displaystyle\int_{[0,1]}\frac{x\sin x}{1+(nx)^a}\mathrm{d}x=o\left(\frac{1}{n}\right)(n\to\infty,a>1).$

证明 往证 $\displaystyle\int_{[0,1]}\frac{nx\sin x}{1+(nx)^a}\mathrm{d}x\to 0\ (n\to\infty)$. 令

$$g(x)=1+(nx)^a-nx^{3/2}\quad(g(0)=1,g(1)=1+n^a-n),$$

易知，在 $1<a\leqslant 3/2$ 且 n 充分大时，$g(x)$ 在 $[0,1]$ 中有极值点，从而在 n 充分大

时,不难得出

$$0 < \frac{nx\sin x}{1 + (nx)^a} \leqslant \frac{1}{\sqrt{x}} \quad (x \in [0,1]).$$

根据控制收敛定理即得所证.

例 13 $\displaystyle\int_{[a,+\infty)} \frac{x\mathrm{e}^{-n^2 x^2}}{1 + x^2}\mathrm{d}x = o\left(\frac{1}{n^2}\right)(n \to \infty, a > 0).$

证明 只需指出 $I = \displaystyle\lim_{n \to \infty}\int_{[a,\infty)} \frac{n^2 x\mathrm{e}^{-n^2 x^2}}{1 + x^2}\mathrm{d}x = 0$ 即可. 令 $u = nx$,则

$$I = \int_{[na,+\infty)} \frac{u\mathrm{e}^{-u^2}}{1 + u^2/n^2}\mathrm{d}u = \int_{[0,\infty)} \chi_{[na,+\infty)}(u) \frac{u\mathrm{e}^{-u^2}}{1 + u^2/n^2}\mathrm{d}u.$$

注意到

$$\lim_{n \to \infty}\chi_{[na,+\infty)}(u)(1 + u^2/n^2)^{-1}u\mathrm{e}^{-u^2} = 0,$$

$$0 \leqslant \chi_{[na,+\infty)}(u)(1 + u^2/n^2)^{-1}u\mathrm{e}^{-u^2} \leqslant u\mathrm{e}^{-u^2} \quad (0 \leqslant u < +\infty),$$

以及 $u\mathrm{e}^{-u^2}$ 在 $[0,+\infty)$ 上可积,故根据控制收敛定理即得所证.

思考题 解答下列问题:

1. 设 $f \in C([a,b])$,$\varphi \in C([a,b])$,$F \in L([a,b])$,且对 $x \in [a,b]$,有

$$\lim_{n \to \infty}\varphi_n(x) = \varphi(x), \quad \varphi_n \in C^{(1)}([a,b]) \quad (n = 1,2,\cdots).$$

$$\frac{\mathrm{d}}{\mathrm{d}x}\varphi_n(x) = f(x)\varphi_n(x), \quad |f(x)\varphi_n(x)| \leqslant F(x),$$

试证明 $\qquad \varphi'(x) = f(x)\varphi(x), \quad x \in [a,b].$

2. 试证明函数列 $\{\cos nx\}$ 在 $[-\pi,\pi)$ 不是依测度收敛于 0 的.

3. 设 $f \in L((0,+\infty))$,试证明函数

$$g(x) = \int_{[0,\infty)} \frac{f(t)}{x + t}\mathrm{d}t$$

在 $(0,+\infty)$ 上连续.

4. 设 $f \in L(E)$,记 $E_k = \{x \in E : |f(x)| < 1/k\}$,试证明

$$\lim_{k \to \infty}\int_{E_k} |f(x)|\mathrm{d}x = 0.$$

5. 设 $f, g \in L(E)$,$f_k, g_k \in L(E)$,$|f_k(x)| \leqslant M (k = 1,2,\cdots)$,

$$\int_E |f_k(x) - f(x)|\mathrm{d}x \to 0, \quad (k \to \infty),$$

$$\int_E |g_k(x) - g(x)| \,\mathrm{d}x \to 0 \quad (k \to \infty),$$

试证明

$$\int_E |f_k(x)g_k(x) - f(x)g(x)| \,\mathrm{d}x \to 0 \quad (k \to \infty).$$

6. 设 $f_k \in L(E)$ $(k=1,2,\cdots)$，且 $f_k(x)$ 在 E 上一致收敛于 $f(x)$. 若 $m(E) < +\infty$，试证明

$$\lim_{k \to \infty} \int_E f_k(x)\,\mathrm{d}x = \int_E f(x).$$

推论 4.16（逐项积分定理） 设 $f_k \in L(E)$ $(k=1,2,\cdots)$. 若有

$$\sum_{k=1}^{\infty} \int_E |f_k(x)| \,\mathrm{d}x < +\infty,$$

则 $\sum\limits_{k=1}^{\infty} f_k(x)$ 在 E 上几乎处处收敛；若记其和函数为 $f(x)$，则 $f \in L(E)$，且有

$$\sum_{k=1}^{\infty} \int_E f_k(x)\,\mathrm{d}x = \int_E f(x)\,\mathrm{d}x. \qquad (4.11)$$

证明 作函数 $F(x) = \sum\limits_{k=1}^{\infty} |f_k(x)|$，由非负可测函数的逐项积分定理可知

$$\int_E F(x)\,\mathrm{d}x = \sum_{k=1}^{\infty} \int_E |f_k(x)| \,\mathrm{d}x < +\infty,$$

即 $F \in L(E)$，从而 $F(x)$ 在 E 上是几乎处处有限的. 这说明级数 $\sum\limits_{k=1}^{\infty} f_k(x)$ 在 E 上几乎处处收敛. 记其和函数为 $f(x)$. 由于

$$|f(x)| \leqslant \sum_{k=1}^{\infty} |f_k(x)| = F(x), \text{ a. e. } x \in E,$$

故 $f \in L(E)$.

现在令 $g_m(x) = \sum\limits_{k=1}^{m} f_k(x)$ $(m=1,2,\cdots)$，则

$$|g_m(x)| \leqslant \sum_{k=1}^{m} |f_k(x)| \leqslant F(x) \quad (m=1,2,\cdots).$$

于是由控制收敛定理可得

$$\int_E f(x)\,\mathrm{d}x = \int_E \lim_{m\to\infty} g_m(x)\,\mathrm{d}x$$

$$= \lim_{m\to\infty}\int_E g_m(x)\,\mathrm{d}x = \sum_{k=1}^\infty \int_E f_k(x)\,\mathrm{d}x.$$

定理 4.17（积分号下求导） 设 $f(x,y)$ 是定义在 $E\times(a,b)$ 上的函数, 它作为 x 的函数在 E 上是可积的, 作为 y 的函数在 (a,b) 上是可微的. 若存在 $F\in L(E)$, 使得

$$\left|\frac{\mathrm{d}}{\mathrm{d}y}f(x,y)\right| \leqslant F(x), \quad (x,y)\in E\times(a,b),$$

则
$$\frac{\mathrm{d}}{\mathrm{d}y}\int_E f(x,y)\,\mathrm{d}x = \int_E \frac{\mathrm{d}}{\mathrm{d}y}f(x,y)\,\mathrm{d}x. \qquad (4.12)$$

证明 任意取定 $y\in(a,b)$ 以及 $h_k\to 0\ (k\to\infty)$, 我们有

$$\lim_{k\to\infty}\frac{f(x,y+h_k)-f(x,y)}{h_k} = \frac{\mathrm{d}}{\mathrm{d}y}f(x,y), \quad x\in E,$$

而且当 k 充分大时, 下式成立 (可从微分中值定理考查):

$$\left|\frac{f(x,y+h_k)-f(x,y)}{h_k}\right| \leqslant F(x), \quad x\in E.$$

从而由控制收敛定理可得

$$\frac{\mathrm{d}}{\mathrm{d}y}\int_E f(x,y)\,\mathrm{d}x = \lim_{k\to\infty}\int_E \frac{f(x,y+h_k)-f(x,y)}{h_k}\,\mathrm{d}x$$

$$= \int_E \frac{\mathrm{d}}{\mathrm{d}y}f(x,y)\,\mathrm{d}x.$$

例 14 设 $f(x), f_n(x)\ (n\in\mathbf{N})$ 在 $\mathbf{R}$ 上实值可积. 若对 $\mathbf{R}$ 中任一可测集 E, 有

$$\lim_{n\to\infty}\int_E f_n(x)\,\mathrm{d}x = \int_E f(x)\,\mathrm{d}x,$$

则 $\varliminf\limits_{n\to\infty} f_n(x) \leqslant f(x) \leqslant \varlimsup\limits_{n\to\infty} f_n(x)$, a. e. $x\in\mathbf{R}$. (由此可知, 若存在子列 $\{f_{n_k}(x)\}$: $\lim\limits_{k\to\infty} f_{n_k}(x) = g(x)$, a. e. $x\in\mathbf{R}$, 则 $f(x)=g(x)$, a. e. $x\in\mathbf{R}$.)

证明 作 $g_n(x) = \sup\limits_{k\geqslant n}\{f_k(x)\}$, 且令

$$p(x) = \lim_{n\to\infty} g_n(x) = \varlimsup_{n\to\infty} f_n(x),$$

则只需指出在 $E(m(E)<+\infty)$ 上, 有 $f(x)\leqslant p(x)$, a. e. $x\in E$ 即可.

(i) 作点集 $P=\{x\in E: p(x)=-\infty\}$, $P_n=\{x\in E: g_n(x)<0\}\ (n\in\mathbf{N})$, 由

$g_n(x)$ 递减收敛于 $p(x)$，故 $P=\bigcup\limits_{n=1}^{\infty}P_n$. 又对任意的闭集 $F\subset P_n$，均有

$$\int_F f(x)\mathrm{d}x=\lim_{k\to\infty}\int_F f_k(x)\mathrm{d}x\leqslant\lim_{k\to\infty}\int_F g_k(x)\mathrm{d}x=\int_F p(x)\mathrm{d}x,$$

从而可知 $f(x)\leqslant p(x)$，a. e. $x\in P_n$，自然有 $f(x)\leqslant p(x)$，a. e. $x\in P$. 注意到 $p(x)=-\infty(x\in P)$，故 $m(P)=0$.

(ii) 若 $p(x)=+\infty$，则易知 $f(x)\leqslant p(x)$.

(iii) 若 $-\infty<p(x)<+\infty$，则令 $Q_m=\{x\in\mathbf{R}:-m\leqslant p(x)\leqslant m\}$，我们有

$$\mathbf{R}=\bigcup_{m=1}^{\infty}Q_m.$$ 易知只需考查 Q_m 上 $f(x)$ 与 $p(x)$ 的大小.

作点集 $S_n=\{Q_m:g_n(x)-p(x)<1\}$，则 $Q_m=\bigcup\limits_{n=1}^{\infty}S_n$. 由此又只需指出 $f(x)\leqslant p(x)(x\in S_n)$. 因为函数 $p(x),g_n(x),g_{n+1}(x),\cdots$ 均一致有界，所以得到

$$\lim_{n\to\infty}\int_F g_k(x)\mathrm{d}x=\int_F p(x)\mathrm{d}x\quad(F\subset S_n).$$

注意到

$$\int_F f(x)\mathrm{d}x=\lim_{k\to\infty}\int_F f_k(x)\mathrm{d}x\leqslant\lim_{k\to\infty}\int_F g_k(x)\mathrm{d}x$$
$$=\int_F p(x)\mathrm{d}x\quad(F\in S_n).$$

故得 $f(x)\leqslant p(x)$，a. e. $x\in S_n$. 当然，此结论在 $\mathbf{R}$ 上也真.

(iv) 对于前一不等式，只需注意

$$\varliminf_{n\to\infty}f_n(x)=-\varlimsup_{n\to\infty}(-f_n(x)).$$

注 设 $f_n(x)=\mathrm{e}^{-nx}-2\mathrm{e}^{-2nx}(n\in\mathbf{N})$，则 $f_n\in L([0,+\infty))(n\in\mathbf{N})$，但逐项积分等式不真：

$$\int_{[0,+\infty)}\sum_{n=1}^{\infty}f_n(x)\mathrm{d}x\neq\sum_{n=1}^{\infty}\int_{[0,+\infty)}f_n(x)\mathrm{d}x.$$

思考题 试证明下列命题：

7. 设 $f(x)$ 在 $[0,+\infty)$ 上非负可积，且有 $E\subset(0,+\infty)$，

$$\int_E f(x)\mathrm{d}x=1,$$

则

$$\int_E f(x)\cos x\mathrm{d}x\neq 1.$$

8. 设 $f\in L(\mathbf{R}),f_n\in L(\mathbf{R})(n=1,2,\cdots)$，且有

$$\int_{\mathbf{R}} |f_n(x) - f(x)| \,\mathrm{d}x \leqslant \frac{1}{n^2} \quad (n = 1, 2, \cdots),$$

则
$$f_n(x) \longrightarrow f(x), \quad \text{a. e. } x \in \mathbf{R}.$$

9. 设数列 $\{a_n\}$ 满足 $|a_n| < \ln n \ (n = 2, 3, \cdots)$,则

$$\int_{[2, +\infty)} \sum_{n=2}^{\infty} a_n n^{-x} \,\mathrm{d}x = \sum_{n=2}^{\infty} \frac{a_n}{\ln n} n^{-2}.$$

10. 设定义在 $E \times \mathbf{R}^n$ 的函数 $f(x, y)$ 满足:

(i) 对每一个 $y \in \mathbf{R}^n$,$f(x, y)$ 是 E 上的可测函数;

(ii) 对每一个 $x \in E$,$f(x, y)$ 是 $\mathbf{R}^n$ 上的连续函数.

若存在 $g \in L(E)$,使得 $|f(x, y)| \leqslant g(x)$,a. e. $x \in E$,则函数

$$F(y) = \int_E f(x, y) \,\mathrm{d}x$$

是 $\mathbf{R}^n$ 上的连续函数.

§4.3 可积函数与连续函数的关系

从可测函数与连续函数的密切联系中,可以导出可积函数与连续函数的一定关系,它将有助于进一步研究可积函数的性质.

定理 4.18 若 $f \in L(E)$,则对任给 $\varepsilon > 0$,存在 $\mathbf{R}^n$ 上具有紧支集的连续函数 $g(x)$,使得

$$\int_E |f(x) - g(x)| \,\mathrm{d}x < \varepsilon. \tag{4.13}$$

证明 由于 $f \in L(E)$,故对任给的 $\varepsilon > 0$,易知存在 $\mathbf{R}^n$ 上具有紧支集的可测简单函数 $\varphi(x)$,使得

$$\int_E |f(x) - \varphi(x)| \,\mathrm{d}x < \frac{\varepsilon}{2}.$$

不妨设 $|\varphi(x)| \leqslant M$,根据 Лузин 定理的推论,存在 $\mathbf{R}^n$ 上具有紧支集的连续函数 $g(x)$,使得 $|g(x)| \leqslant M (x \in \mathbf{R}^n)$,且有

$$m(\{x \in E : |\varphi(x) - g(x)| > 0\}) < \frac{\varepsilon}{4M},$$

从而可得

$$\int_E |\varphi(x) - g(x)| \,\mathrm{d}x$$

$$= \int_{\{x \in E: |\varphi(x) - g(x)| > 0\}} |\varphi(x) - g(x)| \, \mathrm{d}x$$

$$\leqslant 2Mm(\{x: |\varphi(x) - g(x)| > 0\}) < \frac{\varepsilon}{2}.$$

最后,我们有

$$\int_E |f(x) - g(x)| \, \mathrm{d}x$$

$$\leqslant \int_E |f(x) - \varphi(x)| \, \mathrm{d}x + \int_E |\varphi(x) - g(x)| \, \mathrm{d}x$$

$$< \frac{\varepsilon}{2} + \frac{\varepsilon}{2} = \varepsilon.$$

上述事实表明,若 $f \in L(E)$,则对任给的 $\varepsilon > 0$,存在 f 的分解:

$$f(x) = g(x) + [f(x) - g(x)] = f_1(x) + f_2(x), \quad x \in E,$$

其中 $f_1(x)$ 是 $\mathbf{R}^n$ 上具有紧支集的连续函数,$|f_2(x)|$ 在 E 上的积分小于 ε.

推论 4.19 设 $f \in L(E)$,则存在 $\mathbf{R}^n$ 上具有紧支集的连续函数列 $\{g_k(x)\}$,使得

(i) $\lim\limits_{k \to \infty} \int_E |f(x) - g_k(x)| \, \mathrm{d}x = 0$;

(ii) $\lim\limits_{k \to \infty} g_k(x) = f(x)$, a. e. $x \in E$.

推论 4.20 设 $f \in L([a,b])$,则存在其支集在 (a,b) 内的连续函数列 $\{g_k(x)\}$,使得

(i) $\lim\limits_{k \to \infty} \int_{[a,b]} |f(x) - g_k(x)| \, \mathrm{d}x = 0$;

(ii) $\lim\limits_{k \to \infty} g_k(x) = f(x)$, a. e. $x \in [a,b]$.

例 1 设 $f \in L(\mathbf{R}^n)$. 若对一切 $\mathbf{R}^n$ 上具有紧支集的连续函数 $\varphi(x)$,有

$$\int_{\mathbf{R}^n} f(x) \varphi(x) \, \mathrm{d}x = 0,$$

则 $f(x) = 0$, a. e. $x \in \mathbf{R}^n$.

证明 采用反证法. 不妨假设 $f(x)$ 在有界正测集 E 上有 $0 < f(x)$,则可作具有紧支集的连续函数列 $\{\varphi_k(x)\}$,使得

$$\lim_{k\to\infty}\int_{\mathbf{R}^n}|\chi_E(x)-\varphi_k(x)|\,\mathrm{d}x=0,$$

$$|\varphi_k(x)|\leqslant1\quad(k=1,2,\cdots),$$

$$\lim_{k\to\infty}\varphi_k(x)=\chi_E(x),\quad\text{a. e. }x\in E.$$

由于 $|f(x)\varphi_k(x)|\leqslant|f(x)|,x\in E$，故知

$$0<\int_E f(x)\,\mathrm{d}x=\int_{\mathbf{R}^n}f(x)\chi_E(x)\,\mathrm{d}x$$

$$=\lim_{k\to\infty}\int_{\mathbf{R}^n}f(x)\varphi_k(x)\,\mathrm{d}x=0,$$

矛盾.

例 2 设 $f\in L([a,b])$. 若对其支集在 (a,b) 内且可微的任一函数 $\varphi(x)$，都有

$$\int_{[a,b]}f(x)\varphi'(x)\,\mathrm{d}x=0,$$

则 $f(x)=c$（常数）, a. e. $x\in[a,b]$.

证明 对任意的支集在 (a,b) 内的连续函数 $g(x)$，作 $h(x)$：支集在 (a,b) 内的连续函数，且满足 $\displaystyle\int_{[a,b]}h(x)\,\mathrm{d}x=1$. 令

$$\varphi(x)=\int_{[a,x]}g(t)\,\mathrm{d}t-\int_{[a,x]}h(t)\,\mathrm{d}t\cdot\int_{[a,b]}g(t)\,\mathrm{d}t,\quad x\in[a,b],$$

易知 $\varphi(x)$ 的支集在 (a,b) 内，且有

$$\varphi'(x)=g(x)-h(x)\int_{[a,b]}g(t)\,\mathrm{d}t,\quad x\in[a,b],$$

从而由题设可得

$$0=\int_{[a,b]}f(x)\varphi'(x)\,\mathrm{d}x=\int_{[a,b]}f(x)\left(g(x)-h(x)\int_{[a,b]}g(t)\,\mathrm{d}t\right)\mathrm{d}x$$

$$=\int_{[a,b]}f(x)g(x)\,\mathrm{d}x-\int_{[a,b]}f(x)h(x)\,\mathrm{d}x\cdot\int_{[a,b]}g(x)\,\mathrm{d}x$$

$$=\int_{[a,b]}\left(f(x)-\int_{[a,b]}f(t)h(t)\,\mathrm{d}t\right)g(x)\,\mathrm{d}x.$$

因此，我们有

$$f(x)-\int_{[a,b]}f(t)h(t)\,\mathrm{d}t=0,\quad\text{a. e. }x\in[a,b],$$

即得所证.

定理 4.21（平均连续性） 若 $f\in L(\mathbf{R}^n)$，则有

$$\lim_{h\to0}\int_{\mathbf{R}^n}|f(x+h)-f(x)|\,\mathrm{d}x=0. \tag{4.14}$$

证明 任给 $\varepsilon > 0$,作分解 $f(x) = f_1(x) + f_2(x)$,其中 $f_1(x)$ 是 $\mathbf{R}^n$ 上具有紧支集的连续函数,$f_2(x)$ 满足

$$\int_{\mathbf{R}^n} |f_2(x)| \mathrm{d}x < \frac{\varepsilon}{4}.$$

由于 $f_1(x)$ 具有紧支集且是一致连续函数,易知存在 $\delta > 0$,使得当 $|h| < \delta$ 时,有

$$\int_{\mathbf{R}^n} |f_1(x+h) - f_1(x)| \mathrm{d}x < \frac{\varepsilon}{2}.$$

从而我们有

$$\int_{\mathbf{R}^n} |f(x+h) - f(x)| \mathrm{d}x$$

$$\leqslant \int_{\mathbf{R}^n} |f_1(x+h) - f_1(x)| \mathrm{d}x + \int_{\mathbf{R}^n} |f_2(x+h) - f_2(x)| \mathrm{d}x$$

$$< \frac{\varepsilon}{2} + \int_{\mathbf{R}^n} |f_2(x+h)| \mathrm{d}x + \int_{\mathbf{R}^n} |f_2(x)| \mathrm{d}x$$

$$= \frac{\varepsilon}{2} + 2 \int_{\mathbf{R}^2} |f_2(x)| \mathrm{d}x < \varepsilon.$$

例 3 若 $E \subset \mathbf{R}^n$ 是有界可测集,则

$$\lim_{|h| \to 0} m(E \cap (E + \{h\})) = m(E), \quad h \in \mathbf{R}^n.$$

证明 考查特征函数 $\chi_E(x)$. 对于 $h \in \mathbf{R}^n$,我们有

$$\chi_{E+\{h\}}(x) = \chi_E(x-h), \quad \chi_{E \cap (E+\{h\})}(x) = \chi_E(x-h) \cdot \chi_E(x),$$

从而可得

$$m(E \cap (E + \{h\})) = \int_{\mathbf{R}^n} \chi_E(x) \cdot \chi_E(x-h) \mathrm{d}x.$$

因为

$$m(E) = \int_{\mathbf{R}^n} \chi_E(x) \mathrm{d}x = \int_{\mathbf{R}^n} \chi_E^2(x) \mathrm{d}x,$$

所以

$$|m(E \cap (E + \{h\})) - m(E)|$$

$$\leqslant \int_{\mathbf{R}^n} |\chi_E(x)| |\chi_E(x-h) - \chi_E(x)| \mathrm{d}x$$

$$\leqslant \int_{\mathbf{R}^n} |\chi_E(x-h) - \chi_E(x)| \mathrm{d}x.$$

根据可积函数的平均连续性可知,上式右端当 $|h| \to 0$ 时趋于零,即得所证.

推论 4.22 若 $f \in L(E)$,则存在具有紧支集的阶梯函数列

$\{\varphi_k(x)\}$,使得

　(i) $\lim\limits_{k\to\infty}\varphi_k(x)=f(x)$, a. e. $x\in E$;

　(ii) $\lim\limits_{k\to\infty}\displaystyle\int_E|f(x)-\varphi_k(x)|\,\mathrm{d}x=0.$

证明　根据定理 4.18 可知,对任给的 $\varepsilon>0$,存在 $\mathbf{R}^n$ 上具有紧支集的连续函数 $g(x)$,使得

$$\int_E|f(x)-g(x)|\,\mathrm{d}x<\frac{\varepsilon}{2}.$$

不妨设 $g(x)$ 的支集含于某个闭方体

$$I=\{x=(\zeta_1,\cdots,\zeta_n): -k_0\leqslant\zeta_i\leqslant k_0\,(i=1,\cdots,n),k_0\text{ 是自然数}\}$$

内,由 $g(x)$ 的一致连续性不难证明,存在支集含于 I 内的阶梯函数 $\varphi(x)$,使得

$$\varphi(x)=\sum_{i=1}^{N}c_i\chi_{I_i}(x),\quad \int_I|g(x)-\varphi(x)|\,\mathrm{d}x<\frac{\varepsilon}{2},$$

其中每个 I_i 可以是含于 I 内的二进方体. 从而我们有

$$\int_E|f(x)-\varphi(x)|\,\mathrm{d}x$$

$$\leqslant\int_E|f(x)-g(x)|\,\mathrm{d}x+\int_E|g(x)-\varphi(x)|\,\mathrm{d}x$$

$$\leqslant\frac{\varepsilon}{2}+\int_I|g(x)-\varphi(x)|\,\mathrm{d}x=\frac{\varepsilon}{2}+\frac{\varepsilon}{2}=\varepsilon.$$

于是对 $\varepsilon_k=1/k$ $(k=1,2,\cdots)$,就可取到具有紧支集的阶梯函数列 $\{\varphi_k(x)\}$,使得

$$\lim_{k\to\infty}\int_E|f(x)-\varphi_k(x)|\,\mathrm{d}x=0.$$

对任给 $\sigma>0$,令 $E_k(\sigma)=\{x\in E: |f(x)-\varphi_k(x)|\geqslant\sigma\}$,则由于

$$\sigma m(E_k(\sigma))\leqslant\int_E|f(x)-\varphi_k(x)|\,\mathrm{d}x,$$

可知 $m(E_k(\sigma))\to0$ $(k\to\infty)$,即 $\{\varphi_k(x)\}$ 在 E 上依测度收敛于 $f(x)$. 根据 Riesz 定理 3.17,存在 $\{\varphi_k(x)\}$ 中的子列几乎处处收敛于 $f(x)$,此子列满足 (i) 与 (ii).

例 4（Riemann-Lebesgue 引理的推广）　若 $\{g_n(x)\}$ 是 $[a,b]$ 上的可测函数列,且满足

(i) $|g_n(x)| \leqslant M$ $(x \in [a,b])$ $(n=1,2,\cdots)$;

(ii) 对任意的 $c \in [a,b]$,有

$$\lim_{n\to\infty} \int_{[a,c]} g_n(x)\,dx = 0,$$

则对任意的 $f \in L([a,b])$,有

$$\lim_{n\to\infty} \int_{[a,b]} f(x)g_n(x)\,dx = 0.$$

证明 对任给的 $\varepsilon > 0$,可作阶梯函数 $\varphi(x)$,使得

$$\int_{[a,b]} |f(x)-\varphi(x)|\,dx < \frac{\varepsilon}{2M}.$$

不妨设 $\varphi(x)$ 在 $[a,b]$ 上有表示式

$$\varphi(x) = \sum_{i=1}^{p} y_i \chi_{[x_{i-1},x_i)}(x), \quad x \in [a,b),$$

其中 $a = x_0 < x_1 < \cdots < x_p = b$. 因为

$$\left| \int_{[a,b]} \varphi(x)g_n(x)\,dx \right| \leqslant \sum_{i=1}^{p} \left| y_i \int_{[x_{i-1},x_i)} g_n(x)\,dx \right|,$$

且从假设可知存在 n_0,当 $n \geqslant n_0$ 时,上式右端小于 $\varepsilon/2$,所以

$$\left| \int_{[a,b]} \varphi(x)g_n(x)\,dx \right| \leqslant \frac{\varepsilon}{2}, \quad n \geqslant n_0.$$

最后,当 $n \geqslant n_0$ 时,得到

$$\left| \int_{[a,b]} f(x)g_n(x)\,dx \right|$$

$$\leqslant \left| \int_{[a,b]} (f(x)-\varphi(x))g_n(x)\,dx \right| + \left| \int_{[a,b]} \varphi(x)g_n(x)\,dx \right|$$

$$\leqslant M \int_{[a,b]} |f(x)-\varphi(x)|\,dx + \frac{\varepsilon}{2} < \varepsilon.$$

例 5 设 $\{\lambda_n\}$ 是实数列,且 $\lambda_n \to +\infty$ $(n\to\infty)$,则点集

$$A \xlongequal{\text{def}} \left\{ x \in \mathbf{R}: \lim_{n\to\infty} \sin\lambda_n x \ \text{存在} \right\}$$

是零测集.

证明 令 $f(x) = \lim_{n\to\infty} \chi_A(x)\sin\lambda_n x$, $x \in \mathbf{R}$,则由上例可知,对任意的 $m(B) < +\infty$ 的可测集 B,有(有界收敛定理)

$$\int_B f(x)\,dx = \lim_{n\to\infty} \int_B \chi_A(x)\sin\lambda_n x\,dx = 0.$$

这说明 $f(x)=0$, a. e. $x\in \mathbf{R}$.

另一方面,我们有

$$\int_B f^2(x)\mathrm{d}x = \lim_{n\to\infty}\int_{B\cap A}\sin^2\lambda_n x\,\mathrm{d}x$$

$$= \lim_{n\to\infty}\frac{1}{2}\int_{B\cap A}(1-\cos 2\lambda_n x)\,\mathrm{d}x$$

$$= \frac{1}{2}m(B\cap A) - \lim_{n\to\infty}\frac{1}{2}\int_{B\cap A}\cos 2\lambda_n x\,\mathrm{d}x$$

$$= \frac{1}{2}m(B\cap A).$$

由此可知 $m(B\cap A)=0$. 注意到 B 的任意性,必有 $m(A)=0$.

注 上例说明,存在集合 E 上的一致有界可积函数列 $\{f_n(x)\}$,虽然有 $\lim\limits_{n\to\infty}\int_E f_n(x)\mathrm{d}x = 0$,但其任一子列 $\{f_{n_k}(x)\}$,均不满足

$$\lim_{k\to\infty}f_{n_k}(x) = 0, \quad \text{a. e. } x\in E.$$

例 6 设 $f(x)$ 是 $[0,1]$ 上的有界可测函数. 若有

$$I_n = \int_{[0,1]}x^n f(x)\mathrm{d}x = 0 \quad (n=1,2,\cdots),$$

则 $f(x)=0$, a. e. $x\in[0,1]$.

证明 令 $F(x)=xf(x)(x\in[0,1])$,则得

$$\int_{[0,1]}x^n F(x)\mathrm{d}x = 0 \quad (n=0,1,2,\cdots).$$

由此知,对任一多项式 $P(x)$,也有

$$\int_{[0,1]}P(x)F(x)\mathrm{d}x = 0.$$

现在,对任意的 $g\in C([0,1])$ 以及 $\varepsilon>0$,可作多项式 $P(x)$,使得 $|g(x)-P(x)|<\varepsilon(x\in[0,1])$. 因此,我们有

$$\left|\int_{[0,1]}g(x)F(x)\mathrm{d}x\right| = \left|\int_{[0,1]}(g(x)-P(x))F(x)\mathrm{d}x\right|$$

$$\leqslant \int_{[0,1]}|g(x)-P(x)||F(x)|\mathrm{d}x \leqslant \varepsilon\int_{[0,1]}|F(x)|\mathrm{d}x.$$

根据 ε 的任意性,可得 $\int_{[0,1]}g(x)F(x)\mathrm{d}x = 0$. 又根据 $g(x)$ 的任意性,我们有

$$F(x) = 0, \text{ a. e. } x\in[0,1], \quad f(x)=0, \text{ a. e. } x\in[0,1].$$

例 7 设 $f(x)$ 是 $\mathbf{R}$ 上的非负可积函数,则

(i) 存在递增闭集列 $\{F_n\}$: $m\left(\mathbf{R}\setminus\bigcup_{n=1}^{\infty}F_n\right)=0$,使得 $f\in C(F_n)(n\in\mathbf{N})$;

(ii) 存在定义在 $\mathbf{R}$ 上的上半连续函数列 $\{f_n(x)\}$:

$$0 \leqslant f_1(x) \leqslant f_2(x) \leqslant \cdots \leqslant f(x) \quad (x \in \mathbf{R}),$$

使得 $\lim\limits_{n \to \infty} f_n(x) = f(x)$, a. e. $x \in \mathbf{R}$.

证明 (i) 作 $\varphi_n \in C(\mathbf{R})(n \in \mathbf{N})$, 使得

$$\int_{\mathbf{R}} |f(x) - \varphi_n(x)| \mathrm{d}x \leqslant 4^{-n}, \quad \lim_{n \to \infty} \varphi_n(x) = f(x), \text{ a. e. } x \in \mathbf{R}.$$

即存在 $Z \subset \mathbf{R}$: $m(Z) = 0$, $\lim\limits_{n \to \infty} \varphi_n(x) = f(x)(x \in \mathbf{R} \backslash Z)$.

取开集列 $\{G_n\}$: $G_n \supset G_{n+1}$, $G_n \supset Z(n \in \mathbf{N})$, $m(G_n) < 2^{-n}$, 以及作闭集列:

$$F_n = \bigcap_{k=n}^{\infty} \{x \in \mathbf{R}: |\varphi_{k+1}(x) - \varphi_k(x)| \leqslant 2^{-k}\} \backslash G_n \quad (n \in \mathbf{N}),$$

显然有 $F_n \subset F_{n+1}(n \in \mathbf{N})$, 且 $\varphi_k(x)$ 在 F_n 上一致收敛到 $f(x)$. 因此 $f \in C(F_n)$.

下面指出 $m\left(\left(\bigcup\limits_{n=1}^{\infty} F_n\right)^c\right) = 0$.

实际上, 对 $k \in \mathbf{N}$, 记 $W_k = \{x \in \mathbf{R}: |\varphi_{k+1}(x) - \varphi_k(x)| > 2^{-k}\}$, 则 W_k 是开集, 且 $\chi_{W_k}(x) \leqslant 2^k |\varphi_{k+1}(x) - \varphi_k(x)| (x \in \mathbf{R})$, 以及

$$\int_{\mathbf{R}} \chi_{W_k}(x) \mathrm{d}x \leqslant 2^k \int_{\mathbf{R}} |\varphi_{k+1}(x) - \varphi_k(x)| \mathrm{d}x$$

$$\leqslant 2^k \left\{ \int_{\mathbf{R}} |f(x) - \varphi_{k+1}(x)| \mathrm{d}x + \int_{\mathbf{R}} |f(x) - \varphi_k(x)| \mathrm{d}x \right\} \leqslant 2^{-k+1}.$$

因为 $\mathbf{R} \backslash F_n \subset G_n \cup \left(\bigcup\limits_{k \geqslant n}^{\infty} W_k\right)$, 所以

$$m\left(\mathbf{R} \backslash \bigcup_{n=1}^{\infty} F_n\right) = m\left(\bigcap_{n=1}^{\infty} (\mathbf{R} \backslash F_n)\right) = 0.$$

(ii) 令 F_n 同 (i), $f_n(x) = f(x) \cdot \chi_{F_n}(x)(n \in \mathbf{N})$.

§4.4 Lebesgue 积分与 Riemann 积分的关系

至此, 我们已经基本上建立了 Lebesgue 积分理论, 在进一步介绍这一理论的其他内容以前, 我们先来揭示它与 Riemann 积分的关系. 这一关系可以用一个公式来表达, 它不仅说明 Lebesgue 积分是 Riemann 积分的一种推广, 而且为一般有界函数的 Riemann 可积性提供了一个简明的判别准则. 本节仅讨论一维的情形. 在这里要用到 Riemann 积分理论的下述事实:

设 $f(x)$ 是定义在 $I = [a, b]$ 上的有界函数, $\{\Delta^{(n)}\}$ 是对 $[a, b]$ 所

做的分划序列：

$$\Delta^{(n)}: a = x_0^{(n)} < x_1^{(n)} < \cdots < x_{k_n}^{(n)} = b \quad (n = 1, 2, \cdots),$$

$$|\Delta^{(n)}| = \max\{x_i^{(n)} - x_{i-1}^{(n)} : 1 \leqslant i \leqslant k_n\}, \quad \lim_{n \to \infty} |\Delta^{(n)}| = 0.$$

对每个 i 以及 n，若令

$$M_i^{(n)} = \sup\{f(x) : x_{i-1}^{(n)} \leqslant x \leqslant x_i^{(n)}\},$$

$$m_i^{(n)} = \inf\{f(x) : x_{i-1}^{(n)} \leqslant x \leqslant x_i^{(n)}\},$$

则关于 $f(x)$ 的 Darboux 上、下积分，下述等式成立：

$$\overline{\int_a^b} f(x)\mathrm{d}x = \lim_{n \to \infty} \sum_{i=1}^{k_n} M_i^{(n)} (x_i^{(n)} - x_{i-1}^{(n)}),$$

$$\underline{\int_a^b} f(x)\mathrm{d}x = \lim_{n \to \infty} \sum_{i=1}^{k_n} m_i^{(n)} (x_i^{(n)} - x_{i-1}^{(n)}).$$

引理 4.23 设 $f(x)$ 是定义在 $I = [a, b]$ 上的有界函数，记 $\omega(x)$ 是 $f(x)$ 在 $[a, b]$ 上的振幅（函数），则有

$$\int_I \omega(x)\mathrm{d}x = \overline{\int_a^b} f(x)\mathrm{d}x - \underline{\int_a^b} f(x)\mathrm{d}x, \tag{4.15}$$

其中左端是 $\omega(x)$ 在 I 上的 Lebesgue 积分。

证明 因为 $f(x)$ 在 $[a, b]$ 上是有界的，所以 $\omega(x)$ 是 $[a, b]$ 上的有界函数. 由 § 1.5(二) 中的例 7 可知，$\omega(x)$ 是 $[a, b]$ 上的可测函数，因此 $\omega \in L([a, b])$.

对于前面所说的分划序列 $\{\Delta^{(n)}\}$，作函数列

$$\omega_{\Delta^{(n)}}(x) = \begin{cases} M_i^{(n)} - m_i^{(n)}, & x \in (x_{i-1}^{(n)}, x_i^{(n)}), \\ 0, & x \text{ 是 } \Delta^{(n)} \text{ 的分点,} \end{cases}$$

$$(i = 1, 2, \cdots, k_n, \ n = 1, 2, \cdots).$$

$$E = \{x \in [a, b] : x \text{ 是 } \Delta^{(n)} (n = 1, 2, \cdots) \text{ 的分点}\}.$$

显然 $m(E) = 0$，且有

$$\lim_{n \to \infty} \omega_{\Delta^{(n)}}(x) = \omega(x), \quad x \in [a, b] \backslash E.$$

现在记 A, B 各为 $f(x)$ 在 $[a, b]$ 上的上、下确界，由于对一切 n，有 $\omega_{\Delta^{(n)}}(x) \leqslant A - B$，故根据控制收敛定理（控制函数是常数函数）可知，

$$\lim_{n \to \infty} \int_I \omega_{\Delta^{(n)}}(x)\mathrm{d}x = \int_I \omega(x)\mathrm{d}x.$$

另一方面，因为

$$\int_I \omega_{\Delta^{(n)}}(x)\mathrm{d}x = \sum_{i=1}^{k_n}(M_i^{(n)} - m_i^{(n)})(x_i^{(n)} - x_{i-1}^{(n)})$$

$$= \sum_{i=1}^{k_n}M_i^{(n)}(x_i^{(n)} - x_{i-1}^{(n)}) - \sum_{i=1}^{k_n}m_i^{(n)}(x_i^{(n)} - x_{i-1}^{(n)}),$$

所以得到

$$\int_I \omega(x)\mathrm{d}x = \lim_{n\to\infty}\int_I \omega_{\Delta^{(n)}}(x)\mathrm{d}x = \int_a^b f(x)\mathrm{d}x - \int_{\underline{a}}^b f(x)\mathrm{d}x.$$

定理 4.24　若 $f(x)$ 是定义在 $[a,b]$ 上的有界函数,则 $f(x)$ 在 $[a,b]$ 上 Riemann 可积的充分必要条件是 $f(x)$ 在 $[a,b]$ 上的不连续点集是零测集.

证明　**必要性**　若 $f(x)$ 在 $[a,b]$ 上是 Riemann 可积的,则 $f(x)$ 的 Darboux 上、下积分相等,从而由(4.15)式可知 $\int_I \omega(x)\mathrm{d}x = 0$. 因为 $\omega(x)\geqslant0$,所以 $\omega(x)=0$, a. e. $x\in[a,b]$.这说明 $f(x)$ 在 $[a,b]$ 上是几乎处处连续的.

充分性　若 $f(x)$ 在 $[a,b]$ 上的不连续点集是零测集,则 $f(x)$ 的振幅函数 $\omega(x)$ 几乎处处等于零,从而由(4.15)式可知

$$\int_a^b f(x)\mathrm{d}x - \int_{\underline{a}}^b f(x)\mathrm{d}x = \int_I \omega(x)\mathrm{d}x = 0,$$

即 $f(x)$ 的 Darboux 上、下积分相等,$f(x)$ 在 $[a,b]$ 上是 Riemann 可积的.

上述定理指出,对于 $[a,b]$ 上的有界函数而言,其 Riemann 可积性并非由该函数在不连续点处的性态所致,而是取决于它的不连续点集的测度.

定理 4.25　若 $f(x)$ 在 $I=[a,b]$ 上是 Riemann 可积的,则 $f(x)$ 在 $[a,b]$ 上是 Lebesgue 可积的,且其积分值相同.

证明　首先,根据题设以及上述定理,$f(x)$ 在 $[a,b]$ 上是几乎处处连续的.因此 $f(x)$ 是 $[a,b]$ 上的有界可测函数,$f\in L(I)$.

其次,对 $[a,b]$ 的任一分划

$$\Delta: a = x_0 < x_1 < \cdots < x_n = b,$$

根据 Lebesgue 积分对积分区域的可加性,我们有

$$\int_I f(x)\mathrm{d}x = \sum_{i=1}^n \int_{[x_{i-1},x_i]} f(x)\mathrm{d}x.$$

记 M_i,m_i 分别为 $f(x)$ 在 $[x_{i-1},x_i]$ 上的上、下确界,则得

$$m_i(x_i - x_{i-1}) \leqslant \int_{[x_{i-1},x_i]} f(x)\mathrm{d}x \leqslant M_i(x_i - x_{i-1})$$

$(i=1,2,\cdots,n)$,从而可知

$$\sum_{i=1}^n m_i(x_i - x_{i-1}) \leqslant \int_I f(x)\mathrm{d}x \leqslant \sum_{i=1}^n M_i(x_i - x_{i-1}).$$

于是,在上式左、右两端对一切分划 Δ 各取上、下确界,立即得到

$$\int_I f(x)\mathrm{d}x = \int_a^b f(x)\mathrm{d}x = \int_{\underline{a}}^b f(x)\mathrm{d}x.$$

这说明 $f(x)$ 在 $[a,b]$ 上的 Lebesgue 积分与 Riemann 积分是相等的.

注意　今后,为整合起见,对 $f(x)$ 在 $[a,b]$ 上的 **Lebesgue 积分**,也记为

$$\int_a^b f(x)\mathrm{d}x.$$

注　我们可从积分论的角度解答下述命题:

设 $f(x)$ 是 **R** 上的有界可测函数,且不恒为零. 若有

$$f(x+y) = f(x) \cdot f(y) \quad (x,y\in\mathbf{R}),$$

则 $f(x)=\mathrm{e}^{ax}$ $(x\in\mathbf{R})$".

证明　由题设知 $f(x)=f(x)f(0)$,故 $f(0)=1$. 注意到 $f(x)\not\equiv 0(x\in\mathbf{R})$,令 $F(x) = \int_0^x f(t)\mathrm{d}t$ $(x\in\mathbf{R})$,且选 $a\in\mathbf{R}$,使得 $F(a)\neq 0$,则有

$$F(x+a) - F(x) = \int_x^{x+a} f(t)\mathrm{d}t = \int_0^a f(x+t)\mathrm{d}t$$

$$= \int_0^a f(x)f(t)\mathrm{d}t = f(x)F(a),$$

$$f(x) = \frac{F(x+a) - F(x)}{F(a)}.$$

这说明 $f(x)$ 是连续函数,因此 $F\in C^{(1)}(\mathbf{R})$,从而可得 $f'(x+y)=f(x)f'(y)$. 取 $y=0$,即得 $f'(x)=f(x)f'(0)$. 记 $a=f'(0)$,可知 $(f(x)\mathrm{e}^{-ax})'\equiv 0$,而 $f(0)=1$,故又有 $f(x)\mathrm{e}^{-ax}\equiv 1$,即得所证.

思考题　试证明下列命题:

1. 设 $F\subset[0,1]$ 是闭集,且 $m(F)=0$,则 $\chi_F\in R([0,1])$.

2. 设 $f:[0,1]\to[a,b]$ 是 Riemann 可积函数,$g\in C([a,b])$,则

$g(f(x))$ 在 $[0,1]$ 上 Riemann 可积.

3. 设 $f(x)$, $g(x)$ 都是 $[a,b]$ 上的 Riemann 可积函数, $E \subset [a,b]$, 且 $\overline{E} = [a,b]$. 若有

$$f(x) = g(x), \quad x \in E,$$

则
$$\int_a^b f(x)\,\mathrm{d}x = \int_a^b g(x)\,\mathrm{d}x.$$

以上说的是 $[a,b]$ 上有界函数的 Riemann 积分, 对于无界函数的瑕积分以及无穷区间上的反常积分, 情况就不同了, 它原本是一种在 Cauchy 极限意义下的积分思想:

$$\int_a^{+\infty} f(x)\,\mathrm{d}x = \lim_{A \to +\infty} \int_a^A f(x)\,\mathrm{d}x, \quad \int_a^b f(x)\,\mathrm{d}x = \lim_{\varepsilon \to 0^+} \int_a^{b-\varepsilon} f(x)\,\mathrm{d}x.$$

而下述命题表明, 此时 Lebesgue 积分指的是绝对收敛的积分.

定理 4.26 设 $\{E_k\}$ 是递增可测集列, 其并集是 E, 又

$$f \in L(E_k) \quad (k = 1, 2, \cdots).$$

若极限 $\lim\limits_{k \to \infty} \int_{E_k} |f(x)|\,\mathrm{d}x$ 存在, 则 $f \in L(E)$, 且有

$$\int_E f(x)\,\mathrm{d}x = \lim_{k \to \infty} \int_{E_k} f(x)\,\mathrm{d}x.$$

证明 因为 $\{|f(x)| \chi_{E_k}(x)\}$ 是非负渐升列, 且有

$$\lim_{k \to \infty} |f(x)| \chi_{E_k}(x) = |f(x)|, \quad x \in E,$$

所以由 Beppo Levi 非负渐升列积分定理可知

$$\int_E |f(x)|\,\mathrm{d}x = \lim_{k \to \infty} \int_E |f(x)| \chi_{E_k}(x)\,\mathrm{d}x$$

$$= \lim_{k \to \infty} \int_{E_k} |f(x)|\,\mathrm{d}x < +\infty,$$

即 $f \in L(E)$. 又由于在 E 上有 $(k = 1, 2, \cdots)$,

$$\lim_{k \to \infty} f(x) \chi_{E_k}(x) = f(x), \quad |f(x) \chi_{E_k}(x)| \leqslant |f(x)|,$$

故根据控制收敛定理可得

$$\int_E f(x)\,\mathrm{d}x = \lim_{k \to \infty} \int_{E_k} f(x)\,\mathrm{d}x.$$

在上述定理中, 特别当 E_k 是矩体 I_k (如 **R** 中的 $E_k = [0, k]$ $(k = 1, 2, \cdots)$, $E = [0, +\infty)$), 且 $f(x)$ 在每个 I_k 上都是 Riemann 可积函数, 以及条件

$$\lim_{k \to \infty} \int_{I_k} |f(x)| \, \mathrm{d}x < +\infty$$

成立时,我们就可以通过计算 Riemann 积分 $\int_{I_k} f(x) \mathrm{d}x$ 而得到 Lebesgue 积分

$$\int_E f(x) \mathrm{d}x = \lim_{k \to \infty} \int_{I_k} f(x) \mathrm{d}x$$

的值.

还应指出的是,上述计算方法与 $\{I_k\}$ 的选择无关,只要保证它递增到并集 E.

下面两个例子指出 **R** 上的反常(即 Cauchy 意义下的)积分与 Lebesgue 积分无直接的蕴涵关系.

例 1　设 $f(x) = \sin x / x$,则它在 $[0, +\infty)$ 上的反常积分为

$$\int_0^{+\infty} \frac{\sin x}{x} \mathrm{d}x = \frac{\pi}{2}.$$

但我们有　　　　$$\int_0^{+\infty} \left| \frac{\sin x}{x} \right| \mathrm{d}x = +\infty.$$

这说明 $f \in L([0, +\infty))$.

例 2　设 $f(x) = x^a \sin(1/x)$ $(x \in [0,1])$,

(i) 若 $a \geqslant 0$,则 $f \in R([0,1])$;

(ii) 若 $a \geqslant -2$,则 $f(x)$ 在 $[0,1]$ 上的反常积分存在;

(iii) 若 $a > -1$,则 $f \in L([0,1])$.

例 3　求 $I = \int_0^1 \frac{\ln x}{1-x} \mathrm{d}x$.

解　由于当 $0 < x < 1$ 时,有 $-\frac{\ln x}{1-x} = \sum_{n=0}^{\infty} -x^n \ln x$,且

$$\int_0^1 x^n \ln x \mathrm{d}x = -\int_0^{+\infty} t \mathrm{e}^{-(n+1)t} \mathrm{d}t$$

$$= -\frac{1}{(n+1)^2} \int_0^{+\infty} t \mathrm{e}^{-t} \mathrm{d}t = -\frac{1}{(n+1)^2}.$$

故得

$$\int_0^1 \left(-\frac{\ln x}{1-x} \right) \mathrm{d}x = \sum_{n=0}^{\infty} \int_0^1 -x^n \ln x \mathrm{d}x = \sum_{n=0}^{\infty} \frac{1}{(n+1)^2} = \frac{\pi^2}{6}.$$

由此可知 $I = -\pi^2/6$.

注　1. 设 $f \in L(E)$,且 $E = \bigcup_{n=1}^{\infty} E_n, E_i \cap E_j = \varnothing \ (i \neq j)$,其中每个 E_n 均为

可测集,则

$$\int_E f(x)\mathrm{d}x = \sum_{n=1}^{\infty}\int_{E_n} f(x)\mathrm{d}x.$$

但此结论对反常积分不一定真. 例如: 对收敛级数 $\sum_{n=1}^{\infty}\dfrac{(-1)^n}{n}$ (非绝对收敛) 以

及 $\alpha\neq-\ln2$, 将 $\sum_{n=1}^{\infty}\dfrac{(-1)^n}{n}$ 的项作重新排列使新级数收敛到 α, 并令

$$E_n = [n-1,n), \quad f(x) = \frac{(-1)^n}{n} \quad (n-1\leqslant x < n, n\in\mathbf{N}),$$

我们有

$$-\ln2 = \int_0^{+\infty} f(x)\mathrm{d}x \neq \sum_{n=1}^{\infty}\int_{E_n} f(x)\mathrm{d}x = \alpha.$$

这说明在一种积分理论中,如果反常积分存在的函数总是可积的,那么此种积分理论就不具备对区域的可数可加性. 因此,我们不能期望有这样一种积分理论,它同时是反常积分和 Lebesgue 积分的推广. 如果放弃对积分区域可数可加性的要求,那么这种积分理论是存在的.

2. 对于定义在 $[a,b]$ 上的函数 $f(x)$, $g(x)$, 令 $F(x)=\max\limits_{[a,b]}\{f(x),g(x)\}$. 若 $f,g\in L([a,b])$, 则 $F\in L([a,b])$; 若 $f,g\in R([a,b])$, 则 $F\in R([a,b])$. 但若 $f(x)$, $g(x)$ 在 $[a,b]$ 上反常可积, 则 $F(x)$ 在 $[a,b]$ 上不一定反常可积.

3. 设 $f\in R([a,b])$, $g(x)$ 在 $[a,b]$ 上有界, 且有

$$m(\{x\in[a,b]: f(x)\neq g(x)\}) = 0,$$

但 $g(x)$ 在 $[a,b]$ 上不一定 Riemann 可积, 例如

$$f(x)=1, \quad g(x)=\begin{cases}1, & x\overline{\in}\mathbf{Q}, \\ 0, & x\in\mathbf{Q}\end{cases} \quad (x\in[0,1]).$$

4. 设 $f\in L([0,1])$ 且有界, 不一定存在 $g\in R([0,1])$, 使得 $g(x)=f(x)$, a.e. $x\in[0,1]$. 例如, 取 $[0,1]$ 中一个无处稠密的正测集 E, 且令 $f(x)=\chi_E(x)$ $(0\leqslant x\leqslant 1)$, 则

$$\int_0^1 f(x)\mathrm{d}x = m(E) > 0.$$

此时,如果存在 $g\in R([0,1])$, 且有 $g(x)=f(x)$, a.e. $x\in[0,1]$, 那么点集 $\{x\in[0,1]: g(x)=0\}$ 在 $[0,1]$ 中稠密, 而使 $\int_0^1 g(x)\mathrm{d}x = 0$.

5. $[a,b]$ 中存在零测集 E, 对于任意的 $f\in R([a,b])$, E 中必有 $f(x)$ 的连续点.

证明 记 $[a,b]\bigcap\mathbf{Q}=\{r_n\}$, 且作点集

$$E_m = \bigcup_{n=1}^{\infty} (r_n - 2^{-(n+m)}, r_n + 2^{-(n+m)}) \ (m \in \mathbf{N}), \quad E = \bigcap_{m=1}^{\infty} E_m,$$

则 $m(E_m) \leqslant 2^{-(n+1)}$，且 $m(E) = 0$. 注意到 $f(x)$ 的连续点集 $\mathrm{cont}(f)$ 是稠密 G_δ 集，且 $m([a,b] \backslash \mathrm{cont}(f)) = 0$. 根据 Baire 纲定理，可知 $\mathrm{cont}(f)$ 是第二纲集. $[a,b] \backslash E_m (m \in \mathbf{N})$ 是无处稠密集，E 是 G_δ 集，$[a,b] \backslash E = \bigcup_{m=1}^{\infty} ([a,b] \backslash E_m)$ 是第一纲集. 从而得到 $\mathrm{cont}(f) \not\subset I \backslash E$，即 $\mathrm{cont}(f) \cap E \neq \varnothing$.

思考题 试证明下列命题：

4. 函数 $f(x) = \sin x^2$ 在 $[0, +\infty)$ 上不可积. 提示：注意

$$\int_{\sqrt{(n-1)\pi}}^{\sqrt{n\pi}} |f(x)| \, \mathrm{d}x = \frac{1}{2} \int_{(n-1)\pi}^{n\pi} \frac{|\sin t|}{\sqrt{t}} \mathrm{d}t \geqslant \frac{1}{\sqrt{n\pi}}.$$

§4.5 重积分与累次积分的关系

研究重积分与累次积分的关系是数学分析中最重要的课题之一. 在 Riemann 积分的理论中，如果 $f(x,y)$ 在 $I = [a,b] \times [c,d]$ 上连续，那么等式

$$\int_I f(x,y) \mathrm{d}x\mathrm{d}y = \int_a^b \left(\int_c^d f(x,y) \mathrm{d}y \right) \mathrm{d}x$$

成立. 本节的目的是要在 Lebesgue 积分理论中建立类似的定理——Fubini 定理. 虽然它的证明比较烦琐且有难度，但由于在应用上的简便性，这一努力是有价值的.

（一）Fubini 定理

不失一般性，我们令 $n = p + q$，其中 p, q 是正整数，

$$\mathbf{R}^p, \quad x = (\xi_1, \xi_2, \cdots, \xi_p);$$
$$\mathbf{R}^q, \quad y = (\xi_{p+1}, \xi_{p+2}, \cdots, \xi_n);$$
$$\mathbf{R}^n = \mathbf{R}^p \times \mathbf{R}^q, \quad (x, y) = (\xi_1, \cdots, \xi_p, \xi_{p+1}, \cdots, \xi_n).$$

并记定义在 $\mathbf{R}^n$ 上的函数 f 的积分为

$$\int_{\mathbf{R}^p \times \mathbf{R}^q} f(x,y) \mathrm{d}x\mathrm{d}y = \int_{\mathbf{R}^n} f(x,y) \mathrm{d}x\mathrm{d}y.$$

我们要解决的问题是：等式

$$\int_{\mathbf{R}^n} f(x,y)\,\mathrm{d}x\mathrm{d}y = \int_{\mathbf{R}^p} \mathrm{d}x \int_{\mathbf{R}^q} f(x,y)\,\mathrm{d}y$$

何时成立？

为此，让我们分析一下上述等式的意义. 左端是 f 在 $\mathbf{R}^n$ 上的积分，当然必须要求 $f(x,y)$ 在 $\mathbf{R}^n$ 上是可测的；右端称为累次积分，即 $f(x,y)$ 先对 y 在 $\mathbf{R}^q$ 上积分，再对

$$\int_{\mathbf{R}^q} f(x,y)\,\mathrm{d}y$$

作 x 在 $\mathbf{R}^p$ 上的积分. 自然，这就要保证 $f(x,y)$ 作为 y 的函数在 $\mathbf{R}^q$ 上是可测的，还要使积分

$$\int_{\mathbf{R}^q} f(x,y)\,\mathrm{d}y$$

作为 x 的函数在 $\mathbf{R}^p$ 上是可测的，才能在此基础上谈到它的积分及其相等的问题. 与往常使用的方法一样，首先讨论函数是非负的情形. 我们提出下述形式的定理：

定理 4. 27（Tonelli 定理，非负可测函数的情形） 设 $f(x,y)$ 是 $\mathbf{R}^n = \mathbf{R}^p \times \mathbf{R}^q$ 上的非负可测函数，则有

（A）对于几乎处处的 $x \in \mathbf{R}^p$，$f(x,y)$ 作为 y 的函数是 $\mathbf{R}^q$ 上的非负可测函数；

（B）记 $F_f(x) = \displaystyle\int_{\mathbf{R}^q} f(x,y)\,\mathrm{d}y$，则 $F_f(x)$ 是 $\mathbf{R}^p$ 上的非负可测函数；

（C）$\displaystyle\int_{\mathbf{R}^p} F_f(x)\,\mathrm{d}x = \int_{\mathbf{R}^p} \mathrm{d}x \int_{\mathbf{R}^q} f(x,y)\,\mathrm{d}y = \int_{\mathbf{R}^n} f(x,y)\,\mathrm{d}x\mathrm{d}y.$

因为非负可测函数是非负可测简单函数渐升列的极限，所以我们自然想到采用从简单函数类出发，再扩大到非负可测函数类的证明方法. 下面导入的引理可以使定理的证明叙述得简明一些. 我们记满足条件（A），（B）及（C）的非负可测函数的全体为 $\mathscr{F}$（显然非空）.

引理 4. 28 (i) 若 $f \in \mathscr{F}$，且 $a \geqslant 0$，则 $af \in \mathscr{F}$；

(ii) 若 $f_1, f_2 \in \mathscr{F}$，则 $f_1 + f_2 \in \mathscr{F}$；

(iii) 若 $f,g \in \mathscr{F}$，$f(x,y) - g(x,y) \geqslant 0$，且 $g \in L(\mathbf{R}^n)$，则

$$f - g \in \mathscr{F};$$

(iv) 若 $f_k \in \mathscr{F}$ ($k=1,2,\cdots$), $f_k(x,y) \leqslant f_{k+1}(x,y)$ ($k=1,$ $2,\cdots$),且有 $\lim\limits_{k\to\infty} f_k(x,y) = f(x,y)$,$(x,y) \in \mathbf{R}^p \times \mathbf{R}^q$,则 $f \in \mathscr{F}$.

证明 根据积分的线性性质,(i) 与 (ii) 是显然成立的.

(iii) 因为 $g \in \mathscr{F}$ 且可积,所以由 (C) 可知 $F_g(x)$ 是几乎处处有限的. 由此再根据 (B) 可知,对几乎处处的 x,$g(x,y)$ 看成 y 的函数在 $\mathbf{R}^q$ 上是几乎处处有限的. 于是从等式

$$(f(x,y) - g(x,y)) + g(x,y) = f(x,y), \quad \text{a. e. } (x,y) \in \mathbf{R}^n$$

立即推得 $f - g$ 是满足条件 (A),(B) 与 (C) 的.

(iv) (A) 显然成立.

(B) $\displaystyle\int_{\mathbf{R}^q} f(x,y)\mathrm{d}y = \lim_{k\to\infty} \int_{\mathbf{R}^q} f_k(x,y)\mathrm{d}y.$

(C) $\displaystyle\int_{\mathbf{R}^n} f(x,y)\mathrm{d}x\mathrm{d}y = \lim_{k\to\infty} \int_{\mathbf{R}^n} f_k(x,y)\mathrm{d}x\mathrm{d}y$

$$= \lim_{k\to\infty} \int_{\mathbf{R}^p} \mathrm{d}x \int_{\mathbf{R}^q} f_k(x,y)\mathrm{d}y = \int_{\mathbf{R}^p} \left[\lim_{k\to\infty} \int_{\mathbf{R}^q} f_k(x,y)\mathrm{d}y\right] \mathrm{d}x$$

$$= \int_{\mathbf{R}^p} \mathrm{d}x \int_{\mathbf{R}^q} \lim_{k\to\infty} f_k(x,y)\mathrm{d}y = \int_{\mathbf{R}^p} \mathrm{d}x \int_{\mathbf{R}^q} f(x,y)\mathrm{d}y.$$

定理 4.27 的证明 首先,定理 4.27 的结论现在可改述为:凡非负可测函数皆属于 $\mathscr{F}$. 其次,根据引理 4.28(iv),我们只需指出非负可测简单函数属于 $\mathscr{F}$ 即可. 又由于引理 4.28(ii),实际上只需证明任一可测集 E 上的特征函数 $\chi_E(x,y)$ 皆属于 $\mathscr{F}$:

(i) $E = I_1 \times I_2$,其中 I_1 与 I_2 各为 $\mathbf{R}^p$ 与 $\mathbf{R}^q$ 中的矩体. 显然,有

$$\int_{\mathbf{R}^n} \chi_E(x,y)\mathrm{d}x\mathrm{d}y = m(E) = |I_1| \times |I_2|.$$

此外,对每个 $x \in \mathbf{R}^p$,$\chi_E(x,y)$ 显然是 $\mathbf{R}^q$ 上的非负可测函数,且有

$$F_\chi(x) = \begin{cases} |I_2|, & x \in I_1, \\ 0, & x \overline{\in} I_1, \end{cases}$$

从而可知 $F_\chi(x)$ 是 $\mathbf{R}^p$ 上的非负可测函数,以及

$$\int_{\mathbf{R}^p} F_\chi(x)\mathrm{d}x = |I_1| \times |I_2|.$$

这说明 $\chi_E \in \mathscr{F}$.

(ii) 若 E 是 $\mathbf{R}^n$ 中的开集,即 $E = \bigcup_{k=1}^{\infty} I_k$,其中 I_k 是互不相交的半开闭矩体,则 $\chi_E \in \mathscr{F}$.

事实上,令 $E_k = \bigcup_{i=1}^{k} I_i$,由(i)以及引理 4.28(ii)可知 $\chi_{E_k} \in \mathscr{F}$. 又根据引理 4.28(iv)可知 $\chi_E \in \mathscr{F}$.

(iii) 若 E 是有界闭集,则 E 可表示为两个有界开集($G_1 \supset G_2$)的差集,从而由(2)以及引理 4.28(iii)可知 $\chi_E \in \mathscr{F}$.

(iv) 设 $\{E_k\}$ 是递减可测集合列,且 $m(E_1) < \infty$,记 $E = \bigcap_{k=1}^{\infty} E_k$. 若 $\chi_{E_k} \in \mathscr{F}$ $(k=1,2,\cdots)$,则 $\chi_E \in \mathscr{F}$.

事实上,把 χ_{E_k} 看成 f_k,χ_E 看成 f,那么类似于引理 4.28(iv)的证明方法,用控制收敛定理即可得证.

(v) 若 E 是零测集,则 $\chi_E \in \mathscr{F}$.

事实上,此时存在递减开集列 $\{G_k\}$,$G_k \supset E$ $(k=1,2,\cdots)$,使得
$$\lim_{k \to \infty} m(G_k) = 0.$$
令 $H = \bigcap_{k=1}^{\infty} G_k$,则由(ii)以及(iv)可知 $\chi_H \in \mathscr{F}$. 又 $E \subset H$,并注意到 $m(H) = 0$,我们有
$$\int_{\mathbf{R}^p} \mathrm{d}x \int_{\mathbf{R}^q} \chi_H(x,y) \mathrm{d}y = 0$$
以及
$$\int_{\mathbf{R}^n} \chi_E(x,y) \mathrm{d}x \mathrm{d}y = 0 = \int_{\mathbf{R}^p} \mathrm{d}x \int_{\mathbf{R}^q} \chi_E(x,y) \mathrm{d}y,$$
即 χ_E 满足条件(C). 上述等式还指出,对几乎处处的 $x \in \mathbf{R}^p$,有
$$F_{\chi_E}(x) = \int_{\mathbf{R}^p} \chi_E(x,y) \mathrm{d}y = 0.$$
从而立即推出,对几乎处处的 $x \in \mathbf{R}^p$,有 $\chi_E(x,y) = 0$, a. e. (于 $\mathbf{R}^q$). 这说明 χ_E 满足条件(A)与(B),$\chi_E \in \mathscr{F}$.

(vi) 若 $E \in \mathscr{M}$,则 $\chi_E \in \mathscr{F}$.

事实上,因为 E 可以表示为两个互不相交的集合的并:

$$E = \left(\bigcup_{k=1}^{\infty} F_k \right) \cup Z,$$

其中每个 F_k 都是有界闭集，$m(Z)=0$. 令 $K = \bigcup_{k=1}^{\infty} F_k$，由(iii)以及用类似于(ii)中的方法不难证明 $\chi_K \in \mathscr{F}$. 最后，根据等式

$$\chi_E(x,y) = \chi_K(x,y) + \chi_Z(x,y)$$

立即得到 $\chi_E \in \mathscr{F}$.

注意　(i) 在定理 4.27 的证明中，改变 $x \in \mathbf{R}^p$ 与 $y \in \mathbf{R}^q$ 的次序，结论同样成立. 因此，实际上我们可得

$$\int_{\mathbf{R}^n} f(x,y) \mathrm{d}x \mathrm{d}y = \int_{\mathbf{R}^p} \mathrm{d}x \int_{\mathbf{R}^q} f(x,y) \mathrm{d}y = \int_{\mathbf{R}^q} \mathrm{d}y \int_{\mathbf{R}^p} f(x,y) \mathrm{d}x.$$

(ii) 若 $f(x,y)$ 是 E 上的非负可测函数，则可用 $f(x,y)\chi_E(x,y)$ 代替定理 4.27 中的 $f(x,y)$，我们有

$$\int_E f(x,y) \mathrm{d}x \mathrm{d}y = \int_{\mathbf{R}^p} \mathrm{d}x \int_{\mathbf{R}^q} f(x,y)\chi_E(x,y) \mathrm{d}y.$$

定理 4.29（Fubini 定理，可积函数的情形）　若 $f \in L(\mathbf{R}^n)$，$(x,y) \in \mathbf{R}^n = \mathbf{R}^p \times \mathbf{R}^q$，则

(A) 对于几乎处处的 $x \in \mathbf{R}^p$，$f(x,y)$ 是 $\mathbf{R}^q$ 上的可积函数；

(B) 积分

$$\int_{\mathbf{R}^q} f(x,y) \mathrm{d}y$$

是 $\mathbf{R}^p$ 上的可积函数；

(C) 我们有

$$\int_{\mathbf{R}^n} f(x,y) \mathrm{d}x \mathrm{d}y = \int_{\mathbf{R}^p} \mathrm{d}x \int_{\mathbf{R}^q} f(x,y) \mathrm{d}y = \int_{\mathbf{R}^q} \mathrm{d}y \int_{\mathbf{R}^p} f(x,y) \mathrm{d}x.$$

证明　令 $f(x,y) = f^+(x,y) - f^-(x,y)$，则根据非负可测函数的 Tonelli 定理可知，$f^+(x,y)$ 与 $f^-(x,y)$ 满足上述条件(A)，(B)与(C). 注意到所有的积分值都是有限的，从而可以作减法运算，并立即得出定理的结论.

注　1. 在被积函数变号且不知其是否可积时，不妨先取绝对值再进行讨论.

2. 即使 $f(x,y)$ 的两个累次积分存在且相等，$f(x,y)$ 在 $\mathbf{R}^n$ 上也可能是不可积的.

3. Tonelli 定理对 Riemann 积分不真. 例如,设 E 是 $[0,1]\times[0,1]$ 中的稠密集,且任一平行于坐标轴的直线至多交 E 于一个点,又作函数

$$f(x,y) = \begin{cases} 1, & (x,y)\in E, \\ 0, & (x,y)\bar{\in}E, \end{cases}$$

易知 $f\in R([0,1]\times[0,1])$,但我们有(Riemann 积分)

$$\int_0^1 \mathrm{d}y\int_0^1 f(x,y)\mathrm{d}x = 0 = \int_0^1 \mathrm{d}x\int_0^1 f(x,y)\mathrm{d}y.$$

4. 设 $f(x)=f(\xi_1,\xi_2,\cdots,\xi_n)$ 在开球 $B(0,r)\subset\mathbf{R}^n$ 上有表达式

$$f(x) = \sum_{(k_1,\cdots,k_n)=(1,\cdots,1)}^{\infty}\cdots\sum^{\infty} a_{k_1\cdots k_n} x_1^{k_1} x_2^{k_2}\cdots x_n^{k_n},$$

则或有 $f(x)=0(x\in B(0,r))$,或是 $m(f^{-1}(0)\bigcap B(0,r))=0$.

证明 (i) 若 $n=1$,则可视 $f(x)$ 为在复平面中 $\{z:|z|<r\}$ 上的解析函数 $F(z)$ 在 $(-r,r)$ 上的限定. 此时,如果 $f\neq 0$,那么 $F^{-1}(0)$ 是一个至多可列集. 证毕.

(ii) 对一般的 n,采用归纳法. 假定 $n=1,2,\cdots,N-1$ 时结论为真,且记 $E=f^{-1}(0)\bigcap B(0,r)$ 以及

$$E_N = \{(\xi_1,\xi_2,\cdots,\xi_{N-1}) : (\xi_1,\xi_2,\cdots,\xi_{N-1},\xi_N)\in E\},$$

则根据 Fubini 定理可知

$$m_N(E) = \int_{-r}^r m_{N-1}(E_N)\mathrm{d}\xi_N,$$

其中 $m_k(A)$ 表示 $\mathbf{R}^k$ 中点集 A 的 Lebesgue 测度.

现在,对 $\xi_N\in(-r,r)$,视 $f(\xi_1,\xi_2,\cdots,\xi_{N-1},\xi_N)$ 为变量 $\xi_1,\xi_2,\cdots,\xi_{N-1}$ 的函数在 $\mathbf{R}^{N-1}$ 中的点集 E_N 上为 0,则 $m_{N-1}(E_N)=0$. 根据归纳法,即得所证.

解意:该结论表明,几乎所有的 $n\times n$ 阶矩阵均有 n 个不同的特征值. 这里"几乎所有"是指:$\mathbf{R}^{n^2}$ 中所有 $n\times n$ 阶矩阵形成之集的 m_{n^2} 之测度.

例 1 设 $f\in L([0,+\infty)),a>0$,则有等式

$$\int_0^{+\infty} \sin ax\,\mathrm{d}x\int_0^{+\infty} f(y)\mathrm{e}^{-xy}\mathrm{d}y = a\int_0^{+\infty} \frac{f(y)\mathrm{d}y}{a^2+y^2}.$$

证明 因为

$$\int_0^{+\infty} \sin ax\,\mathrm{e}^{-xy}\mathrm{d}x = \frac{a}{a^2+y^2} \quad (x>0),$$

所以只需阐明原等式积分可交换次序即可.

考查二元可测函数 $\sin ax f(y)\mathrm{e}^{-xy}$. 它不是非负的,从而要研究它的可积性. 为此,取其绝对值并将对 x 的积分范围限于 $[\delta,X]$:$0<\delta<X<+\infty$. 此时有

$$\int_{\delta}^{X}\int_{0}^{+\infty}|\sin ax \cdot f(y)\mathrm{e}^{-xy}|\mathrm{d}x\mathrm{d}y$$

$$\leqslant \int_{\delta}^{X}\int_{0}^{+\infty}|f(y)|\mathrm{e}^{-\delta y}\mathrm{d}x\mathrm{d}y \leqslant (X-\delta)\int_{0}^{+\infty}|f(y)|\mathrm{d}y,$$

这说明 $\sin ax f(y)\mathrm{e}^{-xy}$ 在 $[\delta,X]\times[0,+\infty)$ 上可积. 于是, 我们有

$$\int_{\delta}^{X}\sin ax\,\mathrm{d}x\int_{0}^{+\infty}f(y)\mathrm{e}^{-xy}\,\mathrm{d}y = \int_{0}^{+\infty}f(y)\mathrm{d}y\int_{\delta}^{X}\sin ax\,\mathrm{e}^{-xy}\,\mathrm{d}x.$$

注意到(根据积分第二中值定理)

$$\left|\int_{\delta}^{X}\mathrm{e}^{-xy}\sin ax\,\mathrm{d}x\right| \leqslant \frac{2}{a},\quad 0<\delta<X<+\infty,$$

由控制收敛定理即得

$$\int_{0}^{+\infty}\sin ax\,\mathrm{d}x\int_{0}^{+\infty}f(y)\mathrm{e}^{-xy}\,\mathrm{d}y = \lim_{\substack{\delta\to 0 \\ X\to+\infty}}\int_{\delta}^{X}\sin ax\,\mathrm{d}x\int_{0}^{+\infty}f(y)\mathrm{e}^{-xy}\,\mathrm{d}y$$

$$= \lim_{\substack{\delta\to 0 \\ X\to+\infty}}\int_{0}^{+\infty}f(y)\mathrm{d}y\int_{\delta}^{X}\sin ax\,\mathrm{e}^{-xy}\,\mathrm{d}x$$

$$= \int_{0}^{+\infty}f(y)\mathrm{d}y\int_{0}^{+\infty}\sin ax\,\mathrm{e}^{-xy}\,\mathrm{d}y.$$

例 2　$\displaystyle\int_{0}^{+\infty}\mathrm{e}^{-x^2}\,\mathrm{d}x = \frac{\sqrt{\pi}}{2}.$

证明　因为 $f(x,y)=y\mathrm{e}^{-(1+x^2)y^2}$ 在 $[0,+\infty)\times[0,+\infty)$ 上非负可测, 所以根据 Tonelli 定理可知

$$\int_{0}^{+\infty}\left(\int_{0}^{+\infty}y\mathrm{e}^{-(1+x^2)y^2}\,\mathrm{d}y\right)\mathrm{d}x = \int_{0}^{+\infty}\left(\int_{0}^{+\infty}y\mathrm{e}^{-(1+x^2)y^2}\,\mathrm{d}x\right)\mathrm{d}y.$$

易知上式左端为 $\pi/4$, 而右端为

$$\left(\int_{0}^{+\infty}\mathrm{e}^{-x^2}\,\mathrm{d}x\right)\left(\int_{0}^{+\infty}\mathrm{e}^{-y^2}\,\mathrm{d}y\right) = \left(\int_{0}^{+\infty}\mathrm{e}^{-x^2}\,\mathrm{d}x\right)^2.$$

例 3　对 $x\in \mathbf{R}^{n-1}(n>1), t\in\mathbf{R}$, 记 (x,t) 为

$$(x,t) = (x_1,x_2,\cdots,x_{n-1},t)\in\mathbf{R}^n.$$

设 E 是 $\mathbf{R}^{n-1}$ 中的可测集, $h>0$, 点集

$$A = \{(\alpha z,\alpha h): z\in E, 0\leqslant\alpha\leqslant 1\}$$

是以 E 为底、高为 h 且顶点为 0 的锥, 则

$$m(A) = \frac{h}{n}m(E).$$

证明　当 $(x,t)\in A$ 时, $x=\alpha z, t=\alpha h$, 也就是 $\alpha=t/h, \alpha z=tz/h$. 从而当

$0 \leqslant t \leqslant h$ 时,有

$$A_t \xmathrm{\overset{def}{=\!=\!=}} \{x \in \mathbf{R}^{n-1} : (x,t) \in A\} = \left\{\frac{t}{h}z : z \in E\right\}.$$

易知 $m(A_t) = (t/h)^{n-1} m(E)$. 由此可得

$$m(A) = \int_{\mathbf{R}^n} \chi_A(u) \mathrm{d}u = \int_{\mathbf{R}} \mathrm{d}t \int_{\mathbf{R}^{n-1}} \chi_A(x,t) \mathrm{d}x$$

$$= \int_{\mathbf{R}} \mathrm{d}t \int_{A_t} 1 \mathrm{d}x = \int_{\mathbf{R}} m(A_t) \mathrm{d}t = \frac{m(E)}{h^{n-1}} \int_0^h t^{n-1} \mathrm{d}t$$

$$= \frac{h}{n} m(E).$$

思考题 解答下列命题:

1. 设 $f(x,y)$ 在 $[0,1] \times [0,1]$ 上可积,试证明

$$\int_0^1 \left(\int_0^x f(x,y) \mathrm{d}y\right) \mathrm{d}x = \int_0^1 \left(\int_y^1 f(x,y) \mathrm{d}x\right) \mathrm{d}y.$$

2. 设 A,B 是 $\mathbf{R}^n$ 中的可测集,试证明

$$\int_{\mathbf{R}^n} m((A - \{x\}) \bigcap B) \mathrm{d}x = m(A) \cdot m(B).$$

(二) 积分的几何意义

大家知道,积分与测度是相通的.下面我们将通过(一)中的定理来讨论低维欧氏空间中的点集与高维欧氏空间中的点集之间的测度关系,并给出积分的几何意义.

定理 4.30 设 E 是 $\mathbf{R}^n = \mathbf{R}^p \times \mathbf{R}^q$ 中的点集,对任意的 $x \in \mathbf{R}^p$,令

$$E(x) = \{y \in \mathbf{R}^q : (x,y) \in E\},$$

称它为点集 E 在 x 处的**截段集**. 若 E 是可测集,则对几乎处处的 $x, E(x)$ 是 $\mathbf{R}^q$ 中的可测集,$m(E(x))$ 是 $\mathbf{R}^p$ 上(几乎处处有定义的)的可测函数,且有

$$m(E) = \int_{\mathbf{R}^p} m(E(x)) \mathrm{d}x.$$

证明 只需在 Tonelli 定理中令 $f = \chi_E$ 便可得证.

定理 4.31 若 E_1 与 E_2 是 $\mathbf{R}^p$ 与 $\mathbf{R}^q$ 中的可测集,则 $E_1 \times E_2$ 是 $\mathbf{R}^p \times \mathbf{R}^q$ 中的可测集,且有

$$m(E_1 \times E_2) = m(E_1) \cdot m(E_2).$$

证明 因为

$$\chi_{E_1}(x) \cdot \chi_{E_2}(y) = \chi_{E_1 \times E_2}(x,y),$$

所以若能证明 $E_1 \times E_2$ 是 $\mathbf{R}^p \times \mathbf{R}^q$ 中的可测集,则由 Tonelli 定理立即推知

$$m(E_1 \times E_2) = \int_{\mathbf{R}^p \times \mathbf{R}^q} \chi_{E_1 \times E_2}(x, y) \mathrm{d}x \mathrm{d}y$$

$$= \int_{\mathbf{R}^p} \chi_{E_1}(x) \mathrm{d}x \int_{\mathbf{R}^q} \chi_{E_2}(y) \mathrm{d}y = m(E_1) \cdot m(E_2).$$

现在来证明 $E_1 \times E_2$ 是 $\mathbf{R}^p \times \mathbf{R}^q$ 中的可测集. 由于 $E_1 \times E_2$ 可以表示成可数个点集 $A \times B$ 的并集, 其中 A, B 是有界闭集或零测集. 故只需讨论两种情形:

(i) A 是零测集. 此时, 对于任给的 $\varepsilon > 0$, 可作 $\mathbf{R}^p$ 中的开矩体列 $\{I_k\}$ 以及 $\mathbf{R}^q$ 中开矩体列 $\{J_i\}$, 使得

$$\bigcup_{k=1}^{\infty} I_k \supset A, \quad \sum_{k=1}^{\infty} |I_k| < \varepsilon.$$

$$\bigcup_{i=1}^{\infty} J_i \supset B, \quad \sum_{i=1}^{\infty} |J_i| < +\infty.$$

显然, $A \times B$ 被 $\mathbf{R}^p \times \mathbf{R}^q$ 中的开矩体列 $\{I_k \times J_i\}$ 所覆盖. 因此, 我们有

$$m^*(A \times B) \leqslant m\left(\bigcup_{k,i=1}^{\infty} (I_k \times J_i) \right)$$

$$\leqslant \sum_{k=1}^{\infty} |I_k| \cdot \sum_{i=1}^{\infty} |J_i| < \varepsilon \sum_{i=1}^{\infty} |J_i|.$$

这说明 $A \times B$ 是 $\mathbf{R}^p \times \mathbf{R}^q$ 中的零测集.

(ii) A 与 B 都是有界闭集. 易知 $A \times B$ 是 $\mathbf{R}^p \times \mathbf{R}^q$ 中的闭集, 是可测集.

推论 4.32（**可测函数图形的测度**）　设 $f(x)$ 是 $E \subset \mathbf{R}^n$ 上的非负实值可测函数, 作点集

$$G_E(f) = \{(x, y) \in \mathbf{R}^{n+1} : x \in E, y = f(x)\},$$

称它为 $y = f(x)$ 在 E 上的**图形**.（注意, E 是 $\mathbf{R}^n$ 中的点集, $G_E(f)$ 是 $\mathbf{R}^{n+1}$ 中的点集.）我们有

$$m(G_E(f)) = 0.$$

证明　不妨设 $m(E) < +\infty$. 对任给 $\delta > 0$, 作分点:

$$0, \delta, 2\delta, \cdots, k\delta, (k+1)\delta, \cdots,$$

令 $E_k = \{x : k\delta \leqslant f(x) < (k+1)\delta\}$ $(k = 0, 1, \cdots)$. 显然有

$$G_E(f) = \bigcup_{k=0}^{\infty} G_{E_k}(f).$$

从而得

$$m^*(G_E(f)) \leqslant \sum_{k=0}^{\infty} m^*(G_{E_k}(f))$$

$$\leqslant \sum_{k=0}^{\infty} \delta m(E_k) = \delta m(E).$$

由 δ 的任意性可知

$$m(G_E(f)) = 0.$$

定理 4.33（积分的几何意义） 设 $f(x)$ 是 $E \subset \mathbf{R}^n$ 上的非负实值函数，记

$$\underline{G}(f) = \underline{G}_E(f) = \{(x,y) \in \mathbf{R}^{n+1} : x \in E, 0 \leqslant y \leqslant f(x)\},$$

称它为 $y = f(x)$ 在 E 上的**下方图形**. 我们有下述结论：

(i) 若 $f(x)$ 是可测函数，则 $\underline{G}(f)$ 是 $\mathbf{R}^{n+1}$ 中的可测集，且有

$$m(\underline{G}(f)) = \int_E f(x)\,\mathrm{d}x.$$

(ii) 若 E 是可测集，$\underline{G}(f)$ 是 $\mathbf{R}^{n+1}$ 中的可测集，则 $f(x)$ 是可测函数，且有

$$m(\underline{G}(f)) = \int_E f(x)\,\mathrm{d}x.$$

这正是 Riemann 积分中曲边梯形面积意义的推广.

证明 (i) 若 $f(x)$ 是一个可测集上的特征函数，结论显然成立. 从而对于非负可测简单函数结论也真（注意，在互不相交子集的并集上的下方图形等于在每个子集上的下方图形的并）. 于是，我们作非负可测简单函数渐升列 $\{\varphi_k(x)\}$ 收敛于 $f(x)$，易证

$$\lim_{k \to \infty} \underline{G}(\varphi_k) \bigcup Z = \underline{G}(f),$$
$$Z = \{(x, f(x)) : x \in E\} \subset G_E(f).$$

因为 f 的图形集 $G_E(f)$ 是 $\mathbf{R}^{n+1}$ 中的零测集，所以 $\underline{G}(f)$ 不仅是 $\mathbf{R}^{n+1}$ 中的可测集，而且还有

$$m(\underline{G}(f)) = \lim_{k \to \infty} m(\underline{G}(\varphi_k)) = \lim_{k \to \infty} \int_E \varphi_k(x)\,\mathrm{d}x = \int_E f(x)\,\mathrm{d}x.$$

(ii) 设 $H = \underline{G}(f)$ 是 $\mathbf{R}^{n+1}$ 中的可测集. 由定理 4.27 可知，对几乎处处的 $y \in \mathbf{R}$，截段集 $H(y)$ 是 $\mathbf{R}^n$ 中的可测集. 但我们有

$$H(y) = \{x : f(x) \geqslant y\},$$

因此除一零测集中的 y 值以外，$\{x : f(x) \geqslant y\}$ 是可测集. 这说明 $f(x)$ 是 $E \subset \mathbf{R}^n$ 上的可测函数. 根据 (i) 即得

$$m(\underline{G}(f)) = \int_E f(x)\,\mathrm{d}x.$$

（三）卷积函数、分布函数

设 $f(x)$ 和 $g(x)$ 是 $\mathbf{R}^n$ 上的可测函数. 若积分

$$\int_{\mathbf{R}^n} f(x-y)g(y)\,\mathrm{d}y$$

存在，则称此积分为 f 与 g 的**卷积**，记为 $(f * g)(x)$.

注意,这里的 $f(x-y)$ 是 $(x,y) \in \mathbf{R}^n \times \mathbf{R}^n$ 上的可测函数.

定理 4.34 若 $f,g \in L(\mathbf{R}^n)$,则 $(f*g)(x)$ 对几乎处处的 $x \in \mathbf{R}^n$ 存在,$(f*g)(x)$ 是 $\mathbf{R}^n$ 上的可积函数,且有

$$\int_{\mathbf{R}^n} |(f*g)(x)| \, dx \leqslant \left(\int_{\mathbf{R}^n} |f(x)| \, dx \right) \left(\int_{\mathbf{R}^n} |g(x)| \, dx \right). \quad (4.16)$$

证明 首先,设 $f(x) \geqslant 0, g(x) \geqslant 0$. 因为 $f(x-t)g(t)$ 是 $\mathbf{R}^n \times \mathbf{R}^n$ 上的可测函数,所以根据非负可测函数的 Tonelli 定理可得

$$\int_{\mathbf{R}^n} dx \int_{\mathbf{R}^n} f(x-t)g(t) dt = \int_{\mathbf{R}^n} dt \int_{\mathbf{R}^n} f(x-t)g(t) dx$$

$$= \int_{\mathbf{R}^n} g(t) dt \int_{\mathbf{R}^n} f(x-t) dx$$

$$= \int_{\mathbf{R}^n} g(t) dt \int_{\mathbf{R}^n} f(x) dx < +\infty.$$

这说明 $(f*g)(x)$ 几乎处处存在(有限),且有

$$\int_{\mathbf{R}^n} (f*g)(x) dx = \int_{\mathbf{R}^n} g(t) dt \cdot \int_{\mathbf{R}^n} f(x) dx.$$

其次,对于一般情形,只需注意

$$|(f*g)(x)| \leqslant (|f|*|g|)(x),$$

从而有

$$\int_{\mathbf{R}^n} |(f*g)(x)| dx \leqslant \int_{\mathbf{R}^n} (|f|*|g|)(x) dx$$

$$= \int_{\mathbf{R}^n} |f(x)| dx \int_{\mathbf{R}^n} |g(x)| dx < +\infty.$$

例 4(卷积是连续函数) 设 $f \in L(\mathbf{R}^n), g(x)$ 在 $\mathbf{R}^n$ 上有界可测,则 $F(x) = (f*g)(x)$ 是 $\mathbf{R}$ 上的一致连续函数.

证明 不妨设 $|g(x)| \leqslant M, x \in \mathbf{R}^n$. 我们有

$$|F(x+h) - F(x)|$$

$$= \left| \int_{\mathbf{R}^n} f(x+h-t)g(t) dt - \int_{\mathbf{R}^n} f(x-t)g(t) dt \right|$$

$$\leqslant \int_{\mathbf{R}^n} |f(x-t+h) - f(x-t)| \, |g(t)| dt$$

$$\leqslant M \int_{\mathbf{R}^n} |f(t+h) - f(t)| dt \to 0 \quad (h \to 0),$$

即得所证.

例 5（L 中无卷积单位） $L(\mathbf{R})$ 中不存在函数 $u(x)$，使得对一切 $f\in L(\mathbf{R})$，有

$$(u * f)(x) = f(x), \quad \text{a. e. } x\in\mathbf{R}.$$

证明 应用反证法. 假设存在 $u\in L(\mathbf{R})$ 使上式成立. 首先，可取 $\delta>0$，使得

$$\int_{-2\delta}^{2\delta} |u(x)|\mathrm{d}x < 1.$$

其次，对 $L(\mathbf{R})$ 中的函数 $f(x) = \chi_{[-\delta,\delta]}(x)$，易知

$$f(x) = (u * f)(x) = \int_{-\delta}^{\delta} u(x-y)\mathrm{d}y$$

$$= \int_{x-\delta}^{x+\delta} u(t)\mathrm{d}t, \quad \text{a. e. } x\in\mathbf{R}.$$

因此，必有 $x_0\in[-\delta,\delta]$，使得

$$1 = f(x_0) = \int_{x_0-\delta}^{x_0+\delta} u(t)\mathrm{d}t.$$

然而，另一方面，我们又有

$$1 = \left|\int_{x_0-\delta}^{x_0+\delta} u(t)\mathrm{d}t\right| \leqslant \int_{x_0-\delta}^{x_0+\delta} |u(t)|\mathrm{d}t \leqslant \int_{-2\delta}^{2\delta} |u(t)|\mathrm{d}t < 1.$$

这一矛盾说明，不存在 $u\in L(\mathbf{R})$，使得对一切 $f\in L(\mathbf{R})$，有

$$(u * f)(x) = f(x), \quad \text{a. e. } x\in\mathbf{R}.$$

例 6 设 $f(x)$ 在 $\mathbf{R}$ 上可测，$E\subset\mathbf{R}$ 且 $\bar{E}=\mathbf{R}$. 若对任意 $a\in E$，有 $f(x+a)=f(x)$，a. e. $x\in\mathbf{R}$，则存在常数 C，使得 $f(x)=C$，a. e. $x\in\mathbf{R}$.

证明 首先假定 $f(x)$ 有界，且设 $\{\varphi_{\varepsilon_n}(x)\}$ 是 $L^1(\mathbf{R})$ 中的展缩函数列（参见第六章 §6.5 定义 6.10），则知 $f_n(x) = f * \varphi_{\varepsilon_n}(x)$ 在 $\mathbf{R}$ 上连续，且有

$$f_n(x+a) = f_n(x) \quad (n\in\mathbf{N}).$$

从而由 E 的稠密性，可得 $f_n(x)=C_n(x\in\mathbf{R})$. 不妨认定（否则用子列，注意 $f\in L^1$）

$$\lim_{n\to\infty} f_n(x) = f(x), \quad \text{a. e. } x\in\mathbf{R},$$

因此我们有 $C_n\to C(n\to\infty)$，即 $f(x)=C$，a. e. $x\in\mathbf{R}$.

其次，对一般可测函数 $f(x)$，作函数列

$$f_n(x) = \begin{cases} f(x), & |f(x)|\leqslant n, \\ 0, & \text{其他}, \end{cases}$$

易知每个 $f_n(x)$ 均满足题设，故存在 C_n，使得

$$f_n(x) = C_n, \quad \text{a. e. } x\in\mathbf{R}.$$

若存在 n_0，使得 $C_{n_0}\neq 0$，则 $f(x)=C_{n_0}$，a. e. $x\in\mathbf{R}$；

若对一切 $n\in\mathbf{N}$，$C_n=0$，即 $f_n(x)=0$，a. e. $x\in\mathbf{R}$，则 $f(x)=0$，a. e. $x\in\mathbf{R}$.

在关于非负可测函数 $f(x)$ 的积分中（§4.1），曾介绍其可积性与可测集 $\{x \in E : f(x) > t\}$ 的可求和关系. 在这里，我们将更加深入地论述这一联系，它为估算积分提供了更多的方便.

定义 4.4   设 $f(x)$ 在 E 上可测，则称
$$f_*(\lambda) = m(\{x \in E : |f(x)| > \lambda\}), \quad \lambda > 0$$
为 $f(x)$ 在 E 上的**分布函数**. 显然，$f_*(\lambda)$ 是 $(0, +\infty)$ 上的递减函数.

定理 4.35   设 $f(x)$ 在 E 上可测，则对 $1 \leqslant p < +\infty$，有
$$\int_E |f(x)|^p \, dx = p \int_0^{+\infty} \lambda^{p-1} f_*(\lambda) \, d\lambda. \tag{4.17}$$

证明   作函数
$$F(\lambda, x) = \begin{cases} 1, & |f(x)| > \lambda, \\ 0, & |f(x)| \leqslant \lambda. \end{cases}$$
易知 $F(\lambda, x)$ 作为 x 的函数是 $\{x \in E : |f(x)| > \lambda\}$ 上的特征函数，从而由 Tonelli 定理可得
$$\int_E |f(x)|^p \, dx = \int_E dx \int_0^{|f(x)|} p\lambda^{p-1} \, d\lambda = \int_E dx \int_0^{+\infty} p\lambda^{p-1} F(\lambda, x) \, d\lambda$$
$$= \int_0^\infty p\lambda^{p-1} \, d\lambda \int_E F(\lambda, x) \, dx = p \int_0^{+\infty} \lambda^{p-1} f_*(\lambda) \, d\lambda.$$

习　题　4

1. 设 $f(x)$ 是 $E \subset \mathbf{R}^n$ 上几乎处处大于零的可测函数，且满足 $\int_E f(x) \, dx = 0$，试证明 $m(E) = 0$.

2. 设 $f(x)$ 在 $[0, +\infty)$ 上非负可积，$f(0) = 0$，且 $f'(0)$ 存在，试证明存在积分
$$\int_{[0, +\infty)} \frac{f(x)}{x} \, dx.$$

3. 设 $f(x)$ 是 $E \subset \mathbf{R}^n$ 上的非负可测函数. 若存在 $E_k \subset E$，$m(E \backslash E_k) < 1/k \ (k = 1, 2, \cdots)$，使得极限
$$\lim_{k \to \infty} \int_{E_k} f(x) \, dx$$
存在，试证明 $f(x)$ 在 E 上可积.

4. 设 $f(x)$ 是 $\mathbf{R}$ 上非负可积函数，令

$$F(x) = \int_{(-\infty, x]} f(t) \mathrm{d}t, \quad x \in \mathbf{R}.$$

若 $F \in L(\mathbf{R})$，试证明 $\int_{\mathbf{R}} f(x) \mathrm{d}x = 0$.

5. 设 $f_k(x)$ $(k=1,2,\cdots)$ 是 $\mathbf{R}^n$ 上非负可积函数列. 若对任一可测集 $E \subset \mathbf{R}^n$，都有

$$\int_E f_k(x) \mathrm{d}x \leqslant \int_E f_{k+1}(x) \mathrm{d}x,$$

试证明

$$\lim_{k \to \infty} \int_E f_k(x) \mathrm{d}x = \int_E \lim_{k \to \infty} f_k(x) \mathrm{d}x.$$

6. 设 $f(x)$ 与 $g(x)$ 是 $E \subset \mathbf{R}$ 上的非负可测函数，且 $m(E)=1$. 若有 $f(x)g(x) \geqslant 1, x \in E$，试证明

$$\left(\int_E f(x) \mathrm{d}x \right) \left(\int_E g(x) \mathrm{d}x \right) \geqslant 1$$

$\left(\text{注意} \left(\int_E f(x)g(x) \mathrm{d}x \right)^2 \leqslant \int_E f^2(x) \mathrm{d}x \cdot \int_E g^2(x) \mathrm{d}x \right).$

7. 假设有定义在 $\mathbf{R}^n$ 上的函数 $f(x)$. 如果对于任意的 $\varepsilon > 0$，存在 $g, h \in L(\mathbf{R}^n)$，满足 $g(x) \leqslant f(x) \leqslant h(x)$ $(x \in \mathbf{R}^n)$，并且使得 $\int_{\mathbf{R}^n} (h(x) - g(x)) \mathrm{d}x < \varepsilon$，试证明 $f \in L(\mathbf{R}^n)$.

8. 设 $\{E_k\}$ 是 $\mathbf{R}^n$ 中测度有限的可测集列，且有

$$\lim_{k \to \infty} \int_{\mathbf{R}^n} |\chi_{E_k}(x) - f(x)| \mathrm{d}x = 0,$$

试证明存在可测集 E，使得 $f(x) = \chi_E(x)$, a.e. $x \in \mathbf{R}^n$.

9. 设 $f(x)$ 是 $[0,1]$ 上的递增函数，试证明对 $E \subset [0,1]$，$m(E) = t$，有 $\int_{[0,t]} f(x) \mathrm{d}x \leqslant \int_E f(x) \mathrm{d}x$.

10. 设 $f \in L(\mathbf{R}^n)$，$E \subset \mathbf{R}^n$ 是紧集，试证明

$$\lim_{|y| \to \infty} \int_{E + \{y\}} |f(x)| \mathrm{d}x = 0.$$

11. 证明下列等式：

(i) $\dfrac{1}{\Gamma(\alpha)} \int_{(0, \infty)} \dfrac{x^{\alpha-1}}{\mathrm{e}^x - 1} \mathrm{d}x = \sum_{n=1}^{\infty} n^{-\alpha}$ $(\alpha > 1)$;

(ii) $\displaystyle\int_{(0,+\infty)} \frac{\sin ax}{e^x - 1} dx = \sum_{n=1}^{\infty} \frac{a}{n^2 + a^2}$　$(a > 0)$.

12. 设 $f \in L(\mathbf{R}), a > 0$, 试证明级数

$$\sum_{n=-\infty}^{\infty} f\left(\frac{x}{a} + n\right)$$

在 $\mathbf{R}$ 上几乎处处绝对收敛, 且其和函数 $S(x)$ 以 a 为周期, 且 $S \in L([0, a])$.

13. 设 $f \in L(\mathbf{R}), p > 0$, 试证明

$$\lim_{n \to \infty} n^{-p} f(nx) = 0, \quad \text{a. e. } x \in \mathbf{R}.$$

14. 设 $x^s f(x), x^t f(x)$ 在 $(0, +\infty)$ 上可积, 其中 $s < t$, 试证明积分

$$\int_{[0,+\infty)} x^u f(x) dx, \quad u \in (s, t)$$

存在且是 $u \in (s, t)$ 的连续函数.

15. 设 $f(x)$ 是 $(0, 1)$ 上的正值可测函数. 若存在常数 c, 使得

$$\int_{[0,1]} (f(x))^n dx = c \quad (n = 1, 2, \cdots),$$

试证明存在可测集 $E \subset (0, 1)$, 使得 $f(x)$ 几乎处处等于 $\chi_E(x)$. 再问: 若 $f(x)$ 不是非负的又如何?

16. 设 $f \in L([0, 1])$, 试证明

$$\lim_{n \to \infty} \int_{[0,1]} n \ln\left(1 + \frac{|f(x)|^2}{n^2}\right) dx = 0$$

$(\ln(1 + x^2) \leqslant x, x \geqslant 0)$.

17. 设 $E_1 \supset E_2 \supset \cdots \supset E_k \supset \cdots$, $E = \bigcap_{k=1}^{\infty} E_k$, $f \in L(E_k)$ $(k = 1, 2, \cdots)$, 试证明

$$\lim_{k \to \infty} \int_{E_k} f(x) dx = \int_E f(x) dx.$$

18. 设 $f \in L(E)$, 且 $f(x) > 0$ $(x \in E)$, 试证明

$$\lim_{k \to \infty} \int_E (f(x))^{1/k} dx = m(E).$$

19. 设 $\{f_n(x)\}$ 是 $[0, 1]$ 上的非负可积函数列, 且 $\{f_n(x)\}$ 在 $[0, 1]$ 上依测度收敛于 $f(x)$. 若有

$$\lim_{n \to \infty} \int_{[0,1]} f_n(x)\,\mathrm{d}x = \int_{[0,1]} f(x)\,\mathrm{d}x,$$

试证明对[0,1]的任一可测子集 E,有

$$\lim_{n \to \infty} \int_E f_n(x)\,\mathrm{d}x = \int_E f(x)\,\mathrm{d}x.$$

20. 设 $\{f_k(x)\}$ 是 E 上的非负可积函数列,且 $f_k(x)$ 在 E 上几乎处处收敛于 $f(x) \equiv 0$. 若有

$$\int_E \max\{f_1(x), f_2(x), \cdots, f_k(x)\}\,\mathrm{d}x \leqslant M \quad (k = 1, 2, \cdots),$$

试证明

$$\lim_{k \to \infty} \int_E f_k(x)\,\mathrm{d}x = 0.$$

21. **(依测度收敛型的 Fatou 引理)** 设 $\{f_k(x)\}$ 是 E 上依测度收敛于 $f(x)$ 的非负可测函数列,试证明

$$\int_E f(x)\,\mathrm{d}x \leqslant \varliminf_{k \to \infty} \int_E f_k(x)\,\mathrm{d}x.$$

22. 试证明:$\displaystyle\int_{[0,\infty)} \mathrm{e}^{-x^2} \cos 2xt\,\mathrm{d}t = \frac{\sqrt{\pi}}{2}\mathrm{e}^{-t^2}$,$t \in \mathbf{R}$.

23. 设 $f \in L(\mathbf{R}^n)$,$f_k \in L(\mathbf{R}^n)$ $(k = 1, 2, \cdots)$,且对于任一可测集 $E \subset \mathbf{R}^n$,有

$$\int_E f_k(x)\,\mathrm{d}x \leqslant \int_E f_{k+1}(x)\,\mathrm{d}x \quad (k = 1, 2, \cdots),$$

$$\lim_{k \to \infty} \int_E f_k(x)\,\mathrm{d}x = \int_E f(x)\,\mathrm{d}x,$$

试证明　　$\displaystyle\lim_{k \to \infty} f_k(x) = f(x)$,　 a. e. $x \in \mathbf{R}^n$.

24. 设 $\{f_k(x)\}$,$\{g_k(x)\}$ 是 $E \subset \mathbf{R}^n$ 上的两个可测函数列,且有 $|f_k(x)| \leqslant g_k(x)$,$x \in E$. 若

$$\lim_{k \to \infty} f_k(x) = f(x), \quad \lim_{k \to \infty} g_k(x) = g(x),$$

$$\lim_{k \to \infty} \int_E g_k(x)\,\mathrm{d}x = \int_E g(x)\,\mathrm{d}x < +\infty,$$

试证明　　$\displaystyle\lim_{k \to \infty} \int_E f_k(x)\,\mathrm{d}x = \int_E f(x)\,\mathrm{d}x.$

25. 设 $f(x)$ 是 $[a,b]$ 上的有界函数,其不连续点集记为 D. 若 D 只有可列个极限点,试证明 $f(x)$ 是 $[a,b]$ 上的 Riemann 可积函数.

26. 设 $f(x)$ 是 **R** 上的有界函数. 若对于每一点 $x \in \mathbf{R}$,存在极限 $\lim\limits_{h \to 0} f(x+h)$,试证明 $f(x)$ 在任一区间 $[a,b]$ 上是 Riemann 可积的.

27. 设 $E \subset [0,1]$,试证明 $\chi_E(x)$ 在 $[0,1]$ 上 Riemann 可积的充分必要条件是 $m(\overline{E} \backslash \mathring{E}) = 0$.

28. 设 $f \in R([0,1])$,试证明 $f(x^2) \in R([0,1])$.

29. 假设 $f(x), g(x)$ 是 $E \subset \mathbf{R}$ 上的可测函数并且 $m(E) < +\infty$,若 $f(x) + g(y)$ 在 $E \times E$ 上可积,试证明 $f(x), g(x)$ 都是 E 上的可积函数.

30. 计算下列积分:

(i) $\displaystyle \int_{x>0} \int_{y>0} \frac{\mathrm{d}x \mathrm{d}y}{(1+y)(1+x^2 y)}$;   (ii) $\displaystyle \int_0^{+\infty} \frac{\ln x}{x^2 - 1} \mathrm{d}x$.

31. 设 $E \subset \mathbf{R}$,且 $m(E) > 0$,$f(x)$ 是 **R** 上的非负可测函数. 若函数

$$F(x) = \int_E f(x-t) \mathrm{d}t$$

在 **R** 上可积,试证明 $f \in L(\mathbf{R})$.

32. 设 $f \in L(\mathbf{R})$,且 $xf(x)$ 在 **R** 上可积,令

$$F(x) = \int_{-\infty}^x f(t) \mathrm{d}t.$$

若有 $\displaystyle \int_{-\infty}^{+\infty} f(x) \mathrm{d}x = 0$,试证明 $F \in L(\mathbf{R})$.

33. 求 $\displaystyle \lim_{n \to \infty} \int_0^{\pi/2} \cos x \arctan(nx) \mathrm{d}x$ 的值.

34. 设 $f \in L((0,a))$,$g(x) = \displaystyle \int_x^a \frac{f(t)}{t} \mathrm{d}t \ (a > x > 0)$,试证明 $g \in L((0,a))$,且有

$$\int_0^a g(x) \mathrm{d}x = \int_0^a f(x) \mathrm{d}x.$$

注 记

（一）Lebesgue 积分是一种绝对可积的积分理论，由此自然想到另外建立一种积分理论，其中没有绝对可积性. 然而，在这一方面的任何企图将会排除积分对可测集的可数可加性.

（二）**复值函数积分的简单介绍**

首先给出定义：

定义 若 $\varphi(x),\psi(x)$ 是 E 上的实值可测函数，则称 $f(x)=\varphi(x)+\mathrm{i}\psi(x)$ 为 E 上的**复值可测函数**. 若 $\displaystyle\int_E|f(x)|\mathrm{d}x<+\infty$，则称 $f(x)$ 是 E 上**复值可积函数**，且定义其积分值为

$$\int_E f(x)\mathrm{d}x = \int_E \varphi(x)\mathrm{d}x + \mathrm{i}\int_E \psi(x)\mathrm{d}x.$$

显然，对于 E 上的两个复值可积函数 $f(x)$ 与 $g(x)$，必有

$$\int_E (\alpha f(x)+\beta g(x))\mathrm{d}x = \alpha\int_E f(x)\mathrm{d}x + \beta\int_E g(x)\mathrm{d}x,$$

其中 α 与 β 是复数. 对于复值可积函数，仍有下述性质：

定理 若 $f(x)$ 是 E 上的复值可积函数，则

$$\left|\int_E f(x)\mathrm{d}x\right| \leqslant \int_E |f(x)|\mathrm{d}x.$$

证明 记 $z=\displaystyle\int_E f(x)\mathrm{d}x$，则存在复数 α：$|\alpha|=1$，且 $\alpha z=|z|$. 显然有 $\mathrm{Re}(\alpha f(x))\leqslant|\alpha f(x)|=|f(x)|$，从而得

$$\left|\int_E f(x)\mathrm{d}x\right| = \alpha\int_E f(x)\mathrm{d}x = \int_E \alpha f(x)\mathrm{d}x$$
$$= \int_E \mathrm{Re}(\alpha f(x))\mathrm{d}x \leqslant \int_E |f(x)|\mathrm{d}x.$$

（三）**积分号下取极限的充分必要条件**

在 Lebesgue 控制收敛定理中，函数列有控制函数存在是积分号下取极限的充分条件. 在这里，简单介绍一种充分必要条件.

首先我们看到，若 $f\in L(E)$，则对任意的 $\varepsilon>0$，存在非负函数 $g\in L(E)$，使得

$$\int_{\{x\in E;\,|f(x)|\geqslant g(x)\}} |f(x)|\mathrm{d}x < \varepsilon$$

（只需令 $g(x)=2|f(x)|$）；反之亦然.

定义　设 $f_k \in L(E)$ $(k=1,2,\cdots)$. 若对任意的 $\varepsilon>0$,存在非负函数 $g \in L(E)$,使得

$$\int_{\{x \in E: |f_k(x)| \geqslant g(x)\}} |f_k(x)| \mathrm{d}x \leqslant \varepsilon \quad (k=1,2,\cdots),$$

则称 $\{f_k\}$ 是 E 上的**一致（或等度）可积函数列**.

显然,若 $|f_k(x)| \leqslant F(x)$,且 $F \in L(E)$,则 $\{f_k\}$ 是 E 上的一致可积函数列. 易证 $\{f_k\}$ 是 E 上的一致可积函数列的充要条件是：

(i) $\sup\limits_{k \geqslant 1} \left\{ \int_E |f_k(x)| \mathrm{d}x \right\} < +\infty$;

(ii) 对任意的 $\varepsilon>0$,存在非负函数 $h \in L^1(E)$ 以及 $\delta>0$,使得对于满足 $\int_e h(x) \mathrm{d}x \leqslant \delta$ 的可测集 e,必有

$$\int_e |f_k(x)| \mathrm{d}x \leqslant \varepsilon \quad (k=1,2,\cdots).$$

定理　设 $\{f_k(x)\}$ 是 E 上的可测函数列,且几乎处处收敛于实值函数 $f(x)$,则 $\lim\limits_{k\to\infty} \int_E |f_k(x)-f(x)| \mathrm{d}x = 0$ 的充分必要条件是 $\{f_k(x)\}$ 是 E 上的一致可积函数列.

（四）比 Riemann-Lebesgue 引理有更广内涵的结果

定理（Fejér 公式）　设 $g(x)$ 是 $\mathbf{R}$ 上的以 T 为周期的有界可测函数,$\{\lambda_n\}$ 是实数列,则对 $f \in L(\mathbf{R})$,有

$$\lim_{n\to\infty} \int_{\mathbf{R}} f(x)g(nx+\lambda_n) \mathrm{d}x = \left(\frac{1}{T} \int_0^T g(x) \mathrm{d}x \right) \left(\int_{\mathbf{R}} f(x) \mathrm{d}x \right).$$

证明　首先看阶梯函数的情况. 若 $f(x)=\chi_{[\alpha,\beta]}(x)$,则

$$\int_{\mathbf{R}} f(x)g(nx+\lambda_n) \mathrm{d}x = \int_\alpha^\beta g(nx+\lambda_n) \mathrm{d}x = \frac{1}{n} \int_{n\alpha+\lambda_n}^{n\beta+\lambda_n} g(x) \mathrm{d}x$$

$$= \frac{1}{n} \left(\frac{n(\beta-\alpha)}{T} \int_0^T g(x) \mathrm{d}x + \alpha_n \right),$$

其中

$$|\alpha_n| \leqslant \int_0^T |g(x)| \mathrm{d}x \leqslant MT, \quad M = \sup_{x \in \mathbf{R}} \{|g(x)|\}.$$

由此可知

$$\lim_{n\to\infty} \int_{\mathbf{R}} f(x)g(nx+\lambda_n) \mathrm{d}x = \frac{\beta-\alpha}{T} \int_0^T g(x) \mathrm{d}x.$$

从而对 $f(x)$ 是阶梯函数时,结论也真.

其次,设 $f \in L(\mathbf{R})$,此时对任给的 $\varepsilon>0$,可作阶梯函数 $h(x)$,使得 $\int_{\mathbf{R}} |f(x)-$

$h(x)|\mathrm{d}x < \varepsilon$. 现在记 $l = \dfrac{1}{T}\displaystyle\int_0^T g(x)\mathrm{d}x$,则由

$$\left| \int_{\mathbf{R}} f(x)(g(nx + \lambda_n) - l)\mathrm{d}x \right|$$

$$< \left| \int_{\mathbf{R}} h(x)(g(nx + \lambda_n) - l)\mathrm{d}x \right| + 2M\varepsilon.$$

可得 $\displaystyle\lim_{n\to\infty}\left| \int_{\mathbf{R}} f(x)(g(nx + \lambda_n) - l)\mathrm{d}x \right| \leqslant 2M\varepsilon.$

例 设 $\{r_n\}, \{\lambda_n\}$ 是实数列,使得点集

$$E = \left\{ x \in \mathbf{R}: \sum_{n=1}^{\infty} |r_n \cos(nx + \lambda_n)| < \infty \right\}$$

为正测集,则 $\displaystyle\sum_{n=1}^{\infty} |r_n| < \infty$.

证明 (i) 对自然数 N,作点集

$$E_N = \left\{ x \in \mathbf{R}: \sum_{n=1}^{\infty} |r_n \cos(nx + \lambda_n)| \leqslant N \right\},$$

显然 $E_N \subset E_{N+1} (N = 1, 2, \cdots), E = \displaystyle\bigcup_{n=1}^{\infty} E_n$,且 $m(E_N) \to m(E)$ $(N \to \infty)$,故存在 N_0,使得 $m(E_{N_0}) > 0$,且可作 E_{N_0} 的子集 $F: 0 < m(F) < +\infty$,从而有

$$\sum_{n=1}^{\infty} |r_n| \int_F |\cos(nx + \lambda_n)|\mathrm{d}x$$

$$= \int_F \sum_{n=1}^{\infty} |r_n \cos(nx + \lambda_n)|\mathrm{d}x \leqslant N_0 m(F) < +\infty.$$

(ii) 因为 $g(x) = |\cos x|$ 有周期 π,且

$$\frac{1}{\pi}\int_0^\pi g(x)\mathrm{d}x = \frac{1}{\pi}\int_0^\pi |\cos x|\mathrm{d}x = \frac{2}{\pi},$$

所以在 Fejér 公式中,取 $f(x) = \chi_F(x)$,我们有

$$\lim_{n\to\infty}\int_F |\cos(nx + \lambda_n)|\mathrm{d}x = \frac{2}{\pi}m(F).$$

这导致 $\displaystyle\sum_{n=1}^{\infty} |r_n| < +\infty$.

(五) 有助于澄清关于函数可积性的某些错觉的典型例子

例 记 $\mathbf{Q} = \{r_n\}$,在 $\mathbf{R}$ 上作函数

$$f_n(x) = \begin{cases} (x - r_n)^{-1/2}, & x \in (r_n, r_n + 1), \\ 0, & x \bar{\in} (r_n, r_n + 1) \end{cases} \quad (n = 1, 2, \cdots);$$

$$f(x) = \sum_{n=1}^{\infty} \frac{f_n(x)}{2^n}, \quad x \in \mathbf{R},$$

则 $f\in L(\mathbf{R})$ 且 $\int_{\mathbf{R}}f(x)\mathrm{d}x=2.$

(i) 对 $t\in\mathbf{R}$ 以及区间 (a,b)，存在 r_{n_0} 以及 $c\in\mathbf{R}$：$r_{n_0}\in\mathbf{Q}\bigcap(a,b)$，$(r_{n_0},c)\subset(r_{n_0},r_{n_0}+1)$，使得

$$f(x)>t,\quad x\in(r_{n_0},c).$$

这说明对一个可积函数 $f(x)$，仍可能有（$t\in\mathbf{R}$，(a,b) 任意）

$$m((a,b)\bigcap\{x：x\in\mathbf{R},f(x)>t\})>0.$$

(ii) 函数

$$g(x)=\sum_{n=1}^{\infty}\frac{[f_n(x)]^2}{2^n},\quad x\in\mathbf{R}$$

在 $\mathbf{R}$ 中的任一区间上均不可积.

（六）关于重积分与累次积分

在经典的积分理论中，对于反常多重积分，如二重积分，假定 $f(x,y)\geqslant0$，且重积分

$$\int_a^{+\infty}\int_b^{+\infty}f(x,y)\mathrm{d}x\mathrm{d}y$$

存在. 若还有累次积分

$$\int_b^{+\infty}\mathrm{d}y\int_a^{+\infty}f(x,y)\mathrm{d}x$$

存在或等于 $+\infty$，则

$$\int_a^{+\infty}\int_b^{+\infty}f(x,y)\mathrm{d}x\mathrm{d}y=\int_b^{+\infty}\mathrm{d}y\int_a^{+\infty}f(x,y)\mathrm{d}x.$$

但有例说明，其累次积分可以不存在且也不等于 $+\infty$. Lebesgue 积分在此又一次显示出它的优越性.

例（向径函数的积分） 设 $f(x)$ 是 $[0,+\infty)$ 上的正值可测函数，记 $|X|=(x^2+y^2)^{1/2}$，则

$$\int_{\mathbf{R}^2}f(|X|)\mathrm{d}X=2\pi\int_0^{+\infty}f(r)r\mathrm{d}r.\tag{*}$$

证明 (i) 设 $f(x)=\chi_{(a,b)}(x)(0\leqslant a<b<+\infty)$，则

$$\int_{\mathbf{R}^2}f(X)\mathrm{d}X=m(\{(x,y)\in\mathbf{R}^2：a^2<x^2+y^2<b^2\})=\pi(b^2-a^2),$$

$$2\pi\int_0^{+\infty}f(r)r\mathrm{d}r=2\pi\lim_{n\to\infty}\int_0^n\chi_{(a,b)}(r)r\mathrm{d}r=\pi(b^2-a^2).$$

(ii) 设 $\{E_n\}$ 是 $[0,+\infty)$ 中互不相交或递增的可测点集列，$E=\bigcup_{n=1}^{\infty}E_n$. 若 (1)式对 $f(x)=\chi_{E_n}(x)$ 成立，则(1)式对 $f(x)=\chi_E(x)$ 也成立. 为此，令 $S_n=$

$\bigcup\limits_{k=1}^{n} E_k$, $\varphi_n(x) = \chi_{E_n}(x)$ $(n \in \mathbf{N})$, 则 $\{\varphi_n(x)\}$ 是非负可测函数渐升列. 因此, 我们有

$$\int_{\mathbf{R}^2} \chi_E(|X|)\mathrm{d}X = \lim_{n\to\infty} \int_{\mathbf{R}^2} \varphi_n(|X|)\mathrm{d}X. \tag{2}$$

当 $\{E_n\}$ 是互不相交集列时, (2) 式之右端为

$$\lim_{n\to\infty} \int_{\mathbf{R}^2} \left(\sum_{k=1}^{n} \chi_{E_k}(|X|) \right) \mathrm{d}X = \lim_{n\to\infty} \sum_{k=1}^{n} \int_{\mathbf{R}^2} \chi_{E_k}(|X|)\mathrm{d}X$$

$$= 2\pi \lim_{n\to\infty} \sum_{k=1}^{n} \int_0^{+\infty} \chi_{E_k}(r)r\mathrm{d}r = 2\pi \lim_{n\to\infty} \int_0^{+\infty} \left(\sum_{k=1}^{n} \chi_{E_k}(r) \right) r\mathrm{d}r$$

$$= 2\pi \lim_{n\to\infty} \int_0^{+\infty} \varphi_n(r)r\mathrm{d}r = 2\pi \int_0^{+\infty} \chi_E(r)r\mathrm{d}r,$$

从而得到 $\int_{\mathbf{R}^2} \chi_E(|X|)\mathrm{d}X = 2\pi \int_0^{+\infty} \chi_E(r)r\mathrm{d}r$.

当 $\{E_n\}$ 是递增集合列时, $S_n = E_n (n \in \mathbf{N})$. 类似地, (2) 式的右端为

$$\lim_{n\to\infty} \int_{\mathbf{R}^2} \varphi_n(|X|)\mathrm{d}X = \lim_{n\to\infty} \int_{\mathbf{R}^2} \chi_{E_n}(|X|)\mathrm{d}X$$

$$= 2\pi \lim_{n\to\infty} \int_0^{+\infty} \chi_{E_n}(r)r\mathrm{d}r = 2\pi \int_0^{+\infty} \chi_E(r)r\mathrm{d}r.$$

这说明 (1) 式对 $f(x) = \chi_E(x)$ 成立.

(iii) 设 $G \subset [0, +\infty)$ 是开集, 则 G 可写为互不相交的构成区间之并, 故 (1) 式对 $f(x) = \chi_G(x)$ 成立.

(iv) 设 $Z \subset [0, +\infty)$: $m(Z) = 0$, 且令 $Z_n = Z \cap [0, n)$, 则 $Z = \bigcup\limits_{n=1}^{\infty} Z_n$. 因此, 只需指出 (1) 式对 $f(x) = \chi_{Z_n}(x)$ 成立即可. 为此, 对 $m(Z_n) = 0$, 取递减开集列 $\{G_k\}$:

$$Z_n \subset \bigcap_{k=1}^{\infty} G_k, \quad \lim_{k\to\infty} m(G_k) = 0.$$

不妨认定 $G_k \subset (0, n)$ $(k \in \mathbf{N})$, 我们有

$$\int_{\mathbf{R}^2} \chi_{Z_n}(|X|)\mathrm{d}X \leqslant \int_{\mathbf{R}^2} \chi_{G_k}(|X|)\mathrm{d}X$$

$$= 2\pi \int_0^{+\infty} \chi_{G_k}(r)r\mathrm{d}r \leqslant 2\pi nm(G_k).$$

令 $k \to \infty$, 则得

$$\int_{\mathbf{R}^2} \chi_{Z_n}(|X|)\mathrm{d}X = 0, \quad 2\pi \int_0^{+\infty} \chi_{Z_n}(r)r\mathrm{d}r = 0.$$

(v) 设 $E \subset [0, +\infty)$ 是可测集, 令 $E_n = E \cap (0, n) (n \in \mathbf{N})$, 并取开集列 $G_k \subset$ $(0, +\infty)(k \in \mathbf{N})$: $G_k \supset E_k, m(G_k) < +\infty$, 且 $m(G_k) \to m(E)(k \to \infty)$, 又记 $G = \bigcap\limits_{k=1}^{\infty} G_k, Z_n = G \backslash E_n (n \in \mathbf{N})$, 则 $m(Z_n) = 0$, 且 $G = E_n \bigcup Z_n$. 根据控制收敛定理, 可知

$$\int_{\mathbf{R}^2} \chi_G(|X|) \mathrm{d}X = \lim_{k \to \infty} \int_{\mathbf{R}^2} \chi_{G_k}(|X|) \mathrm{d}X$$

$$= \lim_{k \to \infty} 2\pi \int_0^{+\infty} \chi_{G_k}(r) r \mathrm{d}r = 2\pi \int_0^{+\infty} \chi_G(r) r \mathrm{d}r.$$

注意到 $E_n \bigcap Z_n = \varnothing$, 故 (1) 式对 $\chi_{Z_n}(x)$ 成立. 这说明 (1) 式对 $\chi_{E_n}(x)$ 成立, 对 $\chi_E(x)$ 也成立.

(vi) 设 $f(x)$ 是非负可测函数. 易知当 (1) 式对 $f_1(x), f_2(x)$ 均成立时, 则对 $\alpha f_1(x) + \beta f_2(x)$ 也成立, 从而 (1) 式对可测简单函数成立. 因此, 我们作可测简单函数列 $\{\varphi_n(x)\}$: $\lim\limits_{n \to \infty} \varphi_n(x) = f(x)$, 立即得知 (1) 式对 $f(x)$ 成立.

注 1. 设 $f(x)$ 在 $[0, +\infty)$ 上非负可测, $0 \leqslant a < b \leqslant +\infty$, 则对 $X \in \mathbf{R}^n$, $|X| = (x_1^2 + x_2^2 + \cdots + x_n^2)^{1/2}$, 我们有

$$\int_{\{x \in \mathbf{R}^n: a \leqslant |x| \leqslant b\}} f(|X|) \mathrm{d}X = n m(B(0,1)) \int_a^b f(r) r^{n-1} \mathrm{d}r,$$

其中 $B(0,1)$ 是 $\mathbf{R}^n$ 中的单位球.

2. 设 $E \subset (0, +\infty)$ 是可测集, 令 $A_E = \{X \in \mathbf{R}^n: |X| \in E\}$, 则

$$m(A_E) = n m(B(0,1)) \int_E r^{n-1} \mathrm{d}r.$$

3. 记 $[0, 1]^n$ 为 $\mathbf{R}^n$ 中的单位正方体, 我们有

(i) $\lim\limits_{n \to \infty} \dfrac{1}{\sqrt{n}} \int_{[0,1]^n} |X| \mathrm{d}X = \dfrac{1}{\sqrt{3}}$;

(ii) $\lim\limits_{n \to \infty} \int_{[0,1]^n} f\left(\dfrac{x_1 + x_2 + \cdots + x_n}{n}\right) \mathrm{d}X = f\left(\dfrac{1}{2}\right)$ $(f \in C([0,1]))$.

4. 设 $f(x) \geqslant 0 (x \in \mathbf{R})$, $\int_{\mathbf{R}} f(x) \mathrm{d}x = 1$, 记 $\|X\|_p = (x_1^p + x_2^p + \cdots + x_n^p)^{1/p}$, 则

(i) $\lim\limits_{n \to \infty} \int_{\|X\|_p < M} f(x_1) f(x_2) \cdots f(x_n) \mathrm{d}x_1 \mathrm{d}x_2 \cdots \mathrm{d}x_n = 0$;

(ii) $\lim\limits_{n \to \infty} \int_{\|X\|_p \leqslant n^\theta} f(x_1) f(x_2) \cdots f(x_n) \mathrm{d}x_1 \mathrm{d}x_2 \cdots \mathrm{d}x_n = 0$ $(\theta \in (0, 1/p))$.

（七）Radon-Nikodym 定理简介

在正文中, 我们曾看到测度与积分统一性的应用. 例如, 设 $E \subset \mathbf{R}$ 是可测集, 则

$$m(E) = \int_{\mathbf{R}} \chi_E(x)\mathrm{d}x;$$

$$m(G_E(f)) = \int_E f(x)\mathrm{d}x.$$

这是同一测度空间的情形.

从另一角度考查一下：对给定的非负可积函数 $f(x)$ 而言，它在 E 上的积分由 E 唯一确定，若记

$$\mu(E) = \int_E f(x)\mathrm{d}x,$$

则定义在 Lebesgue 可测集的 σ-代数上的集合函数 μ 具有以下性质：

(i) $\mu(E) \geqslant 0$，且当 $E = \varnothing$ 时 $\mu(E) = 0$；

(ii) 若 $E_1 \subset E_2$，则 $\mu(E_1) \leqslant \mu(E_2)$；

(iii) 若 $\{E_k\}$ 是互不相交可测集，则有

$$\mu\left(\bigcup_{k=1}^{\infty} E_k\right) = \sum_{k=1}^{\infty} \mu(E_k).$$

这就是说（见第二章 §2.2 定理 2.6 后的注），$(\mathbf{R}, m, \mu)$ 构成一个测度空间，只是其中测度 μ 的值与 Lebesgue 测度不同罢了.

现在提出一个问题：如果在 Lebesgue 可测集的 σ-代数上定义有一种非负测度 μ，那么是否存在一个非负 Lebesgue 可测函数，使得对任一可测集 E，有

$$\mu(E) = \int_E f(x)\mathrm{d}x.$$

对此，我们首先注意到，当上述等式成立时，若 $m(E) = 0$，则 $\mu(E) = 0$. 这一事实称为测度 μ 关于 Lebesgue 测度的绝对连续性. 当然，一般的测度 μ 不一定具备这一性质. 因此，要使上式成立必须使 μ 是（关于 Lebesgue 测度）绝对连续的. 下面所介绍的著名结果是经典测度论的最高成就（这是一个特殊情形）.

定理（Radon-Nikodym 定理）　若 μ 是关于 Lebesgue 测度的绝对连续测度，则存在非负可测函数 $f(x)$，使得

$$\mu(E) = \int_E f(x)\mathrm{d}x$$

（定理的一般形式是对带符号测度给出的）.

第五章　微分与不定积分

在"数学分析"课程的学习中,我们知道积分与微分运算的互逆关系乃是微积分学的中枢,它们主要表现于下述微积分基本定理之中:

(i) 若 $f(x)$ 是定义在 $[a,b]$ 上的 Riemann 可积函数,且在 $x=x_0$ 处连续,则函数

$$F(x) = \int_a^x f(t)\mathrm{d}t, \quad x \in [a,b]$$

在 $x=x_0$ 处是可微的,且有 $F'(x_0)=f(x_0)$.

(ii) 若 $f(x)$ 是定义在 $[a,b]$ 上的可微函数,$f'(x)$ 在 $[a,b]$ 上是 Riemann 可积函数,则 $f(x)$ 是其导函数的不定积分:

$$\int_a^x f'(x)\mathrm{d}x = f(x) - f(a), \quad x \in [a,b].$$

注　在(ii)中我们注意到,欲使 Newton-Leibniz 公式成立,必须要求 $f' \in R([a,b])$. 在本章末尾的注记中指出,即使 $f'(x)$ 有界,也可以不是 Riemann 可积的.

本章的目的是要在 Lebesgue 积分理论中推广微积分基本定理,并给出 Newton-Leibniz 公式成立的充分必要条件. 为简单起见,我们着重介绍 **R** 的情形(**R**^{n} 的情形见附录).

在这里我们首先遇到的是函数的可微性问题. 由于可积函数 $f(x)$ 的不定积分可以写成以下的形式:

$$F(x) = \int_a^x f(t)\mathrm{d}t = \int_a^x f^+(t)\mathrm{d}t - \int_a^x f^-(t)\mathrm{d}t,$$

即 $F(x)$ 实际上是两个递增函数的差,从而讨论单调函数的可微性问题可以作为(i)的先导. 其次,我们引进"有界变差函数"的概念,它实际上就是两个递增函数的差,从而可知不定积分的全体是有界变差函数类中的一个子类,而且它是一个真子类,这就是在 §5.4 中引入的绝对连续函数类,从而导出(ii)型基本定理.

§5.1 单调函数的可微性

在点集测度理论的基础上,我们可以建立各种形式的集合覆盖定理,它们为深入研究函数的可微性提供了恰当的方法.本节将介绍在 Vitali 意义下的覆盖定理,并由此证明 Lebesgue 的著名结论:单调函数是几乎处处可微的.

(一) Vitali 覆盖定理

定义 5.1 设 $E \subset \mathbf{R}, \Gamma = \{I_\alpha\}$ 是一个区间族.若对任意的 $x \in E$ 以及 $\varepsilon > 0$,存在 $I_\alpha \in \Gamma$,使得 $x \in I_\alpha, |I_\alpha| < \varepsilon$,则称 Γ 是 E 在 Vitali 意义下的一个覆盖,简称为 E 的 **Vitali 覆盖**.

例 1 设 $E = [a, b]$,令 $\{r_n\}$ 为 $[a, b]$ 中的全体有理数,作

$$I_{n,m} = \left[r_n - \frac{1}{m}, \ r_n + \frac{1}{m} \right],$$

则区间族 $\Gamma = \{I_{n,m}: n, m = 1, 2, \cdots\}$ 是 E 的 Vitali 覆盖.

定理 5.1（Vitali 覆盖定理） 设 $E \subset \mathbf{R}$ 且,$m^*(E) < +\infty$.若 Γ 是 E 的 Vitali 覆盖,则对任意的 $\varepsilon > 0$,存在有限个互不相交的 $I_j \in \Gamma$ $(j = 1, 2, \cdots, n)$,使得

$$m^* \left(E \backslash \bigcup_{j=1}^n I_j \right) < \varepsilon. \tag{5.1}$$

证明 不失一般性,只需讨论 Γ 是闭区间族的情形.作开集 G,使得 $G \supset E$,且 $m(G) < +\infty$.因为 Γ 是 E 的 Vitali 覆盖,所以不妨假定 Γ 中的每个 I 均含于 G.

首先从 Γ 中任选一区间记作 I_1,然后用数学归纳法逐步挑选后继区间:设已选出互不相交的区间 $I_1, I_2, \cdots, I_k$.若 $E \subset \bigcup_{j=1}^k I_j$,则定理无须再证.否则,令

$$\delta_k = \sup\{|I|: I \in \Gamma, I \bigcap I_j = \varnothing \ (j = 1, 2, \cdots, k)\},$$

显然,$\delta_k \leqslant m(G) < +\infty$.此时,我们一定可以从 Γ 中选出一个区间记为 I_{k+1},满足

$$|I_{k+1}| > \frac{1}{2}\delta_k, \quad I_{k+1} \bigcap I_j = \varnothing \quad (j = 1, 2, \cdots, k).$$

继续这一过程,可得互不相交的闭区间列$\{I_j\}$,且满足

$$\sum_{j=1}^{\infty} |I_j| \leqslant m(G) < +\infty.$$

由此可知,对任意的$\varepsilon > 0$,存在n,使得$\displaystyle\sum_{j=n+1}^{\infty} |I_j| < \frac{\varepsilon}{5}$. 令

$$S = E \backslash \bigcup_{j=1}^{n} I_j.$$

现在来证明$m^*(S) < \varepsilon$. 设$x \in S$,因为$\displaystyle\bigcup_{j=1}^{n} I_j$是闭集,而且还有

$x \bar{\in} \displaystyle\bigcup_{j=1}^{n} I_j$,所以存在$I \in \Gamma$,使得

$$x \in I, \quad I \bigcap I_j = \varnothing \quad (j = 1, 2, \cdots, n).$$

显然$|I| \leqslant \delta_n < 2|I_{n+1}|$. 由于当$j \to \infty$时,有$|I_j| \to 0$,故$I$必与$\{I_j\}$中某一区间相交(否则,因区间$I$的长度是确定的而与选取过程发生矛盾). 记$n_0$是$\{I_j\}$中与$I$相交的区间的最小下标,则$n_0 > n$,且有

$$|I| \leqslant \delta_{n_0-1} < 2|I_{n_0}|.$$

从而我们作区间I'_{n_0},它与I_{n_0}同心且长度为I_{n_0}的 5 倍,就可使I'_{n_0}包含x. 如果对一切$j > n$的I_j都作相应的I'_j,那么得到

$$S \subset \bigcup_{j=n+1}^{\infty} I'_j.$$

由此知$m^*(S) \leqslant \displaystyle\sum_{j=n+1}^{\infty} |I'_j| = 5 \sum_{j=n+1}^{\infty} |I_j| < \varepsilon.$

注 设$E \subset \mathbf{R}^n$,$\mathscr{F}$是$\mathbf{R}^n$中的一族闭方体. 若对任意的$x \in E$以及$\varepsilon > 0$,存在$Q \in \mathscr{F}$,使得$x \in Q$,且有$\text{diam} Q < \varepsilon$,则称$\mathscr{F}$是$E$的一个 Vitali 覆盖. 我们有以下结论:

命题(Vitali) 设$E \subset \mathbf{R}^n$是有界可测集,$\mathscr{F}$是E的一个 Vitali 覆盖,则存在互不相重(内部互不相交)的可数列$\{Q_k\}$,使得$m\left(E \backslash \displaystyle\bigcup_{k \geqslant 1} Q_k\right) = 0.$

(二) 单调函数的可微性

大家知道,如果一个定义在$\mathbf{R}$上的函数在某一点是可微的,那

么它在该点一定是连续的,但反之不然.不仅如此,我们还不难构造一个函数,它在(a,b)内处处连续,但在(a,b)中的一个可列集上不存在导数. 19 世纪初期,许多数学家都以为连续函数在其定义域中的"广大"部分点集上导数存在,并且还有人试图严格地去证明这一点,但是没有成功.一个震惊数学界的反例是德国数学家 Weierstrass (1815—1897)于 1872 年给出的(首次发表于 1875 年).这个例子指出,处处连续的函数可以处处不可微.[1]

然而,单调函数的情况就不同了.虽然我们无法对定义在$[a,b]$上的一般单调函数断定在哪些点上是可微的,但对可微性的整体描述,我们有著名的 Lebesgue 定理:单调函数是几乎处处可微的.

为此,我们先要把导数的概念适当地加以推广,以便于统一处理导数可能不存在的情形.

定义 5.2 设 $f(x)$ 是定义在 **R** 中点 x_0 的一个邻域上的实值函数,令

$$D^+ f(x_0) = \varlimsup_{h \to 0^+} \frac{f(x_0 + h) - f(x_0)}{h},$$

$$D_+ f(x_0) = \varliminf_{h \to 0^+} \frac{f(x_0 + h) - f(x_0)}{h},$$

$$D^- f(x_0) = \varlimsup_{h \to 0^-} \frac{f(x_0 + h) - f(x_0)}{h},$$

$$D_- f(x_0) = \varliminf_{h \to 0^-} \frac{f(x_0 + h) - f(x_0)}{h},$$

---

[1] Weierstrass 作函数如下:

$$W(x) = \sum_{n=0}^{\infty} b^n \cos(a^n \pi x), \quad x \in \mathbf{R},$$

其中 a 是奇数,$0 < b < 1$.他指出:$W(x)$ 在 **R** 上处处连续,且在 $ab > 1 + 3/2$ 时,$W(x)$ 在 **R** 上处处不可微.

在现代,可以利用下述关于三角级数的一个结论来构造连续不可微函数的例子:

设 $r_k \geqslant 0 (k = 1, 2, \cdots)$,$\sum_{k=1}^{\infty} r_k < +\infty$,令

$$f(x) = \sum_{k=1}^{\infty} r_k \cos n_k x,$$

其中 $\{n_k\}$ 满足 $\inf\{n_{k+1}/n_k : k \geqslant 1\} > 1$ (即 Hadamard 数列).若 $f(x)$ 在某一点可微,则 $n_k r_k \to 0 (k \to \infty)$.

分别称它们为 $f(x)$ 在 x_0 点的**右上导数**,**右下导数**,**左上导数**,**左下导数**. 总称为 **Dini**[①](**导**)**数**. 显然有

$$D^+ f(x_0) \geqslant D_+ f(x_0), \quad D^- f(x_0) \geqslant D_- f(x_0),$$

$$D^+(-f) = -D_+(f), \quad D^-(-f) = -D_-(f).$$

此外,若此四个 Dini 数皆等于同一个有限值,则 $f(x)$ 在 x_0 点是可微的;若 $D^+ f(x_0) = D_+ f(x_0)$ 为有限值,则 $f(x)$ 在 x_0 点的右导数存在;若 $D^- f(x_0) = D_- f(x_0)$ 为有限值,则 $f(x)$ 在 x_0 点的左导数存在.

例 2 设 $a < b, a' < b'$,作函数

$$f(x) = \begin{cases} ax\sin^2 \dfrac{1}{x} + bx\cos^2 \dfrac{1}{x}, & x > 0, \\ 0, & x = 0, \\ a'x\sin^2 \dfrac{1}{x} + b'x\cos^2 \dfrac{1}{x}, & x < 0. \end{cases}$$

由于在范围 $\dfrac{1}{(2n+2)\pi} < x \leqslant \dfrac{1}{2n\pi}$

内,$\cos(1/x)$ 及 $\sin(1/x)$ 可取到 -1 到 $+1$ 之间的一切值,故

$$D^+ f(0) = \sup_{\theta} (a\sin^2\theta + b\cos^2\theta) = b.$$

类似地,有 $D_+ f(0) = a$, $D_- f(0) = a'$, $D^- f(0) = b'$.

例 3 设 $f \in C([a,b])$,则存在 $x_0 \in (a,b)$ 以及常数 k,使得

$$D_- f(x_0) \geqslant k \geqslant D^+ f(x_0) \quad \text{或} \quad D^- f(x_0) \leqslant k \leqslant D_+ f(x_0).$$

证明 记 $k = (f(b) - f(a))/(b-a)$,并考查 $F(x) = f(x) - kx$. 易知 $F \in C([a,b])$,且有

$$F(a) = f(a) - \frac{f(b) - f(a)}{b-a} a = \frac{1}{b-a} (bf(a) - af(b)),$$

$$F(b) = \frac{1}{b-a} (bf(a) - af(b)) = F(a).$$

由此知存在 $x_0 \in (a,b)$,使 $F(x_0)$ 是 $[a,b]$ 上 $F(x)$ 的最大值或最小值,从而得到

$$D_- F(x_0) \geqslant 0, \quad D^+ F(x_0) \leqslant 0 \quad (x_0 \text{ 为最大值点}),$$

$$D_+ f(x_0) \geqslant 0, \quad D^- f(x_0) \leqslant 0 \quad (x_0 \text{ 为最小值点})$$

(注意,若 $\psi'(x_0)$ 存在,且 $g(x) = \varphi(x) + \psi(x)$,则 $D^{\pm} g(x_0) = D^{\pm}\varphi(x_0) +$

---

① Dini(意大利数学家,1845—1918).

$\psi'(x_0)$，$D_\pm g(x) = D_\pm \varphi(x_0) + \psi'(x_0))$，即

$$D_- f(x_0) \geqslant k \geqslant D^+ f(x_0) \quad (x_0 \text{为最大值点});$$

$$D_+ f(x_0) \geqslant k \geqslant D^- f(x_0) \quad (x_0 \text{为最小值点}).$$

注　1. 若 $f(x)$ 是 $[a,b]$ 上的递增函数，则其 Dini 导（函）数可测；

2. 设

$$f(x) = \begin{cases} x, & x \in \mathbf{Q}, \\ -x, & x \overline{\in} \mathbf{Q}, \end{cases} \quad g(x) = -f(x) \quad (x \in \mathbf{R}),$$

则 $D^+ f(0) = 1, D^+ g(0) = 1, D^+(f+g)(0) = 0$，从而可知

$$D^+(f+g)(0) \neq D^+ f(0) + D^+ g(0).$$

定理 5. 2（Lebesgue 定理）　若 $f(x)$ 是定义在 $[a,b]$ 上的递增（实值）函数，则 $f(x)$ 的不可微点集为零测集，且有

$$\int_a^b f'(x)\mathrm{d}x \leqslant f(b) - f(a). \tag{5.2}$$

证明　我们首先证明，对于 (a,b) 中几乎处处的 x，有

$$D_- f(x) = D^- f(x) = D_+ f(x) = D^+ f(x).$$

为此，只需证明下述两个点集

$$E_1 = \{x \in [a,b] : D^+ f(x) > D_- f(x)\},$$

$$E_2 = \{x \in [a,b] : D^- f(x) > D_+ f(x)\}$$

均为零测集即可. 对于 E_1 与 E_2，只需证明 $m(E_1) = 0$ 即可，因为通过变换 $-f$ 并注意到 $D^+(-f) = -D_+(f)$ 和 $D^-(-f) = -D_-(f)$，$m(E_2) = 0$ 就可由前者推出. 记 $\mathbf{Q}_+$ 为正有理数集，并对 E_1 作分解如下：

$$E_1 = \bigcup_{r,s \in \mathbf{Q}_+} \{x \in [a,b] : D^+ f(x) > r > s > D_- f(x)\}.$$

若记 $A = A_{r,s} = \{x \in [a,b] : D^+ f(x) > r > s > D_- f(x)\}$，则 $m(E_1) = 0$ 的证明归结为证明 $m(A) = 0$.

作开集 $G \supset A$，使得 $m(G) < (1+\varepsilon)m^*(A)$. 对于任一点 $x \in A$，由于 $D_- f(x) < s$，故存在 $h > 0$，使得

$$\frac{f(x-h) - f(x)}{-h} < s, \tag{5.3}$$

其中的 h 可以取得充分小，并不妨假定 $[x-h,x] \subset G$，显然如此之区间 $[x-h,x]$ 的全体就构成一个 A 的 Vitali 覆盖. 根据 Vitali 覆盖定

理可知,对任给的 $\varepsilon>0$,存在互不相交的区间组

$$[x_1-h_1,x_1],\ [x_2-h_2,x_2],\ \cdots,\ [x_p-h_p,x_p],$$

使得

$$m^*\left(A\cap\bigcup_{j=1}^{p}[x_j-h_j,x_j]\right)>m^*(A)-\varepsilon, \tag{5.4}$$

$$\sum_{j=1}^{p}h_j<(1+\varepsilon)m^*(A). \tag{5.5}$$

因为每个 $\{x_j-h_j,x_j\}$ 均满足(5.3)式,所以我们有

$$f(x_j)-f(x_j-h_j)<sh_j,\quad j=1,2,\cdots,p.$$

再考虑到(5.5)式,即得

$$\sum_{j=1}^{p}[f(x_j)-f(x_j-h_j)]<s(1+\varepsilon)m^*(A). \tag{5.6}$$

又记 $B=A\cap\bigcup_{j=1}^{p}(x_j-h_j,x_j)$. 因为对任意的 $y\in B,D^+f(y)>r$,所以存在 $k>0$,使得 $[y,y+k]$ 含于某个 (x_j-h_j,x_j) 内,且有

$$\frac{f(y+k)-f(y)}{k}>r, \tag{5.7}$$

其中 k 可以取得充分小. 从而如此之区间 $[y,y+k]$ 的全体就构成 B 的 Vitali 覆盖. 再应用 Vitali 覆盖定理的结论,可知存在互不相交的区间组

$$[y_1,y_1+k_1],\ [y_2,y_2+k_2],\ \cdots,\ [y_q,y_q+k_q],$$

使得 $\sum_{i=1}^{q}k_i>m^*(B)-\varepsilon$. 由于每个 $\{y_i,y_i+k_i\}$ 均满足(5.7)式,故知

$$f(y_i+k_i)-f(y_i)>rk_i,$$

从而根据(5.4)式可得

$$\sum_{i=1}^{q}[f(y_i+k_i)-f(y_i)]>r(m^*(A)-2\varepsilon). \tag{5.8}$$

注意到 $f(x)$ 是递增函数以及 $[y_i,y_i+k_i]$ 含于某个 (x_j-h_j,x_j) 内,可知

$$\sum_{i=1}^{q}(f(y_i+k_i)-f(y_i))\leqslant\sum_{j=1}^{p}(f(x_j)-f(x_j-h_j)).$$

于是引用(5.8)与(5.6)式,我们得到

$$r(m^*(A) - 2\varepsilon) < s(1+\varepsilon)m^*(A).$$

由 ε 的任意性,上式变为 $rm^*(A) \leqslant sm^*(A)$. 这说明 $m^*(A)=0$,否则与 $r>s$ 矛盾.

其次,我们来证明(5.2)式. 由上所述,$f'(x)$ 在 $[a,b]$ 上是几乎处处有定义的. 根据 $f(x)$ 的递增性质,可知 $f'(x) \geqslant 0$, a. e. $x \in [a,b]$. 现在令

$$f_n(x) = n\left(f\left(x + \frac{1}{n}\right) - f(x)\right), \quad x \in [a,b],$$

其中认定当 $x>b$ 时,有 $f(x)=f(b)$. 易知

$$f_n(x) \geqslant 0, \quad \lim_{n \to \infty} f_n(x) = f'(x), \quad \text{a. e. } x \in [a,b].$$

于是由 Fatou 引理可得

$$\int_a^b f'(x)\mathrm{d}x \leqslant \varliminf_{n \to \infty} \int_a^b f_n(x)\mathrm{d}x$$

$$\leqslant \varliminf_{n \to \infty} n \int_a^b \left(f\left(x + \frac{1}{n}\right) - f(x)\right)\mathrm{d}x$$

$$= \varliminf_{n \to \infty} \left(n \int_b^{b+\frac{1}{n}} f(x)\mathrm{d}x - n \int_a^{a+\frac{1}{n}} f(x)\mathrm{d}x\right)$$

$$= \varliminf_{n \to \infty} \left(f(b) - n \int_a^{a+\frac{1}{n}} f(x)\mathrm{d}x\right)$$

$$\leqslant f(b) - f(a),$$

从而(5.2)式成立. 由此立即可知 $f'(x)$ 是几乎处处有限的,即 $f(x)$ 是几乎处处可微的.

下例表明,单调函数是几乎处处可微的这一结论,一般说来是不能改进的.

例 4 设 $E \subset (a,b)$,且 $m(E)=0$,我们可以作一个在 $[a,b]$ 上连续且递增的函数 $f(x)$,使得 $f'(x)=+\infty$,$x \in E$.

事实上,对每一个自然数 n,我们可以取一个包含 E 的有界开集 G_n,使得 $m(G_n)<1/2^n$,并作函数列

$$f_n(x) = m([a,x]\bigcap G_n), \quad x \in [a,b] \quad (n=1,2,\cdots).$$

显然,每个 $f_n(x)$ 都是非负的递增函数且 $f_n(x)<1/2^n$. 由于

$$f_n(x+h) - f_n(x) \leqslant |h| \quad (|h| \text{ 充分小}),$$

故 $f_n(x)$ 是连续函数. 现在再作函数

$$f(x) = \sum_{n=1}^{\infty} f_n(x), \quad x \in [a,b].$$

它是非负连续且递增的函数. 若 $x \in E$, 则对于任意指定的自然数 k, 可取 $|h|$ 充分小, 使得

$$[x, x+h] \subset G_n, \quad n = 1, 2, \cdots, k,$$

并保证 $[x, x+h] \subset (a,b)$. 此时有

$$\frac{f_n(x+h) - f_n(x)}{h} = 1, \quad n = 1, 2, \cdots, k,$$

从而得

$$\frac{f(x+h) - f(x)}{h} \geqslant \sum_{n=1}^{k} \frac{f_n(x+h) - f_n(x)}{h} = k.$$

这说明, 当 $x \in E$ 时, $f'(x) = \infty$.

定理 5.3（Fubini 逐项微分定理） 设 $\{f_n(x)\}$ 是 $[a,b]$ 上的递增函数列, 且 $\sum_{n=1}^{\infty} f_n(x)$ 在 $[a,b]$ 上收敛, 则

$$\frac{\mathrm{d}}{\mathrm{d}x}\left(\sum_{n=1}^{\infty} f_n(x)\right) = \sum_{n=1}^{\infty} \frac{\mathrm{d}}{\mathrm{d}x} f_n(x), \quad \text{a. e. } x \in [a,b].$$

证明 首先, $\sum_{n=1}^{\infty} f_n(x)$ 是 $[a,b]$ 上的递增函数, 故它是几乎处处可微的. 其次, 由于

$$\sum_{n=1}^{\infty} f_n(x) = \sum_{n=1}^{N} f_n(x) + R_N(x), \quad R_N(x) = \sum_{n=N+1}^{\infty} f_n(x)$$

（$R_N(x)$ 也是几乎处处可微的）, 我们有

$$\frac{\mathrm{d}}{\mathrm{d}x}\left(\sum_{n=1}^{\infty} f_n(x)\right) = \sum_{n=1}^{N} \frac{\mathrm{d}}{\mathrm{d}x} f_n(x) + \frac{\mathrm{d}}{\mathrm{d}x} R_N(x), \quad \text{a. e. } x \in [a,b].$$

从而只需指出

$$\lim_{N \to \infty} R_N'(x) = 0, \quad \text{a. e. } x \in [a,b]$$

即可. 注意到 $f_n'(x) \geqslant 0$ ($n = 1, 2, \cdots$, a. e. $x \in [a,b]$), 故有

$$R_N'(x) = f_{N+1}'(x) + R_{N+1}'(x) \geqslant R_{N+1}'(x), \quad \text{a. e. } x \in [a,b].$$

这说明存在

$$\lim_{N \to \infty} R_N'(x) \xlongequal{\text{def}} R(x) \geqslant 0, \quad \text{a. e. } x \in [a,b].$$

根据公式(5.2), 可知

$$\int_a^b \lim_{N\to\infty} R_N'(x)\mathrm{d}x = \lim_{N\to\infty} \int_a^b R_N'(x)\mathrm{d}x$$
$$\leqslant \lim_{N\to\infty}(R_N(b) - R_N(a)) = 0.$$

由此即得 $\displaystyle\lim_{N\to\infty} R_N'(x)\mathrm{d}x = 0, \mathrm{a.\,e.}\ x\in[a,b]$.

注 联系到微积分中所学的逐项微分定理, 上例部分地反映 Lebesgue 积分理论的优越性, 只不过这里只有几乎处处成立的结论. 这一点是无法克服的, 即使每个 $f_n(x)$ 都是可微的递增函数, 其和函数也可微, 也不保证对一切 x, 有

$$\frac{\mathrm{d}}{\mathrm{d}x}\left(\sum_{n=1}^{\infty} f_n(x)\right) = \sum_{n=1}^{\infty} \frac{\mathrm{d}}{\mathrm{d}x} f_n(x).$$

例 5 存在 $[0,1]$ 上的严格递增函数 $f(x)$, 但 $f'(x)=0,\ \mathrm{a.\,e.}\ x\in[0,1]$.

解 记 $(0,1)\bigcap \mathbf{Q}=\{r_n\}$, 并作函数列

$$f_n(x) = \begin{cases} 0, & 0\leqslant x < r_n, \\ 1/2^n, & r_n \leqslant x \leqslant 1 \end{cases} \quad (n=1,2,\cdots).$$

易知 $f_n(x)$ 在 $[0,1]$ 上递增, 且 $f_n'(x)=0,\ \mathrm{a.\,e.}\ x\in[0,1]$. 再作函数

$$f(x) = \sum_{n=1}^{\infty} f_n(x), \quad 0\leqslant x \leqslant 1.$$

显然, $f(x)$ 在 $[0,1]$ 上严格递增, 且 $0\leqslant f(x)\leqslant 1$, 从而根据 Fubini 逐项微分定理可知

$$f'(x) = \sum_{n=1}^{\infty} f_n'(x) = 0, \quad \mathrm{a.\,e.}\ x\in[0,1].$$

例 6 设 $f\in C((-\infty,+\infty))$, 且令

$$f_t(x) = f(x+t) - f(x), \quad -\infty < x, t < +\infty.$$

若对任意的 $t\in(-\infty,+\infty)$, $f_t(x)$ 对 $x\in(-\infty,+\infty)$ 可微, 则 $f(x)$ 在 $(-\infty, +\infty)$ 上可微.

证明 (i) 对任意的两点 x' 和 $x''=x'+t$ $(-\infty < t < +\infty)$, 我们有等式

$$\frac{f(x''+h) - f(x'')}{h} = \frac{f(x'+t+h) - f(x'+t)}{h}$$
$$= \frac{f(x'+t+h) - f(x'+h) - [f(x'+t) - f(x')]}{h}$$
$$+ \frac{f(x'+h) - f(x')}{h}$$
$$= \frac{f_t(x'+h) - f_t(x')}{h} + \frac{f(x'+h) - f(x')}{h}.$$

由此和题设可知

$$D_\pm^\pm f(x'') = f'_t(x') + D_\pm^\pm f(x'),$$

且只要 $f(x)$ 在一点可微,就可知 $f(x)$ 处处可微了.

(ii) 根据例 3,可知存在 k 以及 x_1,使得(不妨假定)

$$D_- f(x_1) \geqslant k \geqslant D^+ f(x_1).$$

从而对任意的 $x = x_1 + t$ $(-\infty < t < +\infty)$,有

$$D_- f(x) = f'_t(x_1) + D_- f(x_1)$$

$$\geqslant f'_t(x_1) + D^+ f(x_1) = D^+ f(x).$$

(iii) 不妨假定 $f(x)$ 不是上凸函数(否则就有可微点了),则存在区间 $[a,b]$,使得在 $[a,b]$ 上 $f(x)$ 位于点 $(a, f(a))$ 与点 $(b, f(b))$ 连接线的下方. 现在记

$$F(x) = f(x) - lx, \quad l = \frac{f(b) - f(a)}{b - a},$$

则易知存在 $x_2 \in (a,b)$,使得 $F(x)$ 在 $x = x_2$ 处取得最小值. 由此得

$$D^- F(x_2) \leqslant 0, \quad 即 \quad D^- f(x_2) \leqslant l;$$

$$D_+ F(x_2) \geqslant 0, \quad 即 \quad D_+ f(x_2) \geqslant l.$$

从而对任意的 $x \in (-\infty, +\infty)$,又有

$$D^- f(x) \leqslant D_+ f(x).$$

(iv) 综合上述结论,我们有

$$D_- f(x) = D^- f(x) = D_+ f(x) = D^+ f(x), \quad -\infty < x < +\infty.$$

这说明 $f'(x)$ 有意义,从而 $f(x)$ 就有可微点了.

思考题 解答下列问题:

1. 设 $f(x)$ 是定义在 $[a,b]$ 上的非负函数. 若 $f \in L([a,b])$,试问:$f(x)$ 在 $[a,b]$ 上有原函数吗?

2. 设 $g(x)$ 在 $[a,b]$ 上有原函数 $G(x)$,$F(x)$ 在 $[a,b]$ 上可微,且 $F'(x) \geqslant 0 (a \leqslant x \leqslant b)$,试证明 $h(x) = F(x) g(x)$ 在 $[a,b]$ 上有原函数.

$\Big($提示:考查 $F(x) G(x) - \displaystyle\int_a^x G(t) F'(t) \mathrm{d}t$,其中 $G'(x) = g(x)$,

$x \in [a,b]$.$\Big)$

3. Vitali 覆盖定理的结论可改为:存在可数个 $\{I_j\}$,使得

$$m^*\left(E \Big\backslash \bigcup_{j \geqslant 1} I_j\right) = 0.$$

§5.2 有界变差函数

定义 5.3 设 $f(x)$ 是定义在 $[a,b]$ 上的实值函数，作分划 Δ：$a=x_0<x_1<\cdots<x_n=b$ 以及相应的和

$$v_\Delta = \sum_{i=1}^{n} |f(x_i) - f(x_{i-1})|,$$

称之为 $f(x)$ 在 $[a,b]$ 上的**变差**；作

$$\bigvee_a^b (f) = \sup\{v_\Delta : \Delta \text{ 为} [a,b] \text{ 的任一分划}\},$$

并称它为 $f(x)$ 在 $[a,b]$ 上的**全变差**. 若

$$\bigvee_a^b (f) < +\infty,$$

则称 $f(x)$ 是 $[a,b]$ 上的**有界变差函数**（即全体变差形成有界数集），其全体记为 $\mathrm{BV}([a,b])$.

例 1 若 $f(x)$ 是 $[a,b]$ 上的单调函数，则对任一分划 Δ，都有 $v_\Delta = |f(b)-f(a)|$，从而可知

$$\bigvee_a^b (f) = |f(b) - f(a)| < +\infty,$$

即 $f \in \mathrm{BV}([a,b])$.

例 2 若 $f(x)$ 是定义在 $[a,b]$ 上的可微函数，且 $|f'(x)| \leqslant M$（$a \leqslant x \leqslant b$），则 $f(x)$ 是 $[a,b]$ 上的有界变差函数.

证明 对于任一分划 Δ：$a=x_0<x_1<\cdots<x_n=b$，由微分中值定理可知

$$v_\Delta = \sum_{i=1}^{n} |f(x_i) - f(x_{i-1})| \leqslant \sum_{i=1}^{n} M(x_i - x_{i-1}) = M(b-a),$$

从而得到

$$\bigvee_a^b (f) \leqslant M(b-a) < +\infty.$$

例 3 若在 $[0,1]$ 上定义函数

$$f(x) = \begin{cases} x\sin\dfrac{\pi}{x}, & 1 \geqslant x > 0, \\ 0, & x = 0, \end{cases}$$

则 $f(x)$ 不是有界变差函数. 事实上, 作分划

$$\Delta: 0 < \frac{2}{2n-1} < \frac{2}{2n-3} < \cdots < \frac{2}{3} < 1,$$

则

$$v_{\Delta} = \frac{2}{2n-1} + \left(\frac{2}{2n-1} + \frac{2}{2n-3}\right) + \cdots + \left(\frac{2}{5} + \frac{2}{3}\right) + \frac{2}{3}$$

$$= 2\sum_{k=2}^{n} \frac{2}{2k-1},$$

从而可知当 $n \to \infty$ 时, $v_{\Delta} \to \infty$, 即 $\bigvee\limits_{a}^{b}(f) = +\infty$.

由定义我们立即可得下述简单事实:

(i) 设 $f \in \mathrm{BV}([a,b])$, 则 $f(x)$ 在 $[a,b]$ 上是有界函数;

(ii) $\mathrm{BV}([a,b])$ 构成一个线性空间.

注 有界变差函数与曲线的可求长.

设 $f(x)$ 是定义在 $[a,b]$ 上的函数, 对 $[a,b]$ 作分划

$$\Delta: a = x_0 < x_1 < \cdots < x_n = b.$$

若把依次联结点组 $\{(x_i, f(x_i))\}(i=0,1,2,\cdots,n)$ 的折线长记为

$$l_{\Delta}(f) = \sum_{i=1}^{n} \sqrt{(x_i - x_{i-1})^2 + (f(x_i) - f(x_{i-1}))^2},$$

则定义曲线段即点集 $\{(x,y): a \leqslant x \leqslant b, y = f(x)\}$ 的长度为

$$l_f = \sup_{\Delta}\{l_{\Delta}(f)\} \quad (\text{对一切分划取上确界}).$$

若 $l_f < +\infty$, 则称 $f(x)$ 在 $[a,b]$ 上的曲线弧段是**可求长的**.

现在从有界变差的角度来看. 因为对 $[a,b]$ 的任一分划 $\Delta: a = x_0 < x_1 < \cdots < x_n = b$, 我们有

$$|f(x_i) - f(x_{i-1})| \leqslant \sqrt{(x_i - x_{i-1})^2 + (f(x_i) - f(x_{i-1}))^2}$$

$$\leqslant (x_i - x_{i-1}) + |f(x_i) - f(x_{i-1})|,$$

对 $i = 1, 2, \cdots, n$ 求和, 可得

$$\sum_{i=1}^{n} |f(x_i) - f(x_{i-1})| \leqslant l_{\Delta}(f) \leqslant (b-a) + \sum_{i=1}^{n} |f(x_i) - f(x_{i-1})|,$$

所以 $[a,b]$ 上 $f(x)$ 之弧段可求长与 $f(x)$ 在 $[a,b]$ 上有界变差是等价的, 这可以

说是有界变差函数的几何意义.

定理 5.4 若 $f(x)$ 是 $[a,b]$ 上的实值函数, $a<c<b$, 则

$$\bigvee_a^b(f) = \bigvee_a^c(f) + \bigvee_c^b(f). \tag{5.9}$$

证明 不妨设 $\bigvee_a^c(f)$ 与 $\bigvee_c^b(f)$ 都是有限的. 考虑 $[a,b]$ 的一个分划 Δ. 若 c 是分点: $a=x_0<x_1<\cdots<x_r=c<\cdots<x_n=b$, 则

$$v_\Delta = \sum_{i=1}^n |f(x_i) - f(x_{i-1})|$$

$$= \sum_{i=1}^r |f(x_i) - f(x_{i-1})| + \sum_{i=r+1}^n |f(x_i) - f(x_{i-1})|$$

$$\leqslant \bigvee_a^c(f) + \bigvee_c^b(f).$$

若 c 不是分划 Δ 的分点, 将 c 当作分点插入分划 Δ, 并记新分划为 Δ', 显然有 $v_\Delta \leqslant v_{\Delta'}$. 由此可知

$$\bigvee_a^b(f) \leqslant \bigvee_a^c(f) + \bigvee_c^b(f).$$

另一方面, 对于任意的 $\varepsilon>0$, 必存在 $[a,c]$ 的分划 Δ': $a=x_0'<x_1'<\cdots<x_m'=c$, 使得

$$\sum_{i=1}^n |f(x_i') - f(x_{i-1}')| > \bigvee_a^c(f) - \frac{\varepsilon}{2}.$$

同样, 也存在 $[c,b]$ 的分划 Δ'': $c=x_0''<x_1''<\cdots<x_n''=b$, 使得

$$\sum_{j=1}^n |f(x_j'') - f(x_{j-1}'')| > \bigvee_a^b(f) - \frac{\varepsilon}{2}.$$

现在记 $\Delta' \cup \Delta''$ 为 Δ' 与 Δ'' 中分点合并而成的 $[a,b]$ 的分划, 且合并后的分点用 $\{x_k\}$ 记之, 我们有

$$\sum_{k=1}^{m+n} |f(x_k) - f(x_{k-1})|$$

$$= \sum_{i=1}^m |f(x_i') - f(x_{i-1}')| + \sum_{j=1}^n |f(x_j'') - f(x_{j-1}'')|$$

$$> \bigvee_a^c(f) + \bigvee_c^b(f) - \varepsilon.$$

由 ε 的任意性可知

$$\bigvee_a^b (f) \geqslant \bigvee_a^c (f) + \bigvee_c^b (f).$$

这就证明了(5.9)式.

定理 5.5（Jordan 分解定理） $f \in \mathrm{BV}([a,b])$ 当且仅当 $f(x) = g(x) - h(x)$，其中 $g(x)$ 与 $h(x)$ 是 $[a,b]$ 上的递增（实值）函数.

证明 （i）设 $f \in \mathrm{BV}([a,b])$. 令

$$g(x) = \frac{1}{2} \bigvee_a^x (f) + \frac{1}{2} f(x), \quad h(x) = \frac{1}{2} \bigvee_a^x (f) - \frac{1}{2} f(x),$$

则 $f(x) = g(x) - h(x)$. 又当 $a \leqslant x \leqslant y \leqslant b$ 时，有

$$2(h(y) - h(x)) = \bigvee_a^y (f) - \bigvee_a^x (f) - f(y) + f(x)$$

$$\geqslant \bigvee_x^y (f) - |f(y) - f(x)| \geqslant 0.$$

这说明 $h(x)$ 是 $[a,b]$ 上的递增函数，易知 $g(x)$ 也是 $[a,b]$ 上的递增函数.

（ii）设 $f(x) = g(x) - h(x)$，其中 $g(x), h(x)$ 是 $[a,b]$ 上的递增实值函数. 易知 $g, h \in \mathrm{BV}([a,b])$，从而 $f \in \mathrm{BV}([a,b])$.

以上的论述导入了一个新的数量：$\bigvee_a^b (f)$，当 f 取定时，它随 $[a,b]$ 而变动. 因此，当 $f \in \mathrm{BV}([a,b])$ 时，我们获得了一个新型函数

$$\bigvee_a^x (f), \quad x \in [a,b].$$

易知它是 $[a,b]$ 上的递增函数，且当 $f(x)$ 连续时，它也连续.

例 4 若 $f \in \mathrm{BV}([a,b])$，则 $f(x)$ 几乎处处可微，且

$$\frac{\mathrm{d}}{\mathrm{d}x} \left(\bigvee_a^x (f) \right) = |f'(x)|, \quad \text{a. e. } x \in [a,b].$$

证明 （i）根据全变差的定义可知，对任给的 $\varepsilon > 0$，存在分划

$$\Delta : a = x_0 < x_1 < \cdots < x_k = b,$$

使得

$$\bigvee_a^b (f) - \sum_{i=1}^k |f(x_i) - f(x_{i-1})| < \varepsilon, \tag{5.10}$$

我们可以做出 $[a,b]$ 上的函数 $g(x)$，使得

$$g(x) = \begin{cases} f(x) + c_i, & f(x_i) \geqslant f(x_{i-1}), \\ -f(x) + c_i', & f(x_i) < f(x_{i-1}) \end{cases} \quad \left(\begin{matrix} x \in [x_{i-1}, x_i] \\ i = 1, 2, \cdots, k \end{matrix} \right),$$

其中 $c_i, c_i' \ (i=1,2,\cdots,k)$ 是常数.

实际上，首先，对 $x \in [a, x_1]$，令

$$g(x) = \begin{cases} f(x) - f(a_0), & f(x_1) \geqslant f(a_0), \\ -f(x) + f(a_0), & f(x_1) < f(a_0). \end{cases}$$

其次，用归纳法，若在 $[a, x_i] (i<k)$ 上已定义了 $g(x)$，则对 $x \in (x_i, x_{i+1}]$，定义

$$g(x) = \begin{cases} f(x) + (g(x_i) - f(x_i)), & f(x_{i+1}) \geqslant f(x_i), \\ -f(x) + (g(x_i) + f(x_i)), & f(x_{i+1}) < f(x_i). \end{cases}$$

对如此做成的 $g(x)$，易知对每个 $[x_{i-1}, x_i]$，$g(x) - f(x)$ 或 $g(x) + f(x)$ 是常数，且 $|g'(x)| = |f'(x)|$, a. e. $x \in [a,b]$. 又由 (5.10) 式可得

$$\bigvee_a^b (f) - g(b) < \varepsilon,$$

以及 $\displaystyle\bigvee_a^x (f) - g(x)$ 是 $[a,b]$ 上的递增函数.

(ii) 由 (i) 知，对 $\varepsilon = 1/2^n$，存在 $[a,b]$ 上的函数列 $\{g_n(x)\}$，使得

$$\bigvee_a^b (f) - g_n(b) < \frac{1}{2^n}, \quad |g_n'(x)| = |f'(x)|, \quad \text{a. e. } x \in [a,b].$$

这说明

$$\sum_{n=1}^\infty \left(\bigvee_a^x (f) - g_n(x) \right) < +\infty, \quad x \in [a,b].$$

引用 Fubini 逐项微分定理，可知

$$\sum_{n=1}^\infty \left(\frac{\mathrm{d}}{\mathrm{d}x} \bigvee_a^x (f) - g_n'(x) \right) < +\infty, \quad \text{a. e. } x \in [a,b].$$

由于 $|g_n'(x)| = |f'(x)|$, a. e. $x \in [a,b]$，且 $\displaystyle\frac{\mathrm{d}}{\mathrm{d}x} \bigvee_a^x (f) \geqslant 0$, a. e. $x \in [a,b]$，故我们有

$$\frac{\mathrm{d}}{\mathrm{d}x} \bigvee_a^x (f) = |f'(x)|, \quad \text{a. e. } x \in [a,b].$$

例 5 若 $f \in \mathrm{BV}([a,b])$，则弧长

$$l_f \geqslant \int_a^b \sqrt{1 + (f'(x))^2} \, \mathrm{d}x.$$

实际上,记 $l_f(x)$ 是在 $[a,x]$ 上曲线 $y=f(x)$ 的弧长 $(a \leqslant x \leqslant b)$,易知对 $a \leqslant x < y \leqslant b$,有

$$l_f(y) - l_f(x) \geqslant \sqrt{(y-x)^2 + (f(y)-f(x))^2} > 0,$$

即 $l_f(x)$ 在 $[a,b]$ 上递增. 由于

$$\frac{l_f(y) - l_f(x)}{y-x} \geqslant \sqrt{1 + \left(\frac{f(y)-f(x)}{y-x}\right)^2},$$

故得

$$l_f'(x) \geqslant \sqrt{1+(f'(x))^2}, \quad \text{a. e. } x \in [a,b].$$

从而我们有

$$l_f(b) \geqslant \int_a^b l_f'(x)\mathrm{d}x \geqslant \int_a^b \sqrt{1+(f'(x))^2}\,\mathrm{d}x.$$

例 6(**Poisson 公式**) 设 $f \in C(\mathbf{R}) \cap L(\mathbf{R})$. 若 $f \in \mathrm{BV}(\mathbf{R})$,则

$$\sum_{n=-\infty}^{+\infty} f(2n\pi) = \frac{1}{2\pi}\sum_{n=-\infty}^{+\infty} \hat{f}(n),$$

其中 $\hat{f}(n)$ 表示 Fourier 系数.

证明 作函数 $f^*(x) = \sum_{n=-\infty}^{+\infty} f(x+2n\pi)(x \in \mathbf{R})$,以及 $V(x) = \bigvee_{-\infty}^{x}(f)$. 易知 $f^*(x)$ 在 $\mathbf{R}$ 上几乎处处有定义且可积,又存在极限 $V(x) \to V(x \to +\infty)$. 我们有

$$\int_0^{2\pi} f^*(x)\mathrm{d}x = \int_{-\infty}^{+\infty} f(x)\mathrm{d}x. \tag{*}$$

取 $x_0 \in \mathbf{R}$,使得 $f^*(x_0)$ 有定义,则对 $x_0 \leqslant x \leqslant x_0+2\pi$,可知

$$|f(x+2n\pi) - f(x_0+2n\pi)| \leqslant \bigvee_{-\infty}^{x+2n\pi}(f) - \bigvee_{-\infty}^{x_0+2n\pi}(f)$$

$$\leqslant \bigvee_{-\infty}^{x_0+2(n+1)\pi}(f) - \bigvee_{-\infty}^{x_0+2n\pi}(f),$$

$$\bigvee_{-\infty}^{+\infty}\left(\bigvee_{-\infty}^{x_0+2(n+1)\pi}(f) - \bigvee_{-\infty}^{x_0+2n\pi}(f)\right) = V < +\infty.$$

由此得 $f^* \in C([x_0,x_0+2\pi])$,从而有 $f^* \in C(\mathbf{R})$.

对于 $0=x_0 < x_1 < \cdots < x_k = 2\pi$,有

$$\sum_{i=0}^{k-1} |f^*(x_{i+1}) - f^*(x_i)|$$

$$= \sum_{i=0}^{k-1} \left| \sum_{n=-\infty}^{+\infty} f(x_{i+1}+2n\pi) - \sum_{n=-\infty}^{+\infty} f(x_i+2n\pi) \right|$$

$$\leqslant \sum_{i=0}^{k-1}\sum_{n=-\infty}^{+\infty} |f(x_{i+1}+2n\pi) - f(x_i+2n\pi)| \leqslant V.$$

应用公式(∗)于 $e^{-inx} f(x)$，则得

$$\frac{1}{2\pi}\int_0^{2\pi} e^{-inx} f^*(x)\mathrm{d}x = \frac{1}{2\pi}\int_{-\infty}^{+\infty} e^{-inx} f(x)\mathrm{d}x = \frac{1}{2\pi}\hat{f}(n).$$

最后(根据 Jordan-Dirichlet 定理)，我们有

$$\sum_{n=-\infty}^{\infty} f(2n\pi) = f^*(0) = \sum_{n=-\infty}^{\infty} \frac{1}{2\pi}\int_0^{2\pi} e^{-inx} f^*(x)\mathrm{d}x = \frac{1}{2\pi}\sum_{n=-\infty}^{\infty} \hat{f}(n).$$

思考题 解答下列问题：

1. 计算 $\bigvee\limits_{-1}^{1} (x-x^3)$.

2. 试证明 $\bigvee\limits_{a}^{b} (f)=0$ 当且仅当 $f(x)=C$ (常数).

3. 设 $f\in \mathrm{BV}([a,b])$，$g\in \mathrm{BV}([a,b])$，试证明

$$M(x)=\max\{f(x),g(x)\}$$

是$[a,b]$上的有界变差函数.

4. 设 $f\in \mathrm{BV}([a,b])$，试证明 $|f|\in \mathrm{BV}(a,b)$，但反之不然.

5. 设 $f,g\in \mathrm{BV}([a,b])$，试证明

$$\bigvee_a^b (fg)\leqslant \sup_{[a,b]}\{f(x)\}\bigvee_a^b (f) + \sup_{[a,b]}\{g(x)\}\bigvee_a^b (f).$$

6. 设 $f\in \mathrm{BV}([a,b])$，$\varphi(x)$在$(-\infty,+\infty)$上属于 Lip1，试证明 $\varphi(f)\in \mathrm{BV}([a,b])$.

7. 设 $f\in \mathrm{Lip}1([a,b])$，试证明 $\bigvee\limits_{a}^{x} (f)$也是.

8. 试证明 $f\in \mathrm{BV}([a,b])$当且仅当存在$[a,b]$上的递增函数$F(x)$，使得

$$|f(x')-f(x'')|\leqslant F(x'')-F(x') \quad (a\leqslant x'<x''\leqslant b).$$

9. 设 $f\in \mathrm{BV}([a,b])$. 若 $f(x)$在$[a,b]$上有原函数，试问：$f(x)$是$[a,b]$上的连续函数吗?

10. 设 $f\in \mathrm{BV}([a,b])$. 若有 $\bigvee\limits_{a}^{b} (f) = f(b)-f(a)$，试证明 $f(x)$在$[a,b]$上递增.

11. 设 $f_n\in \mathrm{BV}([a,b])(n\in \mathbf{N})$. 级数 $\sum\limits_{n=1}^{\infty} f_n(x)$，$\sum\limits_{n=1}^{\infty} \bigvee\limits_{a}^{x} (f_n)$ 在

$[a,b]$上收敛,试证明 $f(x) = \sum_{n=1}^{\infty} f_n(x)$ 在$[a,b]$上是有界变差函数.

§5.3 不定积分的微分

问题 设 $f \in L([a,b])$,令

$$F(x) = \int_a^x f(t)\mathrm{d}t,$$

等式 $F'(x) = f(x)$ 成立吗? 由于在一个零测集上修改可积函数的值并不影响它的积分值,故知一般的结论也只能期望

$$F'(x) = f(x), \quad \mathrm{a.e.}\ x \in [a,b].$$

下面证明这一结论是正确的.

如果令 $\qquad F_h(x) = \dfrac{1}{h}\int_x^{x+h} f(t)\mathrm{d}t,$

那么我们的问题就归结为证明

$$\lim_{h \to 0} F_h(x) = f(x), \quad \mathrm{a.e.}\ x \in [a,b].$$

考虑到 $F_h(x)$ 可以看作函数 f 在$[x,x+h]$上的(连续)平均,从而易证 $F_h(x)$ 是平均收敛于 $f(x)$ 的$(h \to 0)$,即有

引理 5.6 设 $f \in L([a,b])$,令

$$F_h(x) = \frac{1}{h}\int_x^{x+h} f(t)\mathrm{d}t$$

(当 $x \overline{\in} [a,b]$时,令 $f(x) = 0$),则有

$$\lim_{h \to 0} \int_a^b |F_h(x) - f(x)|\,\mathrm{d}x = 0.$$

证明 不妨设 $h > 0$. 由于

$$
\begin{aligned}
F_h(x) - f(x) &= \frac{1}{h}\int_x^{x+h} f(t)\mathrm{d}t - f(x) \\
&= \frac{1}{h}\int_0^h f(x+t)\mathrm{d}t - f(x) \\
&= \frac{1}{h}\int_0^h (f(x+t) - f(x))\mathrm{d}t,
\end{aligned}
$$

故知

$$\int_a^b |F_h(x) - f(x)| \, \mathrm{d}x \leqslant \int_{-\infty}^{+\infty} \left(\frac{1}{h} \int_0^h |f(x+t) - f(x)| \, \mathrm{d}t \right) \mathrm{d}x$$

$$= \int_0^h \frac{1}{h} \, \mathrm{d}t \int_{-\infty}^{+\infty} |f(x+t) - f(x)| \, \mathrm{d}x.$$

因为 $f \in L(-\infty, +\infty)$，由定理 4.21 知，对任给的 $\varepsilon > 0$，存在 $\delta > 0$，使得当 $|t| < \delta$ 时，有

$$\int_{-\infty}^{+\infty} |f(x+t) - f(x)| \, \mathrm{d}x < \varepsilon,$$

所以当 $h < \delta$ 时，有

$$\int_0^h \frac{1}{h} \, \mathrm{d}t \int_{-\infty}^{+\infty} |f(x+t) - f(x)| \, \mathrm{d}x < \frac{\varepsilon}{h} \int_0^h \mathrm{d}x = \varepsilon.$$

这说明，对任给的 $\varepsilon > 0$，当 $|h| < \delta$ 时，我们得到

$$\int_a^b |F_h(x) - f(x)| \, \mathrm{d}x < \varepsilon.$$

定理 5.7　设 $f \in L([a,b])$，令

$$F(x) = \int_a^x f(t) \, \mathrm{d}t, \quad x \in [a,b],$$

则

$$F'(x) = f(x), \quad \text{a.e.} \ x \in [a,b].$$

证明　令

$$F_h(x) = \frac{1}{h} \int_x^{x+h} f(t) \, \mathrm{d}t$$

(当 $x \overline{\in} [a,b]$ 时，令 $f(x) = 0$). 因为 $F(x)$ 是几乎处处可微的（为什么），所以不妨假定

$$\lim_{h \to 0} F_h(x) = g(x), \quad \text{a.e.} \ x \in [a,b],$$

$g(x)$ 是 $[a,b]$ 上的可测函数. 上述引理指出，$F_h(x)$ 是平均收敛于 $f(x)$ 的 $(h \to 0)$，从而我们有

$$\int_a^b |f(x) - g(x)| \, \mathrm{d}x = \int_a^b \lim_{h \to 0} |f(x) - F_h(x)| \, \mathrm{d}x$$

$$\leqslant \varliminf_{h \to 0} \int_a^b |f(x) - F_h(x)| \, \mathrm{d}x = 0.$$

这说明 $g(x) = f(x)$，a.e. $x \in [a,b]$.

这样，我们就回答了在本节开始时所提出的问题，即对于 $f \in$

$L([a,b])$,有

$$\frac{\mathrm{d}}{\mathrm{d}x}\int_a^x f(t)\mathrm{d}t = f(x), \quad \text{a. e. } x\in[a,b].$$

推论 5.8 若 $f\in L([a,b])$,则对 $[a,b]$ 中几乎处处的点 x,都有

$$\lim_{h\to 0}\frac{1}{h}\int_0^h |f(x+t)-f(x)|\mathrm{d}t = 0.$$

(我们称满足上式的点 x 为 $f(x)$ 的 **Lebesgue 点**.)

证明 对于任意取定的 $r\in \mathbf{Q}\cap[a,b]$,易知有

$$\lim_{h\to 0}\frac{1}{h}\int_x^{x+h}|f(t)-r|\mathrm{d}t = |f(x)-r|, \quad \text{a. e. } x\in[a,b].$$

记 $[a,b]$ 中不满足上式的 x 的全体为 Z_r,则有 $m(Z_r)=0$. 又令

$$Z = \left(\bigcup_{r\in \mathbf{Q}\cap[a,b]}Z_r\right)\bigcup \{x\in[a,b]: |f(x)|=+\infty\},$$

易知 $m(Z)=0$.

现在设 x 为 $[a,b]$ 中不属于 Z 的任一点,则对任给 $\varepsilon>0$,必有 $r\in \mathbf{Q}\cap [a,b]$,使得 $|f(x_0)-r|<\varepsilon/3$,从而有

$$||f(t)-r|-|f(t)-f(x_0)||<\varepsilon/3.$$

由此知

$$\frac{1}{h}\int_x^{x+h}|f(t)-r|\mathrm{d}t - \frac{1}{h}\int_x^{x+h}|f(t)-f(x)|\mathrm{d}t < \frac{\varepsilon}{3}.$$

因为 $x\bar\in Z$,所以存在 $\delta>0$,当 $0<|h|<\delta$ 时,有

$$\left|\frac{1}{h}\int_x^{x+h}|f(t)-r|\mathrm{d}t - |f(x)-r|\right|<\frac{\varepsilon}{3}.$$

综上所述,我们有(当 $0<|h|<\delta$ 时)

$$\frac{1}{h}\int_x^{x+h}|f(t)-f(x)|\mathrm{d}t < \varepsilon,$$

即得所证.

例 1 设 $f\in L(\mathbf{R})$. 若对区间 $[a,b]$,有

$$\int_a^b |f(x+h)-f(x)|\mathrm{d}x = o(|h|) \quad (h\to 0),$$

则

$$f(x)=C(\text{常数}), \quad \text{a. e. } x\in[a,b].$$

证明 设 x_1,x_2 $(x_1<x_2)$ 是 $f(x)$ 在 (a,b) 中的 Lebesgue 点,则

$$\lim_{h\to 0}\left|\frac{1}{h}\int_{x_1}^{x_2}(f(x+h)-f(x))\mathrm{d}x\right| = 0.$$

因为

$$\left| \frac{1}{h} \int_{x_1}^{x_2} (f(x+h) - f(x)) \mathrm{d}x \right|$$

$$= \left| \frac{1}{h} \int_{x_1+h}^{x_2+h} f(x) \mathrm{d}x - \frac{1}{h} \int_{x_1}^{x_2} f(x) \mathrm{d}x \right|$$

$$= \left| \frac{1}{h} \int_{x_2}^{x_2+h} f(x) \mathrm{d}x - \frac{1}{h} \int_{x_1}^{x_1+h} f(x) \mathrm{d}x \right|$$

$$\to |f(x_2) - f(x_1)|, \quad h \to 0,$$

所以 $f(x_1) = f(x_2)$. 由于 $[a,b]$ 中几乎处处都是 $f(x)$ 的 Lebesgue 点, 故 $f(x)$ 在 $[a,b]$ 上几乎处处等于一个常数.

例 2 设 $f \in L([a,b])$, 且令 $F(x) = \int_a^x f(t) \mathrm{d}t (x \in [a,b])$, 则 $F \in \mathrm{BV}([a,b])$, 且 $\bigvee_a^b (F) \leqslant \int_a^b |f(x)| \mathrm{d}x$.

证明 对分划 $\Delta: a = x_0 < x_1 < \cdots < x_n = b$, 易知

$$\sum_{i=1}^n |F(x_i) - F(x_{i-1})| = \sum_{i=1}^n \left| \int_{x_{i-1}}^{x_i} f(t) \mathrm{d}t \right|$$

$$\leqslant \sum_{i=1}^n \int_{x_{i-1}}^{x_i} |f(t)| \mathrm{d}t = \int_a^b |f(t)| \mathrm{d}t.$$

由此即得 $\bigvee_a^b (F) \leqslant \int_a^b |f(x)| \mathrm{d}x$.

思考题 解答下列问题:

1. 设 $E \subset [0,1]$. 若存在 $l: 0 < l < 1$, 使得对 $[0,1]$ 中任意的子区间 $[a,b]$, 均有 $m(E \cap [a,b]) \geqslant l(b-a)$, 试证明 $m(E) = 1$.

2. 对于 $[0,1]$ 上的 Dirichlet 函数 $\chi_{\mathbf{Q}}(x)$, 试问: $[0,1]$ 中的 Lebesgue 点是什么?

§5.4 绝对连续函数与微积分基本定理

问题 设 $f(x)$ 是定义在 $[a,b]$ 上的实值函数, 问等式

$$f(x) - f(a) = \int_a^x f'(t) \mathrm{d}t, \quad x \in [a,b]$$

是否成立? 或在什么条件下成立?

首先我们看到,如果等式成立,那么 $f(x)$ 一定是有界变差连续函数;其次,若 $f(x)$ 是 $[a,b]$ 上的有界变差的连续函数,此时 $f' \in L([a,b])$. 并令

$$h(x) = f(x) - \int_a^x f'(t) \mathrm{d}t,$$

则 $h'(x) = 0$, a. e. $x \in [a,b]$ 且 $h(a) = f(a)$. 注意到前式成立的意思就是 $h(x)$ 应该恒等于一个常数. 这就使我们回忆起 Cantor 函数 $\Phi(x)$(见 §1.5),它是 $[0,1]$ 上递增的连续函数,$\Phi'(x) = 0$, a. e. $x \in [0,1]$,但 $\Phi(x)$ 并不是常数,因为 $\Phi(0) = 0, \Phi(1) = 1$. 由此可知,为使等式成立,我们还需要给 $f(x)$ 再加上一定的条件.

从上面的议论中我们已经看到,一个几乎处处可微且导数为零的函数并不一定等于一个常数. 为了排除这种"奇异"情况,我们进一步分析这类函数的特征.

引理 5.9 设 $f(x)$ 在 $[a,b]$ 上几乎处处可微,且 $f'(x) = 0$, a. e. $x \in [a,b]$. 若 $f(x)$ 在 $[a,b]$ 上不是常数函数,则必存在 $\varepsilon > 0$,使得对任意的 $\delta > 0$,$[a,b]$ 内存在有限个互不相交的区间:

$$(x_1, y_1), (x_2, y_2), \cdots, (x_n, y_n),$$

其长度的总和小于 δ,满足

$$\sum_{i=1}^n |f(y_i) - f(x_i)| > \varepsilon.$$

证明 因为 $f(x)$ 不是常数,所以不妨设存在 $c \in (a,b)$ 使得 $f(a) \neq f(c)$. 作点集 $E_c = \{x \in (a,c): f'(x) = 0\}$. 对于任意的 $x \in E_c$,由于 $f'(x) = 0$,故对任意的 $r > 0$,只要 h 充分小,且 $[x, x+h] \subset (a,c)$,就有

$$|f(x+h) - f(x)| < rh.$$

于是(r 固定)如此之区间 $[x, x+h]$ 的全体就构成 E_c 的一个 Vitali 覆盖. 根据 Vatali 覆盖定理,可知对任意 $\delta > 0$,存在互不相交的区间组:

$$[x_1, x_1 + h_1], [x_2, x_2 + h_2], \cdots, [x_n, x_n + h_n],$$

使得

$$m\left(E_c \setminus \bigcup_{i=1}^{n}[x_i, x_i+h_i]\right) = m\left([a,c) \setminus \bigcup_{i=1}^{n}[x_i, x_i+h_i)\right) < \delta.$$

不妨设这些区间的端点可排列为

$$a=x_0<x_1<x_1+h_1<x_2<x_2+h_2<\cdots<x_n+h_n<x_{n+1}=c.$$

令 $h_0=0$, 并选 $\varepsilon>0$, 满足 $2\varepsilon<|f(c)-f(a)|$, 我们有

$$2\varepsilon<|f(c)-f(a)|$$

$$\leqslant \sum_{i=0}^{n}|f(x_{i+1})-f(x_i+h_i)| + \sum_{i=1}^{n}|f(x_i+h_i)-f(x_i)|$$

$$\leqslant \sum_{i=0}^{n}|f(x_{i+1})-f(x_i+h_i)| + r\sum_{i=1}^{n}h_i$$

$$\leqslant \sum_{i=0}^{n}|f(x_{i+1})-f(x_i+h_i)| + r(b-a).$$

因为 r 是任意的, 可先使得 $r(b-a)<\varepsilon$, 所以得到

$$\varepsilon < \sum_{i=0}^{n}|f(x_{i+1})-f(x_i+h_i)|,$$

而且

$$\sum_{i=1}^{n}(x_{i+1}-(x_i+h_i)) = m\left(E_c - \sum_{i=1}^{n}(x_i, x_i+h_i)\right) < \delta.$$

现在针对引理中所描述的奇异特征, 我们来引进下述绝对连续函数的概念.

定义 5.4 设 $f(x)$ 是 $[a,b]$ 上的实值函数. 若对任给 $\varepsilon>0$, 存在 $\delta>0$, 使得当 $[a,b]$ 中任意有限个互不相交的开区间 (x_i, y_i) $(i=1,2,\cdots,n)$ 满足 $\sum_{i=1}^{n}(y_i-x_i)<\delta$ 时, 有

$$\sum_{k=1}^{n}|f(y_i)-f(x_i)|<\varepsilon,$$

则称 $f(x)$ 是 $[a,b]$ 上的**绝对连续函数**, 其全体记为 AC($[a,b]$),

显然, 我们有下述简单事实:

(i) 绝对连续函数一定是连续函数;

(ii) 在 $[a,b]$ 上绝对连续函数的全体构成一个线性空间.

例 1 若函数 $f(x)$ 在 $[a,b]$ 上满足 Lipschitz 条件:

$$|f(x)-f(y)| \leqslant M|x-y|, \quad x,y \in [a,b],$$

则 $f(x)$ 是 $[a,b]$ 上的绝对连续函数. 事实上, 因为

$$\sum_{i=1}^{n} |f(x_i) - f(y_i)| \leqslant M \sum_{i=1}^{n} |y_i - x_i| < \delta M,$$

所以对于任意的 $\varepsilon > 0$, 只需取 $\delta < \varepsilon/M$ 立即可知结论成立.

定理 5.10 若 $f \in L([a,b])$, 则其不定积分

$$F(x) = \int_a^x f(t) \mathrm{d}t$$

是 $[a,b]$ 上的绝对连续函数.

证明 对于任意的 $\varepsilon > 0$, 因为 $f \in L([a,b])$, 所以存在 $\delta > 0$, 当 $e \subset [a,b]$ 且 $m(e) < \delta$ 时, 有

$$\int_e |f(x)| \mathrm{d}x < \varepsilon.$$

现在, 对于 $[a,b]$ 中任意有限个互不相交的区间:

$$(x_1, y_1), \ (x_2, y_2), \ \cdots, \ (x_n, y_n),$$

当其长度总和小于 δ 时, 我们有

$$\sum_{i=1}^{n} |F(y_i) - F(x_i)| = \sum_{i=1}^{n} \left| \int_{x_i}^{y_i} f(x) \mathrm{d}x \right| \leqslant \sum_{i=1}^{n} \int_{x_i}^{y_i} |f(x)| \mathrm{d}x$$

$$= \int_{\bigcup_{i=1}^{n} (x_i, y_i)} |f(x)| \mathrm{d}x < \varepsilon.$$

定理 5.11 若 $f(x)$ 是 $[a,b]$ 上的绝对连续函数, 则 $f(x)$ 是 $[a,b]$ 上的有界变差函数.

证明 在函数绝对连续的定义中, 取 $\varepsilon = 1$, 可知存在 $\delta > 0$, 当 $[a,b]$ 中的任意有限个互不相交的开区间 (x_i, y_i) $(i = 1, 2, \cdots, n)$ 满足

$$\sum_{i=1}^{n} (y_i - x_i) < \delta$$

时, 必有

$$\sum_{i=1}^{n} |f(y_i) - f(x_i)| < 1.$$

作分划 $\Delta: a = c_0 < c_1 < \cdots < c_n = b$, 使得

$$c_{k+1} - c_k < \delta, \quad k = 0, 1, \cdots, n-1,$$

从而有
$$\bigvee_{c_k}^{c_{k+1}}(f) \leqslant 1, \quad k = 0,1,\cdots,n-1,$$

故得
$$\bigvee_a^b(f) \leqslant n.$$

推论 5.12   若 $f(x)$ 是 $[a,b]$ 上的绝对连续函数,则 $f(x)$ 在 $[a,b]$ 上是几乎处处可微的,且 $f'(x)$ 是 $[a,b]$ 上的可积函数.

定理 5.13   若 $f(x)$ 是 $[a,b]$ 上的绝对连续函数,且 $f'(x)=0$, a.e. $x\in[a,b]$,则 $f(x)$ 在 $[a,b]$ 上等于一个常数.

定理结论可由引理 5.9 以及定义 5.4 直接推得.

有了以上关于绝对连续函数的概念及其性质的知识,我们就可以回答本节开始时所提出的问题了.

定理 5.14(微积分基本定理)   若 $f(x)$ 是 $[a,b]$ 上的绝对连续函数,则

$$f(x) - f(a) = \int_a^x f'(t)\mathrm{d}t, \quad x\in[a,b]. \qquad (5.11)$$

证明   令

$$g(x) = \int_a^x f'(t)\mathrm{d}t, \quad x\in[a,b],$$

则 $g(x)$ 是 $[a,b]$ 上的绝对连续函数,且有

$$g'(x) = f'(x), \quad \text{a.e. } x\in[a,b], \quad g(a) = 0.$$

再令 $h(x)=f(x)-g(x)$,则 $h(x)$ 也是绝对连续的,且有

$$h'(x) = f'(x) - g'(x) = 0, \quad \text{a.e. } x\in[a,b].$$

从而可知 $h(x)$ 在 $[a,b]$ 上是一个常数,而 $h(a)=f(a)$,于是得

$$f(x) = h(x) + g(x)$$

$$= f(a) + \int_a^x f'(t)\mathrm{d}t, \quad x\in[a,b].$$

综合上述,可小结如下:一个定义在 $[a,b]$ 上的函数 $f(x)$ 具有形式

$$f(x) = f(a) + \int_a^x g(t)\mathrm{d}t, \quad g(t)\in L([a,b])$$

的充分必要条件为 $f(x)$ 是 $[a,b]$ 上的绝对连续函数. 此时,我们有 $g(x)=f'(x)$, a.e. $x\in[a,b]$.

例 2 设 $g_k(x)$ $(k=1,2,\cdots)$ 是 $[a,b]$ 上的绝对连续函数. 若

(i) 存在 c, $a \leqslant c \leqslant b$, 使得级数 $\sum\limits_{k=1}^{\infty} g_k(c)$ 收敛;

(ii) $\sum\limits_{k=1}^{\infty} \int_a^b |g_k'(x)| \mathrm{d}x < +\infty$,

则级数 $\sum\limits_{k=1}^{\infty} g_k(x)$ 在 $[a,b]$ 上是收敛的. 设其极限函数为 $g(x)$, 则 $g(x)$ 是 $[a,b]$ 上的绝对连续函数, 且有

$$g'(x) = \sum_{k=1}^{\infty} g_k'(x), \quad \text{a. e. } x \in [a,b].$$

证明 由条件 (ii) 可知 (见推论 4.16) 函数

$$G(x) = \sum_{k=1}^{\infty} g_k'(x), \quad x \in [a,b]$$

是 $[a,b]$ 上的可积函数, 且有

$$\lim_{n \to \infty} \int_c^x \sum_{k=1}^n g_k'(t) \mathrm{d}t = \int_c^x G(t) \mathrm{d}t.$$

因为每个 $g_k(x)$ 都是绝对连续函数, 所以有

$$g_k(x) = \int_c^x g_k'(t) \mathrm{d}t + g_k(c), \quad x \in [a,b],$$

从而可知

$$\sum_{k=1}^n g_k(x) = \int_c^x \sum_{k=1}^n g_k'(t) \mathrm{d}t + \sum_{k=1}^n g_k(c), \quad n = 1,2,\cdots.$$

现在令 $n \to \infty$, 即得

$$\sum_{k=1}^{\infty} g_k(x) = \int_c^x G(t) \mathrm{d}t + \sum_{k=1}^{\infty} g_k(c), \quad x \in [a,b].$$

若令上式左端为 $g(x)$, 则有

$$g(x) = \int_c^x G(t) \mathrm{d}t + \sum_{k=1}^{\infty} g_k(c).$$

由此可知 $g(x)$ 是 $[a,b]$ 上的绝对连续函数, 且有

$$g'(x) = \sum_{k=1}^{\infty} g_k'(x), \quad \text{a. e. } x \in [a,b].$$

例 3（无处单调的绝对连续函数） 在 $[0,1]$ 中作点集 E, 使得 $[0,1]$ 中任一区间 I 都有 (见 §2.4 例 1)

$$m(I \cap E) > 0, \quad m(I \cap E^c) > 0,$$

并作 $[0,1]$ 上的绝对连续函数

$$f(x) = \int_0^x [\chi_E(t) - \chi_{E^c}(t)] \mathrm{d}t.$$

因此，对$[0,1]$中任一区间I，存在$x_1 \in I \cap E, x_2 \in I \cap E^c$，使得

$$f'(x_1) = \chi_E(x_1) - \chi_{E^c}(x_1) = 1 > 0,$$
$$f'(x_2) = \chi_E(x_2) - \chi_{E^c}(x_2) = -1 < 0.$$

这说明$f(x)$在区间I上不是单调函数，即得所证.

例 4 若$f(x)$在$[a,b]$上绝对连续，则弧长

$$l_f = \int_a^b \sqrt{1 + (f'(x))^2}\, \mathrm{d}x.$$

实际上，由 §5.2 例 5 可知，只需指出

$$l_f \leqslant \int_a^b \sqrt{1 + (f'(x))^2}\, \mathrm{d}x.$$

为此，对任给的$\varepsilon > 0$，作$[a,b]$的分划Δ，使得$l_\Delta(f) \geqslant l_f - \varepsilon$，又作$g \in C([a,b])$，使得

$$\int_a^b |f'(x) - g(x)|\, \mathrm{d}x < \varepsilon.$$

现在令$G(x) = \int_a^x g(t)\, \mathrm{d}t$，易知$|l_\Delta(f) - l_\Delta(G)| < \varepsilon$. 注意到

$$|\sqrt{1 + \alpha^2} - \sqrt{1 + \beta^2}| \leqslant |\alpha - \beta|,$$
$$\left| \int_a^b \sqrt{1 + (f'(x))^2}\, \mathrm{d}x - \int_a^b \sqrt{1 + (g(x))^2} \right|$$
$$\leqslant \int_a^b |f'(x) - g(x)|\, \mathrm{d}x < \varepsilon.$$

由此可知

$$l_\Delta(f) < l_\Delta(G) + \varepsilon \leqslant \int_a^b \sqrt{1 + (G'(x))^2}\, \mathrm{d}x + \varepsilon$$
$$= \int_a^b \sqrt{1 + (g(x))^2}\, \mathrm{d}x + \varepsilon \leqslant \int_a^b \sqrt{1 + (f'(x))^2} + 2\varepsilon.$$

注意到$l_\Delta(f) > l_f - \varepsilon$，最后导出

$$l_f \leqslant \int_a^b \sqrt{1 + (f'(x))^2} + 3\varepsilon.$$

由此即得所证.

例 5 设$f \in L([c,d])$，$c < a < b < d$. 若有

$$\int_a^b |f(x+h) - f(x)|\, \mathrm{d}x = O(|h|), \quad h \to 0,$$

则$f(x) = g(x)$，a.e. $x \in [a,b]$，其中$g \in \mathrm{BV}([a,b])$.

证明 作$[a,b]$上的函数列

$$f_n(x) = n\int_x^{x+1/n} f(t)\mathrm{d}t \quad (n=1,2,\cdots),$$

我们有

$$\int_a^b |f_n(x+h) - f_n(x)|\,\mathrm{d}x$$

$$= n\int_a^b \left|\int_0^{1/n} (f(x+h+t) - f(x+t))\mathrm{d}t\right|\mathrm{d}x$$

$$\leqslant \int_0^{1/n}\left(\int_a^b |f(x+h+t) - f(x+t)|\mathrm{d}x\right)\mathrm{d}t$$

$$= O(|h|), \quad h\to 0 \text{（对 } n \text{ 一致）}.$$

由于$f_n' \in L([a,b])$,而且存在$M>0$,使得

$$\int_a^b |f_n'(x)|\mathrm{d}x \leqslant \varliminf_{h\to 0}\int_a^b \left|\frac{f_n(x+h)-f_n(x)}{h}\right|\mathrm{d}x \leqslant M,$$

故对$[a,b]$的任一分划

$$\Delta: a = x_0 < x_1 < \cdots < x_m = b,$$

以及一切n,可得

$$\sum_{i=1}^m |f_n(x_i) - f_n(x_{i-1})| = \sum_{i=1}^m \left|\int_{x_{i-1}}^{x_i} f_n'(x)\mathrm{d}x\right|$$

$$\leqslant \sum_{i=1}^m \int_{x_{i-1}}^{x_i} |f_n'(x)|\mathrm{d}x = \int_a^b |f_n'(x)|\mathrm{d}x \leqslant M.$$

由此可知

$$\bigvee_a^b (f_n) \leqslant M \quad (n=1,2,\cdots).$$

注意到存在子列,不妨仍记为$\{f_n(x)\}$,它在$[a,b]\backslash Z(m(Z)=0)$上点收敛于$f(x)$,因此对分点不属于$Z$的$[a,b]$分割,由

$$\sum_{i=1}^m |f_n(x_i) - f_n(x_{i-1})| \leqslant M$$

可得(令$n\to\infty$)

$$\sum_{i=1}^m |f(x_i) - f(x_{i-1})| \leqslant M.$$

由此即得所证.

注1 两个绝对连续函数的复合函数不一定是绝对连续的:

例6 设有函数$f(y) = y^{1/3}$,$y\in[-1,1]$,以及

$$g(x) = \begin{cases} x^3 \cos^3(\pi/x), & 0 < x \leqslant 1, \\ 0, & x = 0, \end{cases}$$

易知 $f(y)$ 是 $[-1,1]$ 上的绝对连续函数，$g(x)$ 是 $[0,1]$ 的绝对连续函数．然而，我们有

$$F(x) = f(g(x)) = \begin{cases} x\cos\dfrac{\pi}{x}, & 0 < x \leqslant 1, \\ 0, & x = 0, \end{cases}$$

$$\bigvee_0^1 (F) = +\infty.$$

注 2 绝对连续函数列在一致收敛运算下不封闭．

例 7 在 $[0,1]$ 上作绝对连续函数列

$$f_n(x) = \begin{cases} 0, & 0 \leqslant x \leqslant \dfrac{1}{n}, \\ x\sin\dfrac{\pi}{x}, & \dfrac{1}{n} < x \leqslant 1, \end{cases}$$

易知 $f_n(x)$ 在 $[0,1]$ 上一致收敛于 $f(x)$：

$$f(x) = \begin{cases} 0, & x = 0, \\ x\sin\dfrac{\pi}{x}, & 0 < x \leqslant 1, \end{cases}$$

而 $f(x)$ 在 $[0,1]$ 上不是有界变差的．

注 3 设 $f(x)$ 在 $[0,1]$ 上是绝对连续函数，但 $|f(x)|^p\,(0 < p < 1)$ 在 $[0,1]$ 上可以不是绝对连续函数，例如

$$f(x) = \begin{cases} x^2\sin\dfrac{1}{x}, & 0 < x \leqslant 1, \\ 0, & x = 0. \end{cases}$$

例 8 设 $f(x)$ 在 $\mathbf{R}$ 上可微，且有 $|f'(x)| \leqslant M(x \in \mathbf{R})$．若点集 $\{x \in \mathbf{R}: f'(x) > 0\}$，$\{x \in \mathbf{R}: f'(x) < 0\}$ 在 $\mathbf{R}$ 中稠密，则对任意的 $[a,b] \subset \mathbf{R}$，$f' \overline{\in} R([a,b])$．

证明 用反证法．假定 $f' \in R([a,b])$，则 $f'(x)$ 在 $[a,b]$ 上几乎处处连续，且 $f \in \mathrm{AC}([a,b])$．现在设 $x = x_0$ 是 $f'(x)$ 的连续点，则 $f'(x_0) = 0$．这是因为如果 $f'(x_0) > 0$，那么由题设知存在 $\{x_n\}: x_n \to x_0(n \to x_0)$，$f'(x_n) < 0$，且有 $0 \geqslant \lim\limits_{n \to \infty} f'(x_n) = f'(x_0)$，导致矛盾．从而可得 $f'(x) = 0$，a. e. $x \in [a,b]$，这又导致 $f(x) = $ 常数 $(x \in [a,b])$，矛盾．证毕．

例 9 设 $f \in \mathrm{AC}([a,b])$，则对 $[a,b]$ 中的零测集 Z，必有 $m(f(Z)) = 0$．

证明 由绝对连续函数的定义不难进一步推知，对任给的 $\varepsilon > 0$，存在 $\delta > 0$，以及满足 $\sum\limits_{i=1}^{\infty}(y_i - x_i) < \delta$，$\bigcup\limits_{i=1}^{\infty}(x_i, y_i) \supset Z \backslash \{a,b\}$ 的互不相交的开区间列

$(x_i, y_i)(i \in \mathbf{N})$,使得

$$\sum_{i=1}^{\infty} |f(y_i) - f(x_i)| < \varepsilon.$$

显然,对每个区间 $[x_i, y_i]$,均可选取其中两点: c_i, d_i,使得 $f([x_i, y_i]) = [f(c_i), f(d_i)]$,从而得到

$$m(f(Z)) = m(f(Z \backslash \{a, b\}))$$

$$\leqslant m\left(f\left(\bigcup_{i=1}^{\infty} (x_i, y_i)\right)\right) \leqslant \sum_{i=1}^{\infty} |f(d_i) - f(c_i)| \leqslant \varepsilon.$$

例 10　设 $f \in C([a, b]) \bigcap \mathrm{BV}([a, b])$.若对 $[a, b]$ 中的任一零测集 Z,必有 $m(f(Z)) = 0$,则 $f \in \mathrm{AC}([a, b])$.

证明　用反证法.假定 $f \overline{\in} \mathrm{AC}([a, b])$,则存在 $\varepsilon_0 > 0$,使得对每个 $n \in \mathbf{N}$,都有 $[a, b]$ 的子区间组

$$I_{n,k} = [a_{n,k}, b_{n,k}] \ (k = 1, 2, \cdots, j_n), \quad \sum_{k=1}^{j_n} (b_{n,k} - a_{n,k}) \leqslant \frac{1}{2^n},$$

$$\sum_{k=1}^{j_n} |f(b_{n,k}) - f(a_{n,k})| \geqslant \varepsilon_0.$$

作点集 $E_i = \bigcup_{n=i}^{\infty} \bigcup_{k=1}^{j_n} I_{n,k} (i \in \mathbf{N})$,我们有

$$m(E_i) \leqslant \sum_{n=i}^{\infty} \sum_{k=1}^{j_n} (b_{n,k} - a_{n,k}) \leqslant \sum_{n=i}^{\infty} \frac{1}{2^n} = \frac{1}{2^{i-1}}.$$

由此可知 $m(E_i) \to 0 (i \to \infty)$.因为 $f \in C([a, b])$,所以 $f(E_i)$ 是紧区间的并集.又由 $[a, b] \supset E_i \supset E_{i+1} \supset \cdots$ 可得

$$m(E) = 0 \left(E = \bigcap_{i=1}^{\infty} E_i\right), \quad m(f(E)) = 0,$$

从而根据 $f([a, b]) \supset f(E_i) \supset f(E_{i+1}) \supset \cdots$,又有

$$\lim_{i \to \infty} m(f(E_i)) = m(f(E)) = 0. \tag{5.12}$$

另一方面,若 $f(x)$ 在 $[a, b]$ 上递增,易知

$$f(I_{i,k}) = [f(a_{i,k}), f(b_{i,k})], \quad m(f(E_i)) \geqslant \sum_{k=1}^{j_i} |f(b_{i,k}) - f(a_{i,k})| \geqslant \varepsilon_0.$$

这与 (5.12) 式矛盾.证毕.

思考题　试证明下列命题:

1. 若 $f(x)$ 在 $[a, b]$ 上绝对连续,且有

$$|f'(x)| \leqslant M, \quad \text{a.e. } x \in [a, b],$$

则 $\qquad |f(y)-f(x)|\leqslant M|x-y|, \quad x,y\in[a,b].$

2. 设 $f(x)$ 定义在 $[a,b]$ 上. 若有

$$|f(y)-f(x)|\leqslant M|y-x|, \quad x,y\in[a,b],$$

则 $\qquad |f'(x)|\leqslant M, \quad$ a. e. $x\in[a,b].$

3. 设 $f_n(x)$ $(n=1,2,\cdots)$ 是 $[a,b]$ 上递增的绝对连续函数列. 若 $\sum\limits_{n=1}^{\infty}f_n(x)$ 在 $[a,b]$ 上收敛,则其和函数在 $[a,b]$ 上绝对连续.

4. 设 $f\in\mathrm{BV}([0,1])$. 若对任给 $\varepsilon>0$, $f(x)$ 在 $[\varepsilon,1]$ 上绝对连续,且 $f(x)$ 在 $x=0$ 处连续,则 $f(x)$ 在 $[0,1]$ 上绝对连续.

5. 存在 $[0,1]$ 上严格递增的绝对连续函数 $f(x)$ 以及 $[0,1]$ 中正测集 E,使得 $f'(x)=0(x\in E).$ $\left(\text{作类Cantor集 } C_a: m(C_a)=1-\alpha>0,\right.$ 且令 $f(x)=\displaystyle\int_0^x \chi_{[0,1]\backslash C_a}(t)\mathrm{d}t.\Big)$

§5.5 分部积分公式与积分中值公式

定理 5.15（分部积分公式） 设 $f(x),g(x)$ 皆为 $[a,b]$ 上的可积函数,$\alpha,\beta\in\mathbf{R}$,令

$$F(x)=\alpha+\int_a^x f(t)\mathrm{d}t, \quad G(x)=\beta+\int_a^x g(t)\mathrm{d}t,$$

则

$$\int_a^b G(x)f(x)\mathrm{d}x+\int_a^b g(x)F(x)\mathrm{d}x=F(b)G(b)-F(a)G(a).$$

$$(5.13)$$

证明 设 A,B 各为 $|F(x)|,|G(x)|$ 在 $[a,b]$ 上的最大值,由 $|F(y)G(y)-F(x)G(x)|\leqslant A|G(y)-G(x)|+B|F(y)-F(x)|$ 故知 $F(x)G(x)$ 是 $[a,b]$ 上的绝对连续函数,从而 $F(x)G(x)$ 在 $[a,b]$ 上几乎处处可微,且有

$$(F(x)G(x))'=F(x)G'(x)+F'(x)G(x), \quad \text{a. e. } x\in[a,b].$$

而对几乎处处的 $x\in[a,b]$,有 $G'(x)=g(x)$ 与 $F'(x)=f(x)$,故

$$\int_a^b G(x)f(x)\mathrm{d}x+\int_a^b F(x)g(x)\mathrm{d}x$$

$$= \int_a^b G(x)F'(x)\mathrm{d}x + \int_a^b F(x)G'(x)\mathrm{d}x$$

$$= \int_a^b (F(x)G(x))'\mathrm{d}x = F(b)G(b) - F(a)G(a).$$

注意到绝对连续函数与不定积分的关系,上述定理可改述如下:

设 $f(x),g(x)$ 是 $[a,b]$ 上的绝对连续函数,则

$$\int_a^b f(x)g'(x)\mathrm{d}x + \int_a^b f'(x)g(x)\mathrm{d}x = f(b)g(b) - f(a)g(a).$$

例 设 $f \in L([a,b])$,且有

$$\int_a^b x^n f(x)\mathrm{d}x = 0, \quad n = 0,1,2,\cdots,$$

则 $\qquad\qquad\qquad f(x) = 0, \quad \mathrm{a.e.}\ x \in [a,b].$

证明 令 $F(x) = \int_a^x f(t)\mathrm{d}t$. 因为 $F(b)=0$. 且有

$$\int_a^b x^n f(x)\mathrm{d}x = x^n F(x)\Big|_a^b - n\int_a^b x^{n-1}F(x)\mathrm{d}x$$

$$= -n\int_a^b x^{n-1}F(x)\mathrm{d}x = 0, \quad n = 1,2,\cdots,$$

所以我们得到

$$\int_a^b x^n F(x)\mathrm{d}x = 0, \quad n = 0,1,2,\cdots.$$

现在,根据多项式一致逼近连续函数的定理,可知对任意的 $\varepsilon > 0$,存在多项式 $P(x)$,使得 $|F(x) - P(x)| < \varepsilon (x \in [a,b])$. 注意到

$$\int_a^b P(x)F(x)\mathrm{d}x = 0,$$

我们有

$$\int_a^b F^2(x)\mathrm{d}x = \int_a^b F(x)(F(x) - P(x))\mathrm{d}x,$$

从而可知

$$\int_a^b F^2(x)\mathrm{d}x \leqslant \varepsilon \int_a^b |F(x)|\mathrm{d}x.$$

由 ε 的任意性可得 $F(x) \equiv 0$,随之又得 $f(x) = 0$, $\mathrm{a.e.}\ x \in [a,b]$.

定理 5.16(积分第一中值公式) 若 $f(x)$ 是 $[a,b]$ 上的连续函数,$g(x)$ 是 $[a,b]$ 上的非负可积函数,则存在 $\xi \in [a,b]$,使得

$$\int_a^b f(x)g(x)\mathrm{d}x = f(\xi)\int_a^b g(x)\mathrm{d}x. \tag{5.14}$$

证明　记 $f([a,b])=[c,d]$，易知

$$cg(x) \leqslant f(x)g(x) \leqslant dg(x), \quad \mathrm{a.e.}\ x\in[a,b].$$

将上式积分，我们有

$$c\int_a^b g(x)\mathrm{d}x \leqslant \int_a^b f(x)g(x)\mathrm{d}x \leqslant d\int_a^b g(x)\mathrm{d}x.$$

若 $I=\displaystyle\int_a^b g(x)\mathrm{d}x > 0$，则用它来除上式两端可得

$$c \leqslant \frac{\displaystyle\int_a^b f(x)g(x)\mathrm{d}x}{I} \leqslant d.$$

由 $f(x)$ 的连续性可知，存在 $\xi\in[a,b]$，使得

$$f(\xi) = \frac{\displaystyle\int_a^b f(x)g(x)\mathrm{d}x}{\displaystyle\int_a^b g(x)\mathrm{d}x}.$$

此即 (5.14) 式.

若 $I=0$，则 $g(x)=0$，a.e. $x\in[a,b]$，从而 (5.14) 式两端皆为零. 此时 ξ 可任意地选取.

定理 5.17（积分第二中值公式）　若 $f\in L([a,b])$，$g(x)$ 是 $[a,b]$ 上的单调函数，则存在 $\xi\in[a,b]$，使得

$$\int_a^b f(x)g(x)\mathrm{d}x = g(a)\int_a^\xi f(x)\mathrm{d}x + g(b)\int_\xi^b f(x)\mathrm{d}x. \tag{5.15}$$

证明　不妨设 $g(x)$ 是递增函数（否则考查 $-g(x)$）. 证明分两步进行：

(i) 假定 $g(x)$ 是 $[a,b]$ 上递增的绝对连续函数，且令

$$F(x) = \int_a^x f(t)\mathrm{d}t, \quad x\in[a,b].$$

由分部积分公式可知

$$\int_a^b f(x)g(x)\mathrm{d}x = F(b)g(b) - F(a)g(a) - \int_a^b F(x)g'(x)\mathrm{d}x.$$

因为 $F(x)$ 是连续函数，且 $g'(x)\geqslant 0$，a.e. $x\in[a,b]$，所以由 (5.14) 式可知，存在 $\xi\in[a,b]$，使得

$$\int_a^b F(x)g'(x)\mathrm{d}x = F(\xi)\int_a^b g'(x)\mathrm{d}x = F(\xi)(g(b)-g(a)).$$

将上式代入前一式,得到

$$\int_a^b f(x)g(x)\mathrm{d}x = g(a)(F(\xi)-F(a)) + g(b)(F(b)-F(\xi))$$

$$= g(a)\int_a^\xi f(x)\mathrm{d}x + g(b)\int_\xi^b f(x)\mathrm{d}x.$$

(ii) 对于 $g(x)$ 是递增的情形,我们可以作一列递增且绝对连续的函数 $\{g_n(x)\}$,使得 $g_n(a)=g(a)$,$g_n(b)=g(b)$($n=1,2,\cdots$),且有

$$\lim_{n\to\infty} g_n(x) = g(x)^{\textcircled{1}}, \quad \text{a. e. } x\in[a,b].$$

对于 $g_n(x)$,由(i)的结论,则存在 $\xi_n\in[a,b]$,使得

$$\int_a^b f(x)g_n(x)\mathrm{d}x = g_n(a)\int_a^{\xi_n} f(x)\mathrm{d}x + g_n(b)\int_{\xi_n}^b f(x)\mathrm{d}x.$$

这里不妨假定数列 $\{\xi_n\}$ 以 $\xi\in[a,b]$ 为极限(否则可取子列),于是令 $n\to\infty$,上式转化为(5.15)式.

思考题 试证明下列命题:

1. 设 $f\in L([a,b])$,令 $g(x) = f(x)\int_a^x f(t)\mathrm{d}t$,则

$$\int_a^b g(x)\mathrm{d}x = \frac{1}{2}\left(\int_a^b f(x)\mathrm{d}x\right)^2.$$

2. 设 $f(x),g(x)$ 是 $[0,+\infty)$ 上的可测函数,且有

$$|f(x)|\leqslant M, \quad |xg(x)|\leqslant M, \quad 1\leqslant x < +\infty,$$

则

$$\lim_{x\to+\infty} \frac{1}{x}\int_1^x f(t)g(t)\mathrm{d}t = 0.$$

3. 设 $g\in L^1(\mathbf{R})$,则存在 C,使得对 $C^{(2)}(\mathbf{R})$ 中满足 $f(x)=0$($x\bar{\in}(a,b)$)的任意 $f(x)$,均有

$$\left|\int_{\mathbf{R}} g(x)f^2(x)\mathrm{d}x\right| \leqslant C\int_{\mathbf{R}} [f^2(x)+(f'(x))^2]\mathrm{d}x.$$

---

① 把 $[a,b]$ n 等分,令 $h_n=(b-a)/n$ 以及 $x_{n,k}=a+kh_n$,$0\leqslant k\leqslant n$,作函数列:
$$g_n(x)=\begin{cases} g(x), & x=x_{n,k}, & k=0,1,\cdots,n & (n\in\mathbf{N}),\\ \text{线性联结}, & x\in[x_{n,k-1},x_{n,k}], & k=1,2,\cdots,n & (n\in\mathbf{N}). \end{cases}$$
当 x 是 g 的连续点时有
$$|g(x)-g_n(x)|\leqslant |g(x_{n,k-1})-g(x_{n,k})|, \quad x_{n,k-1}\leqslant x\leqslant x_{n,k}.$$

4. 设 $f \in L([a,b])$，$F(x) = \int_a^x f(t)(x-t)^n \mathrm{d}t\,(x \in [a,b])$，则 $F(x)$ n 次可导，且有

$$F^{(n)} \in \mathrm{AC}([a,b]),\quad F^{(n+1)}(x) = n!f(x),\quad \text{a. e.}\ x \in [a,b].$$

（提示：用归纳法，分部积分公式.）

§5.6 R 上的积分换元公式

问题 设 $g:[a,b] \to [c,d]$ 是几乎处处可微的函数，公式

$$\int_{g(\alpha)}^{g(\beta)} f(x)\mathrm{d}x = \int_\alpha^\beta f(g(t))g'(t)\mathrm{d}t,\quad [\alpha,\beta] \subset [a,b]$$

是否成立？

我们注意到，当 $f(x) \equiv 1$ 时，公式化为

$$g(\beta) - g(\alpha) = \int_\alpha^\beta g'(t)\mathrm{d}t.$$

由此可见，要使公式成立，还需添加其他的条件. 从 Riemann 积分的换元公式的学习中，我们知道这类问题与复合函数的微分有关. 在这里，情况也类似，只是更复杂一些.

定理 5.18 若 $f(x)$ 是 $[a,b]$ 上的绝对连续函数，E 是 $[a,b]$ 中的可测集，则 $f(E)$ 是可测集（见 §5.4 中例 9）.

引理 5.19 设 $f(x)$ 是 $[a,b]$ 上的实值函数，$E \subset [a,b]$. 如果 $f'(x)$ 在 E 上存在且 $|f'(x)| \leqslant M$，则

$$m^*(f(E)) \leqslant M m^*(E). \tag{5.16}$$

证明 将点集 E 作如下分解：对任给 $\varepsilon > 0$，作

$$E_n = \left\{ x \in E：\text{当}[a,b]\text{中的点} y \text{满足} |y-x| < \frac{1}{n}\text{时},\right.$$

$$\left. \text{有} |f(y)-f(x)| \leqslant (M+\varepsilon)|x-y| \right\}.$$

显然，有 $E_n \subset E_{n+1}$，$f(E_n) \subset f(E_{n+1})$ 以及

$$\lim_{n \to \infty} m^*(E_n) = m^*(E),\quad \lim_{n \to \infty} m^*(f(E_n)) = m^*(f(E)).$$

从而根据 ε 的任意性，我们只需证明对每个 n 有

$$m^*(f(E_n)) < (M+\varepsilon)(m^*(E_n) + \varepsilon).$$

为此,在(a,b)中取覆盖E_n的开区间列$\{I_{n,k}\}$,使得

$$\sum_{k=1}^{\infty}|I_{n,k}| < m^*(E_n) + \varepsilon, \quad |I_{n,k}| < \frac{1}{n}, \quad k = 1,2,\cdots.$$

显然,若$s,t \in E_n \bigcap I_{n,k}$,则有

$$|f(s) - f(t)| < (M+\varepsilon)|I_{n,k}|.$$

于是得到

$$m^*(f(E_n)) = m^*\left(f\left(E_n \bigcap \bigcup_{k=1}^{\infty}I_{n,k}\right)\right) \leqslant \sum_{k=1}^{\infty}m^*(f(E_n \bigcap I_{n,k}))$$

$$\leqslant \sum_{k=1}^{\infty}\text{diam}(f(E_n \bigcap I_{n,k}))$$

$$\leqslant (M+\varepsilon)\sum_{k=1}^{\infty}|I_{n,k}| < (M+\varepsilon)(m(E_n)+\varepsilon)$$

(这里$\text{diam}(A)$表示点集A的直径,见定义 1.17).

推论 5.20　若$f(x)$是$[a,b]$上的可测函数,$E \subset [a,b]$是可测集,且$f(x)$在E上可微,则

$$m^*(f(E)) \leqslant \int_E |f'(x)|\,\mathrm{d}x. \tag{5.17}$$

证明　易知$f'(x)$是E上的可测函数. 对任给的$\varepsilon > 0$,作集合列

$$E_n = \{x \in E: (n-1)\varepsilon \leqslant |f'(x)| < n\varepsilon\}, \quad n = 1,2,\cdots,$$

由引理 5.19,我们有

$$m^*(f(E_n)) \leqslant n\varepsilon\, m(E_n) \leqslant (n-1)\varepsilon m(E_n) + \varepsilon m(E_n)$$

$$\leqslant \int_{E_n}|f'(x)|\,\mathrm{d}x + \varepsilon m(E_n).$$

由此可知

$$m^*(f(E)) \leqslant \sum_{n=1}^{\infty}m^*(f(E_n))$$

$$\leqslant \sum_{n=1}^{\infty}\int_{E_n}|f'(x)|\,\mathrm{d}x + \varepsilon\sum_{n=1}^{\infty}m(E_n) = \int_E |f'(x)|\,\mathrm{d}x + \varepsilon m(E).$$

由ε的任意性即得$m^*(f(E)) \leqslant \int_E |f'(x)|\,\mathrm{d}x$.

例 1　设$f(x)$在$[a,b]$上是处处可微的,且$f'(x)$是$[a,b]$上的可积函数,则

$$\int_a^b f'(x) \mathrm{d}x = f(b) - f(a).$$

证明　因为 $f' \in L([a,b])$，所以对于任意的 $\varepsilon > 0$，存在 $\delta > 0$，当 $e \subset [a,b]$ 且 $m(e) < \delta$ 时，有

$$\int_e |f'(x)| \mathrm{d}x < \varepsilon.$$

从而对于其长度总和小于 δ 的任意的互不相交区间组 (x_1, y_1)，$(x_2, y_2), \cdots, (x_n, y_n)$，可知

$$\sum_{i=1}^n |f(y_i) - f(x_i)| \leqslant \sum_{i=1}^n m(f([x_i, y_i]))$$

$$\leqslant \sum_{i=1}^n \int_{[x_i, y_i]} |f'(x)| \mathrm{d}x = \int_{\bigcup_{i=1}^n [x_i, y_i]} |f'(x)| \mathrm{d}x < \varepsilon.$$

这说明 $f(x)$ 是 $[a,b]$ 上的绝对连续函数，故结论成立.

定理 5.21　设 $f(x)$ 是 $[a,b]$ 上的实值函数，在 $[a,b]$ 的子集 E 上是可微的，则有

(i) 如果 $f'(x) = 0$, a.e. $x \in E$，那么 $m(f(E)) = 0$；

(ii) 如果 $m(f(E)) = 0$，那么 $f'(x) = 0$, a.e. $x \in E$.

证明　(i) 令 $E_n = \{x \in E: n-1 \leqslant |f'(x)| < n\}$ $(n \in \mathbf{N})$，则

$$m^*(f(E)) \leqslant \sum_{n=1}^\infty m^*(f(E_n)) \leqslant \sum_{n=1}^\infty n m^*(E_n).$$

所以由 $m^*(E_n) = 0$ 可知 $m(f(E)) = 0$.

(ii) 作点集

$$B_n \equiv \left\{ x \in E: \text{当} |y-x| < \frac{1}{n} \text{时}, |f(y) - f(x)| \geqslant \frac{|y-x|}{n} \right\}.$$

显然有

$$B \equiv \{x \in E: |f'(x)| > 0\} = \bigcup_{n=1}^\infty B_n.$$

从而只需证明 $m(B_n) = 0$(一切 n)即可. 为此，又只需指出对于任一个长度小于 $1/n$ 的区间 I，有 $m(I \cap B_n) = 0$ 即可.

记 $A = I \cap B_n$，因为由假设知 $m(f(A)) = 0$，所以对任意的 $\varepsilon > 0$，存在区间列 $\{I_k\}$，使得

$$\bigcup_{k=1}^{\infty} I_k \supset f(A) , \quad \sum_{k=1}^{\infty} |I_k| < \varepsilon.$$

现在令 $A_k = A \bigcap f^{-1}(I_k)$. 因为

$$A = \bigcup_{k=1}^{\infty} A_k , \quad 且 \quad A_k \subset I \bigcap B_n,$$

又注意到 $f(A_k) \subset I_k$, 所以我们有

$$m^*(A) \leqslant \sum_{k=1}^{\infty} m^*(A_k) \leqslant \sum_{k=1}^{\infty} \mathrm{diam}(A_k)$$

$$\leqslant \sum_{k=1}^{\infty} n \cdot \mathrm{diam}(f(A_k)) \leqslant n \sum_{k=1}^{\infty} m(I_k) \leqslant n\varepsilon.$$

由 ε 的任意性知 $m(A) = 0$.

定理 5.22（复合函数的微分） 设 $g: [a,b] \to [c,d]$ 是几乎处处可微的函数, $F(x)$ 是 $[c,d]$ 上的几乎处处可微的函数且 $F'(x) = f(x)$ a.e., $F(g(t))$ 在 $[a,b]$ 上是几乎处处可微的. 若对于 $[c,d]$ 中的任一零测集 Z, 总有 $m(F(Z)) = 0$, 则

$$(F(g(t)))' = f(g(t))g'(t) , \quad a.e.\ x \in [a,b]. \tag{5.18}$$

证明 令 $Z = \{x \in [c,d]: F \ 在 \ x \ 处不可微\}$, $A = g^{-1}(Z)$ 且 $B = [a,b] \backslash A$. 对于 B 中使 g 可微的点 t, 根据 g 在 t 处的连续性以及 $F'(g(t)) = f(g(t))$, 我们有

$$F(g(t+h)) - F(g(t)) = (f(g(t)) + \delta(h))(g(t+h) - g(t)),$$

其中当 $h \to 0$ 时, $\delta(h) \to 0$(若 $g(t+h) = g(t)$, 令 $\delta(h) = 0$). 用 h 除上式两端, 并令 $h \to 0$, 可知(5.18)式在 B 上几乎处处成立.

因为 $m(g(A)) \leqslant m(Z) = 0$, 所以由假定得 $m(F(g(A))) = 0$. 从而根据定理 5.21, 可知

$$g'(t) = 0 = (F(g(t)))' , \quad a.e.\ t \in A.$$

综合上述结果, 得到

$$(F(g(t)))' = f(g(t))g'(t) , \quad a.e.\ t \in [a,b].$$

注意, 在上述定理中, F 将零测集映为零测集这一条件是重要的. 事实上, 设 g 是 $[0,1]$ 上的严格递增的连续函数且 $g'(t) = 0$ a.e., 而令 $F = g^{-1}$, 易知 $F(x)$ 是单调且几乎处处可微的函数, $(F(g(t)))' = 1 (t \in [a,b])$, 但是(5.18)式不成立.

推论 5.23 设 $g(t)$ 以及 $f(g(t))$ 在 $[a,b]$ 上几乎处处可微,其中 $f(x)$ 在 $[c,d]$ 上绝对连续,$g([a,b]) \subset [c,d]$,则

$$(f(g(t)))' = f'(g(t))g'(t), \quad \text{a.e. } t \in [a,b].$$

定理 5.24(换元积分法) 假设 $g(x)$ 在 $[a,b]$ 上是几乎处处可微的,$f(x)$ 是 $[c,d]$ 上的可积函数,且 $g([a,b]) \subset [c,d]$,记

$$F(x) = \int_c^x f(t)\mathrm{d}t,$$

则下述两个命题是等价的:

(i) $F(g(t))$ 是 $[a,b]$ 上的绝对连续函数;

(ii) $f(g(t))g'(t)$ 是 $[a,b]$ 上的可积函数,且有

$$\int_{g(\alpha)}^{g(\beta)} f(x)\mathrm{d}x = \int_\alpha^\beta f(g(t))g'(t)\mathrm{d}t, \qquad (5.19)$$

其中 $\alpha, \beta \in [a,b]$.

证明 假定(ii)成立,则由(5.19)式知,对一切 $\alpha, \beta \in [a,b]$,有

$$F(g(\beta)) - F(g(\alpha)) = \int_{g(\alpha)}^{g(\beta)} f(x)\mathrm{d}x = \int_\alpha^\beta f(g(t))g'(t)\mathrm{d}t.$$

这说明 $F(g(t))$ 是 $[a,b]$ 上的绝对连续函数.

反之,假定(i)成立,则定理 5.22 的条件满足. 因为 $(F(g(t)))'$ 是 $[a,b]$ 上的可积函数,所以 $f(g(t))g'(t)$ 也是 $[a,b]$ 上的可积函数,从而得到

$$\int_{g(\alpha)}^{g(\beta)} f(x)\mathrm{d}x = F(g(\beta)) - F(g(\alpha))$$

$$= \int_\alpha^\beta [F(g(t))]'\mathrm{d}t = \int_\alpha^\beta f(g(t))g'(t)\mathrm{d}t.$$

在上面的定理中,并没有要求 $g(t)$ 是绝对连续函数. 实际上,这也是不必要的. 例如,令

$$F(x) = x^2, \quad g(t) = \begin{cases} t\sin\dfrac{1}{t}, & t \neq 0, \\ 0, & t = 0, \end{cases}$$

则 $g(t)$ 除在 $t=0$ 处外皆可微,而且不是 $[0,1]$ 上的绝对连续函数. 然而,$F(x)$ 与 $F(g(t))$ 都在 $[0,1]$ 上绝对连续(导数有界). 不过我们有下述推论:

推论 5.25 设 $g:[a,b] \to [c,d]$ 是绝对连续函数,$f \in L[c,d]$,则下述条件之一都是(5.19)式成立的充分条件:

(i) $g(t)$ 在 $[a,b]$ 上是单调函数;

(ii) $f(x)$ 在 $[c,d]$ 上是有界函数;

(iii) $f(g(t))g'(t)$ 在 $[a,b]$ 上是可积函数.

证明 (详细证明从略)令

$$F(x) = \int_c^x f(u)\mathrm{d}u, \quad x \in [c,d],$$

则问题归结为证明 $F(g(t))$ 在 $[a,b]$ 上绝对连续. 对于(iii),利用(ii)以及控制收敛定理即可.

例 2 设 $f(x)$ 是 $[0,+\infty)$ 上的非负递减函数,且对任意的 $A>0$,$f(x)$ 在 $[0,A]$ 绝对连续,则对 $p \geqslant 1$,有

$$p\int_0^{+\infty} (f(x))^p x^{p-1} \mathrm{d}x \leqslant \left(\int_0^{+\infty} f(x)\mathrm{d}x\right)^p.$$

证明 若 $f \bar{\in} L([0,\infty))$,则上式显然成立. 若 $f \in L([0,\infty))$,注意到 $f(x)$ 是递减的,则 $f(x) \to 0$ $(x \to +\infty)$. 从而可得

$$p\int_0^{+\infty} (xf(x))^{p-1} f(x)\mathrm{d}x \leqslant p\int_0^{+\infty} \left(\int_0^x f(t)\mathrm{d}t\right)^{p-1} f(x)\mathrm{d}x$$

$$= \int_0^\infty \frac{\mathrm{d}}{\mathrm{d}x}\left(\int_0^x f(t)\mathrm{d}t\right)^p \mathrm{d}x = \left(\int_0^{+\infty} f(x)\mathrm{d}x\right)^p.$$

习 题 5

1. 设 E 是 **R** 中一族(开、闭与半开闭)区间的并集,试证明 E 是可测集.

2. 设 $\{x_n\} \subset [a,b]$,试作 $[a,b]$ 上的递增函数,其不连续点恰为 $\{x_n\}$.

3. 设 $f(x)$ 是 (a,b) 上的递增函数,$E \subset (a,b)$. 若对任给 $\varepsilon>0$,存在 $(a_i,b_i) \subset (a,b)$ $(i=1,2,\cdots)$,使得

$$\bigcup_i (a_i,b_i) \supset E, \quad \sum_i [f(b_i)-f(a_i)] < \varepsilon,$$

试证明 $\qquad\qquad f'(x)=0, \quad \text{a. e. } x \in E.$

4. 设 $f(x)$ 在 $[0,a]$ 上是有界变差函数,试证明函数

$$F(x) = \frac{1}{x}\int_0^x f(t)\mathrm{d}t, \quad F(0) = 0$$

是 $[0,a]$ 上的有界变差函数.

5. 设 $\{f_k(x)\}$ 是 $[a,b]$ 上的有界变差函数列,且有

$$\bigvee_a^b(f_k) \leqslant M \quad (k = 1,2,\cdots),$$

$$\lim_{k \to \infty} f_k(x) = f(x), \quad x \in [a,b],$$

试证明 $f \in \mathrm{BV}([a,b])$,且满足 $\bigvee_a^b(f) \leqslant M$.

6. 设 $f \in \mathrm{BV}([a,b])$,且点 $x_0 \in [a,b]$ 是 $f(x)$ 的连续点,试证明 $\bigvee_a^x(f)$ 在点 x_0 处连续.

7. 设函数 $f:[a,b] \to [c,d]$ 是连续函数,且对任意的 $y \in [c,d]$,点集 $f^{-1}(\{y\})$ 至多有 10 个点,试证明

$$\bigvee_a^b(f) \leqslant 10(d-c).$$

8. 设 $f \in L([0,1])$,$g(x)$ 是定义在 $[0,1]$ 上的递增函数. 若对任意的 $[a,b] \subset [0,1]$,有

$$\left|\int_a^b f(x)\mathrm{d}x\right|^2 \leqslant (g(b) - g(a))(b-a),$$

试证明 $f^2(x)$ 是 $[0,1]$ 上的可积函数.

9. 设 $f(x)$ 是 $[a,b]$ 上的非负绝对连续函数,试证明 $f^p(x)$ $(p>1)$ 是 $[a,b]$ 上的绝对连续函数.

10. 设 $f(x)$ 在 $[a,b]$ 上递增,且有

$$\int_a^b f'(x)\mathrm{d}x = f(b) - f(a),$$

试证明 $f(x)$ 在 $[a,b]$ 上绝对连续.

11. 设 $f \in \mathrm{BV}([a,b])$. 若有

$$\int_a^b |f'(x)|\mathrm{d}x = \bigvee_a^b(f),$$

试证明 $f(x)$ 在 $[a,b]$ 上绝对连续.

12. 设 $f(x)$ 是 **R** 上有界的递增函数,且 $f(x)$ 在 **R** 上可微,记

$$\lim_{x \to -\infty} f(x) = A, \qquad \lim_{x \to +\infty} f(x) = B,$$

试证明

$$\int_{\mathbf{R}} f'(x) \mathrm{d}x = B - A.$$

13. 设 $f(x)$ 是定义在 **R** 上的可微函数,且 $f(x)$ 与 $f'(x)$ 都是 **R** 上的可积函数,试证明

$$\int_{\mathbf{R}} f'(x) \mathrm{d}x = 0.$$

14. 假设 $f(x,y)$ 是定义在 $[a,b] \times [c,d]$ 上的二元函数,且存在 $y_0 \in (c,d)$,使得 $f(x, y_0)$ 在 $[a,b]$ 上是可积的,又对于每一个 $x \in [a,b]$,$f(x,y)$ 是关于 y 在 $[c,d]$ 上的绝对连续函数,$f'_y(x,y)$ 在 $[a,b] \times [c,d]$ 上是可积的,试证明函数

$$F(y) = \int_a^b f(x,y) \mathrm{d}x$$

是定义在 $[c,d]$ 上的绝对连续函数,且对几乎处处的 $y \in [c,d]$,有

$$F'(y) = \int_a^b f'_y(x,y) \mathrm{d}x.$$

15. 设 $f(x)$ 在任一区间 $[a,b] \subset \mathbf{R}$ 上都绝对连续,试证明对每个 $y \in \mathbf{R}$,有

$$\frac{\mathrm{d}}{\mathrm{d}y} \int_a^b f(x+y) \mathrm{d}x = \int_a^b \frac{\mathrm{d}}{\mathrm{d}y} f(x+y) \mathrm{d}x.$$

16. 试举例说明绝对连续函数是几乎处处可微的这个结论一般是不能改进的.

17. 设 $\{g_k(x)\}$ 是在 $[a,b]$ 上的绝对连续函数列,又有 $|g'_k(x)| \leqslant F(x)$ a. e. $(k=1,2,\cdots)$,且 $F \in L([a,b])$. 若 $\lim_{k \to \infty} g_k(x) = g(x)$ $(a \leqslant x \leqslant b)$,$\lim_{k \to \infty} g'_k(x) = f(x)$, a. e. $x \in [a,b]$,试证明

$$g'(x) = f(x), \quad \text{a. e. } x \in [a,b].$$

18. 设 $f(x)$ 是 $[a,b]$ 上的绝对连续严格递增函数,$g(y)$ 在 $[f(a), f(b)]$ 上绝对连续,试证明 $g(f(x))$ 在 $[a,b]$ 上绝对连续.

19. 设 $g(x)$ 是 $[a,b]$ 上的绝对连续函数,$f(x)$ 在 **R** 上满足 Lipschitz 条件,试证明 $f(g(x))$ 是 $[a,b]$ 上的绝对连续函数.

20. 设 $f(x)$ 在 $[a,b]$ 上可微. 若 $f'(x)=0$, a. e. $x\in[a,b]$, 试证明 $f(x)$ 在 $[a,b]$ 上是一个常数函数.

注　记

（一）关于 Dini 导数

设 $f\in C([a,b])$, $x_0\in[a,b]$.

(i) 若 $D^+f(x)$ 在 x_0 处连续,则其他的 Dini 导数也是,且存在 $f'(x_0)$.

(ii) 若 $\lim\limits_{x\to x_0+} D^+f(x)=l$,则 $D_+f(x_0)=l$.

(iii) 若每个 Dini 导数均几乎处处有限,则 $f(x)$ 几乎处处可微.

（二）导函数有界但不是 Riemann 可积的函数

例　在 $[0,1]$ 中作 Harnack(类 Cantor)集 C:

$$m(C)=\frac{1}{2},\quad C^c=\bigcup_{n=1}^{\infty}(a_n,b_n)=\bigcup_{n=1}^{\infty}I_n,$$

又作闭区间 $J_n(n=1,2,\cdots)$,它与 I_n 同中心,而长度为 $|I_n|^2$. 而定义 $[0,1]$ 上的函数 $f(x)$ 如下: $0\leqslant f(x)\leqslant 1$,

$$f(x)=\begin{cases}\text{连续,} & x\in J_n,\\ 1, & x\text{ 是 }J_n\text{ 的中心,}\\ 0, & x\text{ 是 }J_n\text{ 的端点,}\\ 0, & x\in J_n^c\end{cases}\quad(n=1,2,\cdots).$$

易知 $f\in R([0,1])$,且有 $F'(x)=f(x)$,其中

$$F(x)=\int_0^x f(t)\mathrm{d}t\quad(x\in[0,1]).$$

（三）关于函数

$$f(x)=\begin{cases}x^\alpha\cos(1/x^\beta), & 0<x\leqslant 1,\\ 0, & x=0\end{cases}\quad(\alpha,\beta>0),$$

我们有

(i) $f\in BV([0,1])$ 当且仅当 $\alpha>\beta$;

(ii) $f\in \mathrm{Lip}1([0,1])$ 当且仅当 $\alpha\geqslant\beta+1$;

(iii) 若 $\alpha<\beta+1$,则 $f\in \mathrm{Lip}\delta([0,1])$, $\delta=\alpha/(\beta+1)$.

（四）关于绝对连续函数

(i) 设 $f(x)=(x-1)\sin(1/(x-1))$ $(0\leqslant x<1)$, $f(1)=0$,则对任意的 δ: $0<\delta<1$,有 $f\in AC([0,\delta])$,且 $f\in C([0,1])$,但 $f\overline{\in}AC([0,1])$.

(ii) 设 $0 < a < 1, C_a \subset [0,1]$ 是类 Cantor 集，$m(C_a) = a$. 令

$$f(x) = \int_0^x (1 - \chi_{C_a}(t)) \mathrm{d}t,$$

则 $f \in \mathrm{AC}([0,1])$ 且严格递增，又有

$$m(\{x \in [0,1]: f'(x) = 0\}) > 0.$$

（五）强可导与绝对连续

设函数 $f(x)$ 定义在 (a,b) 上，$x_0 \in (a,b)$. 若存在极限

$$\lim_{\substack{x' \to x_0 \\ x'' \to x_0}} \frac{f(x'') - f(x')}{x'' - x'} \xlongequal{\mathrm{def}} f'(x_0),$$

则称 $f(x)$ 在 $x = x_0$ 处**强可导**，$f'(x_0)$ 称为 $f(x)$ 在 $x = x_0$ 处的**强导数**. 我们有**结论**：若 $f(x)$ 在 (c,d) 上强可导，则 $f(x)$ 在 $[a,b] \subset (c,d)$ 上绝对连续.

证明　(i) 对任意的 $x \in [a,b]$，存在 $\delta_x > 0$，当 $x', x'' \in (x - \delta_x, x + \delta_x)$，有

$$\left| \frac{f(x'') - f(x')}{x'' - x'} \right| \leqslant |f'(x)| + 1.$$

根据有限覆盖定理可知，存在开区间组

$$(x_1 - \delta_1, x_1 + \delta_1), (x_2 - \delta_2, x_2 + \delta_2), \cdots, (x_n - \delta_n, x_n + \delta_n).$$

使得 $\bigcup_{i=1}^{n} (x_i - \delta_i, x_i + \delta_i) \supset [a,b]$.

(ii) 记 $M = \max\limits_{1 \leqslant i \leqslant n} \{|f'(x_i)| + 1\}, \delta_0 = \min\limits_{1 \leqslant i \leqslant n} \{\delta_i\}$.

现在，对任给 $\varepsilon > 0$，取 $\delta = \min\{\varepsilon/(2M), \delta_0\} > 0$，则对 $[a,b]$ 中互不相交的区间组

$$\{[x_i, y_i]\}\ (i = 1, 2, \cdots, p); \quad \sum_{i=1}^{p} (y_i - x_i) < \delta,$$

我们有

$$\sum_{i=1}^{p} |f(y_i) - f(x_i)| \leqslant \sum_{i=1}^{p} 2(|f(x_i)| + 1)|y_i - x_i|$$

$$\leqslant 2M \sum_{i=1}^{p} |y_i - x_i| < \varepsilon,$$

即得所证.

（六）绝对连续函数与 Lipschitz 条件的同型描述

(i) 设 $f(x)$ 定义在 $[a,b]$ 上，则 $f(x)$ 在 $[a,b]$ 上是绝对连续的充分必要条件是，对任给的 $\varepsilon > 0$，存在 $M > 0$，使得对 $[a,b]$ 中任意有限个互不相交的区间 $[c_i, d_i]\ (i = 1, 2, \cdots, n)$，有

$$\sum_{i=1}^{n} |f(c_i) - f(d_i)| \leqslant M \sum_{i=1}^{n} |d_i - c_i| + \varepsilon.$$

证明 **必要性** 根据绝对连续函数的定义可知,对任给的 $\varepsilon>0$,存在 $\delta>0$,当互不相交的区间组 $[x_i,y_i]$ $(i=1,2,\cdots,p)$ 满足 $\sum\limits_{i=1}^{p}|y_i-x_i|<\delta$ 时,有

$$\sum_{i=1}^{p}|f(y_i)-f(x_i)|<\varepsilon.$$

现在,对互不相交的区间组 $[c_i,d_i]$ $(i=1,2,\cdots,n)$ 来说,必存在自然数 N,使得 $(N-1)\delta\leqslant\sum\limits_{i=1}^{n}(d_i-c_i)<N\delta$. 再把每个 $[c_i,d_i]$ 作 N 等分:

$$[c_i,d_i]=\bigcup_{j=1}^{N}[\alpha_{i,j},\alpha_{i,j+1}],\quad \alpha_{i,1}=c_i,\quad \alpha_{i,N+1}=d_i;$$
$$(\alpha_{i,j+1}-\alpha_{i,j})=(d_i-c_i)/N\quad (i=1,2,\cdots,n).$$

易知 $\sum\limits_{i=1}^{n}|\alpha_{i,j}-\alpha_{i,j+1}|<\delta$ $(j=1,2,\cdots,N)$,且得

$$\sum_{i=1}^{n}|f(\alpha_{i,j+1})-f(\alpha_{i,j})|<\varepsilon\quad (j=1,2,\cdots,N).$$

因此,我们有

$$\sum_{i=1}^{n}|f(d_i)-f(c_i)|\leqslant\sum_{j=1}^{N}\sum_{i=1}^{n}|f(\alpha_{i,j+1})-f(\alpha_{i,j})|$$
$$<N\varepsilon\leqslant\left(\sum_{i=1}^{n}\frac{|d_i-c_i|}{\delta}+1\right)\varepsilon=\frac{\varepsilon}{\delta}\sum_{i=1}^{n}|d_i-c_i|+\varepsilon,$$

从而取 $M=\varepsilon/\delta$,即得所证.

充分性 显然.

(ii) 设 $f(x)$ 定义在 $[a,b]$ 上,则 $f\in\mathrm{Lip}1([a,b])$ 的充分必要条件是: 对任给的 $\varepsilon>0$,存在 $M>0$,使得对 $[a,b]$ 中任意有限个区间 $[c_1,d_1]$, $[c_2,d_2]$, $\cdots$, $[c_n,d_n]$,都有

$$\sum_{i=1}^{n}|f(d_i)-f(c_i)|\leqslant M\sum_{i=1}^{n}|d_i-c_i|+\varepsilon.$$

证明 **充分性** 依题设知,对 $\varepsilon=1/2$,存在 $M'>0$,使得 $[a,b]$ 中的任意区间组 $[c_i,d_i]$ $(i=1,2,\cdots,n)$,有

$$\sum_{i=1}^{n}|f(d_i)-f(c_i)|\leqslant M'\sum_{i=1}^{n}|d_i-c_i|+\frac{1}{2}.$$

由此可知,只要 $\sum\limits_{i=1}^{n}|d_i-c_i|<1/(2M')$,就有

$$\sum_{i=1}^{n}|f(d_i)-f(c_i)|<1.$$

现在,对 $x,y\in[a,b]$ $(x<y)$,若 $y-x\geqslant1/(2M')$,则存在自然数 N,使得

$N/(4M') \leqslant y - x < N/(2M')$. 且对$[x,y]$作 N 等分：

$$x = \alpha_0 < \alpha_1 < \cdots < \alpha_N = y,$$
$$\alpha_i - \alpha_{i-1} = (y - x)/N \quad (i = 1, 2, \cdots, N).$$

我们有$(1/(4M') \leqslant (y-x)/N < 1/(2M'))$

$$|f(\alpha_i) - f(\alpha_{i-1})| < 1 \quad (i = 1, 2, \cdots, N),$$
$$\sum_{i=1}^{N} |f(\alpha_i) - f(\alpha_{i-1})| < N \leqslant 4M'|y - x|,$$

因此可得

$$|f(y) - f(x)| \leqslant \sum_{i=1}^{N} |f(\alpha_i) - f(\alpha_{i-1})| \leqslant 4M'|y - x|.$$

若$|y-x| < 1/(2M')$,则存在自然数 N,使得

$$\frac{1}{4M'} \leqslant N(y - x) < \frac{1}{2M'},$$

从而有 $N|f(y) - f(x)| \leqslant 1$,且得

$$|f(y) - f(x)| \leqslant 1/N \leqslant 4M'|y - x|,$$

即得所证.

　　必要性　证略.

　　注　$f \in \mathrm{Lip}1([a, b])$也称为 $f(x)$在$[a, b]$上**强绝对连续**.

　　（七）关于性质"若 $m(E) = 0$,则 $m(f(E)) = 0$"

　　例　易知 $f(x) = \chi_{\{1/2\}}(x)$是不连续的有界变差函数,但若 $m(E) = 0$,则$m(f(E)) = 0$.

　　例　设 $f(x) = x \cdot \sin(1/x)(x \neq 0)$,$f(0) = 0$,则 $f \in C([0, 1])$,且对任意的 δ:$0 < \delta < 1$,必有 $f \in \mathrm{AC}([\delta, 1])$. 从而若 $E \subset [0, 1]$,且 $m(E) = 0$,则$m(f(E)) = 0$. 但 $f \overline{\in} \mathrm{BV}([0, 1])$.

第六章 L^p 空 间

通过前面各章的学习,我们知道:连续(或几乎处处连续)函数及其相应的 Riemann 积分理论的地位和作用,在一定意义上已被可测函数及其 Lebesgue 积分理论所代替.新的积分理论不仅扩大了积分的对象,而且新的可积函数类的全体还呈现出与欧氏空间有极其类似的结构与性质,从而为我们在其上建立分析学奠定了基础.它的应用涉及微分方程、积分方程、Fourier 分析等许多领域.

下面所介绍的 L^p 空间理论就是研究各种可积函数类的整体结构及其相互关系的. L^p $(1\leqslant p<+\infty)$ 空间是 F. Riesz 于 1910 年导入的,他所使用的主要工具是 §6.1 中所述的 Hölder 不等式以及 Minkowski 不等式(这些不等式最初是用离散形式给出的,由 F. Riesz 把它们推广到积分形式).在 Lebesgue 积分理论创立后, L^2 空间的重要性立即被人们所认识,这是因为它紧密地联系着 Fourier 级数及其他展开式. L^2 空间的完备性以及它与 l^2 空间的同构是这一理论早期成功的典范.

本章所论述的内容既可以看成 Lebesgue 积分理论的应用,也为学习后继课程"泛函分析"的知识提供了方便和模型.

§6.1 L^p 空间的定义与不等式

定义 6.1 (i) 设 $f(x)$ 是 $E \subset \mathbf{R}^n$ 上的可测函数,记

$$\|f\|_p = \left(\int_E |f(x)|^p \mathrm{d}x\right)^{1/p}, \quad 0<p<+\infty.$$

用 $L^p(E)$ 表示使 $\|f\|_p<+\infty$ 的 f 的全体,称其为 **L^p 空间**. ($L^1(E)$ 就是第四章所说的 $L(E)$.)

(ii) 设 $f(x)$ 是 $E \subset \mathbf{R}^n$ 上的可测函数, $m(E)>0$. 若存在 M,使得 $|f(x)|\leqslant M$, a.e, $x\in E$,则称 $f(x)$ 在 E 上**本性有界**, M 称为 $f(x)$

的**本性上界**. 再对一切本性上界取下确界, 记为 $\|f\|_\infty$, 称它为 $f(x)$ 在 E 上的**本性上确界**. 此时用 $L^\infty(E)$ 表示在 E 上本性有界的函数之全体.

当 $0 < m(E) < +\infty$ 时, 可以证明 $\lim\limits_{p\to\infty} \|f\|_p = \|f\|_\infty$. 事实上, 不妨记 $M = \|f\|_\infty$, 则对任一满足 $M' < M$ 的 M', 点集
$$A = \{x \in E : |f(x)| > M'\}$$
有正测度. 由不等式
$$\|f\|_p = \left(\int_E |f(x)|^p \,\mathrm{d}x\right)^{1/p} \geq M'(m(A))^{1/p}$$
可知 $\varliminf\limits_{p\to\infty} \|f\|_p \geq M'$. 令 $M' \to M$, 得 $\varliminf\limits_{p\to\infty} \|f\|_p \geq M$.

另一方面, 我们总有
$$\|f\|_p \leq \left(\int_E M^p \,\mathrm{d}x\right)^{1/p} = M(m(E))^{1/p},$$
从而又得
$$\varlimsup\limits_{p\to\infty} \|f\|_p \leq M.$$

下述定理说明 $L^p(E)$ 构成一个线性空间.

定理 6.1 若 $f, g \in L^p(E), 0 < p \leq +\infty, \alpha, \beta$ 是实数, 则
$$\alpha f + \beta g \in L^p(E).$$

证明 (i) 当 $0 < p < \infty$ 时, 我们有
$$|\alpha f(x) + \beta g(x)|^p \leq 2^p (|\alpha|^p \cdot |f(x)|^p + |\beta|^p \cdot |g(x)|^p).$$

(ii) 当 $p = +\infty$ 时, 我们有
$$|\alpha f(x) + \beta g(x)| \leq |\alpha| \cdot \|f\|_\infty + |\beta| \cdot \|g\|_\infty, \quad \text{a.e. } x \in E,$$
从而可知 $\|\alpha f + \beta g\|_\infty \leq |\alpha| \cdot \|f\|_\infty + |\beta| \cdot \|g\|_\infty$.

注意, 对 $L^p(E)$, 我们主要的兴趣在 $p \geq 1$ 的情形, 下文中若未指明 $p > 0$, 则一律认为是 $p \geq 1$.

例 1 设 $E = (0, 1)$, 则
$$\ln\frac{1}{x} \in L^p(E), \quad \ln\frac{1}{x} \overline{\in} L^\infty(E);$$
$$x^{-1/p} \in L^{p-\alpha}(E) \quad (0 < \alpha < p), \quad x^{-1/p} \overline{\in} L^p(E);$$
$$x^{-1/p}\left(\ln\frac{1}{x}\right)^{-2/p} \overline{\in} L^{p+\alpha}(E) \quad (\alpha > 0),$$
$$x^{-1/p}\left(\ln\frac{1}{x}\right)^{-2/p} \in L^p(E).$$

思考题 试证明下列命题:

1. 设 $0 < m(E) < +\infty$, 且有数列 $\{p_k\}$:

$$1 < p_1 < p_2 < \cdots < p_k < \cdots \to \infty \quad (k \to \infty).$$

若 $f \in L^{p_k}(E)$ $(k = 1, 2, \cdots)$, 且 $\sup\limits_{k \geqslant 1} \{\|f\|_{p_k}\} < +\infty$, 则 $f \in L^\infty(E)$.

2. 设 $0 < p < q$. 若 $f \in L^\infty(E) \bigcap L^p(E)$, 则 $f \in L^q(E)$.

3. 设 $m(E) < +\infty$, $f(x)$ 是 E 上可测函数, $0 < p_0 < +\infty$, 则

$$\lim_{p \nearrow p_0} \int_E |f(x)|^p \mathrm{d}x = \int_E |f(x)|^{p_0} \mathrm{d}x.$$

4. 设 $f \in L^1(E) \bigcap L^2(E)$, 则

$$\lim_{p \searrow 1} \int_E |f(x)|^p \mathrm{d}x = \int_E |f(x)| \mathrm{d}x.$$

现在我们来介绍两个常用的著名不等式.

定义 6.2（共轭指标） 若 $p, p' > 1$, 且 $\dfrac{1}{p} + \dfrac{1}{p'} = 1$, 则称 p 与 p' 为**共轭指标（数）**. 注意到 $p' = \dfrac{p}{p-1}$, 可知 $p = 2$ 时 $p' = 2$. 若 $p = 1$, 则规定共轭指标 $p' = \infty$; 若 $p = \infty$, 则规定共轭指标 $p' = 1$.

定理 6.2（Hölder 不等式） 设 p 与 p' 为共轭指标, 若 $f \in L^p(E), g \in L^{p'}(E)$, 则有

$$\|fg\|_1 \leqslant \|f\|_p \cdot \|g\|_{p'}, \quad 1 \leqslant p \leqslant +\infty, \tag{6.1}$$

即

$$\int_E |f(x)g(x)| \mathrm{d}x \leqslant \left(\int_E |f(x)|^p \mathrm{d}x\right)^{1/p} \left(\int_E |g(x)|^{p'} \mathrm{d}x\right)^{1/p'},$$

$$1 < p < +\infty,$$

以及（$p = +\infty$ 即 $p' = 1$ 时类似）

$$\int_E |f(x)g(x)| \mathrm{d}x \leqslant \|g\|_\infty \int_E |f(x)| \mathrm{d}x, \quad p = 1.$$

证明 当 p 或 p' 之一为 ∞ 时,(6.1)式显然成立.

当 $\|f\|_p = 0$ 或 $\|g\|_{p'} = 0$ 时, 有 $f(x)g(x) = 0$, a.e. $x \in E$,(6.1)式也显然成立.

当 $\|f\|_p > 0$, $\|g\|_{p'} > 0$, 且 $p, p' < +\infty$ 时, 则在公式

$$a^{1/p}b^{1/p'} \leqslant \frac{a}{p} + \frac{b}{p'}, \quad a>0, b>0 ^{①}$$

中,令

$$a = \frac{|f(x)|^p}{\|f\|_p^p}, \quad b = \frac{|g(x)|^{p'}}{\|g\|_{p'}^{p'}},$$

可知

$$\frac{|f(x)g(x)|}{\|f\|_p \cdot \|g\|_{p'}} \leqslant \frac{1}{p} \cdot \frac{|f(x)|^p}{\|f\|_p^p} + \frac{1}{p'} \cdot \frac{|g(x)|^{p'}}{\|g\|_{p'}^{p'}}.$$

将上式作积分,即得 $\|fg\|_1 \leqslant \|f\|_p \cdot \|g\|_{p'}$.

Hölder 不等式的一个重要特例就是 Schwarz[②] 不等式,即 $p=p'=2$ 的情形:

$$\int_E |f(x)g(x)| \, \mathrm{d}x \leqslant \left(\int_E |f(x)|^2 \, \mathrm{d}x \right)^{1/2} \left(\int_E |g(x)|^2 \, \mathrm{d}x \right)^{1/2}.$$

注意 Hölder 不等式对 $\|f\|_p$ 或 $\|g\|_{p'} = +\infty$ 时自然成立.

例 2 若 $m(E) < +\infty$,且 $0 < p_1 < p_2 \leqslant +\infty$,则 $L^{p_2}(E) \subset L^{p_1}(E)$,且有

$$\|f\|_{p_1} \leqslant (m(E))^{(1/p_1)-(1/p_2)} \|f\|_{p_2}. \tag{6.2}$$

证明 不妨设 $p_2 < +\infty$. 令 $r = p_2/p_1$,则 $r>1$. 记 r' 为 r 的共轭指标,则对 $f \in L^{p_2}(E)$,由 (6.1) 式可得

$$\int_E |f(x)|^{p_1} \, \mathrm{d}x = \int_E (|f(x)|^{p_1} \cdot 1) \, \mathrm{d}x$$

$$\leqslant \left(\int_E |f(x)|^{p_1 \cdot r} \, \mathrm{d}x \right)^{1/r} \left(\int_E 1^{r'} \, \mathrm{d}x \right)^{1/r'}$$

$$= (m(E))^{1/r'} \left(\int_E |f(x)|^{p_2} \, \mathrm{d}x \right)^{1/r},$$

从而可知

---

① 取 $f(x) = \mathrm{e}^x$,由 $f''(x) > 0$ 可知 $f(x)$ 是 **R** 上的凸函数,从而对 $a, b > 0; p, p' > 1$ 有

$$\mathrm{e}^{\left(\frac{1}{p}\ln a + \frac{1}{p'}\ln b\right)} \leqslant \frac{a}{p} + \frac{b}{p'} \quad \left(\frac{1}{p} + \frac{1}{p'} = 1 \right),$$

而上式左端为 $a^{1/p}b^{1/p'}$.

② 1859 年俄国数学家 буняковский 发现了这一不等式,但流传不广,后 Schwarz 于 1884 年又独立地建立了这一不等式.

$$\left(\int_E |f(x)|^{p_1}\,\mathrm{d}x\right)^{1/p_1} \leqslant (m(E))^{(1/p_1)-(1/p_2)}\left(\int_E |f(x)|^{p_2}\,\mathrm{d}x\right)^{1/p_2}.$$

这就是(6.2)式,

例 3 若 $f\in L^r(E)\bigcap L^s(E)$,且令 $0<r<p<s\leqslant+\infty$以及

$$0<\lambda<1,\quad \frac{1}{p}=\frac{\lambda}{r}+\frac{1-\lambda}{s},$$

则

$$\|f\|_p \leqslant \|f\|_r^{\lambda}\cdot\|f\|_s^{1-\lambda}.$$

事实上,当 $r<s<+\infty$时,我们有

$$\int_E |f(x)|^p\,\mathrm{d}x = \int_E |f(x)|^{\lambda p}\cdot|f(x)|^{(1-\lambda)p}\,\mathrm{d}x$$

$$\leqslant \left(\int_E |f(x)|^r\,\mathrm{d}x\right)^{\lambda p/r}\left(\int_E |f(x)|^s\,\mathrm{d}x\right)^{(1-\lambda)p/s}.$$

当 $r<s=+\infty$时,因为 $p=r/\lambda$,所以有

$$\int_E |f(x)|^p\,\mathrm{d}x \leqslant \|f^{p-r}\|_{\infty}\int_E |f(x)|^r\,\mathrm{d}x = \|f\|_r^{p\lambda}\cdot\|f\|_{\infty}^{p(1-\lambda)}.$$

上述结果还说明,当 $r<p<s\leqslant+\infty$时,有

$$\|f\|_p \leqslant \max\{\|f\|_r,\|f\|_s\}.$$

例 4 设 $0<r<p<s<+\infty$,$f\in L^p(E)$,则对任意的 $t>0$,存在分解 $f(x)=g(x)+h(x)$,使得

$$\|g\|_r^r \leqslant t^{r-p}\|f\|_p^p,\quad \|h\|_s^s \leqslant t^{s-p}\|f\|_p^p.$$

证明 对 $t>0$,作函数

$$g(x)=\begin{cases}0, & |f(x)|\leqslant t,\\ f(x), & |f(x)|>t,\end{cases}\quad h(x)=f(x)-g(x).$$

我们有(注意 $r-p<0$)

$$\|g\|_r^r = \int_E |g(x)|^r\,\mathrm{d}x = \int_E |g(x)|^{r-p}\,|g(x)|^p\,\mathrm{d}x$$

$$\leqslant t^{r-p}\int_E |g(x)|^p\,\mathrm{d}x \leqslant t^{r-p}\int_E |f(x)|^p\,\mathrm{d}x,$$

即得所证.

类似地可证第二个不等式.

例 5(反 Hölder 不等式) 设 $0<p<1,q<0,\dfrac{1}{p}+\dfrac{1}{q}=1$,则对 $f\in L^p(E)$,$g\in L^q(E)$,有

$$\int_E |f(x)g(x)|\mathrm{d}x \geqslant \|f\|_p \cdot \|g\|_q.$$

证明 不妨假定 $fg\in L(E)$,且令 $\bar{p}=1/p>1,\bar{q}=1/(1-p)>1$,则 $1/\bar{p}+1/\bar{q}=1$,且有

$$\|f\|_p = \left(\int_E \frac{|f(x)g(x)|^p}{|g(x)|^p}\mathrm{d}x\right)^{1/p}$$

$$\leqslant \left(\int_E |f(x)g(x)|\mathrm{d}x\right)\left(\int_E \frac{1}{|g(x)|^{\frac{p}{1-p}}}\mathrm{d}x\right)^{\frac{1-p}{p}}$$

$$= \int_E \frac{|f(x)g(x)|}{\|g\|_q}\mathrm{d}x.$$

由此即得所证.

思考题 求解下列命题:

5. 设 $f(x),g(x)$ 是 E 上的可测函数,且有

$$\frac{1}{p}+\frac{1}{q}=\frac{1}{r}, \quad 1\leqslant p<+\infty,$$

试证明 $\|fg\|_r \leqslant \|f\|_p \cdot \|g\|_q$.

6. 设 $f\in L^2((0,+\infty))$ 且 $f(x)\geqslant 0$ $(x\in(0,+\infty))$,令 $F(x)=\int_0^x f(t)\mathrm{d}t$,试证明

$$F(x) = o(\sqrt{x}) \quad (x\to 0)$$

7. 设 $f\in L^2([0,1])$,试证明存在 $[0,1]$ 上的递增函数 $g(x)$,使得对于任意的 $[a,b]\subset[0,1]$,有

$$\left|\int_a^b f(x)\mathrm{d}x\right|^2 \leqslant (g(b)-g(a))(b-a).$$

8. 设 $f\in L^2([0,1])$,且 $\|f\|_2\neq 0$,令

$$F(x) = \int_0^x f(t)\mathrm{d}t, \quad x\in[0,1],$$

试证明 $\|F\|_2 < \|f\|_2$.

定理 6.3(Minkowski 不等式) 若 $f,g\in L^p(E)$ $(1\leqslant p\leqslant\infty)$,则

$$\|f+g\|_p \leqslant \|f\|_p + \|g\|_p. \tag{6.3}$$

证明 当 $p=1$ 时,(6.3)式显然成立;当 $p=\infty$ 时,因为

$$|f(x)| \leqslant \|f\|_\infty, \text{ a. e. } x \in E, \quad |g(x)| \leqslant \|g\|_\infty, \quad \text{a. e. } x \in E,$$

所以有

$$|f(x)+g(x)| \leqslant \|f\|_\infty + \|g\|_\infty, \quad \text{a. e. } x \in E.$$

从而可知 $\|f+g\|_\infty \leqslant \|f\|_\infty + \|g\|_\infty$,即(6.3)式成立.

当 $1<p<+\infty$ 时,我们有

$$\int_E |f(x)+g(x)|^p \mathrm{d}x$$

$$\leqslant \int_E |f(x)+g(x)|^{p-1} \cdot |f(x)+g(x)| \mathrm{d}x$$

$$\leqslant \int_E |f(x)+g(x)|^{p-1} \cdot |f(x)| \mathrm{d}x$$

$$+ \int_E |f(x)+g(x)|^{p-1} \cdot |g(x)| \mathrm{d}x.$$

用 Hölder 不等式于上式右端第一个积分,对 $|f(x)+g(x)|^{p-1}$ 与 $|f(x)|$ 分别配指标 $p'=p/(p-1)$ 与 p,可得

$$\int_E |f(x)+g(x)|^{p-1} \cdot |f(x)| \mathrm{d}x \leqslant \|f+g\|_p^{p-1} \cdot \|f\|_p;$$

同理,对于前式右端第二个积分也可得

$$\int |f(x)+g(x)|^{p-1} \cdot |g(x)| \mathrm{d}x \leqslant \|f+g\|_p^{p-1} \cdot \|g\|_p.$$

将上面两式代入前式,即有

$$\|f+g\|_p^p \leqslant \|f+g\|_p^{p-1} \cdot (\|f\|_p + \|g\|_p).$$

不妨设 $\|f+g\|_p \neq 0$,于是在上式两端用 $\|f+g\|_p^{p-1}$ 除之,得

$$\|f+g\|_p \leqslant \|f\|_p + \|g\|_p.$$

若 $\|f+g\|_p = 0$,原式无所可证.

例 6(反 Minkowski 不等式) 设 $0<p<1$,则对 $f, g \in L^p(E)$,有

$$\||f|+|g|\|_p \geqslant \|f\|_p + \|g\|_p. \tag{6.4}$$

证明 不妨假定 $\||f|+|g|\|_p > 0$,则由反 Hölder 不等式可得

$$\||f|+|g|\|_p^p = \int_E (|f(x)|+|g(x)|)^{p-1}(|f(x)|+|g(x)|)\mathrm{d}x$$

$$\geqslant \left(\int_E (|f(x)|+|g(x)|)^{q(p-1)} \right)^{1/q} (\|f\|_p + \|g\|_p)$$

$$= \||f|+|g|\|_p^{p/q}(\|f\|_p + \|g\|_p) \quad (q=p/(p-1)).$$

注 1. 设 $f \in L^{p_1}(E), g \in L^{p_2}(E)(0 < p_1, p_2 < +\infty)$,则

$$fg \in L^p(E) \quad (p = p_1 p_2/(p_1 + p_2)).$$

证明 令 $\lambda = 1/p_1 + 1/p_2, p = \lambda p_1, q = \lambda p_2$,则

$$0 < p, q < +\infty, \quad 1/p + 1/q = 1.$$

由题设知 $|f|^{1/\lambda} \in L^p(E), |g|^{1/\lambda} \in L^q(E)$. 从而 $|fg|^{1/\lambda} \in L^1(E)$.

$$\int_E |f(x)g(x)|^p \,dx = \int_E |f(x)|^{1/\lambda} |g(x)|^{1/\lambda} \,dx$$

$$\leq \left(\int_E |f(x)|^{p_1} \,dx \right)^{1/p} \left(\int_E |g(x)|^{p_2} \,dx \right)^{1/q} < +\infty.$$

2. 设 $f(x)$ 是 **R** 上的可微函数,而且 $f' \in L^p(\mathbf{R})(p>1)$. 若 $f \in L(\mathbf{R})$,则

$$\lim_{|x| \to +\infty} f(x) = 0.$$

证明 注意到 $f(x+h) - f(x) = \int_x^{x+h} f'(t)\,dt$,可知

$$|f(x+h) - f(x)| \leq \left| \int_x^{x+h} f'(t)\,dt \right|$$

$$\leq \left| \int_x^{x+h} |f'(t)|\,dt \right| \leq \left| \int_x^{x+h} |f'(t)|^p \,dt \right|^{1/p} \cdot |h|^{1-1/p}$$

$$\leq \|f'\|_p |h|^{1-1/p} \to 0 \quad (|h| \to 0).$$

这说明 $f(x)$ 在 **R** 上一致连续. 由于 $f \in L(\mathbf{R})$,故知结论成立.

3. (**Hanner 不等式**)设 $f, g \in L^p(E)(1 \leq p < +\infty)$,则

(i) $\|f+g\|_p^p + \|f-g\|_p^p \leq (\|f\|_p + \|g\|_p)^p + |\|f\|_p - \|g\|_p|^p$ ($p \geq 2$);

(ii) $\|f+g\|_p^p + \|f-g\|_p^p \geq (\|f\|_p + \|g\|_p)^p + |\|f\|_p - \|g\|_p|^p$ ($1 \leq p \leq 2$);

(iii) $(\|f+g\|_p + \|f-g\|_p)^p + |\|f+g\|_p - \|f-g\|_p|^p$

$\geq 2^p (\|f\|_p^p + \|g\|_p^p)$ ($p \geq 2$);

(iv) $(\|f+g\|_p + \|f-g\|_p)^p + |\|f+g\|_p - \|f-g\|_p|^p$

$\leq 2^p (\|f\|_p^p + \|g\|_p^p)$ ($1 \leq p \leq 2$).

4. (**Clarkson 不等式**)设 $1 < p, q < +\infty, \frac{1}{p} + \frac{1}{q} = 1, f, g \in L^p(E)$,则

(i) $\left\| \frac{f+g}{2} \right\|_p^p + \left\| \frac{f-g}{2} \right\|_p^p \leq \frac{\|f\|_p^p + \|g\|_p^p}{2}$ ($p \geq 2$);

(ii) $\left\| \frac{f+g}{2} \right\|_p^p + \left\| \frac{f-g}{2} \right\|_p^p \geq \frac{\|f\|_p^p + \|g\|_p^p}{2}$ ($1 < p \leq 2$);

(iii) $\left\| \frac{f+g}{2} \right\|_p^q + \left\| \frac{f-g}{2} \right\|_p^q \geq \left(\frac{\|f\|_p^p + \|g\|_p^p}{2} \right)^{q-1}$ ($p \geq 2$);

(iv) $\left\| \frac{f+g}{2} \right\|_p^q + \left\| \frac{f-g}{2} \right\|_p^q \leq \left(\frac{\|f\|_p^p + \|g\|_p^p}{2} \right)^{q-1}$ ($1 < p \leq 2$).

(见 Art. Mat. , 3(1956); Trans. Amer. Math. Soc. , 40(1936).)

5. 设 $f \in L^p([0,1])$ $(p>0)$,则

$$\lim_{p \searrow 0} \|f\|_p = \exp\left(\int_0^1 \ln|f(x)|\mathrm{d}x\right).$$

证明 根据 Jensen 不等式(§4.2 例 5),可知

$$\ln\|f\|_p = \frac{1}{p}\ln\left(\int_0^1 |f(x)|^p \mathrm{d}x\right) \geqslant \int_0^1 \ln|f(x)|\mathrm{d}x.$$

另一方面,因为 $\ln x \leqslant x-1$ $(x>0)$,所以有

$$\frac{1}{p}\ln\left(\int_0^1 |f(x)|^p \mathrm{d}x\right) \leqslant \frac{1}{p}\left(\int_0^1 |f(x)|^p \mathrm{d}x - 1\right)$$

$$= \int_0^1 \frac{|f(x)|^p - 1}{p}\mathrm{d}x.$$

令 $E = \{x \in [0,1]: |f(x)| \geqslant 1\}$,我们有:$A_p(x) = [|f(x)|^p - 1]/p$ 作为 p 的函数,在 E 上随 $p \searrow 0$ 递减趋于 $\ln|f(x)|$;在 $[0,1] \backslash E$ 上随 $p \searrow 0$ 递增趋于 $\ln|f(x)|$. 由此可得

$$\lim_{p \searrow 0}\int_0^1 \frac{|f(x)|^p - 1}{p}\mathrm{d}x = \int_0^1 \ln|f(x)|\mathrm{d}x.$$

综合上述结果,即得所证.

思考题 试证明下列命题:

9. 设 $1 \leqslant p \leqslant +\infty$. 若 $f_k \in L^p(E)$ $(k=1,2,\cdots)$,且级数

$$\sum_{i=1}^{\infty} f_k(x)$$

在 E 上几乎处处收敛,则

$$\left\|\sum_{k=1}^{\infty} f_k\right\|_p \leqslant \sum_{k=1}^{\infty} \|f_k\|_p.$$

10. 设 $f \in L^p(E)$ $(p \geqslant 1)$,$e \subset E$ 是可测集,则

$$\left(\int_E |f(x)|^p \mathrm{d}x\right)^{1/p} \leqslant \left(\int_e |f(x)|^p \mathrm{d}x\right)^{1/p} + \left(\int_{E\backslash e} |f(x)|^p \mathrm{d}x\right)^{1/p}.$$

§6.2 L^p 空间的结构

(一) $L^p(E)$ 是完备的距离空间

为了便于在 $L^p(E)$ 中引进距离,我们对 $L^p(E)$ 空间的概念稍作一些改变,即认定当 $f,g \in L^p(E)$,且 $f(x)=g(x)$, a.e. $x \in E$ 时,f

与 g 是 $L^p(E)$ 中的同一个元,或说用几乎处处相等作为等价关系把 $L^p(E)$ 中的元分成等价类. 例如,在 E 上几乎处处等于零的函数全体是 $L^p(E)$ 中的零元. 于是我们有下述定理:

定理 6.4 对于 $f,g \in L^p(E)$,定义

$$d(f,g) = \|f-g\|_p, \quad 1 \leqslant p \leqslant +\infty,$$

则 $(L^p(E),d)$ 是一个距离空间(定义见 §1.4),仍记为 $L^p(E)$.

证明 (i) 显然有 $d(f,g) \geqslant 0$. 因为 $\|f-g\|_p = 0$,当且仅当 $f(x)=g(x)$ a.e.,所以 $d(f,g)=0$ 当且仅当 $f=g$,即 f 与 g 是 $L^p(E)$ 中的同一个元.

(ii) 显然有 $d(f,g)=d(g,f)$.

(iii) 根据 Minkowski 不等式,我们有

$$\|f-g\|_p = \|f-h+h-g\|_p$$
$$\leqslant \|f-h\|_p + \|g-h\|_p,$$

此即不等式 $d(f,g) \leqslant d(f,h)+d(h,g)$.

有了距离,随之就可以定义极限的概念.

定义 6.3 设 $f_k \in L^p(E)$ $(k=1,2,\cdots)$. 若存在 $f \in L^p(E)$,使得

$$\lim_{k \to \infty} d(f_k,f) = \lim_{k \to \infty} \|f_k-f\|_p = 0,$$

则称 $\{f_k\}$ 依 $L^p(E)$ 的意义**收敛**于 f,$\{f_k\}$ 为 $L^p(E)$ 中的**收敛列**,f 为 $\{f_k\}$ 在 $L^p(E)$ 中的**极限**.

我们有下列简单事实:

(i) 唯一性;若

$$\lim_{k \to \infty} \|f_k-f\|_p = 0, \quad \lim_{k \to \infty} \|f_k-g\|_p = 0,$$

则 $f=g$(即 $f(x)=g(x)$ a.e.);

(ii) 若 $\lim_{k \to \infty} \|f_k-f\|_p = 0$,则 $\lim_{k \to \infty} \|f_k\|_p = \|f\|_p$. 这是因为

$$|\|f_k\|_p - \|f\|_p| \leqslant \|f_k-f\|_p.$$

定义 6.4 设 $\{f_k\} \subset L^p(E)$. 若 $\lim_{k,j \to \infty} \|f_k-f_j\|_p = 0$,则称 $\{f_k\}$ 是 $L^p(E)$ 中的**基本**(或 **Cauchy**)列.

显然,由于 $\|f_k-f_j\|_p \leqslant \|f_k-f\|_p + \|f_j-f\|_p$,故收敛列定为 Cauchy 列. 下述定理表明 $L^p(E)$ 中的 Cauchy 列定为收敛列. 这一事

实称为空间 $L^p(E)$ 的完备性.

定理 6.5 $L^p(E)$ 是完备的距离空间.

证明 设 $1 \leqslant p < +\infty$. 若 $\{f_k\} \subset L^p(E)$ 满足 $\lim\limits_{k,j \to \infty} \|f_j - f_k\|_p = 0$,
则对任给的 $\sigma > 0$,令 $E_{j,k}(\sigma) = \{x \in E: |f_j(x) - f_k(x)| \geqslant \sigma\}$ 时,就有

$$\sigma(m(E_{k,j}(\sigma)))^{1/p} \leqslant \left(\int_{E_{j,k}(\sigma)} |f_j(x) - f_k(x)|^p \mathrm{d}x \right)^{1/p}$$

$$\leqslant \left(\int_E |f_j(x) - f_k(x)|^p \mathrm{d}x \right)^{1/p} = \|f_j - f_k\|_p.$$

这说明

$$\lim_{j,k \to \infty} m(E_{j,k}(\sigma)) = 0,$$

即 $\{f_k(x)\}$ 在 E 上是依测度 Cauchy 列. 根据定理 3.16,存在 E 上几乎处处有限的可测函数 $f(x)$,使得 $\{f_k(x)\}$ 在 E 上依测度收敛于 $f(x)$. 由此又可选出(定理 3.17)$\{f_k(x)\}$ 的子列 $\{f_{k_i}(x)\}$,使得

$$\lim_{i \to \infty} f_{k_i}(x) = f(x), \quad \text{a. e. } x \in E.$$

因为

$$\int_E |f_k(x) - f(x)|^p \mathrm{d}x = \int_E \lim_{i \to \infty} |f_k(x) - f_{k_i}(x)|^p \mathrm{d}x$$

$$\leqslant \varliminf_{i \to \infty} \int_E |f_k(x) - f_{k_i}(x)|^p \mathrm{d}x,$$

所以 $\lim\limits_{k \to \infty} \int_E |f_k(x) - f(x)|^p \mathrm{d}x = 0$. 这说明

$$\lim_{k \to \infty} \|f_k - f\|_p = 0.$$

最后,由 $\|f\|_p \leqslant \|f - f_k\|_p + \|f_k\|_p$ 可知 $f \in L^p(E)$.

设 $p = \infty$. 若 $\{f_k\} \subset L^\infty(E)$ 满足 $\lim\limits_{k,j \to \infty} \|f_k - f_j\|_\infty = 0$,因为对于任一对自然数 k 与 j,有

$$|f_k(x) - f_j(x)| \leqslant \|f_k - f_j\|_\infty, \quad \text{a. e. } x \in E.$$

所以存在零测集 Z,使得对于一切自然数 k 与 j 有

$$|f_k(x) - f_j(x)| \leqslant \|f_k - f_j\|_\infty, \quad x \overline{\in} Z.$$

从而存在 $f(x)$,使得

$$\lim_{k \to \infty} f_k(x) = f(x), \quad x \in E \backslash Z,$$

现在对任给 $\varepsilon > 0$,取自然数 N,使得

$$\|f_k - f_j\|_\infty < \varepsilon, \quad j, k > N.$$

由于当 $k > N$ 且 $x \in E \backslash Z$ 时,有

$$|f_k(x) - f(x)| = \lim_{j \to \infty} |f_k(x) - f_j(x)| \leqslant \varepsilon,$$

故当 $k > N$ 时有 $\|f_k - f\|_\infty \leqslant \varepsilon$,易知 $f \in L^\infty(E)$. 这说明

$$\|f_k - f\|_\infty \to 0 \quad (k \to \infty).$$

思考题 试解答下列命题:

1. 若 $f_k \in L^p(E)$ $(k = 1, 2, \cdots)$,$p \geqslant 1$,且满足

$$\|f_{k+1} - f_k\|_p \leqslant 1/2^k \quad (k = 1, 2, \cdots),$$

试证明存在 $f \in L^p(E)$,且有

$$\lim_{k \to \infty} f_k(x) = f(x), \quad \text{a. e. } x \in E.$$

2. 设 $\{f_k(x)\}$ 是 E 上可测函数列,$F \in L^p(E)$ $(p \geqslant 1)$. 若有

$$|f_k(x)| \leqslant F(x) \quad (k = 1, 2, \cdots),$$

$$\lim_{k \to \infty} f_k(x) = f(x), \quad \text{a. e. } x \in E,$$

试证明 $\|f_k - f\|_p \to 0$ $(k \to \infty)$.

3. 设 $f_n \in L^2(E)$ $(n = 1, 2, \cdots)$,且有 $\|f_n\|_2 \leqslant M$ $(n = 1, 2, \cdots)$. 若 $f_n(x)$ 在 E 上几乎处处收敛到 $f(x)$,试问:有 $\|f_n - f\|_2 \to 0$ $(n \to \infty)$ 吗?

4. 试证明在 $L^p([0, 1])$ 的各等价类中,

(i) 每个类中至多含有一个连续函数;

(ii) 存在不含有连续函数的类.

5. 设 $1 \leqslant q < p < +\infty$,$m(E) < +\infty$. 若有

$$\lim_{k \to \infty} \int_E |f_k(x) - f(x)|^p \mathrm{d}x = 0,$$

试证明

$$\lim_{k \to \infty} \int_E |f_k(x) - f(x)|^q \mathrm{d}x = 0.$$

6. 设 $f \in L^p([a, b])$,$f_k \in L^p([a, b])$ $(k \in \mathbf{N}, p \geqslant 1)$. 若有

$$\lim_{k \to \infty} \|f_k - f\|_p = 0,$$

试证明

$$\lim_{k \to \infty} \int_a^x f_k(t) \mathrm{d}t = \int_a^x f(t) \mathrm{d}t, \quad a \leqslant x \leqslant b.$$

7. 设 $f \in L^p(E), f_k \in L^p(E)$ $(k=1,2,\cdots); g \in L^q(E), g_k \in L^q(E)(k=1,2,\cdots)$,且有 $p>1, 1/p+1/q=1$. 若有

$$\|f_k - f\|_p \to 0, \quad \|g_k - g\|_q \to 0 \quad (k \to \infty),$$

试证明

$$\lim_{k \to \infty} \int_E |f_k(x)g_k(x) - f(x)g(x)| \mathrm{d}x = 0.$$

(二) $L^p(E)(1 \leqslant p < +\infty)$ 是可分空间

定义 6.5 设 Γ 是 $L^p(E)$ 的子集. 若对任意的 $f \in L^p(E)$ 及 $\varepsilon > 0$,存在 $g \in \Gamma$,使得 $\|f-g\|_p < \varepsilon$,则称 Γ 在 $L^p(E)$ 中**稠密**;若 $L^p(E)$ 中存在稠密且其元素是可数的子集,则称 $L^p(E)$ 是**可分的**.

引理 6.6 设 $f \in L^p(E)(1 \leqslant p < +\infty)$,则对任意的 $\varepsilon > 0$,有

(i) 存在 $\mathbf{R}^n$ 上具有紧支集的连续函数 $g(x)$,使得

$$\int_E |f(x) - g(x)|^p \mathrm{d}x < \varepsilon;$$

(ii) 存在 $\mathbf{R}^n$ 上具有紧支集的阶梯函数

$$\varphi(x) = \sum_{i=1}^{k} c_i \chi_{I_i}(x),$$

其中每个 I_i 都是二进方体,使得

$$\int_E |f(x) - \varphi(x)|^p \mathrm{d}x < \varepsilon$$

(证明参考第四章的定理 4.18,推论 4.22).

定理 6.7 $L^p(E)(1 \leqslant p < +\infty)$ 是可分空间.

证明 首先,设 $E = \mathbf{R}^n, f \in L^p(\mathbf{R}^n)$. 对任意的 $\varepsilon > 0$,由引理 6.6 可知,存在 $\mathbf{R}^n$ 上的阶梯函数 $\varphi(x)$,使得 $\|f-\varphi\|_p < \varepsilon/2$,其中 $\varphi(x)$ 如上引理所述:

$$\varphi(x) = \sum_{i=1}^{k} c_i \chi_{I_i}(x).$$

不妨设 $|c_i| < M, m(I_i) \leqslant M^p (i=1,2,\cdots,k)$. 对每一个 i,选取有理数 r_i,使得 $|r_i| < M$,且有

$$|c_i - r_i| < \frac{\varepsilon}{2kM}, \quad i=1,2,\cdots,k.$$

令
$$\psi(x) = \sum_{i=1}^{k} r_i \chi_{I_i}(x).$$

我们有

$$\|\varphi - \psi\|_p = \left\| \sum_{i=1}^{k} c_i \chi_{I_i} - \sum_{i=1}^{k} r_i \chi_{I_i} \right\|_p \leqslant \sum_{i=1}^{k} \|c_i \chi_{I_i} - r_i \chi_{I_i}\|_p$$

$$\leqslant \sum_{i=1}^{k} |c_i - r_i| \|\chi_{I_i}\|_p \leqslant \frac{\varepsilon}{2kM} \sum_{i=1}^{k} (m(I_i))^{1/p}$$

$$\leqslant \frac{\varepsilon}{2kM} \cdot kM = \frac{\varepsilon}{2},$$

从而可得

$$\|f - \psi\|_p \leqslant \|f - \varphi\|_p + \|\varphi - \psi\|_p < \varepsilon.$$

因为形如 ψ 之阶梯函数的全体 Γ 是可数集,所以 Γ 是 $L^p(\mathbf{R}^n)$ 中的可数稠密集.

其次考虑一般可测集 E. 设 $f \in L^p(E)$,作函数 $f_1(x) = f(x)$ $(x \in E)$,$f_1(x) = 0 (x \overline{\in} E)$,显然有 $f_1 \in L^p(\mathbf{R}^n)$. 从而对任给的 $\varepsilon > 0$,存在 $g \in \Gamma$,使得

$$\left(\int_{\mathbf{R}^n} |f_1(x) - g(x)|^p \mathrm{d}x \right)^{1/p} < \varepsilon.$$

由此立即可得

$$\left(\int_E |f(x) - g(x)|^p \mathrm{d}x \right)^{1/p} < \varepsilon.$$

现在,若将 Γ 中的每一个函数的定义域限制在 E 上,并记其全体为 Γ',则 Γ' 是 $L^p(E)$ 中的可数稠密集.

推论 6.8 若 $1 \leqslant p < +\infty, 1 \leqslant r \leqslant +\infty$,则 $L^p(E) \cap L^r(E)$ 在 $L^p(E)$ 中稠密.

根据上面结果,我们可以立即推得下述类似于 $L^1(\mathbf{R}^n)$ 的(见第四章)结论,证明从略.

定理 6.9 若 $f \in L^p(\mathbf{R}^n) (1 \leqslant p < +\infty)$,则有

$$\lim_{t \to 0} \int_{\mathbf{R}^n} |f(x+t) - f(x)|^p \mathrm{d}x = 0. \tag{6.5}$$

例 1 若 $f \in L^p(\mathbf{R}^n) (1 \leqslant p < +\infty)$,则

$$\lim_{|t| \to \infty} \int_{\mathbf{R}^n} |f(x) + f(x-t)|^p \mathrm{d}x = 2 \int_{\mathbf{R}^n} |f(x)|^p \mathrm{d}x.$$

证明 对任给的 $\varepsilon>0$,作分解:$f(x)=g(x)+h(x)$,其中 $g(x)$ 是 $\mathbf{R}^n$ 上具有紧支集的连续函数,而 $\|h\|_p<\varepsilon/4$. 显然,存在 $M>0$,当 $|t|\geqslant M$ 时,$g(x)$ 与 $g(x-t)$ 的支集不相交,从而有

$$\int_{\mathbf{R}^n}|g(x)+g(x-t)|^p\mathrm{d}x$$
$$=\int_{\mathbf{R}^n}|g(x)|^p\mathrm{d}x+\int_{\mathbf{R}^n}|g(x-t)|^p\mathrm{d}x$$
$$=2\int_{\mathbf{R}^n}|g(x)|^p\mathrm{d}x.$$

由分解式可知 $|\|f\|_p-\|g\|_p|\leqslant\|h\|_p<\varepsilon/4$. 又由

$$f(x)+f(x-t)=[g(x)+g(x-t)]+[h(x)+h(x-t)],$$

以及令 $f_t(x)=f(x-t)$,可得

$$|\|f+f_t\|_p-\|g+g_t\|_p|\leqslant\|h+h_t\|_p\leqslant2\|h\|_p<\frac{\varepsilon}{2},$$

从而当 $|t|\geqslant M$ 时,有

$$|\|f+f_t\|_p-2^{1/p}\|g\|_p|<\frac{\varepsilon}{2}.$$

最后,我们得到

$$|\|f+f_t\|_p-2^{1/p}\|f\|_p|$$
$$\leqslant|\|f+f_t\|_p-2^{1/p}\|g\|_p|+|2^{1/p}\|g\|_p-2^{1/p}\|f\|_p|$$
$$<\frac{\varepsilon}{2}+\frac{\varepsilon}{2}=\varepsilon.$$

例 2 $f(x)$ 在 $\mathbf{R}^n$ 中任一测度有限的可测集上均可积的充分必要条件是,存在 $f_1\in L^1(\mathbf{R}^n)$,$f_2\in L^\infty(\mathbf{R}^n)$,使得

$$f(x)=f_1(x)+f_2(x),\quad x\in\mathbf{R}^n.$$

证明 必要性 令

$$A_k=\{x\in\mathbf{R}^n:k^2<|f(x)|\leqslant(k+1)^2\}\quad(k=1,2,\cdots),$$

则存在 k_0,使得 $\sum_{k=k_0}^{\infty}k^2m(A_k)<+\infty$. 这是因为,若不然,则对任意 j,有

$$\sum_{k=j}^{\infty}k^2m(A_k)=+\infty.$$

此时,可能有两种情形发生:

(i) 存在 $\{k_i\}$,使 $k_i^2 m(A_{k_i}) \geqslant 1$,则有 $B_i \subset A_{n_i}$,使得 $k_i^2 m(B_i) = 1$,从而得 $m\left(\bigcup_{i=1}^{\infty} B_i\right) < +\infty$,依题设 $|f(x)|$ 在 $\bigcup_{i=1}^{\infty} B_i$ 上可积,导出矛盾.

(ii) 存在 K,当 $k \geqslant K$ 时,有 $k^2 m(A_k) < 1$,则 $m\left(\bigcup_{k=K}^{\infty} A_k\right) < +\infty$. 但 $|f(x)|$ 在 $\bigcup_{k=K}^{\infty} A_k$ 上的积分为 $+\infty$,也产生矛盾.

现在既然有了 $\sum_{k=K_0}^{\infty} k^2 m(A_k) < +\infty$,就可令 $A = \bigcup_{k=k_0}^{\infty} A_k$,并记

$$f_1(x) = f(x)\chi_A(x), \quad f_2(x) = f(x)\chi_{A^c}(x),$$

则 $f(x) = f_1(x) + f_2(x)$,其中 $f_1 \in L^1(\mathbf{R}^n)$,$f_2 \in L^{\infty}(\mathbf{R}^n)$.

充分性 在 $f(x) = f_1(x) + f_2(x)$ 时,$f(x)$ 当然是可测函数,且对任一个 $m(E) < +\infty$ 的 E,有

$$\int_E |f(x)| \mathrm{d}x \leqslant \int_E |f_1(x)| \mathrm{d}x + \int_E |f_2(x)| \mathrm{d}x < \infty.$$

思考题 试证明下列命题:

1. 设 $1 < p < +\infty$,$f_n \in L^p(\mathbf{R})$,$\|f_n\|_p \leqslant M$ $(n=1,2,\cdots)$,$f \in L^p(\mathbf{R})$,且有

$$\lim_{n \to \infty} \int_0^x f_n(t) \mathrm{d}t = \int_0^x f(t) \mathrm{d}t, \quad x \in \mathbf{R},$$

则对任意的 $g \in L^q(\mathbf{R})$,$1/p + 1/q = 1$,有

$$\lim_{n \to \infty} \int_{\mathbf{R}} f_n(x) g(x) \mathrm{d}x = \int_{\mathbf{R}} f(x) g(x) \mathrm{d}x.$$

2. $L^{\infty}((0,1))$ 是不可分的. (考查函数族 $f_t(x) = \chi_{(0,t)}(x)$,$0 < t < 1$.)

§6.3 L^2 内积空间

在 L^2 空间中,由 $p=2$ 得其共轭指标 $p'=2$. 从而可知当 $f,g \in L^2$ 时,有 $fg \in L^1$. 这一简单事实使 L^2 空间增添了新的重要结构,从而显示出它在 L^p 空间中的特定地位. L^2 空间在 Fourier 分析、特征展开、数学物理的许多课题中都有重要的应用.

(一) 内积,正交系

我们知道,在平面上两个向量 A,B 的夹角 θ 与它们的内积有如下关系:

$$\cos\theta = \frac{\langle A,B \rangle}{\|A\| \cdot \|B\|},$$

其中 $\langle A,B \rangle$ 是 A 与 B 的内积, $\|A\|$ 表示向量 A 的长度. 当 $\langle A,B \rangle = 0$ 时, A 与 B 就垂直. 由此可以建立直角坐标系(基底). 我们的目的是想在 L^2 中建立类似的结构. 注意到 $\langle A,A \rangle = \|A\|^2$, 于是对于 f, $g \in L^2(E)$, 我们记

$$\langle f,g \rangle = \int_E f(x)g(x)\mathrm{d}x.$$

由此,Schwartz 不等式可写为 $|\langle f,g \rangle| \leqslant \|f\|_2 \cdot \|g\|_2$.

显然, $\langle f,g \rangle$ 满足下列内积所要求的性质:

(i) $\langle f,g \rangle = \langle g,f \rangle$;

(ii) $\langle f_1 + f_2, g \rangle = \langle f_1,g \rangle + \langle f_2,g \rangle$;

(iii) $\langle af,g \rangle = a\langle f,g \rangle = \langle f,ag \rangle$ (a 是实数).

我们称 $\langle f,g \rangle$ 为 f 与 g 的(实)**内积**, $L^2(E)$ 为(完备的)(实)**内积空间**.

例 1 设 $f,g \in L^2(E)$, 则 $2\|fg\|_1 \leqslant t\|f\|_2^2 + \dfrac{1}{t}\|g\|_2^2 \ (t>0)$.

证明 设 $a,b \geqslant 0$, 我们有

$$2ab = 2(\sqrt{t}a)(b/\sqrt{t}) \leqslant ta^2 + b^2/t.$$

由此可知 $2|f(x)g(x)| \leqslant t|f(x)|^2 + |g(x)|^2/t$, 而作积分则得

$$2\int_E |f(x)g(x)|\mathrm{d}x \leqslant t\int_E |f(x)|^2\mathrm{d}x + \int_E |g(x)|^2\mathrm{d}x/t,$$

即 $2\|fg\|_1 \leqslant t\|f\|_2^2 + \|g\|_2^2/t$. 证毕.

例 2 设 $f(x)$ 是 $[0,+\infty)$ 上的非负可测函数,则

$$\left(\int_0^{+\infty} f(x)\mathrm{d}x\right)^4 \leqslant \pi^2 \int_0^{+\infty} f^2(x)\mathrm{d}x \cdot \int_0^{+\infty} x^2 f^2(x)\mathrm{d}x.$$

证明 不妨设

$$u = \int_0^{+\infty} f^2(x)\mathrm{d}x < +\infty, \quad v = \int_0^{+\infty} x^2 f^2(x)\mathrm{d}x < +\infty,$$

则令 $\alpha > 0, \beta > 0$，我们有

$$\left(\int_0^{+\infty} f(x)\,dx \right)^2 = \left(\int_0^{+\infty} \frac{1}{\sqrt{\alpha + \beta x^2}} \cdot \sqrt{\alpha + \beta x^2} f(x)\,dx \right)^2$$

$$\leqslant \int_0^{+\infty} \frac{dx}{\alpha + \beta x^2} \cdot \left(\alpha \int_0^{+\infty} f^2(x)\,dx + \beta \int_0^{+\infty} x^2 f^2(x)\,dx \right)$$

$$= \frac{\pi}{2} \frac{1}{\sqrt{\alpha\beta}} (\alpha u + \beta v) = \frac{\pi}{2} \left(\sqrt{\frac{\alpha}{\beta}} u + \sqrt{\frac{\beta}{\alpha}} v \right).$$

现在取值 $\alpha = v, \beta = u$，则上式右端为 $\pi \sqrt{uv}$. 证毕.

例 3 设 $f(x,y)$ 在 $\mathbf{R}_+^2 = \{(x,y): x>0, y>0\}$ 上非负可测，则

$$\left(\iint_{\mathbf{R}_+^2} f(x,y)\,dxdy \right)^4 \leqslant C \iint_{\mathbf{R}_+^2} f^2(x,y)\,dxdy \cdot \iint_{\mathbf{R}_+^2} (x^2 + y^2)^2 f^2(x,y)\,dxdy. \quad (*)$$

证明 令 $\lambda > 0$，作 $g(x,y) = (x^2+y^2)^2 / [\lambda + (x^2+y^2)^2]$，则

$$\iint_{\mathbf{R}_+^2} f(x,y)\,dxdy = \iint_{\mathbf{R}_+^2} (1 - g(x,y)) f(x,y)\,dxdy$$

$$+ \iint_{\mathbf{R}_+^2} \frac{g(x,y)}{x^2+y^2} (x^2+y^2) f(x,y)\,dxdy$$

$$\leqslant \left(\iint_{\mathbf{R}_+^2} [1 - g(x,y)]^2\,dxdy \right)^{1/2} \left(\iint_{\mathbf{R}_+^2} f^2(x,y)\,dxdy \right)^{1/2}$$

$$+ \left(\iint_{\mathbf{R}_+^2} \frac{g^2(x,y)}{(x^2+y^2)^2}\,dxdy \right)^{1/2} \left(\iint_{\mathbf{R}_+^2} (x^2+y^2)^2 f^2(x,y)\,dxdy \right)^{1/2},$$

$$\iint_{\mathbf{R}_+^2} (1 - g(x,y))^2\,dxdy = \frac{\pi^2}{16} \sqrt{\lambda} \left(\int_0^{+\infty} \frac{dt}{(1+t^2)^2} = \frac{\pi}{4} \right).$$

从而若取

$$\lambda = \iint_{\mathbf{R}_+^2} (x^2+y^2)^2 f^2(x,y)\,dxdy \Big/ \iint_{\mathbf{R}_+^2} f^2(x,y)\,dxdy,$$

则经计算可得

$$\iint_{\mathbf{R}_+^2} f(x,y)\,dxdy \leqslant \frac{\pi}{2} \left(\iint_{\mathbf{R}_+^2} f^2(x,y)\,dxdy \right)^{1/4} \left(\iint_{\mathbf{R}_+^2} (x^2+y^2)^2 f^2(x,y)\,dxdy \right)^{1/4}.$$

因此，对 $C = \pi^4/16$ 式 $(*)$ 成立.

例 4 设 $f \in L^2([0,1])$. 若有

$$\int_0^1 x^n f(x) \mathrm{d}x = \frac{1}{n+2} \quad (n \in \mathbf{N}),$$

则 $f(x) = x$, a. e. $x \in [0,1]$.

证明 注意到 $\dfrac{1}{n+2} = \displaystyle\int_0^1 x^{n+1} \mathrm{d}x$, 故知

$$\int_0^1 x^{n-1} x(f(x) - x) \mathrm{d}x = 0 \quad (n \in \mathbf{N}).$$

令 $F(x) = xf(x) - x^2 (x \in [0,1])$, 易知对任一多项式 $P(x)$, 有

$$\int_0^1 P(x) F(x) \mathrm{d}x = 0.$$

因为已知对任意的 $g \in C([0,1])$ 以及 $\varepsilon > 0$, 均存在多项式 $Q(x)$, 使得 $|g(x) - Q(x)| < \varepsilon (x \in [0,1])$, 从而可知

$$\left| \int_0^1 g(x) F(x) \mathrm{d}x \right| \leqslant \int_0^1 |g(x) - Q(x)| \cdot |F(x)| \, \mathrm{d}x < \varepsilon \int_0^1 |F(x)| \mathrm{d}x.$$

由 ε 的任意性, 又得 $\left| \displaystyle\int_0^1 g(x) F(x) \mathrm{d}x \right| = 0$. 这说明

$$F(x) = 0, \text{ a. e. } x \in [0,1], \quad f(x) = x, \text{ a. e. } x \in [0,1].$$

定理 6.10（内积的连续性） 若在 $L^2(E)$ 中有

$$\lim_{k \to \infty} \|f_k - f\|_2 = 0,$$

则对任意的 $g \in L^2(E)$, 有

$$\lim_{k \to \infty} \langle f_k, g \rangle = \langle f, g \rangle. \tag{6.6}$$

证明 由不等式

$$|\langle f_k, g \rangle - \langle f, g \rangle| = |\langle f_k - f, g \rangle| \leqslant \|f_k - f\|_2 \cdot \|g\|_2$$

立即可知 (6.6) 式成立.

定义 6.6 若 $f, g \in L^2(E)$, 且 $\langle f, g \rangle = 0$, 则称 f 与 g **正交**; 若 $\{\varphi_\alpha\} \subset L^2(E)$ 中任意的两个元都正交, 则称 $\{\varphi_\alpha\}$ 是 **正交系**; 若还有 $\|\varphi_\alpha\|_2 = 1$ (一切 α), 则称 $\{\varphi_\alpha\}$ 为 $L^2(E)$ 中的 **标准正交系**.

若在正交系 $\{\varphi_\alpha\} \subset L^2(E)$ 中, 对一切 α, 都有 $\|\varphi_\alpha\| \neq 0$, 则 $\left\{ \dfrac{\varphi_\alpha}{\|\varphi_\alpha\|_2} \right\}$ 就是标准正交系. 以下我们总假定对一切 α, $\|\varphi_\alpha\|_2 \neq 0$.

例 5 $L^2([-\pi, \pi])$ 中的三角函数列:

$$\frac{1}{\sqrt{2\pi}}, \frac{1}{\sqrt{\pi}}\cos x, \frac{1}{\sqrt{\pi}}\sin x, \cdots, \frac{1}{\sqrt{\pi}}\cos kx, \frac{1}{\sqrt{\pi}}\sin kx, \cdots$$

是标准正交系.

定理 6.11 $L^2(E)$ 中任一标准正交系都是可数的.

证明 设 $\{\varphi_\alpha\}$ 是 $L^2(E)$ 中的标准正交系,则对于 $\alpha \neq \beta$,有

$$\|\varphi_\alpha - \varphi_\beta\|_2^2 = \langle \varphi_\alpha - \varphi_\beta, \varphi_\alpha - \varphi_\beta \rangle$$
$$= \langle \varphi_\alpha, \varphi_\alpha \rangle + \langle \varphi_\beta, \varphi_\beta \rangle = 2,$$

从而可知 $\|\varphi_\alpha - \varphi_\beta\|_2^2 = 2$. 因为 $L^2(E)$ 是可分空间,所以存在可数稠密集. 又每个 $\|\varphi_\alpha\| \neq 0$,因而 $\{\varphi_\alpha\}$ 实际上是可数的.

思考题 试证明下列命题:

1. 设 $f, g \in L^2(E)$,则有(平行四边形公式)
$$\|f + g\|_2^2 + \|f - g\|_2^2 = 2(\|f\|_2^2 + \|g\|_2^2).$$

2. 设 $\|f_n - f\|_2 \to 0$,$\|g_n - g\|_2 \to 0 (n \to \infty)$,则
$$|\langle f_n, g_n \rangle - \langle f, g \rangle| \to 0.$$

3. 设 $\|f\|_2 = \|g\|_2$,则 $\langle f + g, f - g \rangle = 0$.

4. 设 $\|f_n\|_2 \to \|f\|_2$,$\langle f_n, f \rangle \to \|f\|_2^2 (n \to \infty)$,则
$$\|f_n - f\|_2 \to 0 \quad (n \to \infty).$$

(二) 广义 Fourier 级数

我们知道,在 $\mathbf{R}^n$ 中,当 $e_1, e_2, \cdots, e_n$ 是一组单位正交基时,$\mathbf{R}^n$ 中的任一 A 可唯一地表示为

$$A = c_1 e_1 + c_2 e_2 + \cdots + c_n e_n,$$

其中 $c_k = \langle A, e_k \rangle (k = 1, 2, \cdots, n)$. 下面我们把这一事实推广于 L^2 空间.

设 $\{\varphi_i\}$ 是 $L^2(E)$ 中的一个标准正交系. 如果以级数形式

$$\sum_{i=1}^{\infty} c_i \varphi_i(x)$$

来表示 $L^2(E)$ 中的某个元 f 时,那么必须讨论上述级数是否收敛的问题. 这里指的是在 $L^2(E)$ 中的收敛.

现在令

$$S_k(x) = \sum_{i=1}^{k} c_i \varphi_i(x).$$

若当 $k \to \infty$ 时,有 $\| S_k - f \|_2 \to 0$,则

$$\langle f, \varphi_j \rangle = \lim_{k \to \infty} \langle S_k, \varphi_j \rangle = \lim_{k \to \infty} \Big\langle \sum_{i=1}^{k} c_i \varphi_i, \varphi_j \Big\rangle$$

$$= \lim_{k \to \infty} \sum_{i=1}^{k} c_i \langle \varphi_i, \varphi_j \rangle = c_j, \quad j = 1, 2, \cdots.$$

这一分析导出下述定义:

定义 6.7 设 $\{\varphi_k\}$ 是 $L^2(E)$ 中的标准正交系,$f \in L^2(E)$,称

$$c_k = \langle f, \varphi_k \rangle = \int_E f(x) \varphi_k(x) \mathrm{d}x, \quad k = 1, 2, \cdots$$

为 f(关于 $\{\varphi_k\}$)的**广义 Fourier 系数**,称 $\sum\limits_{k=1}^{\infty} c_k \varphi_k(x)$ 为 f 的(关于 $\{\varphi_k\}$ 的)**广义 Fourier 级数**,简记为

$$f \sim \sum_{k=1}^{\infty} c_k \varphi_k.$$

在研究此级数是否收敛于 $f(x)$ 之前,我们先来介绍关于广义 Fourier 级数的几个重要事实.

定理 6.12 设 $\{\varphi_i\}$ 是 $L^2(E)$ 中的标准正交系,$f \in L^2(E)$,取定 k,作

$$f_k(x) = \sum_{i=1}^{k} a_i \varphi_i(x),$$

其中 $a_i(i=1,2,\cdots,k)$ 是实数,则当 $a_i = c_i = \langle f, \varphi_i \rangle (i=1,2,\cdots,k)$ 时,使得 $\| f - f_k \|_2$ 达到最小值.

证明 由 $\{\varphi_i\}$ 的标准正交性可知 $\| f_k \|_2^2 = \langle f_k, f_k \rangle = \sum\limits_{i=1}^{k} a_i^2$,从而得

$$\| f - f_k \|_2^2 = \Big\langle f - \sum_{i=1}^{k} a_i \varphi_i, f - \sum_{i=1}^{k} a_i \varphi_i \Big\rangle$$

$$= \| f \|_2^2 - 2 \sum_{i=1}^{k} a_i c_i + \sum_{i=1}^{k} a_i^2$$

$$= \| f \|_2^2 + \sum_{i=1}^{k} (c_i - a_i)^2 - \sum_{i=1}^{k} c_i^2.$$

故当 $a_i = c_i (i = 1, 2, \cdots, k)$ 时，$\|f - f_k\|_2^2$ 达到最小值，最小值为

$$\|f\|_2^2 - \sum_{i=1}^{k} c_i^2.$$

此外，若令 $S_k(x) = \sum_{i=1}^{k} c_i \varphi_i(x)$，则有

$$\|f - S_k\|_2^2 = \|f\|^2 - \sum_{i=1}^{k} c_i^2.$$

定理 6.13（Bessel 不等式） 设 $\{\varphi_k\}$ 是 $L^2(E)$ 中的标准正交系，且 $f \in L^2(E)$，则 $f(x)$ 的广义 Fourier 系数 $\{c_k\}$ 满足

$$\sum_{k=1}^{\infty} c_k^2 \leqslant \|f\|_2^2. \tag{6.7}$$

证明 从上述定理可知，对任意的 k 有（S_k 同前）

$$\|f\|_2^2 - \sum_{i=1}^{k} c_i^2 = \|f - S_k\|_2^2 \geqslant 0,$$

从而有 $\sum_{i=1}^{k} c_i^2 \leqslant \|f\|_2^2$. 令 $k \to \infty$，即得

$$\sum_{k=1}^{\infty} c_k^2 \leqslant \|f\|_2^2.$$

定理 6.14（Riesz-Fischer 定理） 设 $\{\varphi_k\}$ 是 $L^2(E)$ 中的标准正交系. 若 $\{c_k\}$ 是满足 $\sum_{k=1}^{\infty} c_k^2 < +\infty$ 的任一实数列，则存在 $g \in L^2(E)$，使得

$$\langle g, \varphi_k \rangle = c_k, \quad k = 1, 2, \cdots.$$

证明 作函数 $S_k(x) = \sum_{i=1}^{k} c_i \varphi_i(x)$，显然有

$$\| S_{k+p} - S_k \|_2^2 = \left\| \sum_{i=k+1}^{k+p} c_i \varphi_i \right\|_2^2 = \sum_{i=k+1}^{k+p} c_i^2.$$

由此可知 $\{S_k\}$ 是 $L^2(E)$ 中的基本列. 根据 $L^2(E)$ 的完备性，存在 $g \in L^2(E)$，使得

$$\lim_{k \to \infty} \| g - S_k \|_2 = 0.$$

由此又知 $\langle g, \varphi_k \rangle = c_k (k = 1, 2, \cdots)$.

注意，由上述两定理可知，$L^2(E)$ 中的元 f 的广义 Fourier 级数

总是在 L^2 中收敛于某个 $g \in L^2$,但是 g 不一定是 f. 例如,

$$\varphi_k = \frac{1}{\sqrt{\pi}} \sin kx, \quad k = 1, 2, \cdots$$

是 $L^2((-\pi, \pi))$ 中的规一化正交系,但对于 $f(x) = \cos x$,我们有 $c_k = \langle f, \varphi_k \rangle = 0 \ (k = 1, 2, \cdots)$,因此得

$$\lim_{n \to \infty} \left\| \sum_{k=1}^{n} c_k \varphi_k - f \right\|_2 = \|f\|_2 \neq 0.$$

这一情形类似于三维欧氏空间中只取两个正交向量组成正交系但不组成正交基一样,使得不同的向量可能具有相同的坐标. 为排除这一情形,我们引入下述完全系的概念:

定义 6.8 设 $\{\varphi_k\}$ 是 $L^2(E)$ 中的正交系. 若 $L^2(E)$ 中不再存在非零元能与一切 φ_k 正交,则称 $\{\varphi_k\}$ 是 L^2 中的**完全正交系**. 换句话说,若 $f \in L^2(E)$,且 $\langle f, \varphi_k \rangle = 0 \ (k = 1, 2, \cdots)$,则必有

$$f(x) = 0, \quad \text{a. e. } x \in E.$$

定理 6.15 设 $\{\varphi_k\}$ 是 $L^2(E)$ 中的标准完全正交系,$f \in L^2(E)$,令 $c_k = \langle f, \varphi_k \rangle (k = 1, 2, \cdots)$,则

$$\lim_{k \to \infty} \left\| \sum_{i=1}^{k} c_i \varphi_i - f \right\|_2 = 0. \tag{6.8}$$

证明 假定

$$\lim_{k \to \infty} \left\| \sum_{i=1}^{k} c_i \varphi_i - g \right\|_2 = 0, \quad g \in L^2(E),$$

则 $\langle g, \varphi_i \rangle = c_i (i = 1, 2, \cdots)$,从而可知

$$\langle f - g, \varphi_i \rangle = \langle f, \varphi_i \rangle - \langle g, \varphi_i \rangle = 0, \quad i = 1, 2, \cdots.$$

因为 $\{\varphi_i\}$ 是完全正交系,所以由定义知

$$f(x) - g(x) = 0, \quad \text{a. e. } x \in E,$$

这说明 (6.8) 式成立.

例 6(三角函数系是完全正交系) 设 $E = [-\pi, \pi]$,则三角函数系

$$1, \cos x, \sin x, \cdots, \cos kx, \sin kx, \cdots$$

是 $L^2(E)$ 中的完全正交系.

证明 (i) 设 $f(x)$ 是 $[-\pi, \pi]$ 上的连续函数. 若其一切 Fourier

系数都是零,则 $f(x)\equiv 0$.

事实上,如果 $f(x)\not\equiv 0$,那么存在 $x_0\in[-\pi,\pi]$,使得 $|f(x_0)|$ 为最大值.不妨设 $f(x_0)=M>0$,从而我们可取到充分小的区间 $I=(x_0-\delta,x_0+\delta)$,使得

$$f(x)>\frac{1}{2}M,\quad x\in I\cap[-\pi,\pi].$$

现在,研究三角多项式 $t(x)=1+\cos(x-x_0)-\cos\delta$. 因为 $t^n(x)$ 仍是一个三角多项式,所以根据假定我们有

$$\int_{-\pi}^{\pi}f(x)t^n(x)\mathrm{d}x=0,\quad n=1,2,\cdots.$$

但这是不真的. 一方面,因为当 $x\in[-\pi,\pi]\backslash I$ 时,有 $|t^n(x)|\leqslant 1$,所以

$$\int_{[-\pi,\pi]\backslash I}f(x)t^n(x)\mathrm{d}x\leqslant M\cdot 2\pi.$$

另一方面,因为令 $J=(x_0-\delta/2,x_0+\delta/2)$ 时,存在 $r>1$,使得

$$t(x)\geqslant r,\quad x\in J\cap[-\pi,\pi],$$

所以

$$\int_{I\cap[-\pi,\pi]}f(x)t^n(x)\mathrm{d}x\geqslant\int_{J\cap[-\pi,\pi]}f(x)t^n(x)\mathrm{d}x\geqslant\frac{1}{2}Mr^n\frac{\delta}{2}.$$

合并上述两个积分不等式,得到

$$\lim_{n\to\infty}\int_{-\pi}^{\pi}f(x)t^n(x)\mathrm{d}x=+\infty.$$

上述矛盾说明必须 $f(x)\equiv 0$.

(ii) 设 $f\in L^2(E)$. 我们作函数

$$g(x)=\int_{-\pi}^{x}f(t)\mathrm{d}t.$$

因为 $g(x)$ 是 $[-\pi,\pi]$ 上的绝对连续函数,且 $g(-\pi)=g(\pi)=0$,所以通过分部积分公式可得

$$\int_{-\pi}^{\pi}g(x)\begin{pmatrix}\sin kx\\\cos kx\end{pmatrix}\mathrm{d}x$$
$$=g(x)\begin{pmatrix}-\cos kx\\\sin kx\end{pmatrix}\frac{1}{k}\Big|_{-\pi}^{\pi}-\frac{1}{k}\int_{-\pi}^{\pi}f(x)\begin{pmatrix}-\cos kx\\\sin kx\end{pmatrix}\mathrm{d}x$$
$$=0,\quad k\geqslant 1.$$

现在,令

$$B = \frac{1}{2\pi} \int_{-\pi}^{\pi} g(x)\mathrm{d}x, \quad G(x) = g(x) - B,$$

我们有

$$\int_{-\pi}^{\pi} G(x) \begin{pmatrix} \cos kx \\ \sin kx \end{pmatrix} \mathrm{d}x = 0, \quad k = 0,1,2,\cdots,$$

即 $G(x)$ 的一切 Fourier 系数都是零. 由(i)知 $G(x) \equiv 0$, 即 $g(x) \equiv B$. 从而可知

$$f(x) = g'(x) = 0, \quad \text{a. e. } x \in E.$$

我们知道,在欧氏空间中有线性无关向量组的概念,并可由它们导出正交向量组,而极大线性无关向量组构成空间的基底,其个数就是空间的维数. 从这一角度出发,我们引入下述定义:

定义 6.9 设 $\psi_1(x), \psi_2(x), \cdots, \psi_k(x)$ 是定义在 E 上的函数. 如果从

$$a_1\psi_1(x) + a_2\psi_2(x) + \cdots + a_k\psi_k(x) = 0, \quad \text{a. e. } x \in E$$

可推出 $a_i = 0 \ (i = 1, 2, \cdots, k)$, 那么称函数 $\psi_i (i = 1, 2, \cdots, k)$ (在 E 上)是**线性无关的**;对于由无穷多个函数组成的函数系,如果其中任意有限个函数都是线性无关的,那么称此函数系是线性无关的.(显然,线性无关函数系中不存在几乎处处等于零的函数.)

例 7 $L^2(E)$ 中的正交系 $\{\varphi_k\}$ 一定是线性无关的.

事实上,若在 $\{\varphi_k\}$ 中任取有限个并假定

$$a_1\varphi_{k_1}(x) + a_2\varphi_{k_2}(x) + \cdots + a_i\varphi_{k_i}(x) = 0, \quad \text{a. e. } x \in E,$$

则在上式两端各乘以 $\varphi_{k_1}(x)$, 且在 E 上对 x 进行积分, 由 $\{\varphi_k\}$ 的正交性可知 $a_1 = 0$, 同理可证 $a_2 = a_3 = \cdots = a_i = 0$.

当然,一个线性无关的函数系不一定是正交系. 不过,我们可以在此函数系的基础上建立起正交系来. 这就是下面所讲的 Gram-Schmidt 正交化方法:

设 $\{\psi_k\}$ 是 $L^2(E)$ 中的线性无关系,令

$$\varphi_1(x) = \psi_1(x), \quad \varphi_2(x) = -\frac{\langle \psi_2, \varphi_1 \rangle}{\|\varphi_1\|_2^2}\varphi_1(x) + \psi_2(x).$$

一般来说,在取定 $\varphi_1,\varphi_2,\cdots,\varphi_{k-1}$ 时,令

$$\varphi_k(x) = a_{k,1}\varphi_1(x) + a_{k,2}\varphi_2(x) + \cdots + a_{k,k-1}\varphi_{k-1}(x) + \psi_k(x),$$

其中

$$a_{k,i} = -\frac{\langle \psi_k,\varphi_i \rangle}{\|\varphi_i\|_2^2}, \quad i = 1,2,\cdots,k-1.$$

易知这样所得的 $\{\varphi_k\}(k=1,2,\cdots)$ 是正交的.

由于 $L^2(E)$ 中存在可数稠密集 Γ,若将 Γ 中线性无关的向量选出来,再进行上述正交化过程,就可得到一个正交系.

定理 6.16 设 $\{\varphi_i\}$ 是 $L^2(E)$ 中的标准正交系. 若对任意的 $f \in L^2(E)$ 以及 $\varepsilon > 0$,存在 $\{\varphi_i\}$ 中的线性组合

$$g(x) = \sum_{j=1}^{k} a_j\varphi_{i_j}(x),$$

使得 $\|f-g\|_2 < \varepsilon$(此时,也称 $\{\varphi_i\}$ 为封闭系),则 $\{\varphi_i\}$ 是完全正交系.

证明 假定 $\{\varphi_i\}$ 不是完全正交系,则存在非零元 $f \in L^2(E)$,使得 $\langle f,\varphi_i \rangle = 0$ $(i=1,2,\cdots)$. 因为 $\|f\|_2 > 0$,所以根据假定,存在数组 $a_1,a_2,\cdots,a_k$,使得

$$\left\| f - \sum_{j=1}^{k} a_j\varphi_{i_j} \right\|_2 < \frac{\|f\|_2}{2},$$

从而得

$$\left| \left\langle f, f - \sum_{j=1}^{k} a_j\varphi_{i_j} \right\rangle \right| \leqslant \|f\|_2 \cdot \left\| f - \sum_{j=1}^{k} a_j\varphi_{i_j} \right\|_2 < \frac{\|f\|_2^2}{2}.$$

另一方面,由于 $\langle f,\varphi_i \rangle = 0$ $(i=1,2,\cdots)$,故

$$\left| \left\langle f, f - \sum_{j=1}^{k} a_j\varphi_{i_j} \right\rangle \right| = \left| \langle f,f \rangle - \sum_{j=1}^{k} a_j\langle f,\varphi_{i_j} \rangle \right| = \|f\|_2^2.$$

这一矛盾说明 $\{\varphi_i\}$ 是完全正交系.

思考题 试证明下列命题:

1. $\{\sin nx\}$ 是 $L^2([0,\pi])$ 中的完全正交系.

2. 设 $f \in L^1([-\pi,\pi])$,$\{\varphi_n(x)\}$ 是 $(-\pi,\pi]$ 上的三角函数系. 若有

$$\int_{-\pi}^{\pi} f(x)\varphi_n(x)\mathrm{d}x = 0 \quad (n=1,2,\cdots),$$

则

$$f(x) = 0, \quad \text{a. e. } x \in [-\pi,\pi].$$

3. 设 $\{\varphi_i(x)\}$ 是 $L^2(A)$ 中的完全标准正交系,$\{\psi_k(x)\}$ 是 $L^2(B)$ 中的完全标准正交系,则

$$\{f_{i,k}(x,y)\} = \{\varphi_i(x)\psi_k(y)\}$$

是 $L^2(A\times B)$ 中的完全系.

4. 设 $\{\varphi_k(x)\}$ 是 $L^2(E)$ 中的标准正交系. 若 $f\in L^2(E)$,则

$$\lim_{k\to\infty}\int_E f(x)\varphi_k(x)\mathrm{d}x = 0.$$

5. 设 $\{\varphi_k\}\subset L^2([a,b])$ 是完全标准正交系,$f\in L^2([a,b])$,$f(x)\sim\sum_{k=1}^{\infty}c_k\varphi_k(x)$,其中 $c_k=\langle f,\varphi_k\rangle$,则对 $[a,b]$ 中的可测集 E,有

$$\int_E f(x)\mathrm{d}x = \sum_{k=1}^{\infty}c_k\int_E\varphi_k(x)\mathrm{d}x.$$

§6.4 L^p 空间的范数公式

若在 Hölder 不等式

$$\left|\int_E f(x)g(x)\mathrm{d}x\right|\leqslant \|f\|_p\cdot\|g\|_{p'}$$

中,取 $\|g\|_{p'}=1$,则有

$$\left|\int_E f(x)g(x)\mathrm{d}x\right|\leqslant \|f\|_p.$$

那么,是否存在 $g\in L^{p'}(E)$ 且 $\|g\|_{p'}=1$,使得上式等号成立呢? 我们有下述结论:

定理 6.17 若 $f\in L^p(E)$ $(1\leqslant p<+\infty)$,则存在 $g\in L^{p'}(E)$ 且 $\|g\|_{p'}=1$,使得

$$\|f\|_p = \int_E f(x)g(x)\mathrm{d}x. \tag{6.9}$$

证明 不妨设 $\|f\|_p\neq 0$.

(i) $p=1$. 此时,令 $g(x)=\mathrm{sign}f(x)$,则 $\|g\|_\infty=1$,且有

$$\int_E f(x)g(x)\mathrm{d}x = \int_E|f(x)|\mathrm{d}x = \|f\|_1.$$

(ii) $1<p<+\infty$. 此时,令

$$g(x) = \left(\frac{|f(x)|}{\|f\|_p} \right)^{p-1} \mathrm{sign} f(x),$$

则有

$$\int_E |g(x)|^{p'} \mathrm{d}x = \frac{1}{\|f\|_p^p} \int_E |f(x)|^p \mathrm{d}x = 1,$$

而且

$$\int_E f(x) g(x) \mathrm{d}x = \int_E |f(x)| \left(\frac{|f(x)|}{\|f\|_p} \right)^{p-1} \mathrm{d}x = \|f\|_p.$$

对于 $p = +\infty$，我们有下述定理：

定理 6.18 若 $f \in L^\infty(E)$，则有

$$\|f\|_\infty = \sup_{\|g\|_1 = 1} \left\{ \left| \int_E f(x) g(x) \mathrm{d}x \right| \right\}.$$

证明 令 $\|f\|_\infty = M > 0$，则只需证明对充分小的 $\varepsilon > 0$，存在 $g \in L^1(E)$ 且 $\|g\|_1 = 1$，使得

$$\int_E f(x) g(x) \mathrm{d}x > M - \varepsilon$$

即可. 因为 $\|f\|_\infty = M$，所以对 $M - \varepsilon$，存在 E 中的子集 A，并且 $m(A) = a > 0$，使得

$$|f(x)| > M - \varepsilon, \quad x \in A.$$

现在令

$$g(x) = \frac{1}{a} \chi_A(x) \mathrm{sign} f(x),$$

可知

$$\|g\|_1 = \int_E |g(x)| \mathrm{d}x = \frac{1}{a} \int_E \chi_A(x) \mathrm{d}x = 1,$$

且有

$$\int_E f(x) g(x) \mathrm{d}x = \frac{1}{a} \int_E f(x) \chi_A(x) \mathrm{sign} f(x) \mathrm{d}x$$

$$= \frac{1}{a} \int_A |f(x)| \mathrm{d}x > M - \varepsilon.$$

注意，若令 $E = [0,1]$，$f(x) = x$，则 $\|f\|_\infty = 1$. 此时，对于任意的 $g \in L^1(E)$ 且 $\|g\|_1 = 1$，有

$$\left| \int_0^1 f(x) g(x) \mathrm{d}x \right| \leqslant \int_0^1 x |g(x)| \mathrm{d}x < \int_0^1 |g(x)| \mathrm{d}x = 1.$$

这说明对于 $p = +\infty$，$f \in L^p(E)$，不一定存在 $g \in L^1(E)$ 且 $\|g\|_1 = 1$，

使得

$$\|f\|_\infty = \int_E f(x)g(x)\mathrm{d}x.$$

下述定理在一定意义上是 Hölder 不等式的逆命题.

定理 6.19 设 $g(x)$ 是 $E \subset \mathbf{R}^n$ 上的可测函数. 若存在 $M > 0$,使得对一切在 E 上可积的简单函数 $\varphi(x)$,都有

$$\left| \int_E g(x)\varphi(x)\mathrm{d}x \right| \leqslant M \|\varphi\|_p,$$

则 $g \in L^{p'}(E)$(p' 是 p 的共轭指标),且 $\|g\|_{p'} \leqslant M.$

证明 (i) $p > 1$. 对于 $|g(x)|^{p'}$,作具有紧支集的非负可测简单函数渐升列 $\{\varphi_k(x)\}$,使得

$$\lim_{k \to \infty} \varphi_k(x) = |g(x)|^{p'}, \quad x \in E.$$

现在令 $\psi_k(x) = (\varphi_k(x))^{1/p}\mathrm{sign}g(x)$,则得

$$\|\psi_k\|_p = \left(\int_E \varphi_k(x)\mathrm{d}x \right)^{1/p}.$$

注意到

$$0 \leqslant \varphi_k(x) = (\varphi_k(x))^{1/p}(\varphi_k(x))^{1/p'} \leqslant (\varphi_k(x))^{1/p}|g(x)|$$
$$= \psi_k(x)g(x),$$

从而根据假设可得

$$\int_E \varphi_k(x)\mathrm{d}x \leqslant \int_E \psi_k(x)g(x)\mathrm{d}x \leqslant M \|\psi_k\|_p.$$

由此可知

$$\int_E \varphi_k(x)\mathrm{d}x \leqslant M^{p'}.$$

令 $k \to \infty$,我们有

$$\int_E |g(x)|^{p'}\mathrm{d}x \leqslant M^{p'}.$$

(ii) $p = 1$. 不妨设 $g(x) \geqslant 0$. 采用反证法. 若 $g \overline{\in} L^\infty(E)$,则存在 E 中的可测集列 $\{A_k\}$:$0 < m(A_k) < +\infty$ $(k = 1, 2, \cdots)$,使得

$$g(x) \geqslant k, \quad x \in A_k, \quad k = 1, 2, \cdots.$$

令

$$\varphi_k(x) = \chi_{A_k}(x), \quad k = 1, 2, \cdots,$$

则有

$$\frac{\int_E \varphi_k(x)g(x)\mathrm{d}x}{\|\varphi_k\|_1} \geqslant \frac{km(A_k)}{m(A_k)} = k, \quad k = 1, 2, \cdots.$$

这与定理的假设矛盾,即得所证(参阅§4.2(一)中的例7).

定理 6.20(广义 Minkowski 不等式) 设 $f(x,y)$ 是 $\mathbf{R}^n \times \mathbf{R}^n$ 上的可测函数. 若对几乎处处的 $y \in \mathbf{R}^n$, $f(x,y) \in L^p(\mathbf{R}^n)$ $(1 \leqslant p < +\infty)$, 且有

$$\int_{\mathbf{R}^n} \left(\int_{\mathbf{R}^n} |f(x,y)|^p \mathrm{d}x \right)^{1/p} \mathrm{d}y = M < +\infty,$$

则

$$\left(\int_{\mathbf{R}^n} \left| \int_{\mathbf{R}^n} f(x,y) \mathrm{d}y \right|^p \mathrm{d}x \right)^{1/p} \leqslant \int_{\mathbf{R}^n} \left(\int_{\mathbf{R}^n} |f(x,y)|^p \mathrm{d}x \right)^{1/p} \mathrm{d}y.$$

$$(6.10)$$

证明 不妨设 $p>1$, p' 是 p 的共轭指标,并令

$$F(x) = \int_{\mathbf{R}^n} |f(x,y)| \mathrm{d}y.$$

现在,对于任意的可积简单函数 $\varphi(x)$,我们有

$$\left| \int_{\mathbf{R}^n} F(x)\varphi(x) \mathrm{d}x \right| \leqslant \int_{\mathbf{R}^n} |F(x)\varphi(x)| \mathrm{d}x$$

$$= \int_{\mathbf{R}^n} \left(\int_{\mathbf{R}^n} |f(x,y)| \mathrm{d}y \right) |\varphi(x)| \mathrm{d}x$$

$$= \int_{\mathbf{R}^n} \left(\int_{\mathbf{R}^n} |f(x,y)| \cdot |\varphi(x)| \mathrm{d}x \right) \mathrm{d}y$$

$$\leqslant \int_{\mathbf{R}^n} \left(\int_{\mathbf{R}^n} |f(x,y)|^p \mathrm{d}x \right)^{1/p} \left(\int_{\mathbf{R}^n} |\varphi(x)|^{p'} \mathrm{d}x \right)^{1/p'} \mathrm{d}y$$

$$= M \| \varphi \|_{p'}.$$

根据定理 6.19,可知 $\|F\|_p \leqslant M$,从而又有

$$\left(\int_{\mathbf{R}^n} \left| \int_{\mathbf{R}^n} f(x,y) \mathrm{d}y \right|^p \mathrm{d}x \right)^{1/p} \leqslant \int_{\mathbf{R}^n} \left(\int_{\mathbf{R}^n} |f(x,y)|^p \mathrm{d}x \right)^{1/p} \mathrm{d}y.$$

注 1 在 $\mathbf{R} \times [0,2]$ 上作二元函数

$$f(x,y) = \begin{cases} f(x), & 0 \leqslant y < 1, \\ g(x), & 1 \leqslant y \leqslant 2, \end{cases}$$

其中 $f \in L^p(\mathbf{R})$, $g \in L^p(\mathbf{R})$,则对 $f(x,y)$ 的广义 Minkowski 不等式化为通常的 Minkowski 不等式:

$$\|f+g\|_p \leqslant \|f\|_p + \|g\|_p.$$

注 2 在 $(0,+\infty)\times[1,2]$ 上定义二元函数

$$f(x,y) = \begin{cases} a_n, & n \leqslant x < n+1, \ 0 \leqslant y < 1, \\ b_n, & n \leqslant x < n+1, \ 1 \leqslant y \leqslant 2, \end{cases} \quad (n \in \mathbf{N}),$$

则广义 Minkowski 不等式化为

$$\left(\sum_{n=1}^{\infty} |a_n + b_n|^p\right)^{1/p} \leqslant \left(\sum_{n=1}^{\infty} |a_n|^p\right)^{1/p} + \left(\sum_{n=1}^{\infty} |b_n|^p\right)^{1/p}.$$

例（Hardy 不等式） 设 $1 < p < +\infty, f \in L^p((0,+\infty))$. 若记

$$F(x) = \frac{1}{x}\int_0^x f(t)\mathrm{d}t, \quad x > 0,$$

则 $F \in L^p((0,+\infty))$，且 $\|F\|_p \leqslant \dfrac{p}{p-1}\|f\|_p$.

证明 因为我们有

$$F(x) = \int_0^1 f(xt)\mathrm{d}t,$$

所以根据广义 Minkowski 不等式，可得

$$\|F\|_p = \left(\int_0^{+\infty}\left|\int_0^1 f(xt)\mathrm{d}t\right|^p \mathrm{d}x\right)^{1/p}$$

$$\leqslant \int_0^1\left(\int_0^{+\infty}|f(xt)|^p\mathrm{d}x\right)^{1/p}\mathrm{d}t = \int_0^1\left(\int_0^{+\infty}|f(y)|^p t^{-1}\mathrm{d}y\right)^{1/p}\mathrm{d}t$$

$$= \|f\|_p\int_0^1 t^{-1/p}\mathrm{d}t = \frac{p}{p-1}\|f\|_p.$$

（注意，当 $p=1$ 时，$F\overline{\in} L^1$.）

§6.5 卷 积

在第四章中我们指出，若 $f,g \in L^1(\mathbf{R}^n)$，则卷积

$$f * g \in L^1(\mathbf{R}^n)$$

且有 $\|(f*g)\|_1 \leqslant \|f\|_1 \cdot \|g\|_1$. 现在考虑在 $L^p(\mathbf{R}^n)$ 中的情形.

定理 6.21（Young 不等式） 设 $f \in L^1(\mathbf{R}^n), g \in L^p(\mathbf{R}^n)(1 < p < +\infty)$，则

$$\|f * g\|_p \leqslant \|f\|_1 \cdot \|g\|_p. \tag{6.11}$$

证明 令 p' 为 p 的共轭指标，在不等式

$$|(f*g)(x)| \leqslant \int_{\mathbf{R}^n}|f(x-y)| \cdot |g(y)|\mathrm{d}y$$

$$= \int_{\mathbf{R}^n} |f(x-y)|^{1/p} \cdot |g(y)| \cdot |f(x-y)|^{1/p'} \mathrm{d}y$$

的右端用 Hölder 不等式,可得

$$|(f * g)(x)|$$

$$\leqslant \left(\int_{\mathbf{R}^n} |f(x-y)| \cdot |g(y)|^p \mathrm{d}y \right)^{1/p} \left(\int_{\mathbf{R}^n} |f(x-y)| \mathrm{d}y \right)^{1/p'}.$$

对上式两端 p 乘方后再对 x 作积分,可知

$$\int_{\mathbf{R}^n} |(f * g)(x)|^p \mathrm{d}x$$

$$\leqslant \|f\|_1^{p/p'} \int_{\mathbf{R}^n} \left(\int_{\mathbf{R}^n} |f(x-y)| \cdot |g(y)|^p \mathrm{d}y \right) \mathrm{d}x$$

$$= \|f\|_1^{p/p'} \int_{\mathbf{R}^n} |g(y)|^p \left(\int_{\mathbf{R}^n} |f(x-y)| \mathrm{d}x \right) \mathrm{d}y$$

$$= \|f\|_1^{(p/p')+1} \cdot \|g\|_p^p = \|f\|_1^p \cdot \|g\|_p^p,$$

从而(6.11)式成立.

上述定理 6.21 表明,当 $f \in L^1(\mathbf{R}^n), g \in L^p(\mathbf{R}^n)$ 时卷积(函数) $(f * g)(x)$ 是属于 $L^p(\mathbf{R}^n)$ 的.下面我们来考虑用卷积函数形式给出 $L^p(\mathbf{R}^n)$ 中的稠密集.由于卷积本身的构成明显地含有配对函数 g,可以预料它在应用上有某种优越性.

定义 6.10 设 $K(x)$ 是定义在 $\mathbf{R}^n$ 上的函数,$\varepsilon > 0$,令

$$K_\varepsilon(x) = \varepsilon^{-n} K\left(\frac{x}{\varepsilon}\right) = \varepsilon^{-n} K\left(\frac{x_1}{\varepsilon}, \frac{x_2}{\varepsilon}, \cdots, \frac{x_n}{\varepsilon}\right),$$

称 $K_\varepsilon(x)$ 为 $K(x)$ 的**展缩函数**.

例 1 设 $K(x) = \chi_{B(0,1)}(x)$,则有

$$K_\varepsilon(x) = \begin{cases} \varepsilon^{-n}, & |x| < \varepsilon, \\ 0, & |x| \geqslant \varepsilon. \end{cases}$$

我们有下列简单事实:

设 $K \in L^1(\mathbf{R}^n)$,则

(i) $\displaystyle \int_{\mathbf{R}^n} K_\varepsilon(x) \mathrm{d}x = \int_{\mathbf{R}^n} K(x) \mathrm{d}x$;

(ii) 对于固定的 $\delta > 0$,有

$$\lim_{\varepsilon \to 0} \int_{|x| > \delta} |K_\varepsilon(x)| \mathrm{d}x = 0.$$

定理 6.22 设 $K \in L^1(\mathbf{R}^n)$, 且 $\|K\|_1 = 1$. 若 $f \in L^p(\mathbf{R}^n)$ ($1 \leqslant p < +\infty$), 则有

$$\lim_{\varepsilon \to 0} \|K_\varepsilon * f - f\|_p = 0. \tag{6.12}$$

证明 由于

$$(K_\varepsilon * f)(x) - f(x) = \int_{\mathbf{R}^n} (f(x-y) - f(x)) K_\varepsilon(y) \mathrm{d}y$$

$$= \int_{\mathbf{R}^n} (f(x - \varepsilon y) - f(x)) K(y) \mathrm{d}y,$$

故根据广义 Minkowski 不等式可得

$$\left(\int_{\mathbf{R}^n} |(K_\varepsilon * f)(x) - f(x)|^p \mathrm{d}x \right)^{1/p}$$

$$= \left[\int_{\mathbf{R}^n} \left| \int_{\mathbf{R}^n} (f(x - \varepsilon y) - f(x)) K(y) \mathrm{d}y \right|^p \mathrm{d}x \right]^{1/p}$$

$$\leqslant \int_{\mathbf{R}^n} \left(\int_{\mathbf{R}^n} |f(x - \varepsilon y) - f(x)|^p \mathrm{d}x \right)^{1/p} |K(y)| \mathrm{d}y.$$

令

$$F_\varepsilon(y) = \left(\int_{\mathbf{R}^n} |f(x - \varepsilon y) - f(x)|^p \mathrm{d}x \right)^{1/p}.$$

显然, $0 \leqslant F_\varepsilon(y) |K(y)| \leqslant 2\|f\|_p \cdot |K(y)|$, 且当 $\varepsilon \to 0$ 时, 有 $F_\varepsilon(y) \to 0$. 从而根据 Lebesgue 控制收敛定理, 我们有

$$\lim_{\varepsilon \to 0} \|K_\varepsilon * f - f\|_p = 0.$$

(也称这样的展缩族 $\{K_\varepsilon\}$ 为逼近恒等族.)

现在, 我们特别令 $K(x) = \rho(x)$:

$$\rho(x) = \begin{cases} c \exp\left(-\dfrac{1}{1 - |x|^2}\right), & |x| \leqslant 1, \\ 0, & |x| > 1, \end{cases}$$

其中 c 是使 $\|\rho\|_1 = 1$ 的常数. 易证当函数 $f(x)$ 是具有紧支集 F 且属于 $L^p(\mathbf{R}^n)$ 的函数时, $(\rho_\varepsilon * f)(x)$ 也具有紧支集. 事实上, 在等式

$$(\rho_\varepsilon * f)(x) = \int_{\mathbf{R}^n} f(x - \varepsilon t) \rho(t) \mathrm{d}t = \int_{|t| \leqslant 1} f(x - \varepsilon t) \rho(t) \mathrm{d}t$$

之中, 当 $f(x)$ 的紧支集 F 与闭球 $\overline{B}(x; \varepsilon)$ 不相交时, 由于 $|t| < 1$, 故 $f(x - \varepsilon t) \rho(t) = 0$, 即 $(\rho_\varepsilon * f)(x) = 0$. 所以, $(\rho_\varepsilon * f)(x)$ 的支集是 F 的 ε-邻域 (指 $\{x: d(x, F) < \varepsilon\}$). 这就是说它具有紧支集.

定理 6.23 具有紧支集且无限次可微的函数类 $C_c^{(\infty)}(\mathbf{R}^n)$ 在 $L^p(\mathbf{R}^n)$ 中稠密.

证明 设 $f(x) \in L^p(\mathbf{R}^n)$,令

$$f_N(x) = \begin{cases} f(x), & |x| \leqslant N, \\ 0, & |x| > N. \end{cases}$$

显然,对于任意的 $\eta > 0$,必存在 N,使得 $\|f - f_N\|_p < \eta$. 由于 $f_N(x)$ 具有紧支集,故 $(\rho_\varepsilon * f_N)(x) \in C_c^{(\infty)}(\mathbf{R}^n)$. 从而根据上述定理,存在 $\varepsilon > 0$,使得 $\|\rho_\varepsilon * f_N - f_N\|_p < \eta$. 最后,由不等式

$$\|\rho_\varepsilon * f_N - f\|_p \leqslant \|\rho_\varepsilon * f_N - f_N\|_p + \|f_N - f\|_p < 2\eta$$

可知结论是成立的.

定理 6.24(Urysohn 定理) 设 $F \subset \mathbf{R}^n$ 是紧集,G 是开集且包含 F,则存在 $f \in C_c^{(\infty)}(\mathbf{R}^n)$,满足

$$f(x) = 1, x \in F; \quad \text{supp}(f) \subset G; \quad 0 \leqslant f(x) \leqslant 1, x \in \mathbf{R}^n.$$

证明 令 $\delta = d(F, G^c), U = \{x: d(x, F) < \delta/3\}$. 选非负函数 $\varphi \in C_c^{(\infty)}(\mathbf{R}^n)$:

$\int_{\mathbf{R}^n} \varphi(x) dx = 1$, 且 $\varphi(x) = 0 (|x| \geqslant \delta/3)$.

现在,作函数

$$f(x) = (\chi_U * \varphi)(x), \quad x \in \mathbf{R}^n,$$

易知 $f \in C_c^{(\infty)}(\mathbf{R}^n)$.

推论 6.25 设 $p > 1, \varepsilon > 0, M > 0, k_0 \in \mathbf{N}$,则存在函数 $\varphi \in C_c^{(\infty)}(\mathbf{R}^n)$,满足 $\text{supp}\varphi \subset \mathbf{R}^n \backslash B(0, k_0)$,且有

$$\int_{\mathbf{R}^n} \varphi(x) dx = 1, \quad \|\varphi\|_p < \varepsilon, \quad 0 \leqslant \varphi(x) \leqslant M, x \in \mathbf{R}^n.$$

证明 以 $n = 1$ 为例. 由上定理可知,存在 $f \in C^{(\infty)}(\mathbf{R})$,满足 $\text{supp}f \subset [k_0, k_0 + k + 2](k > 0)$,且有

$$0 \leqslant f(x) \leqslant 1 (x \in \mathbf{R}), \quad f(x) = 1 (x \in [k_0 + 1, k_0 + k + 1]).$$

现在假定 $\int_{\mathbf{R}} f(x) dx = A$,令 $\varphi(x) = f(x)/A$,则

$$A = \int_{\mathbf{R}} f(x) dx \geqslant \int_{k_0+1}^{k_0+k+1} 1 = k.$$

由此知 $0 \leqslant \varphi(x) \leqslant 1/k$. 我们有

$$\|\varphi\|_p \leqslant \left(\int_{k_0}^{k_0+k+2} \left(\frac{1}{k} \right)^p dx \right)^{1/p} = \left(\frac{k+2}{k} \right)^{1/p} k^{1/p-1},$$

从而只需取 k 充分大,可使 $\|\varphi\|_p < \varepsilon$.

例 2   设 $1<p<+\infty$,则
$$E = \left\{ f \in C_c^{(\infty)}(\mathbf{R}^n) : \int_{\mathbf{R}^n} f(x) \mathrm{d}x = 0 \right\}$$
在 $L^p(\mathbf{R}^n)$ 中稠密.

证明   以 $n=1$ 为例. 对任给 $\varepsilon>0$,已知存在 $g \in C_c^{(\infty)}(\mathbf{R})$,使得
$$\|f-g\|_p < \varepsilon/2.$$

若 $\int_{\mathbf{R}} g(x)\mathrm{d}x = 0$,则结论成立.

若 $\int_{\mathbf{R}} g(x)\mathrm{d}x = A \neq 0$,则取 k_0,使得
$$\mathrm{supp}g \bigcap [k_0, +\infty) = \varnothing.$$
从而取 $\varphi \in C_c^{(\infty)}(\mathbf{R})$,满足 $\mathrm{supp}\varphi \subset [k_0, +\infty)$,$\varphi(x) \geqslant 0 (x \in \mathbf{R})$,且有
$$\int_{\mathbf{R}} \varphi(x)\mathrm{d}x = 1, \quad \|\varphi\|_p < \frac{\varepsilon}{2|A|}.$$

现在考查 $\psi(x)=g(x)-A\varphi(x)$. 易知 $\psi \in L^p(\mathbf{R}^n)$,且有
$$\|f-\psi\|_p = \|f-g+A\varphi\|_p$$
$$\leqslant \|f-g\|_p + |A| \cdot \|\varphi\|_p < \varepsilon,$$
即得所证.

例 3   设 $f \in L^\infty(\mathbf{R})$,记 $f_t(x)=f(x-t)$. 若
$$\lim_{t \to 0} \|f_t - f\|_\infty = 0,$$
则存在 $\mathbf{R}$ 上的一致连续函数 $g(x)$,使得
$$f(x) = g(x), \quad \mathrm{a.e.}\ x \in \mathbf{R}.$$

证明   取 $\varphi_n(x) \overset{\mathrm{def}}{=\!=\!=} \varphi_{\varepsilon_n}(x)\ (n=1,2,\cdots)$ 为非负逼近恒等族.

(i) $\|\varphi_n * f - f\|_\infty \leqslant \sup\limits_{|t| \leqslant \varepsilon_n} \|f_t - f\|_\infty$.

实际上,对 $\|\psi\|_1 = 1$,我们有
$$\left| \int_{\mathbf{R}} (f*\varphi_n(x) - f(x))\psi(x)\mathrm{d}x \right|$$
$$\leqslant \iint_{\mathbf{R} \times \mathbf{R}} |f(x-t) - f(x)| \cdot |\varphi_n(t)| \cdot |\psi(x)| \mathrm{d}x \mathrm{d}t$$
$$= \int_{|t| \leqslant \varepsilon_n} \varphi_n(t) \left(\int_{\mathbf{R}} |f_t(x) - f(x)| \cdot |\psi(x)| \mathrm{d}x \right) \mathrm{d}t$$
$$\leqslant \sup_{|t| \leqslant \varepsilon_n} \|f_t - f\|_\infty \int_{\mathbf{R}} \varphi_n(t) \left(\int_{\mathbf{R}} |\psi(x)| \mathrm{d}x \right) \mathrm{d}t$$
$$= \sup_{|t| \leqslant \varepsilon_n} \|f_t - f\|_\infty.$$

(ii) 由(i)以及题设可知

$$\lim_{n \to \infty} \|\varphi_n * f - f\|_\infty = 0.$$

注意到 $\varphi_n * f(x)$ 是 **R** 上的一致连续函数,以及 $\{(\varphi_n * f)(x)\}$ 是(对 x 一致)Cauchy 列,因此存在一致连续函数 $g(x)$,使得

$$\lim_{n \to \infty} \varphi_n * f(x) = g(x).$$

由此即得 $f(x) = g(x)$, a. e. $x \in \mathbf{R}$.

例 4 设 $E \subset \mathbf{R}$ 是正测集,则存在 $\delta > 0$,使得向量差集 $E - E \supset (-\delta, \delta)$.

证明 这一命题已在第二章阐明了的,不过用卷积的手段来证明时陈述更为简明. 首先,不妨假定 E 是有界的,令 $g(x) = \chi_E(x), g \in L^1 \bigcap L^\infty(E)$.

其次,作 $g(x)$ 与 $g(-x)$ 的卷积:

$$f(x) = \int_{\mathbf{R}} g(y)g(y-x)\mathrm{d}y, \quad x \in \mathbf{R},$$

则 $f(x)$ 是 **R** 上的连续函数,且

$$f(0) = \int_{\mathbf{R}} g^2(y)\mathrm{d}y = \int_{\mathbf{R}} \chi_E(y)\mathrm{d}y = m(E) > 0.$$

从而存在 $\delta > 0$,在 $(-\delta, \delta)$ 上 $f(x) > 0$.

又因我们有

$$f(x) = \int_{\mathbf{R}} \chi_E(y)\chi_E(y-x)\mathrm{d}x$$
$$= \int_{\mathbf{R}} \chi_{E \bigcap (E-\{x\})}(y)\mathrm{d}y > 0, \quad x \in (-\delta, \delta),$$

所以存在 $t \in E, s \in E$,使得 $t - s = x \in (-\delta, \delta)$.

例 5 设 $\{\varphi_i\}$ 是 $L^2(T)$ 中的完全正交系,则

$$\sum_{i=1}^\infty \|\varphi_i\|_1 = \sum_{i=1}^\infty \int_T |\varphi_i(x)|\mathrm{d}x = +\infty. \tag{6.13}$$

证明 (i) 若 $f \in L^2(T)$,则 $\|f\|_2^2 = \sum_{i=1}^\infty |\langle f, \varphi_i \rangle|^2$. 特别对于 $f(x) = e^{inx}$,有

$$\sum_{i=1}^\infty |\hat{\varphi}_i(n)|^2 = 1.$$

现在,对满足 $\sum_{n=1}^\infty c_n = +\infty, \sum_{n=1}^\infty c_n^2 < +\infty$ 的正数列 $\{c_n\}$,作 $g \in L^2(T)$,使得 $\hat{g}(n) = c_n (n \in \mathbf{N})$.

(ii) 反证法. 假定(6.13)式不真,我们有

$$+\infty = \sum_{n=1}^\infty c_n = \sum_{n=1}^\infty \sum_{i=1}^\infty c_n |\hat{\varphi}_i(n)|^2 = \sum_{i=1}^\infty \sum_{n=1}^\infty c_n \hat{\varphi}_i(n) \overline{\hat{\varphi}_i(n)}$$
$$= \sum_{i=1}^\infty \langle g * \varphi_i, \varphi_i \rangle = \sum_{i=1}^\infty \langle g, \varphi_i * \overline{\varphi_i} \rangle$$

$$\leqslant \|g\|_2 \sum_{i=1}^{\infty} \|\varphi_i\|_1. \quad \text{矛盾}.$$

*§6.6 弱 收 敛

定义 6.11 设 $1\leqslant p,q\leqslant +\infty, 1/p+1/q=1, f\in L^p(E), f_n\in L^p(E)(n\in \mathbf{N})$. 若有

$$\lim_{n\to\infty}\int_E f_n(x)g(x)\mathrm{d}x = \int_E f(x)g(x)\mathrm{d}x \quad (g\in L^q(E)),$$

则称 $\{f_n\}$ 在 $L^p(E)$ 中**弱收敛**于 f.

例 $\{\cos nx\}$ 在 $L^2([0,2\pi])$ 中弱收敛于 0.

证明 对 $g(x)=\chi_{[\alpha,\beta]}(x)([\alpha,\beta]\subset[0,2\pi])$,易知

$$\lim_{n\to\infty}\int_0^{2\pi}\cos nx \cdot \chi_{[\alpha,\beta]}(x)\mathrm{d}x = \lim_{n\to\infty}\frac{\sin(n\beta)-\sin(n\alpha)}{n}=0.$$

对 $g(x)=\sum_{i=1}^m c_i\chi_{[\alpha_i,\beta_i]}(x)$,其中 $\{[\alpha_i,\beta_i]\}_1^m$ 是 $[0,2\pi]$ 中互不相交的子区间组,则

$$\lim_{n\to\infty}\int_0^{2\pi}g(x)\cos nx\,\mathrm{d}x = 0.$$

对 $g\in L^2([0,2\pi])$,注意到简单函数族在 $L^2([0,2\pi])$ 中稠密,立即可得

$$\int_0^{2\pi}g(x)\cos nx\,\mathrm{d}x \to 0 \quad (n\to\infty).$$

注 1. 因为 $m(\{x\in[0,2\pi]: |\cos nx|\geqslant 1/2\})=4\pi/3$,所以 $\{\cos nx\}$ 不是依测度收敛于 0. 又函数列

$$f_n(x) = \begin{cases} n, & x\in[0,1/n], \\ 0, & x\in(1/n,1] \end{cases} \quad (n\in\mathbf{N})$$

在 $[0,1]$ 上依测度收敛于 0,但不在 $L^p([0,1])$ 中弱收敛. 函数列

$$f_n(x) = \begin{cases} \sqrt{n}, & x\in[0,1/n], \\ 0, & x\in(1/n,1] \end{cases} \quad (n\in\mathbf{N})$$

在 $[0,1]$ 上几乎处处收敛于 0,且在 $L^2([0,1])$ 中弱收敛于 0,但不是 $L^2([0,1])$ 意义下收敛.

2. 若 $\|f_n-f\|_p\to 0(n\to\infty)$,则 $\{f_n\}$ 在 L^p 中弱收敛于 f.

定理 6.26 设 $E\subset\mathbf{R}^N: m(E)<+\infty$. 若有

(i) $\{f_n\}$ 在 $L^p(E)$ 中弱收敛于 f; (ii) $\lim_{n\to\infty}f_n(x)=g(x)$,a.e. $x\in E$,

则 $f(x)=g(x)$,a.e. $x\in E$.

证明 根据 Eгopoв 定理可知，对任给 $\varepsilon > 0$，存在闭集 $F \subset E$，$m(E \backslash F) < \varepsilon$，使得 $f_n(x)$ 在 F 上一致收敛于 $g(x)$. 又由 Лузин 定理可知，当 $\varepsilon > 0$ 充分小时，可使 $f(x)$ 在闭集 F 上有界，从而得

$$\lim_{n \to \infty} \int_F f_n(x)(g(x) - f(x)) \mathrm{d}x = \int_F g(x)(g(x) - f(x)) \mathrm{d}x.$$

另一方面，由(i)可知

$$\lim_{n \to \infty} \int_F f_n(x)(g(x) - f(x)) \mathrm{d}x = \lim_{n \to \infty} \int_E f_n(x)(g(x) - f(x)) \chi_F(x) \mathrm{d}x$$

$$= \int_F f(x)(g(x) - f(x)) \mathrm{d}x.$$

因此，我们有 $\int_F (g(x) - f(x))^2 \mathrm{d}x = 0$，再由 ε 的任意性，易知结论成立.

定理 6.27 设 $1 \leqslant p < +\infty$，f_n 在 $L^p(E)$ 中弱收敛于 f，则

$$\varliminf_{n \to \infty} \| f_n \|_p \geqslant \| f \|_p.$$

证明 令 $g(x) = (f(x))^{p/q} \mathrm{sign} f(x)$，$1/p + 1/q = 1$，则 $g \in L^q(E)$. 我们有

$$\lim_{n \to \infty} \int_E f_n(x) g(x) \mathrm{d}x = \int_E f(x) g(x) \mathrm{d}x = \| f \|_p^p.$$

另一方面，我们又有

$$\left| \int_E f_n(x) g(x) \mathrm{d}x \right| \leqslant \| f_n \|_p \cdot \| g \|_q = \| f_n \|_p \cdot \| f \|_p^{p/q},$$

从而可得 $\varliminf_{n \to \infty} \| f_n \|_p \cdot \| f \|_p^{p/q} \geqslant \| f \|_p^p$. 由此有 $\varliminf_{n \to \infty} \| f_n \|_p \geqslant \| f \|_p$.

注 在 $p = +\infty$ 的情形，假定 $m(E) < +\infty$，则对任给 $\varepsilon > 0$，作 $E_\varepsilon = \{x \in E: |f(x)| \geqslant \| f \|_\infty - \varepsilon\}$，$g(x) = \chi_{E_\varepsilon}(x) \mathrm{sign} f(x)$，我们有

$$\lim_{n \to \infty} \int_E f_n(x) g(x) \mathrm{d}x = \int_E f(x) g(x) \mathrm{d}x \geqslant (\| f \|_\infty - \varepsilon) m(E_\varepsilon),$$

$$\left| \int_E f_n(x) g(x) \mathrm{d}x \right| \leqslant \| f_n \|_\infty m(E_\varepsilon).$$

注意到 $m(E_\varepsilon) > 0$，因此得到 $\varliminf_{n \to \infty} \| f_n \|_\infty \geqslant \| f \|_\infty - \varepsilon$.

定理 6.28 设 $1 < p \leqslant +\infty$，$f_n \in L^p(E)$ $(n \in \mathbf{N})$. 若存在 $M > 0$，使得 $\| f_n \|_p \leqslant M (n \in \mathbf{N})$，则存在子列 $\{f_{n_k}(x)\}$ 在 $L^p(E)$ 中弱收敛.

证明 设 $1 \leqslant q < +\infty$，$1/p + 1/q = 1$，并记 $\mathscr{F}_n(g) = \int_E f_n(x) g(x) \mathrm{d}x$. 根据 $L^q(E)$ 的可分性，可知存在简单函数列 $\{g_i(x)\}$ 在 $L^q(E)$ 中稠密. 由 Hölder 不等式可得 $|\mathscr{F}_n(g_i)| \leqslant M \| g_i \|_q$，故 $\{\mathscr{F}_n(g_1)\}$ 是有界列，从而有收敛子列 $\{\mathscr{F}_{n,1}(g_1)\}$.

同理,在$\{\mathscr{F}_{n,1}(g_2)\}$中有收敛子列$\{\mathscr{F}_{n,2}(g_2)\}$. 继续这样做,可得$\{\mathscr{F}_{n,m}(g_i)\}$,存在 $\lim\limits_{n\to\infty}\mathscr{F}_{n,m}(g_i)(i=1,2,\cdots,m)$. 用对角线法再取子列,并记 $\mathscr{F}_{n'}=\mathscr{F}_{n,n}$,则存在 $\lim\limits_{n'\to\infty}\mathscr{F}_{n'}(g_i)$(任意 g_i). 任意取定 $g\in L^q(E)$,对任给 $\varepsilon>0$,存在 $g_j\in\{g_i\}$,使得 $\|g_j-g\|_q<\varepsilon$. 因为$\{\mathscr{F}_{n'}(g_j)\}$是 Cauchy 列,所以存在 n_ε,使得

$$|\mathscr{F}_{n'}(g_j)-\mathscr{F}_{m'}(g_j)|<\varepsilon \quad (n',m'\geqslant n_\varepsilon).$$

由此知

$$|\mathscr{F}_{n'}(g)-\mathscr{F}_{m'}(g)|$$
$$\leqslant|\mathscr{F}_{n'}(g-g_j)|+|\mathscr{F}_{m'}(g-g_j)|+|\mathscr{F}_{n'}(g_j)-\mathscr{F}_{m'}(g_j)|$$
$$\leqslant 2M\|g-g_j\|_q+\varepsilon\leqslant(2M+1)\varepsilon.$$

这说明对任意的 $g\in L^q(E)$,$\{\mathscr{F}_{n'}(g)\}$是 Cauchy 列,故是收敛列. 现在令 $\mathscr{F}(g)=\lim\limits_{n'\to\infty}\mathscr{F}_{n'}(g)(g\in L^q(E))$,则 $\mathscr{F}(g)$ 是 $L^q(E)$ 上的有界线性泛函. 注意到 $1\leqslant q<+\infty$,由 Riesz 表示定理(参阅泛函分析内容)可知,存在 $f\in L^p(E)$,使得

$$\mathscr{F}(g)=\int_E g(x)f(x)\mathrm{d}x \quad (\text{一切 } g\in L^q(E)),$$

即

$$\lim_{n\to\infty}\int_E f_n(x)g(x)\mathrm{d}x=\int_E f(x)g(x)\mathrm{d}x.$$

定理 6.29(Radon 定理) 设 $1<p<+\infty$,$\{f_n(x)\}$ 在 $L^p(E)$ 中弱收敛于 $f(x)$. 若 $\lim\limits_{n\to\infty}\|f_n\|_p=\|f\|_p$,则 $\|f_n-f\|_p\to 0(n\to\infty)$.

证明 (i) $p\geqslant 2$ 的情形. 令 $t=(f_n(x)-f(x))/f(x)(f(x)\neq 0)$,用不等式

$$|1+t|^p\geqslant 1+pt+C|t|^p \quad (p\geqslant 2), \tag{6.14}$$

再乘以 $|f(x)|^p$,可得

$$|f_n(x)|^p\geqslant|f(x)|^p+p|f(x)|^{p-2}f(x)[f_n(x)-f(x)]$$
$$+C|f_n(x)-f(x)|^p$$

(此不等式对 $f(x)=0$ 亦真). 对上式作 E 上积分并取极限,可知

$$C\varlimsup_{n\to\infty}\int_E|f_n(x)-f(x)|^p\mathrm{d}x$$

$$\leqslant\lim_{n\to\infty}(\|f_n\|_p^p-\|f\|_p^p)-p\lim_{n\to\infty}\int_E|f(x)|^{p-2}f(x)(f_n(x)-f(x))\mathrm{d}x.$$

(ii) $1<p<2$ 的情形. 作点集列

$$E_n=\{x\in E: |f_n(x)-f(x)|\geqslant|f(x)|\} \quad (n\in\mathbf{N}),$$

并采用不等式($1<p<2$)

$$|1+t|^p\geqslant\begin{cases}1+pt+C|t|^p, & |t|\geqslant 1,\\ 1+pt+C|t|^2, & |t|\leqslant 1\end{cases} \quad (t\in\mathbf{R}). \tag{6.15}$$

取 $t=(f_n(x)-|f(x)|)/f(x)(f(x)\neq0)$，再乘以 $|f(x)|^p$，可得

(A) $|f_n(x)|^p\geqslant|f(x)|^p+p|f(x)|^{p-2}f(x)[f_n(x)-f(x)]$
$$+C|f_n(x)-f(x)|^p\ (x\in E_n),$$

(B) $|f_n(x)|^p\geqslant|f(x)|^p+p|f(x)|^{p-2}f(x)[f_n(x)-f(x)]$
$$+C|f_n(x)-f(x)|^2|f(x)|^{p-2}\ (x\in E\backslash E_n).$$

对(A)作 E 上积分，对(B)作 $E\backslash E_n$ 上的积分，再令 $n\to\infty$，我们有

$$C\varlimsup_{n\to\infty}\left\{\int_{E_n}|f_n(x)-f(x)|^p\mathrm{d}x+\int_{E\backslash E_n}|f_n(x)-f(x)|^2\cdot|f(x)|^{p-2}\mathrm{d}x\right\}$$

$$\leqslant\lim_{n\to\infty}\{\|f_n\|_p^p-\|f\|_p^p\}$$

$$-p\lim_{n\to\infty}\int_E|f(x)|^{p-2}f(x)(f_n(x)-f(x))\mathrm{d}x=0,$$

$$\lim_{n\to\infty}\int_{E_n}|f_n(x)-f(x)|^p\mathrm{d}x=0,$$

$$\lim_{n\to\infty}\int_{E\backslash E_n}|f_n(x)-f(x)|^2\cdot|f(x)|^{p-2}\mathrm{d}x=0.$$

根据 E_n 的定义以及 Hölder 不等式，可知

$$\varlimsup_{n\to\infty}\int_E|f_n(x)-f(x)|^p\mathrm{d}x$$

$$\leqslant\lim_{n\to\infty}\int_{E_n}|f_n(x)-f(x)|^p\mathrm{d}x+\varlimsup_{n\to\infty}\int_{E\backslash E_n}|f(x)|^{p-1}\cdot|f_n(x)-f(x)|\mathrm{d}x$$

$$\leqslant\lim_{n\to\infty}\int_{E_n}|f_n(x)-f(x)|^p\mathrm{d}x+\left(\int_E|f(x)|^p\mathrm{d}x\right)^{1/2}$$

$$\cdot\lim_{n\to\infty}\left(\int_{E\backslash E_n}|f(x)|^{p-2}\cdot|f_n(x)-f(x)|^2\mathrm{d}x\right)^{1/2}=0.$$

注 1. 定理 6.29 的结论对 $p=+\infty,1$ 不真.

(i) $f_n(x)=\begin{cases}0,&0\leqslant x\leqslant1/n,\\1,&1/n<x\leqslant1,\end{cases}$ 则 $\{f_n\}$ 在 $L^\infty([0,1])$ 上弱收敛于 $f=1$，且 $\|f_n\|_\infty\to1(n\to\infty)$，但 $\|f_n-f\|_\infty=1(n\in\mathbf{N})$；

(ii) $f_n(x)=4+\sin x(n\in\mathbf{N},0<x<2\pi)$，则 $\{f_n\}$ 在 $L^1((0,2\pi))$ 中弱收敛于 $f=4$，且 $\|f_n\|_1\to\|f\|_1(n\to\infty)$，但 $\|f_n-f\|_1=4(n\in\mathbf{N})$.

2. 不等式(6.15),(6.16)的证明：

对 $t\neq0,x=1/t$，作函数

$$f(t)=\frac{|1+t|^p-1-pt}{|t|^p}=|1+x|^p-|x|^p-p|x|^{p-2}x=\varphi(x).$$

我们只需指出 $\varphi(x)\geqslant C>0(x\in\mathbf{R})$ 即可.

若 $-1 \leqslant x < 0$,直接估计得

$$\varphi(x) \geqslant (1 - |x|)^p + (p - 1)|x|^{p-1} \geqslant \min\{1, p-1\}/2^p.$$

若 $0 < x \leqslant 1$,我们有

$$(1 + x)^p - x^p = \int_0^1 \frac{\mathrm{d}}{\mathrm{d}s}(s + x)^p \mathrm{d}s = p \int_0^1 (s + x)^{p-1} \mathrm{d}s$$

$$= -p \int_0^1 (s + x)^{p-1} \frac{\mathrm{d}}{\mathrm{d}s}(1 - s) \mathrm{d}s$$

$$= px^{p-1} + p(p-1) \int_0^1 (1 - s)(s + x)^{p-2} \mathrm{d}s$$

$$\geqslant px^{p-1} + \min\{p/2^p, p(p-1)/4\}.$$

从而对 $|x| \leqslant 1$,可得 $\varphi(x) \geqslant C_p(p-1)$(某个 $C_p > 0$).

在 $p \geqslant 2$ 且 $|x| \geqslant 1$ 时,可直接得出

$$|1 + x|^p - |x|^p = \int_0^1 \frac{\mathrm{d}}{\mathrm{d}s}|s + x|^p \mathrm{d}s = p \int_0^1 |s + x|^{p-1} \mathrm{sign}(s + x) \mathrm{d}s.$$

对此,在 $x \geqslant 1, p \geqslant 2$ 时,有 $((x + y)^p \geqslant x^p + y^p, x, y > 0)$

$$|1 + x|^p - |x|^p \geqslant p \int_0^1 (x^{p-1} + s^{p-1}) \mathrm{d}s \geqslant p|x|^{p-2}x + 1.$$

在 $x \leqslant -1, p \geqslant 2$ 时,有 $(|x - y|^p \leqslant |x^p - y^p|, x, y > 0)$

$$|1 + x|^p - |x|^p = -p \int_0^1 (|x| - s)^{p-1} \mathrm{d}s$$

$$\geqslant -p \int_0^1 (|x|^{p-1} - s^{p-1}) \mathrm{d}s = p|x|^{p-2} + 1.$$

在 $|x| > 1, 1 < p < 2$ 时,对 $t \in (0, 1)$,我们有(用分部积分)

$$(1 + t)^p - 1 = -\int_0^1 \frac{\mathrm{d}}{\mathrm{d}s}[1 + (t - s)]^p \mathrm{d}s$$

$$= p \int_0^1 [1 + (t - s)]^{p-1} \mathrm{d}s$$

$$= pt + p(p-1) \int_0^1 s[1 + (t - s)]^{p-2} \mathrm{d}s$$

$$\geqslant pt + p(p-1)t^2/4.$$

从而可得

$$\frac{(1 + t)^p - 1 - pt}{t^2} \geqslant \frac{p(p-1)}{4} \quad (t \in (0, 1)).$$

对 $t \in (-1, 0)$ 有类似结论,且下界相同.

3. $\{f_n(x)\}$ 在 $L^2([a, b])$ 中弱收敛于 $f(x)$ 当且仅当

$$\|f_n\|_2 < +\infty \ (n \in \mathbf{N}), \quad \lim_{n \to \infty} \int_a^x f_n(t) \mathrm{d}t = \int_a^x f(t) \mathrm{d}t \ (a \leqslant x \leqslant b).$$

习 题 6

1. 设 $f \in L^{\infty}(E), w(x) > 0$，且 $\int_E w(x)\mathrm{d}x = 1$，试证明

$$\lim_{p \to \infty}\left(\int_E |f(x)|^p w(x)\mathrm{d}x\right)^{1/p} = \|f\|_{\infty}.$$

2. 设 $g(x)$ 是 $E \subset \mathbf{R}^n$ 上的可测函数. 若对任意的 $f \in L^2(E)$，有 $\|gf\|_2 \leqslant M\|f\|_2$，试证明 $|g(x)| \leqslant M$，a. e. $x \in E$.

3. 设 $f(x)$ 在 $(0, +\infty)$ 上正值可积，$1 < r < +\infty, E \subset (0, +\infty)$，且 $m(E) > 0$，试证明

$$\left(\frac{1}{m(E)}\int_E f(x)\mathrm{d}x\right)^{-1} \leqslant \left(\frac{1}{m(E)}\int_E \frac{1}{f^r(x)}\mathrm{d}x\right)^{1/r}.$$

4. 设 $f \in L^2([0,1])$，令

$$g(x) = \int_0^1 \frac{f(t)}{|x-t|^{1/2}}\mathrm{d}t, \quad 0 < x < 1,$$

试证明 $\quad\left(\int_0^1 g^2(x)\mathrm{d}x\right)^{1/2} \leqslant 2\sqrt{2}\left(\int_0^1 f^2(x)\mathrm{d}x\right)^{1/2}.$

5. 试证明下列两个不等式是不能同时成立的:

(i) $\int_0^\pi (f(x) - \sin x)^2 \mathrm{d}x \leqslant \frac{4}{9}$;

(ii) $\int_0^\pi (f(x) - \cos x)^2 \mathrm{d}x \leqslant \frac{1}{9}$.

6. 设 $f \in L^p(\mathbf{R})\ (p > 1), 1/p + 1/p' = 1$，令

$$F(x) = \int_0^x f(t)\mathrm{d}t, \quad x \in \mathbf{R},$$

试证明 $\quad |F(x+h) - F(x)| = o(|h|^{1/p'}), \quad h \to 0.$

7. 设 $m(E_k) > 0 (k = 1, 2, \cdots)$，且 $m(E_k) \to 0 (k \to \infty)$，又

$$g_k(x) = \frac{\chi_{E_k}(x)}{m(E_k)^{1/q}}, \quad \frac{1}{p} + \frac{1}{q} = 1, p > 1,$$

试证明对 $f \in L^p(\mathbf{R}^n)$，有

$$\lim_{k \to \infty}\int_{\mathbf{R}^n} g_k(x)f(x)\mathrm{d}x = 0.$$

8. 设 $f,g \in L^3(E)$，且有

$$\|f\|_3 = \|g\|_3 = \int_E f^2(x)g(x)\mathrm{d}x = 1,$$

试证明　　　　　$g(x) = |f(x)|$，　a.e. $x \in E$.

9. 设 $f_1(y,z), f_2(x,z), f_3(x,y)$ 是 $\mathbf{R}^2$ 上的非负可测函数，记

$$I_1 = \int_{\mathbf{R}^2} f_1^2(y,z)\mathrm{d}y\mathrm{d}z, \quad I_2 = \int_{\mathbf{R}^2} f_2^2(x,z)\mathrm{d}x\mathrm{d}z,$$

$$I_3 = \int_{\mathbf{R}^2} f_3^2(x,y)\mathrm{d}x\mathrm{d}y,$$

令 $F(x,y,z) = f_1(y,z)f_2(x,z)f_3(x,y)$，试证明

$$\int_{\mathbf{R}^3} F(x,y,z)\mathrm{d}x\mathrm{d}y\mathrm{d}z \leqslant (I_1 I_2 I_3)^{1/2}.$$

10. 设 $f \in L^p(\mathbf{R})$ $(1 \leqslant p < +\infty)$，令 $f_h(x) = f(x+h)$. 若 $r>0$，$s>0$，且 $r+s=p$，试证明

$$\lim_{|h| \to \infty} \|f_h^r f^s\|_1 = 0.$$

11. 设 $f_n \in \mathrm{AC}([0,1])$，且 $f_n(0) = 0$ $(n=1,2,\cdots)$. 若 $\{f_n'\}$ 是 $L^1([0,1])$ 中 Cauchy 列，试证明存在 $f \in \mathrm{AC}([0,1])$，使得 $f_n(x)$ 在 $[0,1]$ 上一致收敛于 $f(x)$.

12. 设在 $E \subset \mathbf{R}^n$ 上有 $\|f_k - f\|_1 \to 0$，$\|g_k - g\|_1 \to 0$ $(k \to \infty)$. 若 $f_k \in L^\infty(E)$，$\|f_k\|_\infty \leqslant M$ $(k=1,2,\cdots)$，试证明

$$\|f_k g_k - fg\|_1 \to 0 \quad (k \to \infty).$$

13. 设 $f_k \in L^p([a,b])$ $(1 \leqslant p \leqslant +\infty)$，且 $\sum_{k=1}^{\infty} \|f_k\|_p < +\infty$，试证明存在 $f \in L^p([a,b])$，使得

(i) $\displaystyle\sum_{k=1}^{\infty} f_k(x) = f(x)$，a.e. $x \in [a,b]$；

(ii) $\displaystyle\sum_{k=1}^{\infty} f_k(x)$ 依 $L^p([a,b])$ 意义收敛于 $f(x)$.

14. 设 $f \in L^p(E)$，$f_k \in L^p(E)$ $(k=1,2,\cdots)$. 若 $\|f_k - f\|_p < 4^{-k/p}$ $(k=1,2,\cdots)$，试证明对任给 $\delta>0$，存在 $E_\delta \subset E$，$m(E_\delta) < \delta$，使得 $f_k(x)$ 在 $E \backslash E_\delta$ 上一致收敛于 $f(x)$.

15. 设 $\{\varphi_k\} \subset L^2(E)$ 是完全标准正交系，试证明对 $f,g \in$

$L^2(E)$, 有

$$\langle f, g \rangle = \sum_{k=1}^{\infty} \langle f, \varphi_k \rangle \langle g, \varphi_k \rangle.$$

16. 设 $\{\varphi_n\}$ 是 $L^2([a,b])$ 中的完全标准正交系. 若 $\{\psi_n\}$ 是 $L^2([a,b])$ 中满足 $\sum_{n=1}^{\infty} \int_a^b (\varphi_n(x) - \psi_n(x))^2 \mathrm{d}x < 1$ 的正交系, 试证明 $\{\psi_n\}$ 是 $L^2([a,b])$ 中的完全正交系.

17. 设 $\{\varphi_k\} \subset L^2(E)$ 是标准正交系, 且有 $\Phi \in L^2(E)$, 使得 $|\varphi_k(x)| \leqslant |\Phi(x)|$, a. e. $x \in E$. 若 $\sum_{k=1}^{\infty} a_k \varphi_k(x)$ 是几乎处处收敛的, 试证明 $a_k \to 0 \ (k \to \infty)$.

注　记

（一）我们研究 $L^p(E)$ 的主要兴趣在 $p \geqslant 1$ 的情形, 其原因之一是 $p < 1$ 时三角不等式不再成立. 例如, 当 $p = 1/2$ 时, 对函数

$$f(x) = 4\chi_{[0,1/2]}(x), \quad g(x) = 4\chi_{[1/2,1]}(x),$$

我们有 $\|f+g\|_{1/2} = 4$, $\|f\|_{1/2} + \|g\|_{1/2} = 2$.

（二）设 $1 \leqslant p < +\infty$, 则存在 $f_k \in L^p(E)$, 满足

$$\lim_{k \to \infty} f_k(x) = f(x), \quad x \in E;$$

$$\|f_k\|_p \leqslant M \quad (k = 1, 2, \cdots).$$

但是不存在等式

$$\lim_{k \to \infty} \|f_k - f\|_p = 0.$$

例　$f_k(x) = k\chi_{[0,1/k]}(x) \ (x \in [0,1], k = 1, 2, \cdots)$.

（三）设 $w(x)$ 是 $\mathbf{R}^n$ 上的非负可积函数. 若

$$\int_{\mathbf{R}^n} |f(x)|^q w(x) \mathrm{d}x < +\infty,$$

则对 $1 \leqslant p < q$, 有

$$\int_{\mathbf{R}^n} |f(x)|^p w(x) \mathrm{d}x < +\infty.$$

证明　由不等式

$$\int_{\mathbf{R}^n} |f(x)|^p w(x) \mathrm{d}x = \int_{\mathbf{R}^n} |f(x)|^p (w(x))^{p/q} (w(x))^{1-p/q} \mathrm{d}x$$

$$\leqslant \left(\int_{\mathbf{R}^n}|f(x)|^q w(x)\mathrm{d}x\right)^{p/q}\left(\int_{\mathbf{R}^n}(w(x))^{\left(1-\frac{p}{q}\right)\frac{q}{q-p}}\mathrm{d}x\right)^{(q-p)/q}$$

$$= \left(\int_{\mathbf{R}^n}|f(x)|^q w(x)\mathrm{d}x\right)^{p/q}\left(\int_{\mathbf{R}^n}w(x)\mathrm{d}x\right)^{(q-p)/q}<+\infty.$$

注意到在第四章中曾经提到由积分导出的测度,那么对上述 $w(x)$,集合函数

$$\mu(E)=\int_E w(x)\mathrm{d}x$$

就是定义在 $\mathscr{M}$ 上的测度.记 $\mathrm{d}\mu=w(x)\mathrm{d}x$,则上述结论是指在测度空间 $(\mathbf{R}^n,\mathscr{M},\mu)$ 上有

$$L^q(\mathbf{R}^n,\mu)\subset L^p(\mathbf{R}^n,\mu),\quad 1\leqslant p<q.$$

注意到 $\mu(\mathbf{R}^n)<+\infty$,并联系到在 $m(E)<+\infty$ 时,必有 $L^q(E)\subset L^p(E)$,那么上述结论就只是在另一背景下的重述而已.

此外,若 $w(x)$ 是 $\mathbf{R}^n$ 上非负可测函数,且对 $1\leqslant p_0<q_0<+\infty$,有

$$L^{q_0}(\mathbf{R}^n,w\mathrm{d}x)\subset L^{p_0}(\mathbf{R}^n,w\mathrm{d}x),$$

则必有 $w\in L^1(\mathbf{R}^n)$.

阐明这一结论的关键在于,此时存在 $c>0$,使得

$$\|f\|_{L^{p_0}(\mathrm{d}\mu)}\leqslant c\|f\|_{L^{q_0}(\mathrm{d}\mu)}.$$

(四)可作 $L^2([-\pi,\pi])$ 中函数列 $\{\varphi_n(x)\}$,使得对任意的 $\varepsilon>0$ 以及 $f\in L^2([-\pi,\pi])$,存在 $\{\varphi_n(x)\}$ 中的线性组合 $g(x)$,有

$$\|f-g\|_2<\varepsilon.$$

但不存在复数列 $\{\lambda_n\}$,使得

$$\lim_{N\to\infty}\left\|f-\sum_{n=-N}^{N}\lambda_n\varphi_n\right\|_2=0.$$

(五)设 $\{\varphi_n\}\subset L^2([a,b])$ 是标准正交系.若函数列

$$f_n(x)=\sum_{i=1}^{n}\varphi_i(x)\int_a^x\varphi_i(t)\mathrm{d}t\quad(n=1,2,\cdots)$$

在 $[a,b]$ 上一致有界且几乎处处收敛,则 $\{\varphi_n(x)\}$ 是完全标准正交系的充分必要条件是

$$\lim_{x\to\infty}f_n(x)=\frac{1}{2},\quad \text{a.e. } x\in[a,b].$$

(六) L^2 中的完全系

自 1900 年始,从物理学课题中引发了对三角函数系、Bessel 函数系研究的兴趣,并于 1920 年后更趋于活跃.特别是泛函分析分支领域的日新月异,使正交函数系这一课题的探讨在更抽象(函数空间)的背景下发展起来,其中完全性

是最重要的两个问题之一(另一个是正交级数重排).

定义　设 $\Phi=\{\varphi_n\}\subset L^2([a,b])$(或 $L^2(\mathbf{R})$). 若 Φ 中元素的线性组合在 $L^2([a,b])$ 中稠密,则称 Φ 是**封闭系**.

当 Φ 是正交系时,这一定义等价于:若 $\langle f,\varphi_n\rangle=0$ $(n=1,2,\cdots)$,则 f 是零元.

对于完全正交系 Φ 来说,若舍去其中一个元,则 Φ 可能不再是完全系. 然而对非正交系 Φ,情况就有所不同. 例如,在 $L^2([0,1])$ 中,考查函数系

$$\Phi=\{1,x,x^2,\cdots\}.$$

根据 Weierstrass 逼近定理,易知 Φ 的线性组合在 $L^2([0,1])$ 中稠密. 现在考查函数系.

$$\Phi=\{1,x^2,x^4,\cdots\}.$$

它仍是 $L^2([0,1])$ 中的封闭系. 这可从向量 x^{2n} 与 x^{2n+1} 之间的夹角余弦随 $n\to\infty$ 而趋于 1 来解释. 更惊人的结论是 Müntz 给出的:若 $\sum\limits_{i=1}^{\infty}\dfrac{1}{n_i}=\infty$,则函数系

$$\{x^{n_1},x^{n_2},\cdots\}$$

在 $L^2([0,1])$ 中是封闭的.

(七)关于排序问题,简介某些结果如下:

定义　对于 L^2 中的正交系 $\Phi=\{\varphi_n(x)\}$,如果 $\sum\limits_{n=1}^{\infty}a_n^2$ 收敛,那么

$$\sum_{n=1}^{\infty}a_n\varphi_n(x)$$

几乎处处收敛,则称 $\{\varphi_n(x)\}$ 为**收敛系**.

1966 年,Carleson 证明,对于 $f\in L^2([-\pi,\pi])$,其 Fourier 三角级数是几乎处处收敛的. (实际上,$f\in L^p$ $(p>1)$ 也真.)

1960 年,Zahorski 指出,存在 $f\in L^2([-\pi,\pi])$,其 Fourier 三角级数经重排后可几乎处处发散. (1961 年,又有人指出,对任一标准正交完全系也做得到.)

(八)应用卷积函数的方法可以证明:

若 $f(x)$ 在 $F\subset\mathbf{R}^n$ 闭集上连续,则对任给的 $\varepsilon>0$,存在 $g\in C^{(\infty)}(\mathbf{R}^n)$,使得

$$|f(x)-g(x)|<\varepsilon,\quad x\in F.$$

(九)设 $\{P_n(x)\}$ 是一个多项式列,其最高次数都不超过 m(正整数). 若 $P_n(x)$ 在 $[0,1]$ 上一致收敛于函数 $f(x)$,则 $f(x)$ 必是多项式(将幂函数系正交化).

附　录

（Ⅰ）$\mathbf{R}^n$ 上不定积分的微分定理与积分换元公式

（一）不定积分的微分定理

我们首先必须有 $\mathbf{R}^n$ 上函数的不定积分的适当定义. 自然，平行于 $\mathbf{R}$ 的情形，例如在 $\mathbf{R}^2$ 上函数 f 的不定积分应为

$$F(x,y) = \int_a^x \int_c^y f(s,t)\,\mathrm{d}t\mathrm{d}s.$$

这就是说定义不定积分为点函数. 然而，我们将会看到采用集合函数的观点来定义不定积分将会更顺当些.

一般说来，设 $f \in L(A)$，我们称

$$F(E) = \int_E f(y)\,\mathrm{d}y$$

为 f 的不定积分，其中 E 是 A 中的任一可测集.

要把一维情形的公式

$$\lim_{h \to 0} \frac{1}{h} \int_x^{x+h} f(t)\,\mathrm{d}t = \frac{\mathrm{d}}{\mathrm{d}x} \int_x^x f(t)\,\mathrm{d}t = f(x), \quad \text{a. e. } x \in [a,b]$$

推广到多维，情况比较复杂，我们在这里不再详尽讨论，而只研究

$$\lim_{r \to 0} \frac{1}{|B(x,r)|} \int_{B(x,r)} f(y)\,\mathrm{d}y = f(x), \quad \text{a. e. } x \in B(x,r) \tag{1}$$

或

$$\lim_{r \to 0} \frac{1}{|I_x(r)|} \int_{I_x(r)} f(y)\,\mathrm{d}y = f(x), \quad \text{a. e. } x \in B(x,r)$$

是否成立的问题，其中 $|E|$ 表示点集 E 的测度，$I_x(r)$ 表示以 x 为中心且边长为 r 的方体.

下面我们以 $E = B(x,r)$ 为例来给出不定积分的微分定理.（$E = I_x(r)$ 的情形类似.）为此，先介绍相应的覆盖定理.

定理 1（可数覆盖定理）　设 $E \subset \mathbf{R}^n$，Γ 是一个覆盖 E 的球族 $\{B_a\}$，即对每个 $x \in E$，存在 Γ 中的球 $B(x,r(x))$，记 $r(B)$ 为球 $B(x,r(x))$ 的半径. 若

$$\sup\{r(B): B \in \Gamma\} < +\infty,$$

则 Γ 中存在互不相交的球 $B_1, B_2, \cdots$，使得

$$m^*(E) \leqslant 5^n \sum_{k \geqslant 1} |B_k|. \tag{2}$$

证明　首先，在 Γ 中取球 $B_1 = B(x_1, r(x_1))$，满足

$$r(B_1) \geqslant \frac{1}{2} \sup\{r(B): B \in \Gamma\}.$$

其次假定已经取定 $B_1, B_2, \cdots, B_k$，若 Γ 中已不存在与此 k 个球不相交的球，则选取过程终止；否则，再在 Γ 中取出与 $B_1, B_2, \cdots, B_k$ 不相交的球 B_{k+1}，它满足

$$r(B_{k+1}) \geqslant \frac{1}{2} \sup\{r(B): B \in \Gamma, B \cap B_j = \varnothing \quad (1 \leqslant j \leqslant k)\},$$

并重复上述过程. 对每个 B_k 作球 B_k^*，它与 B_k 同心，且

$$r(B_k^*) = 5r(B_k).$$

（易知 $|B_k^*| = 5^n |B_k|$.）由此可知，Γ 中凡与 B_k 相交且与 $B_j (1 \leqslant j < k-1)$ 不交的球必含于 B_k^*.

现在，我们来证明

$$E \subset \bigcup_k B_k^*.$$

若选取过程到有限步终止，则上式显然成立.

若选取过程不能在有限步终止，则得球列 $\{B_k\}$ 与 $\{B_k^*\}$. 在 $\sum_{k=1}^{\infty} |B_k| = +\infty$ 的情形下，引理结论不证自明，从而不妨假定

$$\sum_{k=1}^{\infty} |B_k| < +\infty.$$

此时，因为 $|B_k| \to 0 \ (k \to \infty)$，所以对于任意的 $B \in \Gamma$，存在 k，使得 $r(B_{k+1}) < r(B)/2$. 这就是说，B 必须与 $B_1, B_2, \cdots, B_k$ 中的某些相交，不妨令 B 与 B_{k_0} 相交（最小下标）. 由此知 $B \subset B_{k_0}^*$.

上述讨论说明不论发生哪种情形，都有 $E \subset \bigcup_k B_k^*$. 由此可推得（2）式成立：

$$m^*(E) \leqslant \sum_k |B_k^*| = 5^n \sum_k |B_k|.$$

为了证明（1）式成立，我们令

$$L_r f(x) = \frac{1}{|B(x, r)|} \int_{B(x, r)} f(y) \mathrm{d}y.$$

类似于 $\mathbf{R}$ 中的情形，可以证明当 $r \to 0$ 时，$L_r f(x)$ 也是平均收敛于 $f(x)$ 的，即

引理 2　若 $f \in L(\mathbf{R}^n)$，则

$$\lim_{r \to 0} \int_{\mathbf{R}^n} |L_r f(x) - f(x)| \mathrm{d}x = 0.$$

证明 我们有

$$\int_{\mathbf{R}^n} \left| \frac{1}{|B(x,r)|} \int_{B(x,r)} f(y)\,\mathrm{d}y - f(x) \right| \mathrm{d}x$$

$$\leqslant \frac{1}{|B(x,r)|} \int_{\mathbf{R}^n} \left(\int_{B(0,r)} |f(x-y) - f(x)|\,\mathrm{d}y \right) \mathrm{d}x$$

$$= \frac{1}{|B(x,r)|} \int_{B(0,r)} \left(\int_{\mathbf{R}^n} |f(x-y) - f(x)|\,\mathrm{d}x \right) \mathrm{d}y.$$

由 f 的平均连续性可知,当 r 充分小时上式积分可任意地小,即得所证.

由此引理立即可知,存在子列 $\{r_k\}$: $r_k \to 0(k \to \infty)$,使得

$$\lim_{k \to \infty} L_{r_k} f(x) = f(x), \quad \text{a. e. } x \in \mathbf{R}^n.$$

这样,为证 $L_r f(x) \to f(x) \ (r \to 0)$,a. e. $x \in \mathbf{R}^n$,只需指出当 $r \to 0$ 时,$L_r f(x)$ 的极限几乎处处存在即可. 若令

$$(\Omega f)(x) = \left| \overline{\lim_{r \to 0}} L_r f(x) - \underline{\lim_{r \to 0}} L_r f(x) \right|,$$

则又只需证明 $(\Omega f)(x) = 0$,a. e. $x \in \mathbf{R}^n$ 即可. 也就是要证明,对任意的 $\lambda > 0$,有

$$m(\{x: (\Omega f)(x) > \lambda\}) = 0$$

或说

$$m(\{x: (\Omega f)(x) > \lambda\}) < \varepsilon,$$

其中 ε 可任意地小. 大家知道,对于任给的 $\varepsilon > 0$,我们可以把 $f(x)$ 分解为 $f(x) = g(x) + h(x)$,其中 $g(x)$ 是具有紧支集的连续函数,$h(x)$ 满足

$$\int_{\mathbf{R}^n} |h(x)|\,\mathrm{d}x < \varepsilon.$$

对于 $g(x)$ 来说,易知

$$\lim_{r \to 0} L_r g(x) = g(x), \quad x \in \mathbf{R}^n,$$

即 $(\Omega g)(x) = 0$,从而可得

$$(\Omega f)(x) \leqslant (\Omega g)(x) + (\Omega h)(x) = (\Omega h)(x).$$

于是全部问题转化为证明 $m(\{x: (\Omega h)(x) > \lambda\}) < \varepsilon$. 为此,下面来引进极大函数的概念.

定义 1 设 $f(x)$ 是 $\mathbf{R}^n$ 上的可测函数,令

$$(Mf)(x) = \sup_{r > 0} \frac{1}{|B(x,r)|} \int_{B(x,r)} |f(y)|\,\mathrm{d}y, \tag{3}$$

称它为 f 的 **Hardy-Littlewood(球)极大函数**,简称为 **H-L 极大函数**. 显然有

$$\sup_{r > 0} |L_r f(x)| \leqslant (Mf)(x).$$

此外,若 $f(x)$ 是 $\mathbf{R}^n$ 上局部可积的函数(即在任一有界可测集上均可积),则 $(Mf)(x)$ 是下半连续函数,当然也是可测函数. 极大函数在实变函数论以及在调和分析理论中扮演着重要的角色. 对于 L^1 中的函数 f,我们有下述所谓极大函数的弱 $(1,1)$ 型事实,由此立即可得不定积分的微分定理.

引理 3（极大函数的分布函数估计）　若 $f \in L(\mathbf{R}^n)$，则对任意的 $\lambda > 0$，有

$$m(\{x: (Mf)(x) > \lambda\}) \leqslant \frac{A}{\lambda} \int_{\mathbf{R}^n} |f(x)| \mathrm{d}x, \tag{4}$$

其中常数 A 只与 $\mathbf{R}^n$ 的维数 n 有关，而与 f 无关.

证明　令 $E_\lambda = \{x: (Mf)(x) > \lambda\}$. 对 E_λ 中任意的点 x，因为 $(Mf)(x) > \lambda$，所以存在球 $B_x = B(x, r)$，使得

$$\frac{1}{|B_x|} \int_{B_x} |f(t)| \mathrm{d}t > \lambda,$$

即有　　$$|B_x| < \frac{1}{\lambda} \int_{B_x} |f(t)| \mathrm{d}t \leqslant \frac{1}{\lambda} \int_{\mathbf{R}^n} |f(t)| \mathrm{d}t < +\infty.$$

这就是说，$\{B_x\}$ 是 E_λ 的覆盖族，且满足定理 1 的条件，从而存在可数个互不相交的球 $\{B_k\}$，使得 $m(E_\lambda) \leqslant 5^n \sum_{k \geqslant 1} |B_k|$. 由此可知

$$m(E_\lambda) \leqslant \frac{5^n}{\lambda} \int_{\bigcup\limits_{k \geqslant 1} B_k} |f(x)| \mathrm{d}x \leqslant \frac{5^n}{\lambda} \int_{\mathbf{R}^n} |f(x)| \mathrm{d}x, \quad A = 5^n.$$

定理 4（$\mathbf{R}^n$ 上不定积分的微分定理）　若 $f \in L(\mathbf{R}^n)$，则

$$\lim_{r \to 0} \frac{1}{|B(x,r)|} \int_{B(x,r)} f(y) \mathrm{d}y = f(x), \quad \text{a. e. } x \in \mathbf{R}^n.$$

证明　根据前面的分析，我们只需证明：对任意的 $\lambda > 0$，有

$$m(\{x: (\Omega h)(x) > \lambda\}) < \varepsilon,$$

其中 $\int_{\mathbf{R}} |h(x)| \mathrm{d}x < \varepsilon$. 因为

$$(\Omega h)(x) = |\varlimsup_{r \to 0} L_r h(x) - \varliminf_{r \to 0} L_r h(x)|$$

$$\leqslant 2 \sup_{r > 0} |L_r h(x)| \leqslant 2(Mh)(x),$$

所以结合上述引理，可知

$$m(\{x: (\Omega h)(x) > \lambda\}) \leqslant m\left(\left\{x: (Mh)(x) > \frac{\lambda}{2}\right\}\right)$$

$$\leqslant \frac{2A}{\lambda} \int_{\mathbf{R}^n} |h(x)| \mathrm{d}x < \frac{2A}{\lambda} \varepsilon.$$

注　上述定理的结论也可写成

$$\lim_{r \to 0} \frac{1}{r^n} \int_{|y| < r} (f(x-y) - f(x)) \mathrm{d}y = 0, \quad \text{a. e. } x \in \mathbf{R}^n.$$

此外，由于微分只涉及局部性质，故上述定理对局部可积函数也是成立的. 实际上，我们还可得到更强的结论：若 $f(x)$ 是 $\mathbf{R}^n$ 上的局部可积函数，则

$$\lim_{r \to 0} \frac{1}{r^n} \int_{|y| < r} |f(x-y) - f(x)| \mathrm{d}y = 0, \quad \text{a. e. } x \in \mathbf{R}^n.$$

（二）积分换元公式简介

关于多维欧氏空间上的积分换元公式,我们仅介绍一种特定情形,即变换是所谓微分同胚的情形.

设 U 是 $\mathbf{R}^n$ 中的开集,φ: $U \to \mathbf{R}^n$,$t_0 \in U$. 若存在线性变换 T: $\mathbf{R}^n \to \mathbf{R}^n$ 以及 $\delta > 0$,使得当 $t \in U \bigcap B(t_0, \delta)$ 时,有

$$\varphi(t) = \varphi(t_0) + T(t - t_0) + o(t - t_0),$$

其中 $o(t - t_0)$ 是一个从 U 到 $\mathbf{R}^n$ 的函数,且有

$$\lim_{t \to t_0} \frac{o(t - t_0)}{|t - t_0|} = 0,$$

则称 φ 在点 t_0 是**可微的**. 此时,线性变换 T 常用 $\varphi'(t_0)$ 表示,称为 φ 在点 t_0 的**微商(变换)**. 若 φ 在 U 内每一点上均可微,则称 φ 在 U 上可微.

当有表示式 $\varphi(t) = (\varphi_1(t), \varphi_2(t), \cdots, \varphi_n(t))$ 时,φ 可微就推出每一个偏导数

$$\frac{\partial \varphi_j}{\partial t_i} = \lim_{h \to 0} \frac{\varphi_j(t + he_i) - \varphi_j(t)}{h}$$

存在,其中 $e_i (i = 1, 2, \cdots, n)$ 是 $\mathbf{R}^n$ 中的标准基.

我们称

$$\begin{bmatrix} \dfrac{\partial \varphi_1}{\partial t_1} & \cdots & \dfrac{\partial \varphi_1}{\partial t_n} \\ \vdots & & \vdots \\ \dfrac{\partial \varphi_n}{\partial t_1} & \cdots & \dfrac{\partial \varphi_n}{\partial t_n} \end{bmatrix}$$

为 φ 的 **Jacobi 矩阵**,其行列式称为 **Jacobi 行列式**,记为 $J_\varphi(t)$.

设 φ: $U \to \mathbf{R}^n$. 若 φ 在 U 上可微,而且它的一切偏导数都是连续的,则称 φ 是 $C^{(1)}$ 变换. 显然,若 φ 是 $C^{(1)}$ 变换,则其 Jacobi 行列式是 U 上的连续函数.

从第二章的讨论可知,φ 是否把零测集变为零测集是一个十分重要的问题.

引理 5 设 φ: $U \to \mathbf{R}^n$ 是 $C^{(1)}$ 变换. 若 Z 是 U 中的零测集,则 $m(\varphi(Z)) = 0$.

证明 (i) 假定存在 $M > 0$,使得对一切 $t \in U$,有

$$\left| \frac{\partial \varphi_j(t)}{\partial x_i} \right| \leqslant M, \quad i, j = 1, 2, \cdots, n,$$

并记 $L = nM + 1$. 若 $t_0 \in U$,则由 φ 的可微性可知,存在 $B(t_0, \delta_0) \subset U$,使得当 $t \in B(t_0, \delta_0)$ 时,有

$$|T(t) - T(t_0)| < nM |t - t_0| + |t - t_0| = L |t - t_0|.$$

令 $\varepsilon > 0$,取开集 G: $Z \subset G \subset U$ 且 $m(G) < \varepsilon$,并把 G 表为

$$G = \bigcup_{j=1}^{\infty} K_j,$$

其中每个 K_j 都是紧集. 因为 φ 是连续的, 所以每个 $\varphi(K_j)$ 都是紧集, 从而可知 $\varphi(G)$ 是 Borel 集.

现在, 设 H 是 $\varphi(G)$ 中的任一紧集, 对每个 $x \in H$, 取 $s \in G$, 使得 $x = \varphi(s)$. 因而又存在 $B_s = B(s, \delta_s) \subset G$, 使得

$$|T(t) - x| < L\,|t - s|, \quad t \in B_s.$$

显然 $\varphi(B_s) \subset B(x, L\delta_s) = B_s^*$. 由于 H 是紧集, 故存在 $s_1, s_2, \cdots, s_p \in H$, 使得

$$H \subset \bigcup_{i=1}^{p} B_{s_i}^*.$$

不难证明, 存在绝对常数 L_1; 在 $B_{s_1}^*, \cdots, B_{s_p}^*$ 中存在 $B_1^*, \cdots, B_q^*$, 且它们互不相交, 使得

$$m\left(\bigcup_{i=1}^{p} B_{s_i}^*\right) \leqslant (L_1)^n \sum_{j=1}^{q} m(B_j^*) = (LL_1)^n \sum_{j=1}^{q} m(B_j).$$

注意到相应的 $B_1, \cdots, B_q$ 也是互不相交的, 因而可得 (再记 $c = LL_1$)

$$m(H) \leqslant m\left(\bigcup_{i=1}^{p} B_{s_i}^*\right) \leqslant c^n \sum_{j=1}^{q} m(B_j) = c^n m\left(\bigcup_{j=1}^{q} B_j\right) \leqslant c^n m(G) < c^n \varepsilon.$$

因为 H 是 $\varphi(G)$ 中的任一紧集, 所以有 $m(\varphi(G)) \leqslant c^n \varepsilon$, 从而可知

$$m(\varphi(Z)) \leqslant m(\varphi(G)) \leqslant c^n \varepsilon.$$

由 ε 的任意性得 $m(\varphi(Z)) = 0$.

(ii) 对于一般情形, 作开球 $B_k, \overline{B}_k \subset U (k = 1, 2, \cdots)$, 使得

$$U = \bigcup_{k \geqslant 1} B_k,$$

其中每个 B_k 均以有理点为球心, 正有理数为半径. 因为 $\overline{B}_k$ 是紧集以及 φ 是 $C^{(1)}$ 变换, 而 $\varphi: B_k \to \mathbf{R}^n$ 是满足条件 (i) 的, 所以有

$$m(\varphi(Z \cap B_k)) = 0, \quad k = 1, 2, \cdots.$$

从而可知　　$\displaystyle m(\varphi(Z)) = m\left(\bigcup_{k=1}^{\infty} \varphi(Z \cap B_k)\right) = 0.$

推论 6　设 $\varphi: U \to V$ 是 $C^{(1)}$ 变换, U, V 是 $\mathbf{R}^n$ 中的开集. 若 $E \in \mathcal{M}$, 则

$$\varphi(E) \in \mathcal{M}.$$

下面我们总是假定 $\varphi: U \to V$, U, V 是 $\mathbf{R}^n$ 中的开集, 且满足下述条件:

(i) φ 是一一变换;

(ii) φ 是 $C^{(1)}$ 变换;

(iii) $J_\varphi(t) \neq 0 (t \in U)$.

此时, 逆映射 $\psi = \varphi^{-1}$ 同样满足 (i)~(iii) (见 Hoffman K., Analysis in Euclidean Space, Prentice-Hall, INC., 1975), 且有

$$J_\varphi(\psi(x)) J_\psi(x) = 1, \quad x \in V.$$

现在,我们在变换 φ 下叙述积分换元公式:(证略).

定理 7(积分换元公式) 设 $f(x)$ 是 V 上的可测函数,则有

(i) $f(\varphi(t))$ 是 U 上的可测函数;

(ii) $f\in L(V)$,当且仅当 $f(\varphi(t))|J_\varphi(t)|$ 是 U 上的可积函数;

(iii) 若 $f\in L(V)$ 或 $f(x)\geqslant 0$,则

$$\int_V f(x)\mathrm{d}x = \int_U f(\varphi(t))|J_\varphi(t)|\mathrm{d}t. \tag{5}$$

例 1(球极坐标变量替换公式) 设变换 $\varphi: \mathbf{R}^n\rightarrow\mathbf{R}^n$ 表示如下:

$$x_1 = r\cos\theta_1,$$
$$x_2 = r\sin\theta_1\cos\theta_2,$$
$$\cdots\cdots\cdots\cdots\cdots\cdots$$
$$x_j = r\sin\theta_1\sin\theta_2\cdots\sin\theta_{j-1}\cos\theta_j, \quad 2\leqslant j\leqslant n-1,$$
$$\cdots\cdots\cdots\cdots\cdots\cdots$$
$$x_n = r\sin\theta_1\sin\theta_2\cdots\sin\theta_{n-2}\sin\theta_{n-1},$$

其中 $0\leqslant\theta_j<\pi(j=1,2,\cdots,n-2),0\leqslant\theta_{n-1}\leqslant 2\pi,r=|x|$ 是向量 x 的长度. 记 $\mathbf{R}^n$ 中单位球面的向量为

$$\omega = (\cos\theta_1,\sin\theta_1\cos\theta_2,\cdots,\sin\theta_1\cdots\sin\theta_{n-2}\cos\theta_{n-1},\sin\theta_1\cdots\sin\theta_{n-1}),$$

易知 $|\omega|=1$. 对应上述变换的行列式为 $r^{n-1}\sin^{n-2}\theta_1\sin^{n-3}\theta_2\cdots\sin\theta_{n-2}$. 因此,若 $f\in L(\mathbf{R}^n)$,我们有变量替换公式:

$$\int_{\mathbf{R}^n} f(x)\mathrm{d}x = \int_0^{2\pi}\int_0^\pi\cdots\int_0^\pi\int_0^{+\infty} r^{n-1}f(r\omega)\sin^{n-2}\theta_1\sin^{n-3}\theta_2$$
$$\cdot\sin^{n-4}\theta_3\cdots\sin\theta_{n-2}\mathrm{d}r\mathrm{d}\theta_1\mathrm{d}\theta_2\cdots\mathrm{d}\theta_{n-1}. \tag{6}$$

我们记 $\mathbf{R}^n$ 中的单位球面为

$$\Sigma_n = \{\omega: 0\leqslant\theta_j<\pi,0\leqslant\theta_{n-1}\leqslant 2\pi(j=1,2,\cdots,n-2)\},$$

而且

$$\int_0^{2\pi}\int_0^\pi\cdots\int_0^\pi\cdots\mathrm{d}\theta_1\mathrm{d}\theta_2\cdots\mathrm{d}\theta_{n-1} = \int_{\Sigma_n}\cdots\mathrm{d}\omega_n.$$

现在考虑包含 Σ_n 中的开集的最小 σ-代数. 当 A 是其中一元,即 Borel 集时,

$$\int_0^{2\pi}\int_0^\pi\cdots\int_0^\pi\chi_A(\omega)\mathrm{d}\theta_1\mathrm{d}\theta_2\cdots\mathrm{d}\theta_{n-1} = \int_{\Sigma_n}\chi_A(\omega)\mathrm{d}\omega_n$$

以及

$$\omega_n(A) = \int_{\Sigma_n}\chi_A(\omega)\mathrm{d}\omega_n$$

就可被定义为在 Σ_n 上的 Borel 集的测度. 我们称 ω_n 为 Σ_n 的面测度. 从而在一般情形下,就有

$$\int_{\mathbf{R}^n} f(x)\mathrm{d}x = \int_{\Sigma_n}\int_0^{+\infty} r^{n-1}f(r\omega)\mathrm{d}r\mathrm{d}\omega_n. \tag{7}$$

例 2　$\omega_n(\Sigma_n) = \displaystyle\int_{\Sigma_n} \mathrm{d}\omega_n = 2\pi^{n/2}\Gamma\left(\dfrac{n}{2}\right)^{-1}.$

证明　作函数 $f(x) = \mathrm{e}^{-|x|^2} = \mathrm{e}^{-x_1^2} \cdot \mathrm{e}^{-x_2^2} \cdot \cdots \cdot \mathrm{e}^{-x_n^2}$，则

$$\int_{\mathbf{R}^n} \mathrm{e}^{-|x|^2}\,\mathrm{d}x = \prod_{j=1}^{n}\left(\int_{\mathbf{R}} \mathrm{e}^{-x_j^2}\,\mathrm{d}x_j\right) = \left(\int_{\mathbf{R}} \mathrm{e}^{-t^2}\,\mathrm{d}t\right)^n.$$

另一方面，又有

$$\int_{\mathbf{R}^n} \mathrm{e}^{-|x|^2}\,\mathrm{d}x = \int_{\Sigma_n}\int_0^{+\infty} r^{n-1}\mathrm{e}^{-r^2}\,\mathrm{d}r\mathrm{d}\omega_n = \omega_n(\Sigma_n)\int_0^{+\infty} r^{n-1}\mathrm{e}^{-r^2}\,\mathrm{d}r.$$

由此推知

$$\omega_n(\Sigma_n) = \left(\int_{\mathbf{R}} \mathrm{e}^{-t^2}\,\mathrm{d}t\right)^n\left(\int_0^{+\infty} r^{n-1}\mathrm{e}^{-r^2}\,\mathrm{d}r\right)^{-1} = 2\pi^{n/2}\Gamma\left(\dfrac{n}{2}\right)^{-1}.$$

(Ⅱ) 勒 贝 格 传

勒贝格(Henri Léon Lebesgue)1875 年 6 月 28 日生于法国的博韦,1941 年7 月 26 日卒于巴黎.

勒贝格的父亲是一名印刷厂职工,酷爱读书,颇有教养. 在父亲的影响下,勒贝格从小勤奋好学,成绩优秀,特别擅长计算. 不幸,父亲去世过早,家境衰落.勒贝格在学校老师的帮助下进入中学,后又转学巴黎,1894 年考入高等师范学校.

1897 年大学毕业后,勒贝格在该校图书馆工作了两年. 在这期间,出版了E.波雷尔关于点集测度的新方法的《函数论讲义》,特别是研究生 R. 贝尔发表了关于不连续实变函数理论的第一篇论文.这些成功的研究工作说明在上述崭新的领域中进行开拓将会获得何等重要的成就,因而激发了勒贝格的热情. 从1899 年到 1902 年勒贝格在南锡的一所中学任教,虽工作繁忙,但仍孜孜不倦地研究实变函数理论,并于 1902 年发表了博士论文"积分、长度与面积". 在这篇文章中,勒贝格创立了后来以他的名字命名的积分理论. 此后,他开始在大学任教(1902—1906 年,在雷恩;1906—1910 年,在普瓦蒂埃),并出版了一些重要著作:《积分法和原函数分析讲义》(1904);《三角级数讲义》(1906). 接着,勒贝格又于 1910—1919 年在巴黎(韶邦)大学担任讲师,1920 年转聘为教授,这时他又陆续发表了许多关于函数的微分、积分理论的研究成果.勒贝格于 1921 年获得法兰西学院教授称号,翌年作为 C.若尔当的后继人被选为巴黎科学院院士.

勒贝格对数学的主要贡献属于积分论领域,这是实变函数理论的中心课题.19 世纪以来,微积分开始进入严密化的阶段. 1854 年,B.黎曼引入了以他的名字命名的积分,这一理论的应用范围主要是连续函数. 随着 K. 魏尔斯特拉斯和 G.康托尔工作的问世,在数学中出现了许多"奇怪"的函数与现象,致使黎曼积分理论暴露出较大的局限性.几乎与这一理论发展的同时(1870—1880 年),人们就已广泛地展开了对积分理论的改造工作. 当时,关于积分论的工作主要集于无穷集合的性质的探讨,而无处稠密的集合具有正的外"容度"性质的发现,使集合的测度概念在积分论的研究中占有重要地位. 积分的几何意义是曲线围成的面积,黎曼积分的定义是建立在对区间长度的分割的基础上的. 因此,人们自然会考虑到如何把长度、面积等概念扩充到更广泛的点集类上,从而把积分概念置于集合测度理论的框架之中. 这一思想的重要性在于使人们认识到：集合的测度与可测性的推广将意味着函数的积分与可积性的推广. 勒贝格积分正是建立在勒贝格测度理论的基础上的, 它是黎曼积分的扩充.

　　为勒贝格积分理论的创立做出重要贡献的首先应推若尔当, 他在《分析教程》一书中阐述了后人称谓的若尔当测度论, 并讨论了定义在有界若尔当可测集上的函数, 采用把区域分割为有限个若尔当可测集的办法来定义积分. 虽然若尔当的测度论存在着严重的缺陷 (例如存在着不可测的开集, 有理数集不可测等), 而且积分理论也并没有做出实质性的推广, 但这一工作极大地影响着勒贝格研究的视野. 在这一方向上迈出第二步的杰出人物是波雷尔, 1898 年在他的《函数论讲义》中向人们展示了 "波雷尔集" 的理论. 他从 **R** 中开集的测度是构成区间的长度总和出发, 允许对可列个开集作并与补的运算, 构成了所谓以波雷尔可测集为元素的 σ 代数类, 并在其上定义了测度. 这一成果的要点是使测度具备完全可加性 (若尔当测度只具备有限可加性), 即对一列互不相交的波雷尔集 $\{E_n\}$, 若其并集是有界的, 则其并集的测度等于每个 E_n 的测度的和. 此外, 他还指出, 集合的测度和可测性是两个不同的概念. 但在波雷尔的测度思想中, 却存在着不是波雷尔集的若尔当可测集 (这一点很可能是使他没有进一步开创积分理论的原因之一). 特别是其中存在着零测度的稠密集, 引起了一些数学家的反感. 然而勒贝格却洞察了这一思想的深刻意义并接受了它. 他突破了若尔当对集合测度的定义中所做的有限覆盖的限制, 以更加一般的形式发展和完善了波雷尔的测度观念, 给予了集合测度的分析定义：设 $E \subset [a,b]$, 考虑可数多个区间 $\{I_i\}$ 对 E 作覆盖. 定义数值

$$m^*(E) = \inf\Big\{ \sum_i |I_i| : \bigcup_i I_i \supset E \Big\}$$

为勒贝格外测度, 且若

$$m^*(E) + m^*([a,b] \backslash E) = b - a,$$

则称 E 为可测集 (即 E 是勒贝格可测的). 在此基础上, 勒贝格引入了新的积分定义：对于一个定义在 $[a,b]$ 上的有界实值函数 $f(x)$ $(M_1 \leqslant f(x) \leqslant M_2)$, 作 $[M_1, M_2]$ 的分划 Δ：

$$M_1 = y_0 < y_1 < \cdots < y_{n-1} < y_n = M_2.$$

令

$$E_i = \{ x \in [a,b] : y_{i-1} \leqslant f(x) \leqslant y_i \} \quad (i = 1, 2, \cdots, n),$$

并假定这些集合是可测的 (即 $f(x)$ 是勒贝格可测函数), 并用 $m(E_i)$ 表示 E_i 的 Lebesgue 测度. 考虑和式

$$s_\Delta = \sum_{i=1}^{n} y_{i-1} m(E_i), \quad S_\Delta = \sum_{i=1}^{n} y_i m(E_i),$$

如果当 $\max\{y_i - y_{i-1}\} \to 0$ 时, s_Δ 与 S_Δ 趋于同一极限值, 则称此值为 $f(x)$ 在

$[a,b]$上的积分. 勒贝格曾对他的这一积分思想作过一个生动有趣的描述:"我必须偿还一笔钱. 如果我从口袋中随意地摸出来各种不同面值的钞票,逐一地还给债主直到全部还清,这就是黎曼积分法;不过,我还有另外一种做法,就是把钱全部拿出来并把相同面值的钞票放在一起,然后再付给应还的数目,这就是我的积分法". 在他的这一新思想中,凡若尔当可测集、波雷尔可测集都是勒贝格可测集. 勒贝格积分的范围包括了由贝尔引入的一切不连续函数.

从数学发展的历史角度看,新的积分理论的建立是水到渠成的事情. 但是可贵的是,与同时代的一些数学家不同,在勒贝格看来,积分定义的推广只是他对积分理论研究的出发点,他深刻地认识到,在这一理论中蕴涵着一种新的分析工具,使人们能在相当大范围内克服黎曼积分中产生的许多理论困难. 而正是这些困难所引起的问题是促使勒贝格获得这一巨大成就的动力.

这方面的第一个问题是早在 19 世纪初期由 J. 傅里叶在关于三角级数的工作中不自觉地引发的:当一个有界函数可以表示为一个三角级数时,该级数是它的傅里叶级数吗? 这一问题与一个无穷级数是否可以逐项积分有着密切的关系. 傅里叶当时曾认为在其和为有界函数时这一运算是正确的,从而给上述问题以肯定的回答. 然而到了 19 世纪末期,人们认识到逐项积分并不总是可行的,甚至对于黎曼可积函数的一致有界的级数也是这样,因为由该级数所表示的函数不一定是黎曼可积的. 这个问题的讨论促使勒贝格在新的积分理论中获得了一个十分重要的结果:控制收敛定理. 作为一个特殊情形他指出,勒贝格可积的一致有界级数都可以逐项进行积分,从而支持了傅里叶的结论. 逐项积分在本质上就是积分号下取极限的问题,它是积分理论中经常遇到的最重要的运算之一. 从而这一定理的创立显示出勒贝格积分理论的极大优越性.

微积分基本定理

$$\int_a^x f'(x)\mathrm{d}x = f(x) - f(a), \quad x \in [a,b]$$

是微积分学的核心. 然而这一公式的运用在黎曼积分意义下却有较大的局限性. 在 1878—1881 年间,U. 迪尼和 V. 沃尔泰拉曾构造了这样的函数,它们具有有界的导数,但是导函数不是黎曼可积的,从而基本定理对此是不适用的. 此后,联系到黎曼积分对无界函数的处理也发现了类似的困难. 然而,在新的积分理论中,勒贝格指出,在 $f'(x)$ 有界时,这一困难是不存在的. 在 $f'(x)$ 是有限值但无界的情形,只要 $f'(x)$ 是可积的,基本定理仍是成立的,且此时 f 本身是个有界变差函数. 此外,逆向问题也被人们提出来了:何时一个连续函数是某个函数的积分? 为此,A. 哈纳克曾导入了后来叫作绝对连续的函数. 约在 1890 年期间,绝对连续函数就被当作绝对收敛的积分的特征性质来研究,虽然还没有人能真正证明任何绝对连续函数都是一个积分. 然而, 勒贝格通过对于导数几乎处处为零但函数本身并非常数的函数的考查, 认识到在他的积分意义下, 上述结论是正确的, 从而得出了积分与原函数之间的一个完整结果: 上述公式成立的充分必要条件是 $f(x)$ 是 $[a, b]$ 上的绝对连续函数.

另一个与积分理论有关的问题是曲线的长度问题. 19 世纪前期, 很少有人注意到一条曲线长度的定义和可求长问题. 一般都认为以 $y = f(x)$ $(a \leqslant x \leqslant b)$ 所描述的曲线段总是有长度的, 且长度可用

$$L = \int_a^b [1 + (f'(x))^2]^{1/2} \, dx$$

表示. 杜·布瓦-雷蒙在研究关于两点间长度最短的曲线的变分问题时, 从 P. G. L. 狄利克雷关于函数的一般观点出发探讨了曲线长度的概念. 由于用到了极限过程这一分析手段, 他认为(1879)积分理论对曲线长度的概念和可求长性质的陈述是必不可少的. 而到了 19 世纪末期, 这一见解由于 L. 舍费尔举出了反例而更为尖锐, 这一反例致使定积分 $\int_{x_0}^{x_1} [1 + (f'(x))^2]^{1/2} \, dx$ 在黎曼积分的定义下没有意义. 勒贝格对这一问题很感兴趣, 并应用他的积分论中的方法和结果, 证明了曲线长度与积分概念是密切相关的, 从而恢复了杜·布瓦-雷蒙断言的可信性.

勒贝格关于微积分基本定理和曲线可求长理论的研究, 促使他发现有界变差函数是几乎处处可微的这一事实(注: 若尔当曾指出不定积分是有界变差函数). 这一定理的重要性在于: 人们对于连续函数的可微性已经讨论了一个多世纪, 在 19 世纪的几乎前半个世纪, 人们还一直认为连续函数在其定义区域中的绝大多数点上都是可微的. 虽然连续函数总被误认为是逐段单调的, 但这使单调性与可微性联系起来了, 尽管是脆弱的. 到 19 世纪末期, 这一看法逐渐被人怀疑, 甚至有些其地位不低于魏尔斯特拉斯的数学家都觉得存在着无处可微的连续的单调函数. 于是, 在这一意义下, 勒贝格的定理支持了老一代数学家的直觉印象.

在传统的关于二重积分与累次积分的恒等性定理上, 黎曼积分也反映出它的不足之处, 人们发现了使该定理不成立的例子. 从而作为一个结论, 这一定理的传统说法必须修改. 然而, 在把积分推广于无界函数的情形时, 这一修改变得更加严峻. 对此, 勒贝格的重积分理论, 使得用累次积分来计算二重积分的函数范围扩大了. 他在 1902 年给出的一个结果奠定了 1907 年 G. 傅比尼创立的著名定理的基础.

勒贝格积分理论作为分析学中的一个有效工具的出现, 尤其是在三角级数中应用的高度成功, 吸引了许多数学家的兴趣. 例如, P. 法图, F. 里斯和 E. 菲舍

尔等都来探讨有关的问题,使这一领域开始迅速发展,其中特别是里斯关于 L^p 空间的工作(注:勒贝格可积的函数全体构成的距离空间是完备的),使得勒贝格积分在积分方程和函数空间的理论中持久地占有重要的位置.

虽然勒贝格在最初阶段专注于他自己的积分理论,然而在激励抽象测度和积分理论研究的开展上,他的工作仍是先导性的.1910 年,勒贝格发表题为"关于不连续函数的积分"的重要专题报告.在这里他不仅把积分、微分理论推广于 n 维空间,而且引入了可数可加集合函数的概念(定义于勒贝格可测集类上),指出这些函数是定义在集合类上的有界变差函数.正是因为对于有界变差与可加性概念之间联系的考查,使得 J.拉东做出了更广的积分定义,其中把 T.J.斯蒂尔杰斯积分和勒贝格积分作为它的特殊情形.他还在 1913 年的文章中指出,勒贝格的思想在更一般的背景上也是有效的.

勒贝格的一生都献给了数学事业.在 1922 年被推举为院士时,他的著作和论文已达 90 种之多,内容除积分理论外,还涉及集合与函数的构成(后来由俄国的数学家 H.卢津及其他学者进一步做出发展)、变分学、曲面面积以及维数理论等重要课题,在人生的最后 20 年中,勒贝格的研究工作仍然十分活跃并反映出广泛的兴趣,不过作品内容大都涉及教育、历史及初等几何.

勒贝格的工作是对 20 世纪科学领域的一个重大贡献,但和科学史上每种新思想的出现一样,并不是没有遇到阻力.原因就是在勒贝格的研究中扮演了重要角色的那些不连续函数和不可微函数被认为是违反了所谓的完美性法则,是数学中的"变态和不健康"部分.因此,他的工作受到了某些数学家的冷淡,甚至有人曾企图阻止他关于一篇讨论不可微曲面的论文的发表.勒贝格曾感叹地说:"我被称为是一个没有导数的函数的那种人了."然而,不论人们的主观愿望如何,这些具有种种奇异性质的对象都自动地进入了研究者曾企图避开它们的问题之中.勒贝格充满信心地指出:"使得自己在这种研究中变得迟钝了的那些人,是在浪费他们的时间,而不是在从事有用的工作."

由于在实变函数理论方面做出了杰出成就,勒贝格相继获得胡勒维格奖(1912 年),彭赛列奖(1914 年)和赛恩吐奖(1917 年),许多国家和地区(如伦敦、罗马、丹麦、比利时、罗马尼亚和波兰)的科学院都聘他为院士,许多大学授予他名誉学位,以表彰他的贡献.

(Ⅲ) 部分思考题及习题的参考解答或提示

§1.2 之(二)

2. 若 x 属于左端, 则存在 n_1, n_2, 使得 $x \in A_{n_1} \cap B_{n_2}$. 不妨假定 $n_1 \leqslant n_2$, 则由 $A_{n_1} \subset A_{n_2}$ 可知 $x \in A_{n_2} \cap B_{n_2}$. 因此 x 属于右端. 若 x 属于右端, 则存在 n_0, 使得 $x \in A_{n_0} \cap B_{n_0}$. 由此知 $x \in \bigcup_{n=1}^{\infty} A_n, x \in \bigcup_{n=1}^{\infty} B_n$, 故 x 属于左端.

4. (ⅰ) 由 $A \cup B = E \cup F$ 以及 $A \cap F = \varnothing$ 可知 $A \subset E$. 又由于 $(A \cup B) \cap E = (E \cup F) \cap E$ 以及 $B \cap E = \varnothing$ 可知 $A \cap E = E$, 从而又有 $E \subset A$. 这说明 $A = E$. 类似地可证 $B = F$.

(ⅱ) $A_1 \cup A_2 = (A \cap E) \cup (A \cap F) = A \cap (E \cup F)$

$\qquad\qquad = A \cap (A \cup B) = A \cup (A \cap B) = A.$

§1.2 之(三)

1. 记 $E_{n,k} = \{x \in \mathbf{R}: f_n(x) < t + 1/k\}$. 若 x_0 属于原式左端, 即 $\lim_{n \to \infty} f_n(x_0) = f(x_0) \leqslant t$, 则对任意的 $k_0 \in \mathbf{N}$, 存在 n_0, 当 $n \geqslant n_0$ 时, 有 $f_n(x_0) < t + 1/k_0$, 即 $x_0 \in E_{n,k_0}$ $(n \geqslant n_0)$. 这说明 x_0 属于 $\{E_{n,k_0}\}$ 的下限集, x_0 属于右端. 若 x_0 属于右端, 则对任意给定的 $k_0 \in \mathbf{N}$, $x_0 \in \bigcup_{m=1}^{\infty} \bigcap_{n=m}^{\infty} E_{n,k_0}$, 即 x_0 属于 $\{E_{n,k_0}\}$ 的下限集. 故存在 $n_0, x_0 \in E_{n,k_0}$ $(n \geqslant n_0)$, 即有 $f_n(x_0) < t + 1/k_0$ $(n \geqslant n_0)$. 令 $n \to \infty$, 可得 $f(x_0) \leqslant t + 1/k_0$. 再令 $k_0 \to \infty$, 即得 $f(x_0) \leqslant t$. x_0 属于左端.

2. 注意下述推理的充分必要性:

$$\lim_{n \to \infty} a_n = a \Longleftrightarrow \text{对任意的 } k_0 \in \mathbf{N}, \text{存在 } n_0, \text{使得 } a \in \left(a_n - \frac{1}{k_0}, a_n + \frac{1}{k_0} \right) (n \geqslant n_0),$$

即

$$a \in \bigcup_{m=1}^{\infty} \bigcap_{n=m}^{\infty} \left(a_n - \frac{1}{k_0}, a_n + \frac{1}{k_0} \right) \Longleftrightarrow a \in \bigcap_{k=1}^{\infty} \bigcup_{m=1}^{\infty} \bigcap_{n=m}^{\infty} \left(a_n - \frac{1}{k}, a_n + \frac{1}{k} \right).$$

§1.3 之(一)

1. 若 $x_l \in \mathbf{R}, x_2 \in \mathbf{R}$, 使得 $f(x_1) = f(x_2) = y \in \mathbf{R}$, 则

$$f_{n_0-1}(f(x_1)) = f_{n_0-1}(y) = f_{n_0-1}(f(x_2)), \quad f_{n_0}(x_1) = f_{n_0}(x_2).$$

由此知 $x_1 = x_2$, 即 f 是一一映射.

2. 用反证法. 假定存在这样的函数 f, 那么取 $a, b \in \mathbf{Q}, f(a) = f(b) = l$. 作点集 $E = \{x \in [a, b]: f(x) = l\}$, 易知存在 $(c, d) \subset [a, b], f(c) = f(d) = l$, 且有 $(c, d) \cap E = \varnothing$. 这导致

$$f(x) > l \quad \text{或} \quad f(x) < l \quad (c < x < d).$$

注意 $f([c,d])$ 是一个闭区间.

3. 若对任意的 $B \subset Y$,均有 $f(f^{-1}(B)) = B$,则取 $B = Y$,可知 $f(f^{-1}(Y)) = Y$,即 f 是满射. 若 $Y = f(X)$,而存在 $B_0 \subset Y$,使得 $f(f^{-1}(B_0)) \neq B_0$,则有 $y_0 \in B_0$,使得对任意的 $x \in X$,均有 $f(x) \neq y_0$. 这说明 f 不是满射,矛盾.

4. (i)$\Rightarrow$(ii):只需指出 $f(A \cap B) \supset f(A) \cap f(B)$ 即可. 假定 $y \in f(A) \cap f(B)$,即存在 $x_1 \in A, x_2 \in B$,使得 $f(x_1) = y = f(x_2)$. 由于 f 是一一映射,故知有 $x = x_1 = x_2 \in A \cap B$,且 $f(x) = y$,即 $y \in f(A \cap B)$.

(ii)$\Rightarrow$(iii):由 $A \cap B = \varnothing$ 可知 $f(A \cap B) = \varnothing$,证毕.

(iii)$\Rightarrow$(iv):因为 $A \cap (B \backslash A) = \varnothing$,所以根据(iii)可知 $f(A) \cap f(B \backslash A) = \varnothing$. 这说明 $f(B \backslash A) = f(B) \backslash f(A)$.

(iv)$\Rightarrow$(i):用反证法. 若有 $x_1, x_2 \in X$ 且 $x_1 \neq x_2$,使得 $f(x_1) = f(x_2) = y \in Y$,则令 $A = \{x_1\}, B = \{x_1, x_2\}$. 由(iv)知 $y = f(x_2) \in f(B \backslash A) = f(B) \backslash f(A) = \varnothing$. 这一矛盾说明 f 是一一映射.

5. 对任意的 $x \in X$,有 $g(f(x)) = x$,即存在 $y = f(x) \in Y$,使得 $g(y) = x$. 这说明 g 是满射. 此外,若 $x_1, x_2 \in X$,使得 $f(x_1) = f(x_2)$,则由 $x_1 = g(f(x_1)) = g(f(x_2)) = x_2$ 可知,f 是单射.

§1.3 之(二)

1. 不一定. 举例如下:

设 $A_1 = \{2,3,4,\cdots\}, B_1 = \{3,4,5,\cdots\}, A_2 = B_2 = \mathbf{N}$,则 $A_1 \sim B_1, A_2 \sim B_2$,但 $A_2 \backslash A_1 = \{1\}, B_2 \backslash B_1 = \{1,2\}$.

5. 注意,首项为 n_0 的一切公差为自然数的等差自然数列全体是可列的.

6. 注意,导函数可以取到一切中间值.

7. 不存在. 由于 $\mathbf{Q}$ 是可列集,故 $f(\mathbf{Q})$ 是可数集. 此外,又有 $f(\mathbf{R} \backslash \mathbf{Q}) \subset \mathbf{Q}$,从而知 $f(\mathbf{R})$ 是可数集. 然而 $f(x)$ 是连续函数,因此 $f(\mathbf{R})$ 应包含区间. 这是矛盾的,证毕.

8. 作数集 $E_n = \{x \in E : x \geqslant 1/n\}$,易知 E_n 是有限集. 进一步,由 $E = \bigcup\limits_{n=1}^{\infty} E_n$ 即知 E 是可数集.

10. 用反证法. 假定结论不真,则对任意的 $x \in E$,存在圆邻域 $B(x)$,使得点集 $E \cap B(x)$ 为可数集. 现在对每个 $B(x)$,取半径 r_x 为有理数,即 $B_{r_x}(x)$,从而知 $E = \bigcup\limits_{r_x \in Q} B_{r_x}(x) \cap E$ 是可数集,与题设矛盾.

11. 令 $B = \mathbf{Q} - E \xlongequal{\text{def}} \{r - s : r \in \mathbf{Q}, S \in E\}$,则 $\bar{B} < c$. 由此知存在 $a \in B$,使得

$E+\{a\}\subset\mathbf{R}\backslash\mathbf{Q}$. 这是因为否则就有 $s\in E$, 使得 $s+a=r\in\mathbf{Q}$, 即 $a=r-s$, 矛盾.

13. 不存在. 因为有限集的幂集是有限集, 可列集的幂集的基数是 c.

14. 注意: 整系数方程的根之全体为可列集, 因此超越数全体的基数是 c.

§1.4 之（二）

2.（i）若点集 S 是 $\mathbf{R}$ 中的孤立点集, 则 S 是可数集. 这是因为对任意的 $x\in S$, 均有 $\delta_x>0$, 使得 $I_x\xlongequal{\text{def}}(x-\delta,x+\delta)\bigcap S=\{x\}$. 因此这区间族 $\{\Gamma_x\}_{x\in S}$ 互不相同, 其总数可数, 即 S 是可数集.

（ii）因为 $E\backslash E'$ 中的点均为孤立点, 所以是可数集, 从而由 $E=(E\backslash E')\bigcup(E\bigcap E')$ 可知 E 是可数集.

§1.5 之（一）

1.（i）若 E 是无界点集, 则 E 不一定是有限点集. 例如 $E=\{1,2,\cdots,n,\cdots\}$.

（ii）若 E 是有界点集, 则 E 必是有限点集. 这是因为否则在 E 中必有收敛点列 $\{x_k\}$, 而这一点集的子集未必都是闭集. 所以, 满足题设条件的有界点集 E 必是有限集.

2. 不一定. 例如, 设 $A=\{1/n\},B=\{-1/n\}$, 则 $A\bigcap B=\varnothing$, 从而 $\overline{A\bigcap B}=\varnothing$. 但我们有 $\overline{A}=\{0,1,1/2,\cdots,1/n,\cdots\},\overline{B}=\{0,-1,-1/2,\cdots,-1/n,\cdots\}$, 故 $\overline{A}\bigcap\overline{B}\neq\varnothing$.

3. 不一定. 例如, $\{E_k\}$ 是靠近 0 的一列有限集.

4.（i）显然 $F\supset E$, 故 $\bigcap\limits_{F\supset E}F\supset E$. 因为 $\bigcap\limits_{F\supset E}F$ 是闭集, 所以 $\bigcap\limits_{F\supset E}F\supset\overline{E}$. （ii）由于 $\overline{E}$ 是闭集, 故 $\overline{E}\supset\bigcap\limits_{F\supset E}F$. 结论得证.

7. 设 $\{p_n\}$ 是素数列, 且作 $E_n=\mathbf{Q}+\{\sqrt{p_n}\}(m\in\mathbf{N})$. 易知 $E_n\bigcap E_m=\varnothing(n\neq m)$（这是因为否则就有 $r'+\sqrt{p_m}=r''+\sqrt{p_n}(r',r''\in\mathbf{Q},r'\neq r'',m\neq n)$）. 由此可知 $(r'-r'')^2=(\sqrt{p_n}-\sqrt{p_m})^2$, 即
$$\sqrt{p_np_m}=[p_n+p_m-(r'-r'')^2]/2\in\mathbf{Q},$$
导致矛盾. 此外, 易知每个 E_n 均为可数稠密集.

§1.5 之（二）

2. 由 $\lim\limits_{(x,y)\to(0,0)}f(x,y)=0=f(0,0)$ 可知, 函数 $f(x,y)$ 在 $(0,0)$ 处连续. 又点 $(x\neq0,y=0)$ 不是 $f(x,y)$ 的连续点（注意: $y\to0$ 时 $f(x,y)$ 无极限）, 而点 $(0,0)$ 是这些不连续点集的极限点. 证毕.

3. 后一结论证明如下: 必要性. 若 $x_0\in\partial F$, 则对任意的 $\delta>0$, 存在 $\{x_n\}\subset F$ 且 $x_n\in B(x_0,\delta)$. 由此知 $x_n\to x_0(n\to\infty)$. 因为 F 是闭集, 所以 $x_0\in F$. 充分性. 设 $x_0\in F'$, 则存在 $\{x_n\}\subset F$ 且 $x_n\to x_0(n\to\infty)$. 易知 $x_0\in F$, 否则 $x_0\in\partial F$, 而

$\partial F \subset F$,所以 $x_0 \in F$,矛盾. 证毕.

4. 设 $x_0 \in A$,则存在 $x' \in G$,使得 $x_0 \in \overline{B(x',r_0)}$. 注意到 G 是开集,故存在 $\delta' > 0$,使得 $B(x',\delta') \subset G$. 再取 $x'' \in B(x',\delta')$,且 $x' \neq x''$ 以及 $|x''-x_0| < r_0$. 从而有 $x_0 \in B(x'',r_0) \subset A$. 由此易知,存在 $\delta_0 > 0$,使得 $B(x_0,\delta_0) \subset A$,即 A 是开集.

5. (i) 对任意的 $k \in \mathbf{N}$,作开球集 $B_k = \{B(r,1/k) : r \in \mathbf{Q}\}$ $(k \in \mathbf{N})$. 对 $\{B_k\}$ 中的 $B \xlongequal{\text{def}} B(r,1/k)$ 满足 $B \bigcap F \neq \varnothing$ 的球 B,取 $B \bigcap F$ 中的一个点,并记其全体为 A_k. 易知 A_k 是 F 的可数子集,$E \xlongequal{\text{def}} \bigcup_{k \geqslant 1} A_k$ 也是 F 中的可数子集. 因为 F 是闭集,所以 $\overline{E} \subset F$.

(ii) 对任意的 $x \in F$ 以及 $k \in \mathbf{N}$,使得 x 位于开球族 B_k 中的某个开球 B 内,且 B 必含有 A_k 中的一个点,也必含有 E 中的一个点,从而 E 中的某点距离点 x 小于 $2/k$. 由 k 的任意性可知 $x \in \overline{E}$,即 $F \subset \overline{E}$.

6. 记 $\overline{E}$ 为 F(闭集),又记 $(E')^c$ 为 G(开集). 依题设知 $E \bigcap E' = \varnothing$,故可得
$$F \bigcap G = \overline{E} \bigcap (E')^c = [E \bigcap (E')^c] \bigcup [E' \bigcap (E')^c] = E.$$

7. 不一定. 例如 $E = \{(x,y) \in \mathbf{R}^2 : x \in \mathbf{R}, y > 0\}$,用位于上半平面内的(有理)开圆(即以有理点为中心,正有理数为半径)全体 $\{G_k\}$ 覆盖 E,而 $\{\overline{G_k}\}$ 不能覆盖 $\overline{E} = \{(x,y) : x \in \mathbf{R}, y \geqslant 0\}$. 这是因为每个 $\overline{G_k}$ 与 Ox 轴至多有一个交点.

8. 取定 $[a_{\alpha_0}, b_{\alpha_0}] \in \Gamma$,则对任意的 $\alpha \in I \xlongequal{\text{def}} [0,1]$,均有 $[a_\alpha,b_\alpha] \bigcap [a_{\alpha_0},b_{\alpha_0}] \neq \varnothing$,易知 $a_\alpha \leqslant b_{\alpha_0}$ $(\alpha \in \Gamma)$. 这说明 Γ 中所有的元(闭区间)的左端点全体形成一个有上界的点集. 现在记 $M = \sup\{a_\alpha : [a_\alpha,b_\alpha], \alpha \in I\}$,下面指出 $M \in \bigcap_{\alpha \in I} [a_\alpha, b_\alpha]$: 对任一闭区间 $[a_\alpha,b_\alpha]$,必有 $a_\alpha \leqslant M$. 如果存在 $[a_{\alpha'},b_{\alpha'}] \in \Gamma$,使得 $b_{\alpha'} < M$,那么令 $M - b_{\alpha'} = \varepsilon > 0$,由 M 之定义可知,存在 $[a_{\alpha''},b_{\alpha''}] \in \Gamma$,使得 $a_{\alpha''} > M - \varepsilon > b_{\alpha'}$,从而有 $[a_{\alpha'},b_{\alpha'}] \bigcap [a_{\alpha''},b_{\alpha''}] = \varnothing$,矛盾. 故知 $b_\alpha \geqslant M (\alpha \in I)$. 证毕.

9. 用反证法. 假定 $F = \{x_1,x_2,\cdots,x_n,\cdots\}$ 且 F 无孤立点,则对每个 x_n,点集 $(\mathbf{R} \backslash \{x_n\}) \bigcap F$ 在 F 中稠密. 从而 $\left\{ \bigcap_{n=1}^{\infty} (\mathbf{R} \backslash \{x_n\}) \bigcap F \right\}$ 在 F 中也稠密. 但是点集 $\left\{ \bigcap_{n=1}^{\infty} (\mathbf{R} \backslash \{x_n\}) \right\} \bigcap F = \varnothing$,矛盾,即得所证.

10. 由题设知,对任意的 $x \in F$ 以及 $\varepsilon > 0$,存在 n,使得 $f_n(x) < \varepsilon$. 因为 f 连续,所以存在 $\delta_x > 0$,使得 $f_n(l) < \varepsilon (t \in B(x,\delta_x))$. 注意到 $\{B(x,\delta_x)\}$ 是 F 的开覆盖,故存在有限个开球 $B(x_i,\delta_{x_i})$ $(i=1,2,\cdots,m)$,使得 $F \subset \bigcup_{i=1}^{m} B(x_i,\delta_{x_i})$. 记与 x_i 相应的自然数指标为 n_i $(i=1,2,\cdots,m)$,则令 $N = \max\{n_1,n_2,\cdots,n_m\}$,可得

$f_n(x)<\varepsilon\,(n>N,x\in F)$. 这说明 $\{f_n(x)\}$ 在 F 上一致收敛于 0.

13. (i) 假定 $E\bigcap(0,+\infty)$ 是无界集,则取 $f(x)=\mathrm{e}^x\,(x\in E)$. 易知 $f\in C(E)$ 但无界. 因此 E 在 $(0,+\infty)$ 内是有界的. 对于 $E\bigcap(-\infty,0)$ 是无界的情形,可取 $f(x)=\mathrm{e}^{-x}$,也会导致矛盾. 从而得出 E 是有界集.

(ii) 设 $x_0\in E'$. 如果 $x_0\overline{\in}E$,那么令 $f(x)=1/|x-x_0|$,可知 $f\in C(E)$,但 $f(x)$ 无界,与题设矛盾,从而 E 是闭集.

§1.5 之（三）

1. 注意 $\{x\in[a,b]\colon f(x)<t\}=\bigcup\limits_{k=1}^{\infty}\bigcup\limits_{m=1}^{\infty}\bigcap\limits_{n=m}^{\infty}\left\{x\in[a,b]\colon f_n(x)\leqslant t-\dfrac{1}{k}\right\}$.

2. 对自然数 n,m,k,作点集

$$E_{m,n}^{(k)}=\{x\in F\colon|f_m(x)-f_n(x)|\leqslant 1/k\},$$

则由题设知 $E_{m,n}^{(k)}$ 是闭集. 若记 $E_n^{(k)}=\bigcap\limits_{m=n+1}^{\infty}E_{m,n}^{(k)}$,则 $E_n^{(k)}$ 是闭集. 令 $E^{(k)}=\bigcup\limits_{m=1}^{\infty}E_m^{(k)}$,则 $E^{(k)}$ 是 F_σ 集. 因为 $E=\bigcap\limits_{k=1}^{\infty}E^{(k)}$,所以 E 是 $F_{\sigma\delta}$ 集.

3. 令 $\omega_\delta(x)=\sup\limits_{0<|y-x|<\delta}\{f(y)\}-\inf\limits_{0<|y-x|<\delta}\{f(y)\},\lim\limits_{\delta\to 0}\omega_\delta(x)=\omega(x)$,则

$$\{x\in\mathbf{R}\colon\lim\limits_{y\to x}f(y)\ \text{存在}\}=\bigcap\limits_{n=1}^{\infty}\{x\in\mathbf{R}\colon\omega(x)<1/n\}.$$

4. (i) 引用命题: $\chi_E(x)$ 是 $f_n\in C(\mathbf{R})$ 的极限的充分必要条件是 E 是 F_σ 集,也是 G_δ 集 $(E\subset\mathbf{R})$. 证明如下:

必要性. 只需注意等式

$$E=\bigcup\limits_{m=1}^{\infty}\bigcap\limits_{n=m}^{\infty}\{x\in\mathbf{R}\colon f_n(x)\geqslant\tfrac{1}{2}\}=\bigcap\limits_{m=1}^{\infty}\bigcup\limits_{n=m}^{\infty}\{x\in\mathbf{R}\colon f_n(x)\geqslant\tfrac{1}{2}\}.$$

充分性. 假定已有 $E=\bigcup\limits_{n=1}^{\infty}F_n=\bigcap\limits_{n=1}^{\infty}G_n$,其中 $F_1\subset F_2\subset\cdots$ 是闭集列,$G_1\supset G_2\supset\cdots$ 是开集列,则作 $f_n\in C(\mathbf{R})$ 如下:

$$f_n(x)\begin{cases}1,&x\in F_n,\\0,&x\in\mathbf{R}\backslash G_n,\end{cases}\quad 0\leqslant f_n(x)\leqslant 1\quad(n=1,2,\cdots).$$

易知 $\lim\limits_{n\to\infty}f_n(x)=\chi_E(x)\,(x\in\mathbf{R})$.

注意,$\mathbf{Q}$ 不是 G_δ 集(见例 15).

(ii) 令 $F_n(x)=n[f(x+1/n)-f(x)]\,(a<x<b,n=1,2,\cdots)$,则 $\lim\limits_{n\to\infty}F_n(x)=f'(x)\,(a<x<b)$. 注意到 $F_n\in C((a,b))\,(n=1,2,\cdots)$,即得所证.

5. 设 $t\in F$ 且不属于 G_0,又对 $\delta>0$,令 $I_\delta=(t-\delta,t+\delta)$,只需指出 $G_0\bigcap F\bigcap I_\delta\neq\varnothing$ 即可. 因为 $G_1\bigcap F$ 在 F 中稠密,所以存在 $x_1\in G_1\bigcap F\bigcap I_\delta$. 由此又知存在

$J_1 \xmapsto{\text{def}} [x_1 - \delta_1, x_1 + \delta_1] \subset I_\delta \bigcap G_1$. 又由 $G_2 \bigcap F$ 在 F 中稠密,可知存在 $x_2 \in$ $G_2 \bigcap F \bigcap J_1$,还有 $J_2 \xmapsto{\text{def}} [x_2 - \delta_2, x_2 + \delta_2]$,$J_2 \subset J_1 \bigcap G_2$. …,继续此过程,可得 $\{x_n\}$: $x_n \to x_0 (m \to \infty)$,$x_0 \in G_0 \bigcap F$. 证毕.

6. 设 $x_0 \in \mathbf{R}^n$,则对任意的 $\delta > 0$,我们有

$$J_\Delta \xmapsto{\text{def}} [x_0 - \delta, x_0 + \delta] = \bigcup_{k=1}^{\infty} (J_\delta \bigcap F_k).$$

因为每个 $J_\delta \bigcap F_k$ 均为闭集,所以存在 $k_0 \in \mathbf{N}$,使得 $F_{k_0} \bigcap J_\delta$ 有内点. 证毕.

§1.5 之(四)

1. 因为 $\overline{\overline{E}} = c$,所以对任意的 $x_0 \in E$,$\{x_0 - y: y \in E\}$ 是不可数集. 由此知存在 $y_0 \in E$,使得 $x_0 - y_0 \overline{\in} \mathbf{Q}$.

4. (i) 设 $x_0 \in (K(E))'$,则对任意的 $\delta > 0$,存在 $y_0 \in K(E) \bigcap (x_0 - \delta, x_0 + \delta)$. 由此知存在 $(y_0 - \delta_0, y_0 + \delta_0)$ 包含 E 中不可数个点,而且 $(y_0 - \delta_0, y_0 + \delta_0) \subset (x_0 - \delta, x_0 + \delta)$,从而有 $x \in K(E)$. 即 $K(E)$ 是闭集.

(ii) 设 $x_0 \in K(E)$,令 $E_\delta = E \bigcap (x_0 - \delta, x_0 + \delta)(\delta > 0)$,则 E_δ 是不可数集. 因为 $E_\delta \bigcap K(E_\delta)$ 是不可数集,且 $E_\delta \subset E$,所以 E_δ 的凝聚点必是 E 的凝聚点. 这说明 $(x_0 - \delta, x_0 + \delta) \bigcap K(E)$ 是不可数集,$x_0 \in (K(E))'$.

§1.6

1. 设 $x \in E' \subset \mathbf{R}^n$,则依题设知存在 $y \in E$,使得 $d(x, y) = d(x, E)$. 但 $d(x, E) = 0$,故 $x = y \in E$,即 E 是闭集.

2. 易知 G^c 是闭集,且 $F \bigcap G^c = \varnothing$,故存在 $x_1 \in F, x_2 \in G$,使得 $d(x_1, x_2) = d(F, G^c) G > 0$. 现在取 $r = d(x_1, x_2)$,则当 $d(x, F) < r$ 时,就有 $x \in G$. 因为否则就出现 $d(x, F) \geqslant d(G^c, F) = r$,矛盾. 这说明 $\{x: d(x, F) < r\} \subset G$.

3. 不能. 用反证法. 假定结论成立,即 $F = F_1 \bigcup F_2 (F_1 \bigcap F_2 = \varnothing)$,$F_1, F_2$ 都是闭集,则存在 $x_1 \in F_1, x_2 \in F_2$,使得 $d(x_1, x_2) = d(F_1, F_2) > 0$. 注意到点 x_1 与点 x_2 的联结直线段是属于 F 的,矛盾.

第 二 章

§2.1

3. 应用 Lindelof 定理($\mathbf{R}^n$ 中的任一覆盖必存在可数覆盖).

§2.2

2. 只需指出左端大于或等于右端即可. 在公式

$$\sum_{n=1}^{N} m^*(B_n) = m^* \left(\sum_{n=1}^{N} B_n \right) \leqslant m^* \left(\bigcup_{n=1}^{\infty} B_n \right)$$

中令 $N \to \infty$，即可得证.

3. 注意，依题设知 $m^*(E_2 \backslash E_1) = m^*(E_1 \backslash E_2) = 0$. 而 $E_2 = [E_1 \backslash (E_2 \backslash E_1)]$ $\bigcup (E_2 \backslash E_1)$，得证.

4. 依题设知，对任给 $\varepsilon > 0$，看 $\varepsilon/2^k (k = 1, 2, \cdots)$，存在可测集列 $\{A_k\}$，使得 $m^*(B \triangle A_k) < \varepsilon/2^k (k \in \mathbf{N})$，即 $m^*(B \backslash A_k) < \varepsilon/2^k$，$m^*(A_k \backslash B) < \varepsilon/2^k (k \in \mathbf{N})$. 令 $A = \bigcup\limits_{k=1}^{\infty} A_k$，则 A 是可测集，而且

$$B \backslash A = \bigcap_{k=1}^{\infty} (B \backslash A_k), \quad A \backslash B = \bigcup_{k=1}^{\infty} (A_k \backslash B).$$

$$m^*(B \backslash A) \leqslant m^*(B \backslash A_k) \ (k \in \mathbf{N}), \quad m^*(A \backslash B) \leqslant \sum_{k=1}^{\infty} m^*(A_k \backslash B)$$

$$m^*(B \backslash A) \leqslant \varepsilon/2^k (k \in \mathbf{N}), \quad m^*(A \backslash B) \leqslant \sum_{k=1}^{\infty} \varepsilon/2^k = \varepsilon.$$

由 ε 的任意性，可知 $m^*(B \backslash A) = 0 = m^*(A \backslash B)$. 这说明 $m^*(B \triangle A) = 0$. 根据上题，B 可测.

5. 不妨设 $E \subset [-n, n]$，并作 E 中闭集 K，使得 $m(K) > \alpha$. 考查 $f(x) = m(K \bigcap [-n, x])$. 易知 $f(x)$ 是 $\mathbf{R}$ 上的连续函数，且有 $f(-n) = 0$，$f(n) > \alpha$，从而知存在 $x_0 \in (-n, n)$，使得 $f(x_0) = \alpha$. 令 $F = K \bigcap [-n, x_0]$，则 $F \subset E$，且 $m(F) = \alpha$.

6. 令 $I_n = [-n, n] (n = 0, 1, 2, \cdots)$，$E_\alpha^{(n)} = (I_{n+1} \backslash I_n) \bigcap E_\alpha (n = 0, 1, 2, \cdots)$. 对每个 n，在 X 中使得 $m(E_\alpha^{(n)}) > 0$ 的 $E_\alpha^{(n)}$ 只能有可数个，从而 X 是可数集.

7. $m(\varliminf\limits_{k \to \infty} E_k) \geqslant \varlimsup\limits_{k \to \infty} m(E_k) \geqslant \varliminf\limits_{k \to \infty} m(E_k) \geqslant m(\varliminf\limits_{k \to \infty} E_k)$.

8. 必要性. 令 $E_n = [0, \varepsilon_n] (n \in \mathbf{N})$，则 $m(E_n) = \varepsilon_n (n \in \mathbf{N})$. 易知

$$\sum_{n=1}^{\infty} \chi_{E_n}(x) < +\infty, \quad \text{a. e. } x \in [0, 1].$$

充分性. 由 $\sum\limits_{n=1}^{\infty} \chi_{E_n}(x) < +\infty$，a. e. $x \in [0, 1]$ 可知，使 $\sum\limits_{n=1}^{\infty} \chi_{E_n}(x) = +\infty$ 的点集是 $[0, 1]$ 中属于 $\{E_n\}$ 中无穷多个的点 x 的全体，即上限集 $\varlimsup\limits_{n \to \infty} E_n$ 也是零测集. 由此可知

$$\lim_{n \to \infty} m\left(\bigcup_{k=n}^{\infty} E_k\right) = 0, \quad \lim_{n \to \infty} \varepsilon_n = \lim_{n \to \infty} m(E_n) = 0.$$

§ 2.3

1. 对任给 $\varepsilon > 0$，取开集 $G: G \supset E$，且 $m(G) < m^*(E) + \varepsilon$. 又选闭集 $F: F \subset E$，且 $m(F) > m^*(E) - \varepsilon/2$，则存在 $F: F \subset E \subset G$，且 $m(G \backslash F) < \varepsilon$，即 E 是可测集.

2. 因为 A 可测,所以有(不妨假定 $m^*(A) < +\infty$)

$$m^*(B) = m^*(B \cap A) + m^*(B \cap A^c),$$

$$m^*(B \cup A) = m^*((B \cup A) \cap A) + m^*((B \cup A) \cap A^c)$$

$$= m^*(A) + m^*(B \cap A^c).$$

由此知 $m^*(B \cap A^c) = m^*(B \cup A) - m^*(A)$,从而得

$$m^*(B) = m^*(B \cap A) + m^*(B \cup A) - m^*(A).$$

移项后即得所证.

3. 用反证法. 若有 $x_0 \in (a,b)$,使得 $f(x_0) > g(x_0)$,则存在 $\delta > 0$,使得 $f(x) > g(x)$ $(x_0 \leqslant x < x_0 + \delta)$,从而有

$$m(\{x: f(x) > g(x_0)\}) \geqslant x_0 + \delta - a > m(\{x: g(x) > g(x_0)\}).$$

§2.4

1. 因为存在 $a > 0$,使得 $E - E \supset (-a,a)$,所以当 $|x| < a$ 时,有 $x_1, x_2 \in E$,使得 $x = x_1 - x_2$,即 $x_1 + x \in E$. 也就是说 $(E + \{x\}) \cap E \neq \varnothing$ $(|x| < a)$.

2. 由题设知 $(-\delta, \delta) \subset (\{a\} - E) \cup (\{a\} + E)$,再注意到平移不变性,可得 $m(E) \geqslant \delta$.

§2.5

1. 存在. 只需取 $[0,1]$ 中的点集 E 为不可测集即可.

2. 设 $W \subset (0,1)$ 是不可测集,令 $\{r_k\} = \mathbf{Q} \cap (-1,1)$ 以及 $E_k = W + \{r_k\}$ $(k \in \mathbf{N})$ 即为所求.

3. 将 $[0,1]$ 的一切点分解成许多等价类: 当 $x, y \in [0,1]$ 且 $x - y \in \mathbf{Q}$ 时, x 与 y 属于同一类. 然后在每一类中取一点做成点集 W. 自然, W 是不可数集.

(i) 对 $x \in W, x - x = 0 \in W, 0 \in \mathbf{Q} \backslash \{0\}$.

(ii) 对 $x \in W, y \in W$,且 $x \neq y$,则 $x - y \overline{\in} \mathbf{Q}$,故 $x - y \in \mathbf{Q} \backslash \{0\}^c$.

综合(i),(ii),有 $W - W \subset (\mathbf{Q} \backslash \{0\})^c$,从而 $W - W$ 不含有内点.

4. 不妨设 $m(E) > 0$. 用反证法. 假定 $E \triangle W$ 是可测集,则由 $E \cup W = (E \cap W) \cup (E \triangle W)$ 易知 $E \cap W$ 不可测(因为否则由 $E \cup W$ 可测,从而知当 $W \backslash E \neq \varnothing$ 时, $W \backslash E = (E \cup W) \backslash E$ 是可测集. 再根据假定又知 $E \backslash W$ 是可测集. 由此就得到 $W = (W \backslash E) \cup (W \cap E)$ 是可测集. 这与题设矛盾. 这说明 $E \cap W$ 不可测),从而 $E \triangle W$ 就不可测.

5. 用反证法. (不妨设 $m(E) < +\infty$) 假定 E 可测,则取 $\varepsilon_0 = \inf\limits_{G} \{m(G)\} - \sup\limits_{F} \{m(F)\}$,可作开集 G 和闭集 F,使得 $G \supset E, F \subset E$,且 $m(G \backslash E) < \varepsilon/2$, $m(E \backslash F) < \varepsilon/2$,从而得

$$m(G) - m(F) = m(G) - m(E) + m(E) - m(F) < \varepsilon.$$

这与题设矛盾,得证.

6. 不. 例如, 记 W 是 **R** 中的不可测集, 则由 $\bigcap\limits_{a\in W}\{a\}^c=\left(\bigcup\limits_{a\in W}\{a\}\right)^c=W^c$ 可知(可测集 $\{a\}^c=\mathbf{R}\backslash\{a\}$), 对 $a\in W$, 作交是不可测集.

第 三 章

§3.1

1. 记 $A=\{x\in E, f(x)>0\}, B=\{x\in E: f(x)\leqslant 0\}$, 则 $f(x)=|f(x)|\cdot$ $(X_A(x)-X_B(x))(x\in E)$. 注意, 由 $f^2(x)$ 的可测性知 $|f(x)|$ 可测(看 $\{x\in E: |f(x)|>t\}(t\geqslant 0)$ 以及 $\{x\in E: f^2(x)>t^2\}$).

2. 对 $g(x)$, 设 $t\in\mathbf{R}$. 若 $x_0\in\{x\in(0,1): g(x)>t\}\xlongequal{\text{def}}E_t$, 则存在 $f\in\mathscr{F}$: $f(x_0)>t$. 因为 $f(x)$ 连续, 所以存在 $\delta_0>0$, 使得 $f(x)>t(x_0-\delta_0<x<x_0+\delta_0)$. 由此又知 $g(x)>t(x_0-\delta_0<x<x_0+\delta_0)$. 这说明 x_0 是点集 E_t 的内点, 即 E_t 是开集, $g(x)$ 是可测函数.

3. 注意不收敛点集的结构(见 §1.2 中关于集合运算中的例).

4. 不妨假定 $G=\bigcup\limits_{n\geqslant 1}(a_n,b_n)$, 则由等式

$$\{x\in E: f(x)\in G\}=\bigcup_{n\geqslant 1}(\{x\in E: f(x)>a_n\}\cap\{x\in E: f(x)<b_n\})$$

可知, 上式左端是可测集. 至于对闭集 F, 只需注意公式

$$\{x\in E: f(x)\in F\}=E\backslash\{x\in E: f(x)\in F^c\}$$

即可

6. 不. 例如, 设 $f(x)=0(0\leqslant x\leqslant 1), g(x)$ 是 Dirichlet 函数, 易知 $f(x)=g(x)$, a. e. $x\in[0,1]$, 但 $g(x)$ 无处连续.

7. 不一定. 例如 $f(x)=\chi_{[1,\infty]}(x)$, 它在 **R** 上几乎处处连续, 但不存在 $g\in C(\mathbf{R})$, 使得 $f(x)=g(x)$, a. e. $x\in\mathbf{R}$(注意点 $x_0=1$ 的附近).

§3.2 之(二)

1. 有此关系式. 依题设知, 存在 $\{n_k\}$, 使得 $f_{n_k}(x)$ 在 E 上几乎处处收敛于 $g(x)$, 从而有 $g(x)=f(x)$, a. e. $x\in E$.

2. 依测度收敛. 这是因为对任给 $\varepsilon>0,\delta>0$, 当 $k>K$ 时, 均有

$$m(\{x\in E: |f_k(x)-f(x)|\geqslant\varepsilon\})<\delta.$$

4. 注意: $\{f_n(x)\}$ 在 $[0,\pi]$ 上是几乎处处收敛于 0 的.

5. 不一定. 例如, 在 $[0,1]$ 上定义 $f_k(x)=1/k(k\in\mathbf{N})$, 易知 $f_k(x)$ 在 $[0,1]$ 依测度收敛于 0, 但我们有

$$m(\{x\in[0,1]: |f_k(x)|>0\})=1.$$

6. 是的. 依题设知存在 $\{k_i\}$, 使得 $\lim\limits_{i\to\infty}f_{k_i}(x)=0$, a. e. $x\in E$. 从而根据

$f_k(x) \geqslant f_{k+1}(x)(k \in \mathbf{N})$,即知 $\lim\limits_{k \to \infty} f_k(x) = 0$, a. e. $x \in E$.

§3.3 之（一）

1. 不一定存在. 例如,设函数

$$f(x) = \begin{cases} -1, & x \in [0,1/2], \\ 1, & x \in [1/2,1], \end{cases}$$

则对任意的 $g \in C([0,1])$,$g(1/2) = \lambda > 0$,存在 $\delta_0 > 0$,使得当 $x \in (1/2 - \delta_0, 1/2 + \delta_0)$ 时,$g(x) > \lambda/2$. 类似地讨论 $\lambda < 0, \lambda = 0$ 的情形,即可得证.

2. 根据 Лузин 定理,对任意的 $n \in \mathbf{N}$,存在闭集 $F_n \subset [a,b](m \in \mathbf{N})$,使得 $F_n \subset F_{n+1}$,$m([a,b] \backslash F_n) < 1/n$,且 $f \in C(F_n)(n \in \mathbf{N})$. 从而知存在 $g \in C([a,b])$,使得 $g(x) = f(x)(x \in F_n, n \in \mathbf{N})$. 由此又知存在多项式 $P_n(x)$,使得 $|g(x) - P_n(x)| < 1/n(n \in \mathbf{N}, x \in [a,b])$,即 $|f(x) - P_n(x)| < 1/n(x \in F_n, n \in \mathbf{N})$. 令 $F = \bigcup\limits_{n=1}^{\infty} F_n$,则 $m([a,b] \backslash F) = 0$. 对 $x_0 \in F$,存在 n_0,$x_0 \in F_n(n \geqslant n_0)$. 从而对任给 $\varepsilon > 0$,取 $n_1 > n_0$,且 $1/n_1 < \varepsilon$,则 $|f(x_0) - P_n(x_o)| < 1/n < \varepsilon(n > n_0)$. 得证.

§3.3 之（二）

1. 注意,由 $\{x: \ln f(x) > t\} = \{x: f(x) > e^t\}$ 可知,$\ln f(x)$ 是可测函数. 而经过指、对数变换后,对 $f(x)^{g(x)}$ 的可测性,只需看 $g(x) \ln f(x)$ 的可测性.

第 四 章

§4.1 之（二）

1. （i）注意不等式

$$F(x) \leqslant (mf_1^2(x))^{1/2} + (mf_2^2(x))^{1/2} + \cdots + (mf_m^2(x))^{1/2}$$
$$\leqslant \sqrt{m}(f_1(x) + f_2(x) + \cdots + f_m(x)).$$

（ii）$G(x) \leqslant \sum\limits_{1 \leqslant i, k \leqslant m} (f_i(x) + f_k(x))/2.$

2. 注意到 $f(x) \chi_{E_k}(x) \leqslant f(x) \chi_{E_{k+1}}(x)(x \in \mathbf{R}^n)$,我们有（Beppo Levi 定理）

$$\lim_{k \to \infty} \int_{E_k} f(x) \mathrm{d}x = \lim_{k \to \infty} \int_{\mathbf{R}^n} f(x) \chi_{E_k}(x) \mathrm{d}x = \int_{\mathbf{R}^n} f(x) \lim_{k \to \infty} \chi_{E_k}(x) \mathrm{d}x$$
$$= \int_{\mathbf{R}^n} f(x) \chi_E(x) \mathrm{d}x = \int_E f(x) \mathrm{d}x.$$

4. 注意 $f(x) \chi_{\{x \in E: f(x) > N\}}(x) \geqslant f(x) \chi_{\{x \in E: f(x) > N+1\}}(x)(x \in E).$

5. 令 $f_n(x) = (1 + x/n)^n e^{-2x} \chi_{[0,n]}(x)(n \in \mathbf{N})$,则

$$\lim_{n \to \infty} f_n(x) = e^{-x}, \quad f_n(x) \leqslant f_{n+1}(x).$$

由此即知

$$\lim_{n\to\infty}\int_0^n\left(1+\frac{x}{n}\right)^n\mathrm{e}^{-2x}\,\mathrm{d}x=\lim_{n\to\infty}\int_0^{+\infty}f_n(x)\,\mathrm{d}x=\int_0^{+\infty}\mathrm{e}^{-x}\,\mathrm{d}x=1.$$

7. 注意，在 $A=\{x\in E,f(x)\leqslant1\}$ 上 $f^2(x)$ 可知，在 $E\backslash A$ 上有

$$f^2(x)\leqslant f^3(x).$$

8. 令 $E_n=\{x\in[a,b]:\ n\leqslant f(x)<n+1\}(n\in\mathbf{N})$，则

$$\sum_{n=0}^{\infty}nm(E_n)\leqslant\int_a^b f(x)\,\mathrm{d}x\leqslant\sum_{n=0}^{\infty}nm(E_n)+(b-a),$$

$$\sum_{n=0}^{\infty}n^2m(E_n)\leqslant\int_a^b f^2(x)\,\mathrm{d}x\leqslant\sum_{n=0}^{\infty}(n+1)^2m(E_n)$$

$$=\sum_{n=1}^{\infty}n^2m(E_n)+2\sum_{n=0}^{\infty}nm(E_n)+(b-a),$$

$$\sum_{n=0}^{\infty}n^3m(E_n)\leqslant\int_a^b f^3(x)\,\mathrm{d}x\leqslant\sum_{n=0}^{\infty}(n^3+3n^2+3n+1)m(E_n)$$

$$=\sum_{n=1}^{\infty}n^3m(E_n)+3\sum_{n=1}^{\infty}n^2m(E_n)+3\sum_{n=1}^{\infty}nm(E_n)+(b-a),$$

从而可得 $f^3(x)$ 在 $[a,b]$ 上可积当且仅当 $\sum_{n=1}^{\infty}n^3m(E_n)<+\infty.$

(iii) 因为 $\sum_{k=1}^{n}k^2=[n(n+1)(2n+1)]/6=n^3/3+n^2/2+n/6$，所以

$$\frac{1}{3}\sum_{n=1}^{\infty}n^3m(E_n)+\frac{1}{2}\sum_{n=1}^{\infty}n^2m(E_n)+\frac{1}{6}\sum_{n=1}^{\infty}nm(E_n)$$

$$=\sum_{n=1}^{\infty}\left(\sum_{k=1}^{n}k^2\right)m(E_n)=\sum_{k=1}^{\infty}\left(k^2\sum_{n=k}^{\infty}m(E_n)\right)$$

$$=\sum_{k=1}^{\infty}k^2\cdot m(\{x\in[a,b]:\ f(x)\geqslant k\}).$$

由此即得所证.

9. 由题设可知 $\int_e f_n(x)\,\mathrm{d}x\leqslant\int_e f(x)\,\mathrm{d}x$，故有

$$\varlimsup_{n\to\infty}\int_e f_n(x)\,\mathrm{d}x\leqslant\int_e f(x)\,\mathrm{d}x.$$

另一方面，又有

$$\int_e f(x)\,\mathrm{d}x=\int_e\varliminf_{n\to\infty}f_n(x)\,\mathrm{d}x\leqslant\varliminf_{n\to\infty}\int_e f_n(x)\,\mathrm{d}x,$$

即可得证.

10. 依题设知存在 $Z\subset[0,1],m(Z)=0$. 对 $x\in[0,1]\backslash Z,x$ 只属于 $\{E_n\}$ 中

的有限个,故有 $\sum\limits_{n=1}^{\infty}\chi_{E_n}(x)<+\infty$, a. e. $x\in[0,1]$. 从而对任给 $\varepsilon>0$,存在 $A\subset$ $[0,1]$ 以及 $M>0$,使得

$$m([0,1]\backslash A)<\varepsilon, \quad \sum_{n=1}^{\infty}\chi_{E_n}(x)\leqslant M \quad (x\in A).$$

因此,我们有

$$\sum_{n=1}^{\infty}m(A\bigcap E_n)=\int_A\sum_{n=1}^{\infty}\chi_{E_n}(x)\mathrm{d}x\leqslant M.$$

§4.2 之(一)

1. 注意等式

$$m(x)=\frac{f(x)+g(x)-|f(x)-g(x)|}{2},$$

$$M(x)=\frac{f(x)+g(x)+|f(x)-g(x)|}{2}$$

对 a. e. $x\in\mathbf{R}^n$ 成立.

2. 记 $\mathbf{Q}\bigcap(0,1]=\{r_n\}$,注意到曲线 $x\cdot y=r_n(n\in\mathbf{N})$ 或 $y=x/r_n(n\in\mathbf{N})$ 只有可列条,故其全体是 $\mathbf{R}^2$ 中的零测集,从而知 $\iint\limits_{[0,1]^2}f(x,y)\mathrm{d}x\mathrm{d}y=1$.

3. 令 $E_k=\{x\in E: |f(x)|>k\}$,并注意不等式

$$k\cdot m(E_k)\leqslant\int_{E_k}|f(x)|\mathrm{d}x\leqslant\int_E|f(x)|\mathrm{d}x<+\infty.$$

4. 对任给的 $\sigma>0$,令 $E_n=\{x\in(0,+\infty): |f_n(x)|\geqslant\sigma\}(n\in\mathbf{N})$,则

$$m(E_n)\sigma\leqslant\int_{E_n}|f_n(x)|\mathrm{d}x\leqslant\int_0^{+\infty}|f(x)\chi_{[n,+\infty)}(x)\mathrm{d}x|$$

$$=\int_n^{+\infty}|f(x)|\mathrm{d}x\to 0 \quad (n\to\infty).$$

5. 注意 $\mathrm{e}^C(x-C)+\mathrm{e}^C\leqslant\mathrm{e}^x$,且等号成立当且仅当 $x=C$.用反证法.假定结论不真,令 $C=\int_0^1 f(x)\mathrm{d}x$,则存在 $E\subset[0,1]$,$m(E)>0$,使得

$$\mathrm{e}^C(f(x)-C)+\mathrm{e}^C<\mathrm{e}^{f(x)}(x\in E), \quad \mathrm{e}^C\int_0^1(f(x)-C)\mathrm{d}x+\mathrm{e}^C<\int_0^1\mathrm{e}^{f(x)}\mathrm{d}x.$$

注意到 $\int_0^1(f(x)-C)\mathrm{d}x=0$,故由上式可知

$$\mathrm{e}^{\int_0^1 f(x)\mathrm{d}x}=\mathrm{e}^C<\int_0^1\mathrm{e}^{f(x)}\mathrm{d}x.$$

这与题设矛盾.证毕.

6. 注意到 E_l 的定义,我们有

$$\int_I |f(x)-f_I|\,\mathrm{d}x = \int_{E_I}(f(x)-f_I)\,\mathrm{d}x + \int_{I\setminus E_I}(f_I-f(x))\,\mathrm{d}x \xlongequal{\text{def}} J_1 + J_2.$$

$$J_2 = f_I(|I|-m(E_I)) - f_I |I| + \int_{E_I} f(x)\,\mathrm{d}x$$

$$= \int_{E_I} f(x)\,\mathrm{d}x - \int_{E_I} f_I\,\mathrm{d}x = \int_{E_I}(f(x)-f_I)\,\mathrm{d}x.$$

由此即得所证.

8. 依题设知,对任一有界可测集 $E\subset\mathbf{R}$,均有 $\int_E f(x)\,\mathrm{d}x = 0$. 由此易知结论成立.

§4.2 之（二）

1. 由题设知 $\varphi_n(t) - \varphi_n(a) = \int_a^t f(x)\varphi_n(x)\,\mathrm{d}x\,(n\in\mathbf{N}, a\leqslant t\leqslant b)$. 令 $n\to\infty$ 即得证（根据控制收敛定理）.

2. 用反证法. 假定结论不真,那么 $\{\cos^2 nx\}$ 在 $[-\pi,\pi]$ 上也依测度收敛于零. 由 $|\cos^2(nx)|\leqslant 1(n\in\mathbf{N})$ 可知

$$\lim_{n\to\infty}\int_{-\pi}^{\pi}\cos^2(nx)\,\mathrm{d}x = \int_{-\pi}^{\pi}\lim_{n\to\infty}\cos^2(nx)\,\mathrm{d}x = 0.$$

而上式左端的值为 π,矛盾.

3. 对 $x_0\in(0,+\infty)$,令 $0<|\Delta x|<x_0/2$,则 $x_0+\Delta x>x_0/2$,且当 $x_0/2<x<x_0+x_0/2$ 时,有 $|f(t)/(x+t)|\leqslant |f(t)|/(x_0/2)(t\geqslant 0)$,由此即得所证.

7. 令 $E_n=\{x\in E: \cos x<1-1/n\}(n=1,2,\cdots)$,易知

$$\int_{E_n} f(x)\,\mathrm{d}x = 0, \quad f(x)=0, \quad \text{a.e.}\ x\in E_n(n=1,2,\cdots).$$

8. 只需注意等式

$$\int_{\mathbf{R}}\sum_{n=1}^{\infty}|f_n(x)-f(x)|\,\mathrm{d}x = \sum_{n=1}^{\infty}\int_{\mathbf{R}}|f_n(x)-f(x)|\,\mathrm{d}x \leqslant \sum_{n=1}^{\infty}\frac{1}{n^2}<+\infty.$$

9. $\sum_{n=2}^{\infty}\int_2^{+\infty}|a_n|n^{-x}\,\mathrm{d}x = \sum_{n=2}^{\infty}\frac{|a_n|}{\ln n}n^{-2} < \sum_{n=2}^{\infty}\frac{1}{n^2}<+\infty$. 令 $f(x)=\sum_{k=2}^{n}a_k k^{-x}$ $(x\geqslant 2)$,则得

$$\lim_{n\to\infty}f_n(x) = \sum_{k=2}^{\infty}a_k k^{-x}, \quad |f_n(x)|\leqslant \sum_{k=2}^{\infty}|a_k|k^{-x} \quad (x\geqslant 2).$$

因为 $\sum_{k=2}^{\infty}|a_k|k^{-x}$ 可积,所以有

$$\sum_{n=2}^{\infty}\int_2^{+\infty}a_n n^{-x}\,\mathrm{d}x = \lim_{n\to\infty}\int_2^{+\infty}f_n(x)\,\mathrm{d}x = \int_2^{+\infty}\lim_{n\to\infty}f_n(x)\,\mathrm{d}x = \int_2^{+\infty}\sum_{n=2}^{\infty}a_n n^{-x}\,\mathrm{d}x.$$

§4.4

1. 对 $x_0 \in (0,1)$,且 $x_0 \overline{\in} F$,存在 $\delta > 0$,使得 $\chi_F(x) = 0(x_0 - \delta < x < x_0 + \delta)$. 这说明 $\chi_F(x)$ 的不连续点集的测度为零.

2. 记 $f(x)$ 的连续点集为 E. 若 $x_0 \in E$,则因为 $g(x)$ 是连续函数,所以 $g(f(x))$ 在 $x_0 \in E$ 处连续. 这说明 $g(f(x))$ 的不连续点集必为零测集. 证毕.

3. 设 Z_1, Z_2 各为 $f(x), g(x)$ 的不连续点集,则 $m(Z_1 \bigcup Z_2) = 0$. 若 $x_0 \overline{\in} Z_1 \bigcup Z_2$,则由题设知存在 $\{x_n\}: x_n \to x_0 (n \to \infty)$,使得 $f(x_n) = g(x_n)(n \in \mathbf{N})$,且 有 $f(x_0) = \lim_{n \to \infty} f(x_n) = \lim_{n \to \infty} g(x_n) = g(x_0)$. 这说明 $f(x) = g(x)(x \overline{\in} Z_1 \bigcup Z_2)$. 证毕.

§4.5 之(一)

1.
$$\int_0^1 \left(\int_0^x f(x,y) \mathrm{d}y \right) \mathrm{d}x = \int_0^1 \left(\int_0^1 f(x,y) \chi_{\{(x,y): y \leqslant x\}}(x,y) \mathrm{d}y \right) \mathrm{d}x$$
$$= \int_0^1 \left(\int_0^1 f(x,y) \chi_{\{(x,y): y \leqslant x\}}(x,y) \mathrm{d}x \right) \mathrm{d}y$$
$$= \int_0^1 \left(\int_y^1 f(x,y) \mathrm{d}x \right) \mathrm{d}y$$

2. 注意 $m((A - \{x\}) \bigcap B) = \int_{\mathbf{R}^n} \chi_A(y+x) \chi_B(x) \mathrm{d}x$.

§5.1 之(二)

1. 没有. 用反证法. 假设 $f(x)$ 在 $[a,b]$ 上有原函数 $F(x): F'(x) = f(x)$ $(a \leqslant x \leqslant b)$,则因为 $F'(x) \geqslant 0$,所以 $F(x)$ 在 $[a,b]$ 上递增,从而有 $\int_a^b f(x) \mathrm{d}x = \int_a^b F'(x) \mathrm{d}x = F(b) - F(a)$. 这说明 $f \in L([a,b])$,与题设矛盾.

3. 不妨假定 $E \subset (a,b)$,区间族 Γ 中每一个区间也含于 (a,b).

(i) 任取 $I_1 \in \Gamma$. 若已取定 Γ 中的 $I_1, I_2, \cdots, I_k$,在 P 中记与 $I_1, I_2, \cdots, I_k$ 均 不相交的一切区间长度的上确界为 δ_k,并取 $I_{k+1} \in \Gamma$,满足: $I_{k+1} \bigcap \left(\bigcup_{i=1}^k I_i \right) = \varnothing$, $m(I_{k+1}) > \delta_k / 2$. (注意,若不存在如此之 I_{k+1},则结论自明.)

(ii) 作区间 I_k' 如下: 它与 I_k 同中心,而 $m(I_k') = 5m(I_k)$. 易知当 $x_0 \in (I_k')^c, x_1 \in I_k$ 时,有 $d(x_0, x_1) \geqslant 2m(I_k) > \delta_{k-1}$,从而有
$$\sum_{k=1}^\infty m(I_k') = 5 \sum_{k=1}^\infty m(I_k) \leqslant 5(b-a).$$
(故上述左端级数收敛). 令 $A = E \setminus \left(\bigcup_{k=1}^\infty I_k \right)$. 若 $m(A) > 0$,则存在 k_0,使得

$\sum\limits_{k=k_0}^{\infty} m(I'_k) < m(A)$，从而存在 $x_0 \in A, x_0 \in (I'_k)^c$（$k \geqslant k_0$），自然也有 $x_0 \in (I_k)^c$

（$k=1,2,\cdots k_0$）. 由区间的闭性可知，存在 $I \in \Gamma$，使得 $x_0 \in I$，且 $I \bigcap I_k = \varnothing$（$k=1,2,\cdots,k_0$），从而得 $\delta_k \leqslant 2m(I_{k+1}) \to 0(k \to \infty)$. 根据 δ_k 的定义，存在最小正整数 k_1，使得 $I \bigcap I_{k_1} = \varnothing, m(I) \leqslant \delta_{k_1-1}$. 从而 $k_1 > k_0$，使得

$$x_1 \in I \bigcap I_{k_1}, \ x_0 \in I \bigcap (I'_{k_i})^c, \ m(I) \geqslant d(x_0, x_1) > \delta_{k_i-1}.$$

这一矛盾说明 $m(A)=0$.

§5.2

1. 用函数 $x-x^3$ 的零点 $-1,0,1$ 分割 $[-1,1]$ 为三个小区间，极值点为 $x=\pm\sqrt{3}/3$. 再以其极小值 $-2\sqrt{3}/9$，极大值 $2\sqrt{3}/9$ 来计算变差，易知

$$\bigvee_{-1}^{1}(x-x^3)=8\sqrt{3}/9.$$

2. 充分性显然. 现证必要性：因为对任意的 $x \in [a,b]$，均有 $|f(x)-f(a)| \leqslant \bigvee\limits_a^b (f)=0$，所以得到 $f(x)=f(a)(a \leqslant x \leqslant b)$.

3. 注意 $\max\{a,b\}=(a+b+|a-b|)/2$.

4. 注意到 $||f(x)|-|f(y)|| \leqslant |f(x)-f(y)|$，故若 $f \in \mathrm{BV}([a,b])$，则知 $|f| \in \mathrm{BV}([a,b])$. 反之，例如 Dirichlet 函数 $\mathrm{D}(x)$，它不是有界变差函数，但 $|\mathrm{D}(x)|=1$ 是有界变差的.

5. 注意公式 $a_1 a_2 - b_1 b_2 = a_1(a_2-b_2)+(a_1-b_1)b_2$.

6. 由题设知存在 $M>0$，使得 $|f(x)-f(y)| \leqslant M|x-y|(-\infty < x, y < +\infty)$. 从而对 $[a,b]$ 的任一分划 $\Delta: a=x_0 < x_1 < \cdots < x_n=b$，有

$$v_\Delta = \sum_{i=1}^n |\varphi(f(x_i))-\varphi(f(x_{i-1}))| \leqslant \sum_{i=1}^n M|f(x_i)-f(x_{i-1})|$$

$$= M \sum_{i=1}^n |f(x_i)-f(x_{i-1})| \leqslant M \bigvee_a^b (f).$$

8. 必要性：取 $F(x)=\bigvee\limits_a^x (f)$，则对 $a \leqslant x' < x'' \leqslant b$，有

$$|f(x'')-f(x')| < \bigvee_{x'}^{x''}(f) = F(x'')-F(x').$$

充分性：假定原不等式成立，则对 $[a,b]$ 的任一分划 $\Delta: a=x_0 < x_1 < \cdots < x_n=b$，可知

$$v_\Delta = \sum_{i=1}^n |f(x_i)-f(x_{i-1})| \leqslant \sum_{i=1}^n |F(x_i)-F(x_{i-1})| = F(b)-F(a).$$

由此即知 $f \in \mathrm{BV}([a,b])$.

9. 是的. 用反证法. 若存在 $x_0 \in (a,b)$,使得 $|f(x_0+0)-f(x_0-0)|=\delta_0 > 0$,则对任意的 $\varepsilon > 0$,有 $|f(x_0+\varepsilon)-f(x_0-\varepsilon)| > \delta_0/2$,从而 $f(x)$ 在两个值

$$\max\{f(x_0-0),f(x_0+0)\}+\frac{\delta_0}{3}, \quad \min\{f(x_0-0),f(x_0+0)\}-\frac{\delta_0}{3}$$

之间取不到中间值. 这与 $f(x)$ 具有原函数矛盾.

10. 令 $F(x)=\bigvee_a^x (f)-f(x)+f(a)$,则 $F(a)=F(b)=0$. 易知 $F(x)$ 是递增函数,故 $F(x)=0(a\leqslant x\leqslant b)$. 这说明 $f(x)=f(a)+\bigvee_a^x(f)$.

§5.3

1. 对 $x\in[0,1]$,由题设知 $\dfrac{1}{x-a}\displaystyle\int_a^x \chi_E(t)\mathrm{d}t \geqslant l$. 令 $x\to a^+$,则得 $1\geqslant l$, a. e. $x\in[0,1]$. 这说明这些几乎处处的点是 E 内的点,即 $m(E)=1$.

§5.4

1. 对 $x,y\in[a,b]$,有

$$|f(y)-f(x)|=\left|\int_x^y f'(t)\mathrm{d}t\right|\leqslant\left|\int_x^y |f'(t)|\mathrm{d}t\right|\leqslant M|y-x|.$$

2. 由题设知 $f\in AC([a,b])$,故 $f(x)$ 几乎处处可微. 因为

$$|f(y)-f(x)|\leqslant M|y-x|, \quad \left|\frac{f(y)-f(x)}{y-x}\right|\leqslant M \quad (x,y\in[a,b]),$$

所以令 $y\to x$,可得 $|f'(x)|\leqslant M$,a. e. $x\in[a,b]$.

3. 令 $S(x)=\displaystyle\sum_{n=1}^{\infty} f_n(x)(a\leqslant x\leqslant b)$,则 $S(x)$ 是递增函数. 由 Fubini 定理可知 $S'(x)=\displaystyle\sum_{n=1}^{\infty} f_n'(x)$,a. e. $x\in[a,b]$. 注意到 $f_n'(x)\geqslant 0$,a. e. $x\in[a,b]$,我们有

$$\int_a^b S'(x)\mathrm{d}x=\sum_{n=1}^{\infty}\int_a^b f_n'(x)\mathrm{d}x=\sum_{n=1}^{\infty}(f_n(b)-f_n(a))=S(b)-S(a).$$

这说明 $S\in AC([a,b])$

4. 对递减收敛于零的正数列 $\{\varepsilon_n\}$ 以及 $x\in(0,1]$,可知

$$\int_0^x f'(t)\mathrm{d}t=\lim_{n\to\infty}\int_{\varepsilon_n}^x f'(t)\mathrm{d}t=\lim_{n\to\infty}(f(x)-f(\varepsilon_n))=f(x)-f(0).$$

这说明 $f'\in L([0,1])$.

§5.5

1. 记 $F(x)=\displaystyle\int_a^x f(t)\mathrm{d}t$,则 $F(a)=0$ 以及

$$I=\int_a^b f(t)F(x)\mathrm{d}t=F^2(x)\bigg|_a^b-\int_a^b F(t)f(t)\mathrm{d}t.$$

由此知 $2I = F^2(b)$，得证.

2. 令 $F(x) = \int_0^x |f(u)| \mathrm{d}u$，则 $(t > 1)$

$$\left| \int_1^t f(u)g(u)\mathrm{d}u \right| \leqslant \int_1^t M \frac{|f(u)|}{u} \mathrm{d}u$$

$$= M \frac{F(u)}{u} \bigg|_1^t + M \int_1^t \frac{F(u)}{u^2} \mathrm{d}u$$

$$\leqslant M \left(\frac{F(t)}{t} - F(1) \right) + M \int_0^{+\infty} |f(x)| \mathrm{d}x \cdot \left(1 - \frac{1}{t} \right)$$

$$\leqslant M \left(\frac{\int_0^{+\infty} |f(x)| \mathrm{d}x}{t} - F(1) \right)$$

$$+ M \int_0^{-\infty} |f(x)| \mathrm{d}x \left(1 - \frac{1}{t} \right)$$

$$= M \int_0^{+\infty} |f(x)| \mathrm{d}x - MF(1) = o(t) \quad (t \to +\infty).$$

3. 令 $G(x) = \int_{-\infty}^x g(t)\mathrm{d}t$，我们有

$$\int_{\mathbf{R}} g(x)f^2(x)\mathrm{d}x = \int_a^b f^2(x)\mathrm{d}G(x)$$

$$= G(x)f^2(x) \bigg|_a^b - 2 \int_a^b G(x)f(x)f'(x)\mathrm{d}x$$

$$= -2 \int_a^b G(x)f(x)f'(x)\mathrm{d}x.$$

因为 $2|f(x)f'(x)| \leqslant f^2(x) + (f'(x))^2$，以及

$$|G(x)| \leqslant \int_{-\infty}^x |g(t)|\mathrm{d}t \leqslant \int_{-\infty}^{+\infty} |g(t)|\mathrm{d}t \overset{\text{def}}{=\!=\!=} C,$$

所以得出

$$\left| \int_{\mathbf{R}} g(x)f^2(x)\mathrm{d}x \right| \leqslant C \int_{-\infty}^{+\infty} [f^2(x) + (f'(x))^2]\mathrm{d}x.$$

4. 对 $n=1$，令 $H(x) = \int_a^x f(t)\mathrm{d}t, G(t) = (x-t)$，则

$$F(x) = \int_a^x H'(t)G(t)\mathrm{d}t = \int_a^x G(t)\mathrm{d}H(t)$$

$$= H(t)G(t) \bigg|_a^x - \int_a^x G'(t)H(t)\mathrm{d}t = \int_a^x H(t)\mathrm{d}t,$$

从而知 $F(x) = H(x), F''(x) = f(x)$，a. e. $x \in [a,b]$. 以下再采用归纳法即可得证.

第 六 章

§6.1

1. 记 $M = \sup_{k \in \mathbf{N}} \{\|f\|_{p_k}\} < +\infty, E_n = \{x \in E: |f(x)| \geqslant n\} (n \in \mathbf{N})$，不妨假定

$m(E_n) > 0 (n \in \mathbf{N})$，我们有

$$n(m(E_n))^{1/p_k} \leqslant \left(\int_{E_n} |f(x)|^{p_k} \, dx \right)^{1/p_k} \leqslant M \quad (k = 1, 2, \cdots).$$

令 $k \to \infty (p_k \to +\infty)$，可得 $n \leqslant M$，导致矛盾. 因此存在 n_0，使得 $m(E_{n_0}) = 0$，即

$$|f(x)| \leqslant n_0, \quad \text{a. e. } x \in E.$$

3. (i) 因为 $\|f\|_p^p = \int_E |f(x)|^p \, dx \leqslant (m(E))^{p\left(\frac{1}{p} - \frac{1}{p_0}\right)} \left(\int_E |f(x)|^{p_0} \, dx \right)^{p/p_0}$，

所以

$$\varlimsup_{p \nearrow p_0} \|f\|_p \leqslant \|f\|_{p_0}.$$

(ii) 根据 Levi 引理和控制收敛定理，可知

$$\lim_{p \nearrow p_0} \|f\|_p^p = \lim_{p \nearrow p_0} \int_{\{x \in E : |f(x)| > 1\}} |f(x)|^p \, dx + \lim_{p \nearrow p_0} \int_{\{x \in E : |f(x)| \leqslant 1\}} |f(x)|^p \, dx$$

$$= \int_{\{x \in E : |f(x)| > 1\}} |f(x)|^{p_0} \, dx + \int_{\{x \in E : |f(x)| \leqslant 1\}} |f(x)|^{p_0} \, dx$$

$$= \|f\|_{p_0}^{p_0}.$$

4. 令 $E_1 = \{x \in E : |f(x)| \geqslant 1\}, E_2 = E \setminus E_1$，则对 $2 > p_2 > p_1 > 1$，有

$$|f(x)|^{p_1} \geqslant |f(x)|^{p_2} \quad (x \in E_2), \quad |f(x)|^{p_2} \geqslant |f(x)|^{p_1} \quad (x \in E_1).$$

$$\lim_{p \searrow 1} \int_{E_2} |f(x)|^p \, dx = \int_{E_2} |f(x)| \, dx.$$

$$\lim_{p \searrow 1} \int_{E_1} (|f(x)|^p - |f(x)|) \, dx = \int_{E_1} 0 \, dx = 0.$$

由此即得所证.

7. 令 $g(x) = \int_0^x f^2(t) \, dt \ (0 \leqslant x \leqslant 1)$，则

$$\left| \int_a^b f(x) \, dx \right|^2 \leqslant (b - a) \int_a^b f^2(t) \, dt = (g(b) - g(a))(b - a).$$

8. 引用 Schwarz 不等式，我们有

$$\|F\|_2^2 = \int_0^1 \left| \int_0^x f(t) \, dt \right|^2 \, dx \leqslant \int_0^1 \left(\int_0^x 1^2 \, dt \right) \left(\int_0^x |f(t)|^2 \, dt \right) \, dx$$

$$\leqslant \int_0^1 x \|f\|_2^2 \, dx = \frac{1}{2} \|f\|_2^2 < \|f\|_2^2$$

9. 注意不等式

$$\left\| \sum_{k=1}^{\infty} f_k \right\|_p = \left(\int_E \left| \sum_{k=1}^{\infty} f_k(x) \right|^p \, dx \right)^{1/p} = \left(\int_E \lim_{n \to \infty} \left| \sum_{k=1}^{n} f_k(x) \right|^p \, dx \right)^{1/p}$$

$$\leqslant \varliminf_{n \to \infty} \left(\int_E \left| \sum_{k=1}^{n} f_k(x) \right|^p \, dx \right)^{1/p} \leqslant \varliminf_{n \to \infty} \sum_{k=1}^{n} \|f_k\|_p = \sum_{k=1}^{\infty} \|f_k\|_p.$$

10. 作函数

$$g(x) = \begin{cases} f(x), & x \in e, \\ 0, & x \in E \backslash e, \end{cases} \quad h(x) = \begin{cases} 0, & x \in e, \\ f(x), & x \in E \backslash e, \end{cases}$$

则 $f(x) = g(x) + h(x)(x \in E)$，从而知（Minkowski 不等式）

$$\left(\int_E |f(x)|^p \mathrm{d}x \right)^{1/p} = \left(\int_E |g(x) + h(x)|^p \mathrm{d}x \right)^{1/p}$$

$$\leqslant \left(\int_E |g(x)|^p \mathrm{d}x \right)^{1/p} + \left(\int_E |h(x)|^p \mathrm{d}x \right)^{1/p}$$

$$= \left(\int_e |f(x)|^p \mathrm{d}x \right)^{1/p} + \left(\int_{E \backslash e} |f(x)|^p \mathrm{d}x \right)^{1/p}.$$

§6.2 之（一）

2. 注意 $|f_k(x) - f(x)|^p \leqslant (|f_k(x)| + |f(x)|)^p \leqslant 2^p |F(x)|^p$.

3. 不一定. 例如 $f_k(x) = \sqrt{k}(0 < x < 1/k), f_k(x) = 0$（其他值 x），则

$$\lim_{k \to \infty} f_k(x) = 0 \ (0 < x < 1), \quad \|f_k\|_2 = 1.$$

4. （ⅰ）显然.

（ⅱ）对 $\delta \in (0,1)$，作类 Cantor 集 $C_\delta \subset [0,1], m(C_\delta) = \delta$，则对包含 $\chi_{C_\delta}(x)$ 的某等价类 $\mathscr{A}$，如果存在 $f \in \mathscr{A} \cap C([0,1])$，那么必有 $f(x) = 0$, a. e. $x \in [0,1] \backslash C_\delta$. 然而 $[0,1] \backslash C_\delta$ 在 $[0,1]$ 中稠密，故得 $f(x) \equiv 0$. 这与 $\chi_{C_\delta}(x) \neq 0$, a. e. $x \in [0,1]$ 矛盾.

5. 注意不等式（设 $p' : 1/p' + q/p = 1$）

$$\int_E |f_k(x) - f(x)|^q \mathrm{d}x \leqslant \left(\int_E |f_k(x) - f(x)|^p \mathrm{d}x \right)^{q/p} (m(E))^{(p-q)/p}.$$

6. 注意不等式（$p > 1$）

$$\int_a^x |f_k(t) - f(t)| \mathrm{d}t \leqslant \left(\int_a^b |f_k(t) - f(t)| \mathrm{d}t \right)$$

$$\leqslant \left(\int_a^b |f_k(t) - f(t)|^p \mathrm{d}t \right)^{1/p} \cdot (b-a)^{p/(p-1)}.$$

7. 因为有不等式

$$f_k(x)g_k(x) - f(x)g(x) = (f_k(x) - f(x))(g_k(x) - g(x))$$
$$+ f(x)(g_k(x) - g(x)) + g(x)(f_k - f(x)),$$

所以得到

$$\int_E |f_k(x)g_k(x) - f(x)g(x)| \mathrm{d}x$$

$$\leqslant \int_E |f_k(x) - f(x)| \cdot |g_k(x) - g(x)| \mathrm{d}x$$

$$+ \int_E |f(x)| \cdot |g_k(x) - g(x)| \mathrm{d}x + \int_E |g(x)| \cdot |f_k(x) - f(x)| \mathrm{d}x$$

$$\leqslant \|f_k - f\|_p \cdot \|g_k - g\|_q + \|f\|_p \cdot \|g_k - g\|_q + \|g\|_q \cdot \|f_k - f\|_p.$$

令 $k \to \infty$ 即可得证.

§6.2 之（二）

1. 由题设易知, 若 $h(x)$ 是阶梯函数, 则有

$$\lim_{n \to \infty} \int_{\mathbf{R}} f_n(x) h(x) \mathrm{d}x = \int_{\mathbf{R}} f(x) h(x) \mathrm{d}x.$$

现在对 $g \in L^q(\mathbf{R})$ 以及 $\varepsilon > 0$, 作阶梯函数 $h(x)$, 使得

$$\|g - h\|_q = \left(\int_{\mathbf{R}} |g(x) - h(x)|^q \mathrm{d}x \right)^{1/q} < \frac{\varepsilon}{2M}.$$

考查不等式

$$\left| \int_{\mathbf{R}} f_n(x) g(x) \mathrm{d}x - \int_{\mathbf{R}} f(x) g(x) \mathrm{d}x \right| \leqslant \int_{\mathbf{R}} |f_n(x)| \cdot |g(x) - h(x)| \mathrm{d}x$$

$$+ \left| \int_{\mathbf{R}} [f_n(x) h(x) - f(x) h(x)] \mathrm{d}x \right| + \int_{\mathbf{R}} |f(x)| \cdot |h(x) - g(x)| \mathrm{d}x$$

$$\leqslant \|f_n\|_p \cdot \|g - h\|_q + \left| \int_{\mathbf{R}} [f_n(x) h(x) - f(x) h(x)] \mathrm{d}x \right| + \|f\|_p \cdot \|g - h\|_q.$$

由此易知结论成立.

§6.3 之（一）

1. 注意等式

$$\int_E (f(x) + g(x))^2 \mathrm{d}x + \int_E (f(x) - g(x))^2 \mathrm{d}x$$

$$= 2 \left(\int_E f^2(x) \mathrm{d}x + \int_E g^2(x) \mathrm{d}x \right).$$

2. 注意 $\|g_n\|_2 \to \|g\|_2 (n \to \infty)$ 以及不等式

$$|\langle f_n, g_n \rangle - \langle f, g \rangle| = |\langle f_n - f, g_n \rangle + \langle g_n - g, f \rangle|$$

$$\leqslant \|f_n - f\|_2 \cdot \|g_n\|_2 + \|g_n - g\|_2 \cdot \|f\|_2$$

3. 注意等式 $\langle f + g, f - g \rangle = \|f\|_2^2 + \|g\|_2^2 - \langle f, g \rangle = 0.$

4. 注意等式 $\|f_n - f\|_2^2 = \|f_n\|_2^2 + \|f\|_2^2 - 2\langle f_n, f \rangle.$

§6.3 之（二）

1. 显然 $\{\sin(nx)\}$ 是 $L^2([0, \pi])$ 中的正交系. 此外, 设 $f \in L^2([0, \pi])$ 以及 $\int_0^\pi f(x) \sin(nx) \mathrm{d}x = 0$, 则作 $f(x)$ 在 $[-\pi, \pi]$ 上的奇延拓: $f^*(x) = f(x) (0 < x \leqslant \pi)$, $f^*(x) = -f(-x) (-\pi \leqslant x < 0)$. 显然 $\int_{-\pi}^\pi f^*(x) \cos(nx) \mathrm{d}x = 0 (n = 0, 1, 2, \cdots)$, 而且有

$$\int_{-\pi}^0 f^*(x) \sin nx \, \mathrm{d}x \xrightarrow{x = -t} \int_0^\pi f(t) \sin(nt) \mathrm{d}t = 0 \quad (n \in \mathbf{N}).$$

这说明 $\int_{-\pi}^{\pi} f^*(x)\sin nx\,dx = 0$. 从而 $f^*(x)=0$, a. e. $x\in[-\pi,\pi]$. 由此得证.

2. 由题设知, 对三角多项式 $Q(x)$, 有 $\langle f,Q\rangle=0$. 而对 $g\in C([-\pi,\pi])$, 存在三角多项式列 $\{Q_n(x)\}$, 它在 $[-\pi,\pi]$ 上一致收敛到 $g(x)$. 故知

$$0 = \lim_{n\to\infty}\langle f,Q_n\rangle = \langle f,g\rangle.$$

又对 $[-\pi,\pi]$ 中的任一可测集 E, 存在 $g_n\in C([-\pi,\pi])$, 且 $|g_n(x)|\leqslant 1$, 使得 $\lim_{n\to\infty} g_n(x)=\chi_E(x)$. 从而根据控制收敛定理, 可得 $\langle f,\chi_E\rangle=0$. 由此立即可推结论成立.

3. (i) $\iint_{A\times B} f_{i,k}^2(x,y)\,dx\,dy = \int_A \varphi_i^2(x)\left(\int_B \psi_k^2(y)\,dy\right)dx = 1.$

(ii) 在 $i_1\neq i_2(k_1\neq k_2)$ 时, 我们有

$$\iint_{A\times B} f_{i_1,k_1}(x,y)\cdot f_{i_2,k_2}(x,y)\,dx\,dy$$
$$= \int_B \psi_{k_1}(x)\psi_{k_2}(y)\left(\int_A \varphi_{i_1}(x)\varphi_{i_2}(x)\,dx\right)dy = 0.$$

(iii) 若有 $f\in L^2(A\times B)$, 使得 $\langle f,f_{i,k}\rangle=0 (i,k\in\mathbf{N})$, 则令

$$F_i(y) = \int_A f(x,y)\varphi_i(x)\,dx,$$

易知 $F_i\in L^2(B)$. 从而知

$$\int_B F_i(y)\varphi_k(y)\,dy = \int_{A\times B} f(x,y)f_{i,k}(x,y)\,dx\,dy = 0.$$

这说明 $F_i(y)=0$, a. e. $y\in B$. 由此知 $\int_A f(x,y)\varphi_i(x)\,dx=0$, a. e. $y\in B$. 根据 $\{\varphi_i(x)\}$ 的完全性, 可知对几乎处处的 $y\in B$, 有 $m(\{x\in A: f(x,y)\neq 0\})=0$. 因此, 由 Fubini 定理得出 $f(x,y)=0$, a. e. $(x,y)\in A\times B$.

4. 记 $C_k = \int_E f(x)\varphi_k(x)\,dx(k\in\mathbf{N})$, 并注意 $\sum_{k=1}^{\infty} C_k^2 \leqslant \|f\|_2^2$.

5. 注意等式

$$\int_E f(x)\,dx = \int_a^b f(x)\chi_E(x)\,dx = \langle f,\chi_E\rangle$$
$$= \sum_{k=1}^{\infty}\langle f,\varphi_k\rangle\langle\chi_E,\varphi_k\rangle = \sum_{k=1}^{\infty} c_k\langle\chi_E,\varphi_k\rangle$$
$$= \sum_{k=1}^{\infty} c_k\int_E \varphi_k(x)\,dx.$$

(二) 习　题

习　题　1

10. 若 E 是第一象限中格点的全体,则可用对角线分成 A,B 两点集.

13. 对 $\mathbf{R}\backslash E = \{x \in \mathbf{R}: 存在 \varepsilon > 0, f(x+\varepsilon) - f(x-\varepsilon) = 0\}$ 中的点 x_0,存在 $\varepsilon_0 > 0$,使得

$$f(x_0 + \varepsilon_0) = f(x_0 - \varepsilon_0) \leqslant f(y) \leqslant f(x_0 + \varepsilon_0), \qquad |y - x_0| \leqslant \varepsilon_0.$$

由此知 $\mathbf{R}\backslash E$ 是开集.

27. 用反证法. 假定 $\bigcap\limits_\alpha F_\alpha = \varnothing$,则

$$\bigcup_\alpha F_\alpha^c = \Big(\bigcap_\alpha F_\alpha\Big)^c = \mathbf{R}^n.$$

取定 F_{α_0},则 $\{F_\alpha^c\}$ 是 F_{α_0} 的开覆盖.

30. 令 $E_1 = \{x \in \mathbf{R}: f'(x) > t\}$,$E_2 = \{x \in \mathbf{R}: f'(x) < t\}$,则 $E_1 \bigcup E_2$ 是开集. 由导函数的介值性易知 E_1 和 E_2 都是开集.

习　题　2

12. 由题设知

$$m^*(A) = m^*(A \bigcap B_k) + m^*(A \bigcap B_k^c),$$

$$m^*(A) = m^*\Big(A \bigcap \bigcap_{k=1}^\infty B_k\Big) + m^*\Big(A \bigcap \Big(\bigcap_{k=1}^\infty B_k\Big)^c\Big).$$

13. 作 E 的等测包 G,则 $m(H\backslash G) = 0$. 由此易知 $m^*(E) = m(H)$.

16. 用反证法. 假定对 $\varepsilon_n \in (0,1)$ 且 $\varepsilon_n \to 1 (n \to \infty)$,均存在可测集 E_n,使得 $W \bigcap E_n$ 皆可测,则 $E = \bigcup\limits_{n=1}^\infty E_n$ 可测,且有 $m(E) = 1$. 易知 $W \bigcap E^c$ 是零测集,这将导致 W 为可测集.

习　题　3

6. 令

$$E_j^p = \{x \in E: \sup_{k \geqslant j}|f_k(x)| \geqslant 1/p\}, \quad D = \{x \in E: \lim_{k \to \infty}f_k(x) = 0\},$$

我们有

$$D^c = \bigcup_{p=1}^\infty \bigcap_{j=1}^\infty E_j^p, \quad \lim_{j \to \infty}m(E_j^p) \leqslant m(D^c).$$

习　题　4

11. (i) 注意 $\dfrac{x^{a-1}}{e^x - 1} = x^{a-1}e^{-x}/(1 - e^{-x}) = \sum\limits_{n=1}^\infty x^{a-1}e^{-nx}.$

(ii) 注意 $\sin ax/(\mathrm{e}^x-1)=\sum\limits_{n=1}^{\infty}\mathrm{e}^{-nx}\sin ax$ 以及 $\int_0^{+\infty}|\,\mathrm{e}^{-nx}\sin ax\,|\,\mathrm{d}x\leqslant a/n^2$.

12. 考查在 $[0,a]$ 上的积分.

15. 易知 $m(\{x\in(0,1):f(x)>1\})=0$.

27. $\{x\in E:\omega(x)>0\}=\overline{E}\backslash\mathring{E}$.

30. (ii) 分解 (i) 中被积函数.

31. 注意等式

$$\int_{\mathbf{R}}\int_{\mathbf{R}}\chi_E(t)f(x-t)\,\mathrm{d}t=\int_{\mathbf{R}}f(t)\left(\int_{\mathbf{R}}\chi_E(x-t)\,\mathrm{d}x\right)\mathrm{d}t$$

$$=m(E)\int_{\mathbf{R}}f(x)\,\mathrm{d}x.$$

习　题　5

1. 不妨设 $E\subset[-A,A]$，并作 E 的 Vitali 覆盖如下：对 $x\in E$，取长度趋于 0 的系列闭区间 $\{J_n\}$：$x\in J_n\subset E(n=1,2,\cdots)$.

6. 以 $x=\overline{x}$ 处左连续为例. 对任给 $\varepsilon>0$，存在 $\delta>0$，当 $0\leqslant\overline{x}-x<\delta$ 时，有 $|f(\overline{x})-f(x)|<\varepsilon/2$. 作 $[a,\overline{x}]$ 的分划 $\Delta:a=x_0<x_1<\cdots<x_{n-1}<x_n=\overline{x}$，$\|\Delta\|<\delta$，使得

$$\bigvee_a^{\overline{x}}(f)-\sum_{i=1}^n|f(x_i)-f(x_{i-1})|<\varepsilon/2,$$

从而有
$$\bigvee_a^{\overline{x}}(f)-\sum_{i=1}^{n-1}|f(x_i)-f(x_{i-1})|<\varepsilon.$$

由此可推 $\bigvee\limits_a^{\overline{x}}(f)-\bigvee\limits_a^{x_{n-1}}(f)<\varepsilon$. 再注意单调性.

7. 对 $[a,b]$ 的任一分划 $\Delta:a=x_0<x_1<\cdots<x_n=b$，记 $I_i=[x_{i-1},x_i]$ $(i=1,2,\cdots,n)$. 注意到 $f(I_i)$ 是一个区间，我们有

$$\sum_{i=1}^n|f(x_i)-f(x_{i-1})|\leqslant\sum_{i=1}^n\int_c^d\chi_{f(I_i)}(y)\,\mathrm{d}y$$

$$=\int_c^d\sum_{i=1}^n\chi_{f(I_i)}(y)\,\mathrm{d}y\leqslant10(d-c).$$

8. 记任意的 $[a,b]$ 为 $[x,x+\Delta x]$，则有

$$\left|\frac{1}{\Delta x}\int_x^{x+\Delta x}f(t)\,\mathrm{d}t\right|^2\leqslant\frac{g(x+\Delta x)-g(x)}{\Delta x}.$$

10. 考查 $F(x)=\int_a^x f'(t)\,\mathrm{d}t-(f(x)-f(a))$.

11. 考查 $F(x) = \int_a^x |f'(t)| \, dt - \bigvee_a^x (f)$. 易知 $F(x)$ 递减,且只需指出 $\bigvee_a^x (f)$ 绝对连续即可.

12. 易知 $f'(x)$ 是可积的.

14. 由题设知

$$f(x, y) - f(x, y_0) = \int_{y_0}^y f_t'(x, t) \, dt \quad (y \in [c, d]).$$

故有(对 x 在 $[a, b]$ 上积分)

$$F(y) - F(y_0) = \int_{y_0}^y dt \int_a^b f_t'(x, t) \, dt.$$

15. $\dfrac{\mathrm{d}}{\mathrm{d}y} \int_a^b f(x+y) \, dx = \lim_{h \to 0} \int_a^b \dfrac{1}{h} \int_x^{x+h} f'(t+y) \, dt \, dx.$

<h2 style="text-align:center">习 题 6</h2>

2. 取 $f(x) = \chi_A(x), A = \{x \in E: |g(x)| > M\}$.

8. 令 $p = 3/2, p' = 3$,则

$$1 = \left| \int_E f^2(x) g(x) \, dx \right| \leqslant \int_E f^2(x) |g(x)| \, dx$$

$$\leqslant \|f^2\|_p \cdot \|g\|_{p'} = (\|f\|_3)^2 \|g\|_3 = 1,$$

从而有 $\qquad \int_E f^2(x) |g(x)| \, dx = \|f^2\|_p \|g\|_{p'} = 1.$

故知存在 $C > 0$,使得

$$C |f^2(x)|^p = |g(x)|^{p'} \quad \text{或} \quad C |f(x)|^3 = |g(x)|^3.$$

故 $C = 1$. 由此又知

$$|f(x)|^3 = |g(x)|^3, \quad |f(x)| = |g(x)|, \quad \text{a. e. } x \in E,$$

$$\int_E f^2(x)(|g(x)| - g(x)) \, dx$$

$$= \int_E f^2(x) |g(x)| \, dx - \int_E f^2(x) g(x) \, dx$$

$$= \int_E |f(x)|^3 \, dx - 1 = 0.$$

14. 令 $E_k = \{x \in E: |f(x) - f_k(x)|^p > 1/2^k\}$ $(k = 1, 2, \cdots)$,则 $m(E_k) \leqslant$ $1/2^k (k = 1, 2, \cdots)$. 再考查 $f_k(x)$ 在 $E \setminus \bigcup_{k \geqslant j} E_k$ 上的收敛性.

16. 设 $f \in L^2([a, b])$,且 $\langle f, \varphi_n \rangle = 0$ $(n = 1, 2, \cdots)$. 因为 $\langle f, \varphi_n \rangle = \langle f, \varphi_n - \psi_n \rangle$ $(n = 1, 2, \cdots)$,所以 $|\langle f, \varphi_n \rangle|^2 \leqslant \|f\|_2^2 \cdot \|\varphi_n - \psi_n\|_2^2$. 再求和即可得证.

(Ⅳ) 人 名 表

1. Baire，R.	贝　尔	1894—1932
2. Bolzano. B.	波尔查诺	1781—1848
3. Borel，E.	波雷尔	1871—1956
4. Cantor，G.	康托尔	1845—1918
5. Carathéodory，C.	卡拉泰奥多里	1873—1950
6. Cauchy，A.	柯　西	1789—1857
7. De Morgan	德·摩根	1806—1871
8. Dini，U.	迪　尼	1845—1918
9. Dirichlet，P.	狄利克雷	1805—1859
10. Fatou，P.	法　图	1878—1929
11. Fejér，L.	费　耶	1880—1959
12. Fischer，E.	菲舍尔	1875—1959
13. Fourier，J.	傅里叶	1768—1830
14. Fubini，G.	傅比尼	1879—1943
15. Hardy，G.	哈　代	1877—1947
16. Harnack，A.	哈纳克	1851—1888
17. Heine，H.	海　涅	1821—1881
18. Hölder，O.	赫尔德	1859—1937
19. Jordan，C.	若尔当	1838—1922
20. Levi，B.	列　维	1875—1928
21. Lipschitz	李普希茨	1832—1903
22. Minkowski，H.	闵可夫斯基	1864—1909
23. Radon，J.	拉　东	1887—1956
24. Riemann，B.	黎　曼	1826—1866
25. Riesz，F.	里　斯	1880—1956
26. Scheeffer，L.	舍费尔	1859—1885
27. Schwarz，L.	施瓦兹	1843—1921
28. Tonelli，L	托内里	1885—1946
29. Vitali，G.	维塔利	1875—1932

30. Volterra，V.	沃尔泰拉	1860—1940
31. Weierstrass，K.	魏尔斯特拉斯	1815—1897
32. Егоров	叶戈罗夫	1869—1931
33. Лузин	卢　津	1883—1950

参 考 书 目

［1］ 江泽坚,吴智泉.实变函数论.北京：人民教育出版社,1959.

［2］ 那汤松 И П.实变函数论.徐瑞云,译.北京：高等教育出版社,1958.

［3］ Wheedan R L, Zygmund A. Measure and Integration. New York: Marcel Dekker, INC, 1977.

［4］ Hewitt E, Stromberg K. Real and Abstrack Analysis. Berlin, Heidelberg: Springer Verlag, 1975.

［5］ Hoffman K. Analysis in Euclidean Space. Englewood Cliffs, NJ: Prentice-Hall, INC, 1975.

［6］ Mukherjea A. Real and Functional Analysis. New York: Mcgraw-Hill, 1978.

［7］ Benedetto J J. Real Variable and Integration. Stuttgart: Teubner B G, 1976.